火力发电工人实用技术问答丛书

燃料设备运行技术问答

《火力发电工人实用技术问答丛书》编委会　编著

中国电力出版社
CHINA ELECTRIC POWER PRESS

内 容 提 要

本书为《火力发电工人实用技术问答丛书》的一个分册。全书以问答形式，简明扼要介绍火力发电燃料设备运行方面的知识，主要内容包括基础知识、油库及燃油设备系统、卸煤设备、储煤设备、输煤设备、输煤设备电气与控制、燃料环境综合治理、输煤安全监测系统及安全技术等。

本书从火力发电厂燃料设备的实际出发，不仅理论知识覆盖面广，而且紧密联系燃料设备实际运行情况，突出运行过程中的故障分析、事故处理等知识。本书可供火力发电厂从事燃料管理和燃料设备运行工作的技术人员、运行人员学习参考，以及为员工培训、考试、现场抽考等提供题目；也可供相关专业的大、中专学校师生参考和阅读。

图书在版编目（CIP）数据

燃料设备运行技术问答/《火力发电工人实用技术问答丛书》编委会编著．—北京：中国电力出版社，2022.7

（火力发电工人实用技术问答丛书）

ISBN 978-7-5198-6904-5

Ⅰ.①燃…　Ⅱ.①火…　Ⅲ.①火电厂—电厂燃料系统—运行—问题解答　Ⅳ.①TM621.2-44

中国版本图书馆 CIP 数据核字（2022）第 120132 号

出版发行：中国电力出版社
地　　址：北京市东城区北京站西街 19 号（邮政编码 100005）
网　　址：http：//www.cepp.sgcc.com.cn
责任编辑：孙　芳（010-63412381）
责任校对：黄　蓓　常燕昆
装帧设计：赵珊珊
责任印制：吴　迪

印　　刷：三河市万龙印装有限公司
版　　次：2022 年 7 月第一版
印　　次：2022 年 7 月北京第一次印刷
开　　本：787 毫米×1092 毫米　16 开本
印　　张：19
字　　数：470 千字
印　　数：0001—1000 册
定　　价：75.00 元

《火力发电工人实用技术问答丛书》

编　委　会

前 言

为了提高电力生产运行、检修人员和技术管理人员的技术素质和管理水平，适应现场岗位培训的需求，特别是为适应火力发电技术快速发展、超临界和超超临界机组大规模应用的现状，使火力发电员工技术水平与生产形势相匹配，特编写了《火力发电工人实用技术问答丛书》。

丛书结合近年来火力发电发展的新技术及地方电厂现状，根据《中华人民共和国职业技能鉴定规范（电力行业）》及《职业技能鉴定指导书》，本着紧密联系生产实际的原则编写而成。丛书采用问答形式，内容以操作技能为主，基本训练为重点，着重强调了基本操作技能的通用性和规范化。

《燃料设备运行技术问答》以燃料生产的配煤、输煤两大主要工艺设备为主，力求反映所有的燃料设备运行的知识。全书内容丰富、覆盖面广、文字通俗易懂，是一套针对性较强的、有相关先进性和普遍适用性的工人技术培训参考书。

本书全部内容共分为八章。其中第一、二章由陈军义编写；第三、四、八章由李志伟编写；第五、六、七章由苏应华编写。全书由陈军义主编，古交西山发电有限公司副总工程师王国清主审。在此书出版之际，谨向为本书提供咨询及所引用的技术资料的作者们致以衷心的感谢。

本书在编写过程中，由于时间仓促和编著者的水平与经历有限，书中难免有缺点和不足之处，恳请读者批评指正。

编者

2022 年 7 月

目 录

前言

第一章 基础知识 …… 1

第一节 燃煤基础知识及管理 …… 1

1. 煤炭是怎样形成的？ …… 1
2. 我国煤炭的种类与性能大致有哪些？ …… 1
3. 动力用煤有哪些种类？ …… 1
4. 长焰煤的主要特性是什么？ …… 1
5. 贫煤的主要特性是什么？ …… 2
6. 无烟煤的主要特点是什么？ …… 2
7. 煤的发热量是指什么？其计量单位是什么？ …… 2
8. 煤的化学成分主要有哪些？主要可燃物的发热量是多少？ …… 2
9. 煤的可磨性是指什么？ …… 2
10. 煤的磨损性是什么？ …… 2
11. 煤的真密度、视密度和堆积密度各是什么？ …… 2
12. 煤的自然堆积角是什么？ …… 3
13. 煤的着火温度和特性是什么？ …… 3
14. 煤的自燃特性是什么？影响自燃的因素有哪些？ …… 3
15. 煤质的变化对输煤系统有何影响？ …… 3
16. 煤的燃烧性能指标主要有哪些？各对锅炉运行有何影响？ …… 4
17. 煤中水分存在的形式和特征有哪些？ …… 4
18. 灰的化学成分主要是什么？ …… 5
19. 动力用煤的主要特性指标及其符号是什么？ …… 5
20. 煤的分析基准是什么？常用分析基准有哪些？ …… 5
21. 煤质指标符号右下标的小字符代表什么含义？ …… 5
22. 不同基准状态下煤中水分和硫分的表示符号各是什么？ …… 5
23. 煤的工业分析与元素分析有什么关系？ …… 5
24. 煤的收到基是什么？其组成物的百分含量表达式是什么？ …… 6
25. 煤的空气干燥基是什么？其组成物的百分含量表达式是什么？ …… 6
26. 煤的干燥无灰基是什么？其组成物的百分含量表达式是什么？ …… 6
27. 燃煤化学监督需采取哪些样品？它们各化验什么项目？ …… 6
28. 煤的挥发分如何测定？ …… 7

29. 怎样在火车顶部采取煤样？ …… 7
30. 怎样在煤堆上采取煤样？ …… 7
31. 自动采制样装置的性能技术要求有哪些？ …… 7
32. 制样的基本要求是什么？ …… 7
33. 制样过程需经哪些步骤？怎样才能减少制样误差？ …… 8
34. 简述煤中水分的测定方法。 …… 8
35. 简述煤中灰分的测定方法。 …… 8
36. 简述煤的挥发分的测定方法。 …… 8
37. 简述煤中全硫的测定方法。 …… 9
38. 简述煤的发热量测定方法。 …… 9
39. 火电厂为什么必须重视燃煤管理？ …… 9
40. 燃料车间经济技术指标管理的作用有哪些？ …… 10
41. 燃用多种煤的发电厂如何选用煤质指标作为配煤的依据？ …… 10
42. 燃煤储备量的依据是什么？ …… 10
43. 燃煤化验分析的目的是什么？其化验项目有哪些？ …… 10
44. 燃煤中三大块是指什么？各如何处理？ …… 11
45. 燃煤中铁块的主要来源有哪些？ …… 11
46. 燃煤组堆的注意事项有哪些？ …… 11
47. 燃煤防止自燃的措施有哪些？ …… 11
48. 燃煤长期贮存时煤质会发生哪些变化？ …… 12
49. 燃煤在组堆及贮存期间会发生哪些损耗？ …… 12
50. 长期贮存易氧化的煤时应怎样组堆？ …… 12
51. 分炉计量的测算方法是怎样的？ …… 12
52. 配煤的重要性是什么？ …… 12
53. 常用的配煤方法有哪几种？ …… 13
54. 燃煤验收包括哪些内容？ …… 13
55. 库存煤是如何进行盘点的？ …… 13
56. 船舶运输煤量的验收方法有哪些？ …… 13
57. 电子轨道衡和汽车衡计量的优点是什么？ …… 14
58. 列车车号自动识别系统的用途和工作原理是什么？ …… 14
第二节　燃料设备基础知识 …… 14
1. 机械摩擦的危害和润滑的作用有哪些？ …… 14
2. 润滑介质可分为哪几类？ …… 14
3. 润滑油应有哪些性能要求？ …… 14
4. 润滑脂的种类与特性有哪些？ …… 14
5. 二硫化钼润滑剂的特点是什么？ …… 15
6. 国产机械油的特性与分类牌号是什么？ …… 15
7. 国产工业齿轮油的种类牌号有哪些？ …… 15
8. 滑动轴承的润滑有哪些要求？ …… 15

9. 滚动轴承添加润滑脂应注意什么？ …… 15
10. 油浸减速器的齿轮浸浴度有什么要求？ …… 16
11. 减速机的润滑要求有哪些？ …… 16
12. 减速机润滑油的更换有何要求？ …… 17
13. 开式齿轮的润滑方式有哪几种？ …… 17
14. 润滑油液的净化方法有哪些？ …… 17
15. 润滑油箱的功能与储油要求有哪些？ …… 18
16. 设备的润滑方法有哪些？ …… 18
17. 润滑油脂的使用情况有哪几种方式？ …… 18
18. 润滑装置有哪几种配置方式？ …… 18
19. 按润滑装置的作用时间可分为哪几种润滑方法？ …… 19
20. 润滑管理的五定有哪些内容？ …… 19
第二章 油库及燃油设备系统 …… 20
第一节 燃油特性及管理 …… 20
1. 石油是怎样形成的？燃油的种类有哪些？ …… 20
2. 重油是由哪些油按不同比例调制而成的？ …… 20
3. 重油的凝固点如何测定？ …… 20
4. 轻柴油有哪几个牌号？ …… 20
5. 锅炉用油应符合哪几项要求？ …… 20
6. 燃油的组成元素有哪些？ …… 20
7. 燃油中含硫过大有何危害？ …… 21
8. 燃油的元素分析法是什么？ …… 21
9. 燃油的工业分析法是什么？ …… 21
10. 燃油的发热量是什么？ …… 21
11. 燃油的发热量为何比煤的高？ …… 21
12. 燃油的比热容是什么？ …… 21
13. 燃油的凝固点是什么？它与哪些因素有关？ …… 21
14. 燃油的沸点有何特点？ …… 21
15. 燃油的黏度是什么？ …… 21
16. 燃油的黏度与哪些因素有关？ …… 22
17. 油的黏温曲线是什么？ …… 22
18. 黏度与温度的变化关系是怎样的？ …… 22
19. 燃油中的机械杂质是什么？ …… 22
20. 燃油的闪点和燃点是什么？ …… 22
21. 燃油的自燃点是什么？ …… 22
22. 燃油的爆炸浓度极限是什么？ …… 22
23. 燃油蒸气浓度超过爆炸极限时，为何反而不易发生爆炸？ …… 23
24. 燃油的静电特性是什么？ …… 23
25. 油系统内所有管道设备为何要有良好的接地措施？ …… 23

26. 燃油的水分是从哪里来的？它存在的状态有哪几种？ …… 23
27. 燃油带水有何危害？ …… 23
28. 燃油的灰分是什么？它的组成成分有哪些？ …… 23
29. 燃油雾化的目的是什么？ …… 24
30. 油是如何进行雾化的？ …… 24
31. 油雾如何与空气混合？ …… 24
32. 燃油强化燃烧的措施有哪些？ …… 24
33. 燃油的燃烧过程分为哪几个阶段？ …… 24
34. 燃油的燃烧时间如何缩短？ …… 24
35. 燃油储存时有哪些注意事项？ …… 24
36. 造成油品消耗的原因有哪些？ …… 25
37. 油罐的大呼吸损耗是指什么？ …… 25
38. 油罐的小呼吸损耗是指什么？ …… 25
39. 油品的油蒸气饱和损耗是什么？ …… 25
40. 如何降低燃油的损耗？ …… 25
41. 燃油运输的方式有哪些？ …… 25
42. 铁路油罐车运输有何特点？ …… 26
43. 船舶燃油运输有何特点？ …… 26
44. 管道燃油运输有何优点？ …… 26
45. 使用船舶装卸油时有何安全措施？ …… 26
46. 燃油测定时的标准密度是什么？ …… 26
47. 视密度是什么？ …… 27
48. 视密度如何测定？ …… 27
49. 某油罐车装运燃油到电厂后，实测油面高度为2.493m，原油温度为40℃，采样后，用密度计测得油温为42℃时，视密度为847kg/m^3，计算该罐内油在空气中的质量是多少？ …… 27
50. 测量油面高度的方法有哪两种？ …… 27
51. 水面高度如何测量？ …… 28
52. 检测时如何进行采样？ …… 28
53. 船舶装载容量的测量如何进行？ …… 28
54. 船舶空载容量的测量如何进行？ …… 28
55. 管道输油时如何进行计量验收？ …… 28
56. 常用油种的一般化验项目有哪些？ …… 28
57. 油区内应做到的“三清、四无、四不漏”是指什么？ …… 29
58. 油区内防火安全措施有哪些内容？ …… 29
59. 卸油工作时的防火要求有哪些？ …… 29
60. 燃油在储存管理过程中应遵守哪些安全规定？ …… 30
61. 燃油设备检修工作开工前应做哪些安全检查工作？ …… 30
62. 油区工作时使用的工器具有何规定？ …… 30

63. 油区检修临时用电及照明线路应符合哪些安全要求？…… 30
64. 动火作业的含义是什么？…… 31
65. 动火工作票主要包括哪些内容？…… 31
66. 动火工作的监护人有哪些安全职责？…… 31
67. 油区如何控制可燃物？…… 31
68. 油区内如何做到断绝火源？…… 31
69. 油区如何防止产生电火花引起燃烧或爆炸？…… 32
70. 油区如何防止金属摩擦产生火花引起燃烧或爆炸？…… 32
71. 防止油气聚集的措施有哪些？…… 32
72. 静电是如何产生的？…… 32
73. 静电电压的高低与哪些因素有关？…… 32
74. 油区如何防止静电放电？…… 33
75. 油区接地装置的设置有何要求？…… 33
76. 燃油为何具有较大的毒性？…… 33
77. 如何避免油气中毒？…… 34
78. 油区常用的消防器材有哪些？其使用方法是什么？…… 34
79. 物理爆炸和化学爆炸的区别是什么？…… 35
80. 防火防爆的方法有哪些？…… 35
81. 泡沫消防系统的工作原理是什么？…… 35
82. 泡沫灭火系统主要包括哪些设备？…… 35
83. 消防泵启动前应检查哪些项目？…… 35
84. 如何用消防泵系统灭火？…… 36
第二节　燃油系统设备及运行 …… 36
1. 火电厂的燃油系统包括什么？…… 36
2. 燃油系统有什么要求？…… 36
3. 燃油系统的任务是什么？…… 36
4. 燃油系统的附属系统有哪些？…… 36
5. 燃油主系统主要由哪四部分组成？…… 36
6. 燃油泵房的工业冷却水系统有何要求？…… 37
7. 燃油系统采用什么方式卸油？…… 37
8. 燃油系统防冻有哪些措施？…… 37
9. 燃油系统所用蒸汽参数有何规定？…… 37
10. 燃油蒸汽系统的作用是什么？…… 37
11. 燃油蒸汽管道为何必须装有截止门和止回阀？…… 38
12. 燃油系统加热器有哪几种？各适用于哪些场合？…… 38
13. 燃油系统的整体布置是怎样的？…… 38
14. 燃油系统包括哪些阀门和设备？…… 38
15. 燃油系统第一次投入运行前应进行哪些试验？…… 38
16. 燃油系统初次受油前应具备哪些条件？…… 39

17. 燃油运行故障处理的原则和要求有哪些？ …… 39
18. 燃油窜入蒸汽系统有何现象和原因？如何处理？ …… 39
19. 燃油系统供油压力比炉前进油压力高的原因有哪些？ …… 39
20. 燃油泵房各油池应进行哪些维护和检查？ …… 40
21. 燃油系统运行的经济性如何提高？ …… 40
22. 燃油系统中油泵为何大部分采用并列运行？ …… 40
23. 油泵的串联运行和并联运行是什么？ …… 40
24. 供回油管爆破有何现象和原因？如何处理？ …… 41
25. 供油管路堵塞有何现象和原因？如何处理？ …… 41
26. 燃油为什么必须脱水过滤？ …… 41
27. 油水分离器的启停操作如何进行？ …… 41
28. 油水分离器装置使用过程中有哪些注意事项？ …… 42
29. 油水分离器运行中常见的故障及原因有哪些？如何处理？ …… 42
30. 燃油设备防腐有哪些措施？如何进行？ …… 43
31. 卸油系统包括哪些设备？ …… 43
32. 卸油设施应符合哪些要求？ …… 43
33. 卸油操作是如何进行的？ …… 44
34. 离心式油泵的性能参数有哪些？ …… 44
35. 离心式油泵有何特点？ …… 44
36. 离心油泵的结构和工作原理是怎样的？ …… 44
37. 离心油泵振动的主要原因有哪些？各如何防止？ …… 45
38. 离心油泵在燃油泵房有哪些作用？ …… 46
39. 离心油泵的机械损失和容积损失是什么？ …… 46
40. 离心油泵启动初期应注意哪些问题？ …… 46
41. 离心油泵启动前为什么要灌油排空？ …… 46
42. 离心油泵的轴封装置有何作用？常用的有哪几种？ …… 46
43. 离心油泵的出口门关闭时，为何不能长时间运行？ …… 46
44. 离心油泵流量的调节方式有哪些？ …… 46
45. 油泵电动机在何种情况下必须测绝缘？ …… 47
46. 油罐车卸油的方式有哪几种？ …… 47
47. 油罐车上部卸油如何进行？ …… 47
48. 油罐车下部卸油如何进行？ …… 47
49. 储油罐按顶部构造可分为哪几种？各有何特点？ …… 47
50. 拱顶油罐内外有哪些附件？各有何作用和要求？ …… 48
51. 储油罐建造时对其基础有何具体要求？ …… 48
52. 储油罐运行中应进行哪些维护和检查？ …… 48
53. 储油罐及其附件质量检验的内容是什么？ …… 49
54. 储油罐内沉积物如何进行清理？ …… 49
55. 储油罐至少几年应进行一次定检？如何检查？ …… 49

56. 供油系统包括哪些设备？ …… 49
57. 供油系统有什么要求？ …… 49
58. 锅炉燃油系统有哪些要求？ …… 50
59. 供油泵的运行和维护有哪些内容？ …… 50
60. 供油泵的设备规范是怎样的？ …… 50
61. 供油泵启动前应进行哪些检查内容？ …… 50
62. 供油泵运行中应进行哪些维护和检查？ …… 51
63. 供油泵运行中如何进行切换？ …… 51
64. 供油泵启动后不出油的原因有哪些？如何处理？ …… 51
65. 供油泵运行中流量小的原因有哪些？如何处理？ …… 52
66. 供油泵运行中压力降低的原因有哪些？如何处理？ …… 52
67. 供油泵停运的步骤有哪些？ …… 52
68. 供油泵的紧停规定有哪些？ …… 52
69. 供油泵的紧急停运步骤及注意事项有哪些？ …… 53
70. 供油泵汽化有何现象和原因？如何处理？ …… 53
71. 供油泵压力摆动有何现象和原因？如何处理？ …… 53
72. 供油泵跳闸有何现象和原因？如何处理？ …… 54
73. 供油泵为什么要采用平衡装置？ …… 54
74. 供油泵常用的平衡装置有哪几类？ …… 54
75. 油泵平衡装置正常运行时的注意事项有哪些？ …… 54
76. 简述油泵的吹损与腐蚀。 …… 54
77. 油泵电动机过热的原因有哪些？如何处理？ …… 55
78. 油泵电动机电流摆动的现象和原因有哪些？如何处理？ …… 55
79. 油泵机组发生振动和异音的原因有哪些？如何处理？ …… 55
80. 油泵填料发热有何原因？如何处理？ …… 55
81. 油泵轴封装置正常工作的注意事项有哪些？ …… 55
82. 油泵启动负载过大有何原因？现象是什么？如何处理？ …… 56
83. 油泵的汽化是怎样产生的？有何危害？ …… 56
84. 油泵汽化有何现象？如何处理？ …… 56
85. 供油泵大修时应做哪些安全措施？ …… 56
86. 供油泵大修结束后如何进行试转？ …… 57

第三章 卸煤设备 …… 58

第一节 翻车机卸车系统设备及运行 …… 58

1. 翻车机本体有哪几种形式？ …… 58
2. 简述转子式翻车机的结构特点和工作过程。 …… 58
3. 侧倾式翻车机工作特点是什么？其形式种类有哪些？ …… 59
4. 侧倾式翻车机的液压传动装置包括哪些？ …… 59
5. 简述 M6271 型钢丝绳驱动的侧倾式翻车机的组成及工作过程。 …… 59
6. KFJ-1 型侧倾式翻车机的工作过程是什么？ …… 59

7. FZ2-1C 型双车翻车机的工作过程是什么？ …… 60
8. 齿轮传动式翻车机驱动装置的结构特点是什么？ …… 60
9. 压车梁平衡块的作用是什么？ …… 60
10. 机械式压车机构的特点是什么？ …… 60
11. 重车铁牛的种类和各主要特性有哪些？ …… 60
12. 前牵式重车铁牛的组成特点和工作过程是什么？ …… 61
13. 前牵式重车铁牛卷扬驱动减速机有何特点？ …… 61
14. 调车机与铁牛相比，优缺点各是什么？ …… 62
15. 简述重车调车机的结构特点和工作过程。 …… 62
16. 重车定位机的用途与组成结构是什么？ …… 63
17. 确保迁车台对轨定位的装置有哪些？ …… 63
18. 简述摘钩平台液压系统的工作过程。 …… 63
19. 简述摘钩平台的作用及工作过程。 …… 64
20. 迁车台对轨液压缓冲器的作用是什么？ …… 64
21. 简述液压缓冲定位式迁车台的结构和工作原理。 …… 64
22. 钢丝绳驱动式迁车台的典型结构组成有哪些？ …… 65
23. 定位器的作用是什么？它由哪几部分组成？ …… 65
24. 液压缓冲器的结构和工作原理是什么？ …… 65
25. 简述空车铁牛的工作过程。 …… 65
26. 简述空车调车机的工作过程。 …… 66
27. 翻车机出口与迁车台坑前的地面安全止挡器的组成及作用是什么？ …… 66
28. 翻车机煤斗箅子的孔口宜为多大？ …… 66
29. 防止和处理煤斗蓬煤的措施有哪些？ …… 66
30. 聚氨酯复合衬板的特性和使用要点是什么？ …… 66
31. 煤斗内衬板有哪些种类？各有哪些缺点？ …… 66
32. 贯通式翻车机卸车线的工艺过程及布置形式有哪几种？ …… 66
33. 折返式翻车机卸车线的工艺过程及布置形式有哪几种？ …… 67
34. 简述重牛后推贯通式翻车机卸车线的工作过程。 …… 67
35. 转子式翻车机手动操作的步骤是什么？ …… 68
36. O 型转子式翻车机的进车条件和安全注意事项有哪些？ …… 68
37. O 型转子式翻车机内往外推空车时的安全工作要点是什么？ …… 68
38. 翻车机回零位轨道对不准的原因是什么？ …… 68
39. 翻车机遇哪些情况时不准翻卸？ …… 69
40. O 型转子式翻车机启动前机械部分的检查内容有哪些？ …… 69
41. O 型转子式翻车机自动卸车系统启动前电气部分的检查内容有哪些？ …… 69
42. 翻车机液压部分的检查内容有哪些？ …… 70
43. O 型转子式翻车机集中手动操作步序是什么？ …… 70
44. O 型转子式翻车机系统自动启动前的各单机就绪状态应是什么？ …… 70
45. 前牵地沟折返式翻车机系统的自动卸车流程是什么？ …… 71

46. O型转子式翻车机系统操作时的安全注意事项有哪些？ …… 71
47. 翻车机系统运行时巡回检查的内容主要有哪些？ …… 72
48. 重牛和空牛启动前机械部分的检查内容有哪些？ …… 73
49. 前牵地沟式重车铁牛的集中手动操作顺序是什么？ …… 73
50. 重车铁牛接车时电流太大的原因有哪些？ …… 73
51. 重车铁牛接车时，电流不大，牵引力小的原因有哪些？ …… 74
52. 前牵地沟式重牛的安全工作要点是什么？ …… 74
53. 摘钩平台的集中手动操作顺序是什么？ …… 74
54. 摘钩平台的安全工作条件是什么？ …… 74
55. 迁车台的机旁操作顺序是什么？ …… 74
56. 迁车台的手动操作顺序是什么？ …… 75
57. 迁车台的安全工作要点有哪些？ …… 75
58. 钢丝绳传动的迁车台的使用及维护要求是什么？ …… 75
59. 空牛部分的集中手动操作顺序是什么？ …… 76
60. 空牛的机旁操作顺序是什么？ …… 76
第二节　底开门自卸车系统 …… 76
1. 底开车的结构由哪几部分组成？ …… 76
2. 底开车的特点有哪些？ …… 76
3. K18DG底开车的主要技术参数各是什么？ …… 77
4. 底开车顶锁式开闭机构的组成和特性是什么？ …… 77
5. 底开车卸车方法有哪几种？ …… 77
6. 手动机构的工作原理是什么？ …… 77
7. 手动卸车的操作方法及其适用范围是怎样的？ …… 77
8. 风控风动系统的工作原理是什么？ …… 77
9. 风控风动卸车的适用范围是什么？ …… 78
10. 风控风动单辆卸车的操作方法是什么？ …… 78
11. 风控风动整列或分组卸车的操作方法是什么？ …… 78
12. 底开车发车前应做好哪些准备工作？ …… 78
13. 底开车的常见故障有哪些？如何处理？ …… 78
14. 电厂常采用的火车煤解冻方式有哪几种？ …… 79
15. 煤气红外线解冻库的结构特点是什么？ …… 79
16. 蒸汽解冻库的结构特点是什么？ …… 79
第三节　装卸桥 …… 80
1. 装卸桥的主要优缺点是什么？ …… 80
2. 装卸桥的结构组成与工作方式有哪些？ …… 80
3. 抓斗结构的组成和工作过程是什么？ …… 81
4. 抓斗的传动类型有哪几种？ …… 81
5. 装卸桥安全操作的主要内容有哪些？ …… 81
6. 装卸桥操作的基本功是指什么？ …… 81

7. 装卸桥作业中的安全操作技巧有哪些？ …… 82
8. 装卸桥主接触器合不上闸的原因是什么？ …… 82
9. 大车给电后行走困难的原因是什么？ …… 82
10. 大车行走偏斜或啃道的原因是什么？ …… 82
11. 抓斗张不开的原因是什么？ …… 83
12. 操作控制时过流继电器动作的原因是什么？ …… 83
13. 装卸桥滑轮的常见故障及原因是什么？ …… 83
14. 桥架构件初应力的种类及其造成的原因是什么？ …… 83
第四节 螺旋卸煤机 …… 83
1. 螺旋卸煤机的结构和种类有哪些？ …… 83
2. 螺旋卸煤机的工作原理是什么？ …… 84
3. 简述螺旋卸煤机的卸车过程。 …… 84
4. 螺旋卸煤机操作注意事项有哪些？ …… 84
5. 螺旋卸煤机运行前的检查内容有哪些？ …… 84
6. 螺旋卸煤机的常见故障及原因有哪些？ …… 85
7. 螺旋卸煤机操作安全注意事项是什么？ …… 85
第五节 其他 …… 86
1. 简述链斗卸车机的结构及工作原理。 …… 86
2. 链斗卸车机的工作过程是什么？ …… 86
3. 链斗卸车机使用及维护要求有哪些？ …… 86
4. 斗式提升机的工作原理是什么？ …… 87
5. 卸船机由哪些机构组成？ …… 87
6. 卸船机的种类有哪些？ …… 87
7. 卸船机的一个工作循环包括哪些？ …… 87
8. 抓斗的起升开闭机构主要由哪些部件组成？ …… 87
9. 抓斗起重量检测装置（负荷限制器）的作用是什么？ …… 87
10. 卸船机小车运行机构的任务是什么？ …… 87
11. 卸船机小车设有哪些安全装置？ …… 88
12. 卸船机臂架变幅机构设置有哪些开关和连锁开关？ …… 88
13. 卸船机出料系统由哪些设备组成？ …… 88
14. 卸船机落煤斗上方的落煤挡风墙和挡风门的作用是什么？ …… 88
15. 汽车卸车机的组成和工作原理是什么？ …… 88
16. 汽车卸车机的使用与维护要求有哪些？ …… 89
第四章 储煤设备 …… 90
第一节 斗轮堆取料机及其运行 …… 90
1. 悬臂式斗轮堆取料机的结构由哪几部分组成？ …… 90
2. 悬臂式斗轮堆取料机的堆取料工作方式是如何实现的？ …… 90
3. 斗轮取料部件的结构和工作特性是什么？ …… 90
4. 斗轮的驱动方式有哪几种？各有何特点？ …… 91

5. 斗轮传动轴之间采用胀环或压缩盘连接的特点是什么？ …… 91
6. 斗轮机械驱动式过载杆保护装置的动作原理是什么？ …… 91
7. 斗轮轮体有哪几种结构形式？其主要特点各是什么？ …… 91
8. 斗子底部采用链条拼接结构的特点是什么？ …… 92
9. 回转支承装置的结构形式有哪几种？ …… 92
10. 回转机构的组成及驱动方式有哪几种方式？ …… 92
11. 回转液压系统缓冲阀的作用是什么？ …… 93
12. 俯仰机构的组成和工作方式有哪些？ …… 93
13. 大车行走装置的组成和结构特点是什么？ …… 93
14. 折返式尾车的种类与结构特点是什么？ …… 93
15. 斗轮机的三种堆料作业法各有何特点？ …… 93
16. 斗轮机的取料作业工艺有哪些？ …… 94
17. 斗轮机启动前的检查准备工作有哪些？ …… 94
18. 斗轮机运行中的检查内容有哪些？ …… 95
19. 斗轮机作业时的安全注意事项有哪些？ …… 96
20. 斗轮机的启动操作步骤是什么？ …… 96
21. 斗轮机堆料操作步骤主要有哪些？ …… 97
22. 斗轮机取料操作步骤主要有哪些？ …… 97
23. 斗轮机的日常维护项目有哪些？ …… 97
24. 斗轮机每周维护项目有哪些？ …… 98
25. 斗轮机每月维护项目有哪些？ …… 98
26. 斗轮机紧急停机事项有哪些？ …… 98
27. 斗轮机的常见故障及其处理方法有哪些？ …… 98
28. 斗轮机械驱动空载试车的内容和要求有哪些？ …… 100
29. 折返变幅式尾车的工作位置如何调整？ …… 100
30. 俯仰液压机构不动作或运动不均匀的原因有哪些？ …… 100
31. 俯仰机构空载试车的内容和要求是什么？ …… 100
32. 悬臂皮带机空载试车的内容和要求是什么？ …… 100
33. 回转机构空载试车检查的内容和要求是什么？ …… 100
34. 斗轮机分部试车的要求有哪些？ …… 101
35. 斗轮机试车前的检查内容及要求有哪些？ …… 101
36. 斗轮机带负荷堆料（取料）试车的内容和要求是什么？ …… 101
37. 行走机构空载试车检查的内容和要求是什么？ …… 101
第二节　刮板式堆取料机 …… 101
1. DB2000/24.5 侧式悬臂堆料机的型号代表什么？ …… 101
2. 侧式悬臂堆料机的主要用途是什么？ …… 102
3. 侧式悬臂堆料机的主要技术性能参数有哪些？ …… 102
4. 简述侧式悬臂堆料机的基本构造。 …… 102
5. 简述侧式悬臂堆料机悬臂的组成及工作原理。 …… 102

6. 简述侧式悬臂堆料机行走机构的组成及工作原理。…… 102
7. 简述侧式悬臂堆料机来料车的组成及工作原理。…… 103
8. 侧式悬臂堆料机试车前的准备工作有哪些？…… 103
9. 侧式悬臂堆料机空负荷试车的要求有哪些？…… 103
10. 侧式悬臂堆料机带负荷试车的要求有哪些？…… 104
11. 侧式悬臂堆料机启车前的注意事项有哪些？…… 104
12. 侧式悬臂堆料机监控、报警和保护部位有哪些？…… 105
13. 侧式悬臂堆料机重点巡检内容有哪些？…… 105
14. 侧式悬臂堆料机运行中应注意的事项是什么？…… 105
15. 侧式悬臂堆料机的操作方式分为哪几种？…… 106
16. 堆料机和取料机换堆作业有哪些规定？…… 107
17. 侧式悬臂堆料机如何进行堆料作业？…… 107
18. 堆料机的日常检查项目和要求是什么？…… 107
19. 简述堆料机常见故障的诊断及处理。…… 108
20. QG1500/46 桥式刮板取料机的型号代表的含义是什么？…… 108
21. 桥式刮板取料机的主要用途是什么？…… 108
22. 桥式刮板取料机主要参数有哪些？…… 108
23. 桥式刮板取料机的主要结构组成是什么？…… 109
24. 桥式刮板取料机的桥式箱形主梁的组成部分有哪些？…… 109
25. 简述桥式刮板取料机的刮板输送部分的组成及工作原理。…… 109
26. 桥式刮板取料机的料耙部分的组成是什么？…… 109
27. 简述桥式刮板取料机的固定端梁组成和工作原理。…… 110
28. 简述桥式刮板取料机的摆动端梁的组成和工作原理。…… 110
29. 桥式刮板取料机的操作方式有哪几种？…… 110
30. 桥式刮板取料机的试车有哪些规定？…… 111
31. 桥式刮板取料机开车前的注意事项有哪些？…… 112
第三节　门式斗轮堆取料机及其他 …… 112
1. 简述 MDQ1505 型门式斗轮机的主要技术参数。…… 112
2. 门式斗轮机的主要结构包括哪几部分？其特点是什么？…… 112
3. 简述门式斗轮机的堆取料工作过程。…… 112
4. 门式斗轮机的堆取料作业有哪几种操作方式？…… 113
5. 门式斗轮轮体旋转驱动的结构特点是什么？…… 114
6. 门式斗轮机各皮带机是如何协调完成堆取料作业的？…… 114
7. 圆形煤场采用的 DQ-4022 型斗轮堆取料机的结构特点是什么？…… 114
8. 圆形煤场斗轮机取料机构的维护内容主要有哪些？…… 115
第四节　推煤机及其运行操作 …… 115
1. 内燃机的结构组成有哪些？…… 115
2. 内燃机的分类有哪几种？…… 115
3. 柴油机的工作原理是什么？…… 115

4. 四冲程内燃机的工作循环过程是什么? …… 115
5. 机体与曲轴连杆机构的组成与作用是什么? …… 116
6. 配气机构的作用及组成是什么? …… 116
7. 顶置式气门机构的工作过程是什么? …… 116
8. 燃料供给系统的作用及组成是什么? …… 116
9. 点火系统的作用和组成是什么? …… 116
10. 润滑系统的作用和组成是什么? …… 116
11. 气环和油环的作用是什么? …… 116
12. 活塞与连杆的连接方式有哪几种? …… 116
13. 飞轮的作用是什么? …… 117
14. 冷却系统的作用和组成是什么? …… 117
15. 水冷却系统的优点是什么? …… 117
16. 启动系统的作用是什么? 内燃机的启动方式有哪几种? …… 117
17. 空气滤清器的作用是什么? …… 117
18. 增压的原理是什么? …… 117
19. 废气涡轮增压器的工作原理是什么? …… 117
20. 简述柴油机燃料供给系统的组成。 …… 117
21. 柴油粗滤器与细滤器有何区别? …… 118
22. 输油泵的组成和作用是什么? …… 118
23. 喷油泵的原理是什么? …… 118
24. 采用交流发电机调节器的优点是什么? …… 118
25. 简述 T140-1 型推煤机的主要技术性能参数。 …… 118
26. 列举 TY220 型推煤机的主要性能参数。 …… 119
27. 推煤机试转中的检查内容及要求有哪些? …… 119
28. 推煤机启动前的准备工作有哪些? …… 120
29. 推煤机运转当中的监视项目内容有哪些? …… 120
30. 推煤机爬坡角度是多少? …… 120
31. 推煤机的操作驾驶注意事项有哪些? …… 120
第五节　布料机 …… 121
1. 环式布料机的工作原理是什么? …… 121
2. 环式布料机的作用和优点有哪些? …… 122
3. 环式布料机的主要结构组成有哪些? …… 122
4. 环式布料机的控制方式有哪几种? …… 122
5. 布料机的产品型号含义是什么? …… 122
6. 环式布料机的主要特点有哪些? …… 122
7. 环式布料机运行前的检查内容有哪些? …… 123
8. 环式布料机在哪些情况下应立即停车处理? …… 123
9. 环式布料机的操作注意事项有哪些? …… 123
10. 环式布料机维修和保养要求有哪些? …… 124

11. 环式布料机调试前的准备工作有哪些? …… 124
12. 环式布料机调试运转规定有哪些? …… 124
第五章 输煤设备 …… 126
第一节 常用皮带输送机 …… 126
1. 输煤系统主要由哪些设备组成? …… 126
2. 带式输送机的优点与种类有哪些? …… 126
3. TD75 型和 TD62 型皮带机主要有哪些区别? …… 126
4. TD75 和 DTⅡ皮带机的型号中各段字符的含义是什么? …… 126
5. 输送胶带有哪些种类? …… 127
6. 普通胶带的结构性能和主要技术参数有哪些? …… 127
7. 普通皮带机的结构和工作原理是什么? …… 127
8. 输送带运动的拉力和张力是指什么? …… 127
9. 输送带的初张力有何作用? …… 127
10. 拉紧装置主要结构形式有哪几种? …… 127
11. 设计皮带机时应考虑哪些原始数据及工作条件? …… 128
12. 提高滚筒与输送带的传动能力有哪几种方式? …… 128
13. 双滚筒驱动的主要优点有什么? …… 128
14. 双滚筒驱动有哪几种驱动方式? 其特点各是什么? …… 128
15. 驱动装置的组成形式有哪几种? 分别由哪些设备组成? …… 129
16. 油冷式电动滚筒的结构与工作原理是什么? …… 129
17. 油冷式电动滚筒适用于哪些场合使用? …… 129
18. 油冷式电动滚筒的优点是什么? …… 129
19. 列举油冷式电动滚筒型号规格的含义。 …… 129
20. 改向滚筒的作用与类型有哪些? …… 130
21. 落煤管的结构要求有哪些? …… 130
22. 输煤槽的作用与结构要求是什么? …… 130
23. 迷宫式挡煤皮与普通挡煤皮相比有哪些特性? …… 130
24. 密闭防偏导料槽的功能与特点是什么? …… 131
25. 托辊的作用是什么? 可分为哪些种类? …… 132
26. 过渡托辊组安装在什么部位? 有哪几种规格? …… 132
27. 前倾托辊组的作用与使用特点是什么? …… 132
28. 缓冲托辊的作用与种类有哪些? …… 132
29. 弹簧板式缓冲托辊的使用特点是什么? …… 133
30. 弹簧缓冲可调式托辊组的结构和工作原理是什么? …… 133
31. 弹簧橡胶圈式可调缓冲托辊组有哪些特点? …… 133
32. 弹簧式双螺旋热胶面缓冲上托辊有哪些主要特点? …… 133
33. 弹簧橡胶块式缓冲床(减震器)有何特点? …… 133
34. 自动调心托辊组的作用及种类是什么? …… 134
35. 锥形双向自动调心托辊的工作原理和结构特点是什么? …… 134

36. 单向自动调偏托辊组的结构及工作原理是什么？ …… 134
37. 曲线轮式可逆自动调心托辊的工作原理及优点是什么？ …… 134
38. 离合式双向自动调偏器换向和调偏的原理是怎样的？ …… 134
39. 连杆式可逆自动槽形调心托辊有何特点？ …… 135
40. 胶环平形下托辊具有哪些特性？ …… 135
41. 清扫托辊组的种类与安装要点有哪些？ …… 135
42. 清扫器的重要性是什么？ …… 135
43. 清扫器耐磨体的种类有哪些？ …… 135
44. 清扫器有哪些使用要求？ …… 136
45. 弹簧清扫器的结构特点是什么？ …… 136
46. 三角清扫器的结构特点是什么？ …… 136
47. 三角清扫器的使用要点是什么？ …… 136
48. 硬质合金橡胶清扫器的结构和使用特点是什么？ …… 136
49. 硬质合金清扫器分哪几种结构形式？各安装在什么部位？ …… 137
50. 重锤式橡胶双刮刀清扫器的使用性能与注意事项有哪些？ …… 137
51. 弹簧板式刮板清扫器的结构与工作原理是什么？ …… 137
52. 转刷式清扫器的结构与特点是什么？ …… 137
53. 线性导轨垂直拉紧装置的结构特点是什么？ …… 138
54. 制动装置的类型和作用是什么？ …… 138
55. 滚柱逆止器的结构和工作原理是什么？ …… 138
56. 接触式楔块逆止器的结构和工作原理是什么？ …… 138
57. 非接触式楔块逆止器的工作原理是什么？ …… 139
58. 非接触式楔块逆止器有哪些优点？ …… 139
59. 缓冲锁气器的原理与结构特点是什么？ …… 139
60. 缓冲锁气器的使用效果及要点有哪些？ …… 140
61. 缓冲锁气器的种类和功能有哪些？ …… 140
62. 缓冲锁气器的使用要求是什么？ …… 141
63. 自对中齿轮缓冲器的结构特点和功能是什么？ …… 141
64. 刮水器的用途与特点是什么？ …… 141
65. 皮带机转运站的交叉切换方案有哪些？ …… 141
66. 皮带机伸缩头的结构与特点是什么？ …… 141
67. 船式防卡三通的结构特点是什么？ …… 142
68. 摆动内套管防卡三通的特点是什么？ …… 142
69. 防卡三通分流器有何特点？ …… 143
70. 三通挡板的检查与维护内容有哪些？ …… 143
71. 三通挡板启动切换时的检查内容有哪些？ …… 143
72. 输煤系统的停机要领是什么？ …… 143
73. 输煤设备紧停规定的内容有哪些？ …… 144
74. 皮带机启动前的检查内容有哪些？ …… 144

75. 皮带机带负荷启动的危害和注意事项是什么？ …… 145
76. 皮带机的联锁方式包括哪些内容？ …… 145
77. 皮带机拉线开关起什么作用？ …… 145
78. 皮带机跑偏开关有什么功能？ …… 146
79. 程控启动设备时现场值班员应做好哪些工作？ …… 146
80. 皮带机正常运行有何要求？ …… 146
81. 皮带机如何正确启停操作？ …… 146
82. 皮带机的日常检查内容与标准有哪些？ …… 146
83. 胶带大量黏煤会导致什么后果？ …… 147
84. 如何预防皮带的损伤？ …… 147
85. 皮带机运行中的注意事项有哪些？ …… 147
86. 皮带机的故障原因及处理方法有哪些？ …… 147
87. 胶带跑偏的原因及调整方法有哪些？ …… 148
88. 胶带打滑的原因及预防措施有哪些？ …… 149
89. 胶带纵向撕裂是由于什么原因造成的？如何防止？ …… 149
90. 下煤筒堵塞的原因主要有哪些？ …… 149
91. 拉紧装置失灵的原因主要有哪些？ …… 149
92. 气垫皮带机的结构和工作原理是什么？ …… 150
93. 气垫皮带机有哪些优点和不足之处？ …… 150
94. 气室的作用是什么？ …… 150
95. 气垫皮带鼓风机的安装运行特性有何要求？ …… 150
96. 气垫皮带机上为什么要设置消声器？ …… 151
97. 气垫皮带机常见故障有哪些？ …… 151
98. 钢丝绳芯胶带与普通胶带相比具有哪些特点？ …… 151
99. 钢丝绳芯胶带的接头强度与搭接种类有何关系？ …… 151
100. 钢丝绳芯胶带硫化胶接的工艺要求是什么？ …… 151
101. 钢丝绳芯胶带输送机的布置原则是什么？ …… 152
102. 简述钢绳牵引皮带机的工作原理。 …… 152
103. 钢绳牵引皮带机的驱动部件有何特点与要求？ …… 152
104. 钢绳牵引胶带的组成特点是什么？ …… 153
105. 钢绳牵引胶带的连接方法与性能是什么？ …… 153
106. 钢绳牵引皮带机的分绳装置有哪几种？各有何优点？ …… 153
107. 钢绳牵引皮带机的钢绳有何特殊要求？ …… 153
108. 深槽型皮带机与普通皮带机的区别是什么？ …… 153
109. 深槽皮带机的特点有哪些？ …… 153
110. 花纹胶带有哪些特点？ …… 154
111. 管状带式输送机的结构特点是什么？ …… 154
112. 密闭式皮带输送机的结构与特点是什么？ …… 154

第二节　碎煤设备及其运行 …… 155
1. 原煤的破碎粒度大小对制粉系统有何影响? …… 155
2. 环锤式碎煤机的结构和工作原理是什么? …… 155
3. 环锤式碎煤机的特点是什么? …… 156
4. 环锤式碎煤机的转子结构形式是什么? …… 156
5. 减振平台的结构原理和特点是什么? …… 156
6. 碎煤机旁路落煤管的作用是什么? …… 156
7. 碎煤机监控仪有什么作用? …… 157
8. 环锤式碎煤机启动前的检查内容有哪些? …… 157
9. 环锤式碎煤机运行中的检查内容与标准有哪些? …… 157
10. 环锤式碎煤机正常工作有什么要求? …… 157
11. 环式碎煤机内产生连续敲击声的原因有哪些? …… 157
12. 环式碎煤机轴承温度过高的故障原因有哪些? …… 158
13. 环锤式碎煤机振动的故障原因有哪些? …… 158
14. 环锤式碎煤机排料粒度大的原因有哪些? …… 158
15. 环锤式碎煤机停机后惰走时间短的原因有哪些? …… 158
16. 环锤式碎煤机出力明显降低的故障原因有哪些? …… 158
17. 锤击式碎煤机的结构及工作原理是什么? …… 159
18. 锤击式碎煤机启动前的检查内容有哪些? …… 159
19. 锤击碎煤机运行中的注意事项有哪些? …… 159
20. 反击式碎煤机的主要结构是什么? …… 159
21. 反击式碎煤机的工作原理是什么? …… 160
22. 反击式碎煤机的检查维护内容有哪些? …… 160
23. 反击式碎煤机出料粒度和风量如何调整? …… 160
24. 反击式碎煤机的常见故障及原因有哪些? …… 161
25. 环锤反击式细粒破碎机的工作原理和结构特点是什么? …… 161
26. 选择性破碎机的工作原理和特点是什么? …… 161
第三节　给煤设备 …… 162
1. 给配煤设备包括哪些种类? …… 162
2. 叶轮给煤机的结构和工作原理是怎样的? …… 162
3. 叶轮给煤机具有哪些特点? …… 162
4. 叶轮给煤机行车传动部分的组成有哪些? …… 163
5. 叶轮给煤机的控制内容有哪些? …… 163
6. 叶轮给煤机减速机的安全装置有何要求? …… 163
7. 叶轮给煤机启动前的检查内容包括哪些? …… 163
8. 叶轮给煤机的运行注意事项有哪些? …… 164
9. 叶轮给煤机的常见故障原因及处理方法有哪些? …… 164
10. 环式给煤机的结构特点是什么? …… 165
11. 环式给煤机的工作原理是什么? …… 165

12. 环式给煤机配套筒仓储煤的优点是什么？ …… 165
13. 环式给煤机启动和停车的流程是什么？ …… 166
14. 环式给煤机的给煤能力如何调节？ …… 167
15. 电磁振动给煤机的主要特点是什么？ …… 167
16. 电磁振动给煤机的结构组成有哪些？ …… 167
17. 电磁振动给煤机的工作原理是什么？ …… 167
18. 电磁振动给煤机的振动频率是多少？为什么？ …… 167
19. 电磁振动给煤机的运行维护内容有哪些？ …… 167
20. 电磁振动给煤机如何调节给煤量？ …… 168
21. 电磁振动给煤机启动前的检查内容有哪些？ …… 168
22. 电磁振动给煤机的操作注意事项有哪些？ …… 168
23. 电磁振动给煤机常见的故障及原因有哪些？ …… 168
24. 电磁振动给煤机运转的稳定性取决于什么条件？ …… 169
25. 简述往复式给煤机的结构组成。 …… 169
26. 往复式给煤机的工作原理是什么？ …… 169
27. 往复式给煤机的主要部件及作用有哪些？ …… 169
28. 往复式给煤机常见故障及处理方法有哪些？ …… 169
29. 往复式给煤机日常检查内容有哪些？ …… 170
30. 电动机振动给煤机的结构及工作原理是什么？ …… 170
31. 电动机振动给煤机如何调整出力？ …… 170
32. 电动机振动给煤机启停机有何特点？ …… 170
33. 电动机振动给煤机常见故障及原因有哪些？ …… 171
34. 激振式给煤机结构特点与工作原理是什么？ …… 171
35. 皮带给煤机的工作特性与结构是什么？ …… 171
36. 刮板给煤机的工作原理及特点是什么？ …… 172
第四节 配煤设备 …… 172
1. 配煤设备的种类与特性有哪些？ …… 172
2. 使用犁煤器对胶带有何要求？ …… 172
3. 犁煤器的种类与结构特点有哪些？ …… 172
4. 滑床框架式电动犁煤器的结构和工作原理是什么？ …… 173
5. 简述托架式犁煤器的工作原理。 …… 173
6. 槽角可变式电动犁煤器主要有哪些特点？ …… 173
7. 犁煤器启动前的检查内容有哪些？ …… 174
8. 犁煤器操作不动的原因主要有哪些？ …… 174
9. 型号为DT□30050电动推杆的含义是什么？ …… 174
10. 电动推杆的工作原理及用途是什么？ …… 175
11. 电动推杆内部的过载开关是如何起作用的？ …… 175
12. 电动液压推杆的工作原理及特点是什么？ …… 175
13. 移动式皮带配煤机的优缺点有哪些？ …… 175

14. 移动式皮带机的配煤原理是什么？ …… 176
15. 配煤车的结构和工作原理是什么？ …… 176
16. 配煤车的特点有哪些？ …… 176
17. 配煤车在运行中应特别注意的问题有哪些？ …… 177
第五节　除铁器 …… 177
1. 常用除铁器的种类有哪些？ …… 177
2. 铁磁性物质被磁化吸铁的机理是什么？ …… 177
3. 输煤系统为什么要安装除铁装置？ …… 177
4. 在输煤系统中除铁器的设计要求是什么？ …… 178
5. 除铁器的布置要求有哪些？ …… 178
6. 带式电磁除铁器主要由哪些部件组成？ …… 178
7. 带式电磁除铁器的特性和工作过程是什么？ …… 178
8. 金属探测器的工作原理是什么？ …… 178
9. 电磁除铁器的自身保护功能有哪些？ …… 179
10. 电磁除铁器的冷却方式有哪些？ …… 179
11. 带式电磁除铁器启动前的检查内容有哪些？ …… 179
12. 带式电磁除铁器运行中的检查内容与标准有哪些？ …… 179
13. 带式除铁器常见的故障及原因有哪些？ …… 180
14. 简述悬吊式电磁除铁器的排料方式。 …… 180
15. 滚筒式电磁除铁器为何容易对输送带造成损坏？ …… 180
16. 永磁除铁器的结构原理与使用要求有哪些？ …… 180
17. 永磁材料的磁场是来自哪里的？ …… 180
18. 永磁铁吸铁、卸铁而磁能量为什么不会因此降低？ …… 181
19. 永磁除铁器的特点有哪些？ …… 181
20. 永磁滚筒除铁器的结构特性有哪些？ …… 181
第六节　筛煤设备 …… 181
1. 什么是筛分效率？什么是筛上物、筛下物？ …… 181
2. 影响筛分效率的主要因素有哪些？ …… 182
3. 输煤系统常用的煤筛有哪几种？ …… 182
4. 固定筛有哪些特点？ …… 182
5. 固定筛的结构和工作过程是什么？ …… 182
6. 固定筛的布置要求有哪些？ …… 183
7. 固定筛筛分效率有多大？使用固定筛的要求是什么？ …… 183
8. 为什么要在输煤系统安装除木器？ …… 183
9. 除大木器的结构与工作原理是什么？ …… 183
10. 除细木器的作用是什么？ …… 183
11. 滚轴筛煤机的工作原理是什么？ …… 184
12. 滚轴筛煤机的结构特点是什么？ …… 184
13. 滚轴筛运行的注意事项及保护措施有哪些？ …… 184

14. 概率筛煤机的筛分原理及结构特点是什么? …… 184
15. 滚筒筛的结构与运行要求是什么? …… 185
16. 振动给料筛分机的结构与工作原理是什么? …… 185
17. 振动筛有哪几种型式? 偏心振动筛的工作原理是什么? …… 185
第七节 燃煤自动计量及采制样设备 …… 186
1. 称重传感器的工作原理是什么? …… 186
2. 电子皮带秤的组成和工作原理是什么? …… 186
3. 电子皮带秤校验方式及要求有哪些? …… 186
4. 电子皮带秤启动前的检查内容有哪些? …… 186
5. 电子皮带秤的使用维护注意事项有哪些? …… 187
6. 料斗秤的作用与工作原理是什么? …… 187
7. 料斗秤的使用与维护注意事项有哪些? …… 187
8. 电子汽车衡的结构与工作原理是什么? …… 188
9. 电子汽车衡的维护使用注意事项主要有哪些? …… 188
10. 电子轨道衡的结构和工作原理是什么? …… 188
11. 电子轨道衡的运行维护注意事项有哪些? …… 188
12. 电子轨道衡的计量方式有哪几种? …… 189
13. 螺旋式采样装置的结构和工作原理是什么? …… 189
14. 汽车煤采样机的主要工作过程是什么? …… 189
15. 火车煤采样机的组成和工作原理是什么? …… 189
16. 皮带机头部采样机的组成和工作原理是什么? …… 190
17. 皮带机中部采样机的工作原理和要求是什么? …… 190
18. 皮带机中部机械取样装置的日常维护内容是什么? …… 190
19. 煤质在线快速监测仪的工作原理和特点是什么? …… 191
第六章 输煤设备电气与控制 …… 192
第一节 专业电工技术 …… 192
1. 钳形电流表的使用要点有哪些? …… 192
2. 绝缘电阻表的使用要点有哪些? …… 192
3. 绝缘测量的吸收比是什么? …… 193
4. 输煤低压电气设备的绝缘标准是多少? …… 193
5. 常用电动机有哪些类型? …… 194
6. 三相异步电动机的工作原理是什么? …… 194
7. 三相异步电动机绕组的接法有哪几种? 其同步转速是由什么决定的? …… 194
8. 电动机的控制和保护方式有哪些? 各有什么特点? …… 194
9. 电动机的启动电流为什么大? 能达到额定电流的多少倍? …… 194
10. 电动机试运转时的主要检查项目有哪些? …… 195
11. 电动机的运行维护项目主要有哪些? …… 195
12. 电动机允许的振动值是多少? …… 195
13. 电动机允许的最高温度有何规定? …… 195

14. 电动机运行中常见的故障及其原因有哪些？ …… 195
15. 电动机启动困难并有嗡嗡声的原因有哪些？ …… 196
16. 电动机启动时缺相或过载的故障如何快速区别判断？ …… 196
17. 电动机启动时保护动作或熔丝熔断的原因有哪些？ …… 196
18. 电动机三相电流不平衡的原因有哪些？ …… 196
19. 电动机空载电流大的原因有哪些？ …… 196
20. 电动机绝缘电阻降低的原因有哪些？ …… 197
21. 电动机过热的原因有哪些？ …… 197
22. 电动机轴承盖发热的原因有哪些？ …… 197
23. 电动机异常振动的机械和电磁方面的原因有哪些？ …… 197
24. 电动机发生绕组短路的主要原因有哪些？ …… 198
25. 电动机电流指示来回摆动的原因有哪些？ …… 198
26. 电动机滑环冒火花的原因有哪些？ …… 198
27. 电缆发生故障的原因一般有哪些？ …… 198
28. 电动机在哪些情况下应测试绝缘？ …… 198
第二节　输煤配电系统 …… 198
1. 电气线路接线图在画法上有何特点？ …… 198
2. 强电系统包括哪些？ …… 199
3. 低压电器分为哪几类？作用是什么？ …… 199
4. 低压配电电器的分类和用途是什么？ …… 199
5. 低压电器主要技术参数有哪些？ …… 199
6. 母联开关是什么开关？其作用是什么？ …… 200
7. 母线要涂色漆的作用有哪些？哪些地方不准涂漆？ …… 200
8. 母线的支承夹板为什么不能构成闭合磁路？ …… 200
9. 母线排在绝缘子处的连接孔眼为什么要钻成椭圆形？ …… 200
10. 中性点移位是什么意思？ …… 200
11. 断路器触头按接触形式分可分为哪几种？各有何特点？ …… 200
12. 断路器的额定电压和额定电流是什么？ …… 201
13. 电接触按工作方式分可分为哪几类？ …… 201
14. 电接触的主要使用要求有哪些？ …… 201
15. 接触电阻的含义是什么？ …… 201
16. 接触电阻过大时有何危害？如何减小？ …… 202
17. 导线接头的接触电阻有何要求？ …… 202
18. 影响断路器触头接触电阻的因素有哪些？ …… 202
19. 电压互感器二次短路的现象及危害是什么？ …… 202
20. 电弧的特征是什么？ …… 202
21. 变压器铁芯为什么必须接地，且只允许一点接地？ …… 202
22. 变压器储油柜有何作用？ …… 203
23. 变压器储油柜上的集泥器及呼吸器各有什么作用？ …… 203

24. 变压器的安全气道有什么作用? …… 203
25. 变压器的分接开关的作用与种类是什么? …… 203
26. 影响介质绝缘程度的因素有哪些? …… 203
27. 移动设备供电中电缆卷筒的种类与特点有哪些? …… 203
28. 输煤供电系统的电压等级和用途有哪些? …… 204
29. 输煤车间的供电系统有何要求? …… 204
30. 输煤操作电工的主要工作及要求有哪些? …… 204
31. 手动操作的低压断路器合闸失灵的原因有哪些? …… 204
32. 电动操作的低压断路器合闸失灵的原因有哪些? …… 205
33. 电气开关处于不同状态时的注意事项有哪些? …… 205
34. 负荷隔离型开关的操作注意事项有哪些? …… 205
35. 母线常见故障有哪些? …… 205
36. 母线接头的允许温度为多少?一般用哪些方法判断发热? …… 206
37. 设备停电和送电的操作顺序分别是什么? …… 206
38. 电气设备操作中的"五防"是指什么? …… 206
39. 变压器运行中应作哪些巡视检查? …… 206
40. 变压器并列运行需要哪些条件? …… 206
41. 变压器的油温有什么规定? …… 206
第三节 设备控制与保护 …… 207
1. 低压控制电器的分类和用途是什么? …… 207
2. 接触器的用途及分类是什么? …… 207
3. 交流接触器铁芯噪声很大的原因和处理方法有哪些? …… 207
4. 电磁式控制继电器分为哪些种类? …… 208
5. 真空开关的性能与使用要领是什么? …… 208
6. 继电保护装置的工作原理是什么? …… 208
7. 控制器的用途与种类有哪些? …… 208
8. 拉线开关的使用特点是什么? …… 209
9. 落煤筒堵煤监测器的作用与种类有哪些? …… 209
10. 机械式煤流信号传感器的工作原理是什么? …… 209
11. 纵向撕裂信号传感器的使用特点是什么? …… 209
12. 皮带速度检测器的作用及种类结构有哪些? …… 209
13. 电子接近开关的特点与用途有哪些? …… 210
14. 常用的连续显示煤位装置有哪些种类? …… 210
15. 超声波煤位仪的工作原理是什么?声波级别如何划分? …… 210
16. 电容式煤位仪探头的工作原理是什么? …… 210
17. 射频/导纳煤位检测仪的工作原理是什么? …… 211
18. 阻旋式煤位控制器的原理与应用是什么? …… 211
19. 阻旋煤位器的使用特点与安装注意事项有哪些? …… 211
20. 电阻式煤位计的结构原理及特点是什么? …… 211

21. 移动重锤式煤位检测仪的结构和工作原理是什么? …… 211
22. 频敏变阻器的工作原理和使用特点是什么? …… 212
23. 软启动开关的工作特性有哪些? …… 212
24. 软启动开关的减速控制（软停机）功能是什么? …… 212
25. 软启动开关过载保护时间是如何调整的? …… 213
26. 涡流离合器的工作原理是什么? …… 213
27. 变频调速时为什么还要同时调节电动机的供电电压? …… 213
28. 变频器常用的两种变频方式是什么? …… 213
29. 变频器安全使用的注意事项有哪些? …… 213
30. 变频器的运转功能有哪些? …… 214
31. 变频器工作频率的设定方式有哪几种? …… 214
32. 变频器的频率设定要求有哪些? …… 215
33. 变频器外接控制的设定信号方式有哪些? …… 215
34. 变频器的常见故障、原因及特点有哪些? …… 215
35. 变频调速在输煤系统的应用有哪些? …… 216
36. O 型转子式翻车机系统的自动运行程序是什么? …… 216
37. 翻车机卸车系统的控制方式有哪些? …… 216
38. O 型转子式翻车机系统投入自动时应具备的条件是什么? …… 216
39. 前牵地沟式重牛接车和牵车的联锁条件是什么? …… 216
40. 前牵地沟式重牛抬头和低头的联锁条件是什么? …… 217
41. 摘钩平台升起的联锁条件是什么? …… 217
42. O 型转子式翻车机本体倾翻的联锁条件是什么? …… 217
43. O 型转子式翻车机内推车器推车的联锁条件是什么? …… 217
44. 迁车台迁车和返回的联锁条件是什么? …… 217
45. 迁车台推车器推车的联锁条件是什么? …… 217
46. 空牛推车的联锁条件是什么? …… 217
47. 悬臂式斗轮堆取料机的控制内容和方式有哪些? …… 217
48. 悬臂式斗轮堆取料机的联锁条件有哪些? …… 218
49. 斗轮机的电气控制系统有什么特点? …… 218
50. 斗轮机微机程序控制系统有何特点? …… 218
51. 斗轮机的供电方式有哪几种? …… 218
52. 电缆卷筒供电的特点是什么? …… 219
53. 装卸桥小车抓斗下降动作失常的原因是什么? …… 219
54. 装卸桥小车行走继电器在运行中经常跳闸的原因有哪些? …… 219
55. 装卸桥小车电动机温度高并在额定负荷时速度低的原因是什么? …… 219
56. 交流制动电磁铁线圈产生高热的原因是什么? 应如何处理? …… 219
57. 叶轮给煤机载波智能控制系统的组成和功能有哪些? …… 219
58. 叶轮给煤机行程位置监测有哪几种方案? …… 220
59. 振动给煤机变频调速的主要特点是什么? …… 220

第四节　输煤系统集控与程控 …………………………………………… 220
1. 输煤系统的控制方式有哪几种？ ……………………………………… 220
2. 输煤系统工艺流程有哪几部分？各有哪些设备？ …………………… 221
3. 输煤控制系统与被控设备的协同关系如何？ ………………………… 221
4. 输煤控制中常用的传感器和报警信号有哪些？ ……………………… 221
5. 输煤系统各设备间设置联锁的基本原则是什么？ …………………… 221
6. 输煤系统主要设置哪些安全性联锁？ ………………………………… 221
7. 集中控制信号包括哪些信号？ ………………………………………… 222
8. 输煤集控室监盘操作的注意事项有哪些？ …………………………… 222
9. 输煤设备保护跳闸的情况有哪些？ …………………………………… 222
10. 输煤系统冬季作业措施有哪些？ …………………………………… 223
11. 输煤系统夏秋季作业措施有哪些？ ………………………………… 223
12. 集控值班员发现自停机或因故紧停后应做哪些工作？ …………… 223
13. 输煤系统的弱电系统有哪些等级？各用在何处？ ………………… 223
14. 输煤设备停机有哪几种方式？ ……………………………………… 224
15. 指针式电流表的监测要点有哪些？ ………………………………… 224
16. 集控值班员应对设备的哪些信号进行重点监视？ ………………… 224
17. 输煤系统的集中控制包括哪几部分？ ……………………………… 225
18. 集控值班员在启动皮带时的注意事项有哪些？ …………………… 225
19. 皮带机启动失灵的原因有哪些？ …………………………………… 225
20. 输煤设备温度和振动在运行中的标准是什么？ …………………… 225
21. 可编程序控制器的组成及各部分的功能是什么？ ………………… 225
22. 什么是可编程序控制器（PLC）？有何特点？ ……………………… 226
23. 什么是编程器？什么是编程语言？ ………………………………… 226
24. 什么叫上位连接和上位机？有何功能？ …………………………… 226
25. 什么是存储器？PLC 常用的存储器有哪些？ ……………………… 226
26. PLC 系统中的输入/输出模块有什么特点？ ………………………… 227
27. PLC 的输入/输出继电器的作用及区别是什么？ …………………… 227
28. PLC 梯形图编程语言的特点是什么？ ……………………………… 227
29. PLC 应用程序的编写步骤是什么？ ………………………………… 228
30. PLC 的扫描周期和 I/O 响应时间各指什么？二者的关系是什么？ ……… 228
31. PLC 系统日常维护保养的主要内容有哪些？ ……………………… 228
32. PLC 系统运行不良的原因有哪些？ ………………………………… 228
33. 近程 I/O 与远程 I/O 的区别是什么？ ……………………………… 229
34. 什么是操作信号？什么是回报信号？什么是失效信号？ ………… 229
35. 什么是程序运煤和程序配煤？ ……………………………………… 229
36. 输煤机械监测控制保护系统的功能有哪些？ ……………………… 229
37. 输煤程控正常投运的先决条件主要有哪些？ ……………………… 230
38. 输煤程控包括哪些控制内容？ ……………………………………… 230

39. 输煤程控的主要功能有哪些? …… 230
40. 输煤程控的基本要求有哪些? …… 231
41. 输煤程控系统的主要信号有哪些? …… 231
42. 输煤程控配煤优先级设置的原则有哪些? …… 231
43. 输煤程控的自诊断功能的作用及意义是什么? …… 232
44. 输煤程控报警的方式有哪几种? 如何进行报警查询? …… 232
45. 输煤程控 PLC 系统的硬件组成和软件组成各有哪些? …… 232
46. 数据采集站的功能是什么? …… 233
47. 工程师站的功能是什么? …… 233
48. 历史站的功能是什么? …… 233
49. 操作员站的功能是什么? …… 233
50. 操作员站的应用程序及任务有哪些? …… 234
51. 通信站的功能是什么? …… 234
52. 输煤程控系统模拟图表中主要应有哪些内容? …… 234
53. 列举模拟图画面上动态颜色的定义内容有哪些? …… 234
54. 输煤程控的控制方式有哪几种? …… 234
55. 输煤程控面板上应有哪些按键? 操作后各有何反应? …… 235
56. 程控预启的任务是什么? …… 235
57. 什么是顺序配煤? …… 235
58. 什么是余煤配? …… 235
59. 什么是顺序停机? …… 236
60. 什么是事故联锁停机? …… 236
61. 给煤量的自动调节是如何完成的? …… 236
62. 程控操作时如何选择设备流程? …… 236
63. 皮带响铃和紧停有何规定? …… 236
64. 程控启动前的检查项目有哪些? …… 236
65. 程控启动运行皮带的步骤及内容包括哪些? …… 237
66. 皮带机联锁的注意事项有哪些? …… 237
67. 集控单独软手操启动设备的操作内容和注意事项是什么? …… 237
68. 现场设备转换开关的位置有何要求? …… 238
69. 如何将数据调用到实时曲线图中? …… 238
70. 如何查调设备的历史运行曲线? …… 238
71. 主要工程测点包括哪些种类? 如何调用? …… 238
72. 程控系统挡板报警的原因有哪些? …… 239
73. 程控系统犁煤器报警的原因有哪些? …… 239
74. 程控计算机系统断电或死机时有何应急措施? …… 239
75. 程控操作系统开机和关机步骤是什么? …… 239
第五节 输煤现场工业电视监视系统 …… 239
1. 工业电视监视系统主要由哪些部件组成? …… 239

2. 工业电视系统可实现哪些功能？…… 239
3. 什么是微机主控机？什么是微机分控机？…… 240
4. 输煤系统的监控点主要有哪些？…… 240
5. 简述用控制器进行视频切换的操作过程。…… 240
6. 工业电视系统成组切换是如何用控制器调用的？…… 240
7. 工业电视系统如何用控制器控制云台？…… 241
8. 工业电视系统如何用控制器控制镜头？…… 241
9. 工业电视系统主控机上的电子地图是如何控制的？…… 241
10. 用主控机切换画面的操作方法是什么？…… 242
第七章 燃料环境综合治理…… 243
第一节 防尘抑尘措施…… 243
1. 粉尘的特性有哪些？…… 243
2. 粉尘对人体产生危害的机理是什么？…… 243
3. 输煤系统防尘抑尘的技术措施主要有哪些？…… 244
4. 输煤系统防止煤尘二次飞扬的措施有哪些？…… 244
5. 输煤现场喷水除尘的布置使用要求有哪些？…… 245
6. 配煤皮带及原煤仓除尘与防尘的特点有哪些？…… 245
7. 简述落煤管和导煤槽的防尘结构。…… 246
8. 翻车机投停喷淋水的要求有哪些？…… 246
9. 煤场洒水器的使用性能与注意事项有哪些？…… 246
10. 煤场喷水作业投停喷淋水的要求有哪些？…… 247
11. 喷水抑尘和加湿物料抑尘的意义有何不同？…… 247
12. 输煤现场湿式抑尘法的主要技术措施有哪些？…… 247
13. 自动水喷淋除尘系统的控制种类和原理是什么？…… 248
14. 粉尘快速测试仪的工作原理是什么？…… 248
15. 恒压供水系统的工作特点是什么？…… 248
16. 水雾自动除尘系统的工作原理和特点是什么？…… 249
17. 先导式电磁水阀的结构特点是什么？…… 249
18. 输煤系统投停喷淋水的要求有哪些？…… 249
19. 输煤排污系统有何要求？…… 249
20. 离心式排水泵的工作过程是什么？常用的有哪几种？…… 250
21. 泥浆泵适用于什么范围？其使用要点有哪些？…… 250
22. 污水泵常见的异常现象及原因有哪些？…… 250
23. 污水泵及喷水除尘装置的检查内容与要求有哪些？…… 250
24. 输煤自动排污控制系统的使用与维护要求有哪些？…… 251
第二节 除尘器设备及系统…… 251
1. 输煤系统常用的除尘设备有哪些种类？…… 251
2. 输煤现场机械除尘法的主要技术措施有哪些？…… 251
3. 碎煤机室的除尘系统有哪些特点？…… 251

4. 除尘通风管道的结构有何要求? …… 252
5. 水膜式除尘器的结构原理是什么? …… 252
6. 水膜式除尘器运行的过程与要求有哪些? …… 252
7. 水激式除尘器的结构和工作原理是什么? …… 252
8. 水激式除尘器用电磁阀自控水位的特点是什么? …… 253
9. 简述虹吸水激式除尘器用浮球阀自控水位的工作过程。 …… 253
10. 虹吸水激式除尘器的运行使用要求有哪些? …… 254
11. 袋式除尘器的工作原理和机械清灰过程是什么? …… 254
12. 袋式除尘器拍打清灰的工作原理是什么? …… 255
13. 袋式除尘器更换滤袋的程序是怎样的? …… 255
14. 电除尘器的工作原理是怎样的?它可以分为哪几种? …… 256
15. 高压静电除尘器的常见故障及原因有哪些? …… 256
16. 旋风除尘器的结构和工作原理是什么? …… 256
17. 荷电水雾除尘器的原理是什么? …… 257
第三节 煤水处理系统 …… 257
1. 输煤系统含煤废水设备的工作原理包括哪些? …… 257
2. 输煤系统含煤废水设备的操作步骤是什么? …… 258
3. 输煤系统含煤废水设备的组成是什么? …… 259
第八章 输煤安全监测系统及安全技术 …… 261
第一节 输煤系统的安全监测 …… 261
1. 什么是筒仓的安全监控系统? …… 261
2. 储煤安全监控的对象有哪些? …… 261
3. 煤场安全监控系统可实现哪些功能? …… 261
4. 储煤安全监控内什么叫逻辑报警? …… 262
5. 输煤皮带系统监测的目的是什么? …… 262
6. 输煤安全监控系统主要组成结构有哪些? …… 262
7. 输煤皮带监测的意义是什么? …… 262
8. 储煤安全监控设备有哪些? …… 262
9. 储煤安全监控系统的作用是什么? …… 262
10. 输煤系统发生火灾的原因有哪些? …… 262
11. 在输煤系统中,常用的测量变送器有哪些? …… 263
12. 感温光纤的特点有哪些? …… 263
13. 筒仓安全防爆的原理是什么? …… 263
14. 筒仓安全防爆惰化系统流程是什么? …… 263
15. 筒仓安全防爆惰化系统的控制方法是什么? …… 263
16. 筒仓安全防爆惰化系统实现的逻辑功能有哪些? …… 264
17. 瓦斯监控系统组成部分有哪些? …… 264
18. 瓦斯监测系统的工作原理是什么? …… 264
19. 瓦斯检测仪的原理是什么? …… 265

20. 瓦斯监控系统的基本要求是什么？ …… 265
21. 甲烷传感器安装的注意事项是什么？ …… 265
22. 抽放子系统的其他几个传感器的安装应注意什么？ …… 265
23. 传感器调试不正确会带来的问题是什么？ …… 266
24. 为什么馈电传感器在现场会发生测不准的问题？怎样解决？ …… 266
25. 抽放传感器安装的注意事项有哪些？ …… 266
26. 输煤程控系统具备哪些监控信号？ …… 267
27. 输煤系统主要的七种保护指的是什么？ …… 267
第二节　输煤安全技术 …… 267
1. 现场的消防设施和要求有哪些？ …… 267
2. 现场急救要求有哪些？ …… 267
3. 如何使触电者脱离电源？ …… 268
4. 运行中的皮带上禁止做哪些工作？ …… 268
5. 落煤筒或碎煤机堵煤后的安全处理要求有哪些？ …… 268
6. 防止输煤皮带着火有哪些规定？ …… 268
7. 避免在什么地方长时间停留？ …… 268
8. 发现运行设备异常时应怎样处理？ …… 269
9. 通过人体的安全电流是多少？安全电压有哪几个级别？ …… 269
10. 使用行灯的注意事项有哪些？ …… 269
11. 检修前应对设备做哪些方面的准备工作？ …… 269
12. 遇有电气设备着火时如何扑救？ …… 269
13. 使用灭火器的方法和管理规定有哪些？ …… 269

第一章

基 础 知 识

第一节　燃煤基础知识及管理

1　煤炭是怎样形成的?

答：煤是地壳运动的产物。远在3亿多年前的古生代和1亿多年前的中生代以及几千万年前的新生代时期，大量植物残骸经过复杂的生物化学、地球化学、物理化学作用后转变成煤，从植物死亡、堆积、埋藏到转变成煤经过了一系列的演变过程，这个过程称为成煤作用。一般认为，成煤过程分为两个阶段：泥炭化阶段和煤化阶段。前者主要是生物化学过程，后者是物理化学过程。

2　我国煤炭的种类与性能大致有哪些?

答：煤炭的分类有成因分类法、实用工艺分类法、煤化程度和工艺性能结合分类法。我国现行煤炭是按照煤化程度和工艺性能结合分类的，表征煤化程度的参数主要是干燥无灰基挥发分V_{daf}，煤化时间越长，挥发分越少，煤化程度就越高，含碳量也就越高。根据这个过程，煤炭大致可分为以下种类：

(1) 褐煤。包括褐煤一号、褐煤二号，煤化变质程度不大，挥发分$V_{daf}>37\%$，含水量高达45%，含碳量相对低。

(2) 烟煤。包括长焰煤、不黏煤、弱黏煤、中黏煤、气煤、肥煤、焦煤、瘦煤、贫瘦煤、贫煤等。以上各项从长焰煤到贫煤，变质程度由低到高。

(3) 无烟煤。是煤化程度最高的煤，挥发分$V_{daf}\leqslant10\%$，含碳量高达90%，不易自燃。

3　动力用煤有哪些种类?

答：动力用煤主要有：长焰煤、褐煤、不黏结煤、弱黏结煤、贫煤和黏结性较差的煤及少部分无烟煤。另外，商用动力用煤还有洗混煤、洗中煤、煤泥、末煤、粉煤和筛选煤等。

4　长焰煤的主要特性是什么?

答：变质程度最低、挥发分最高的烟煤，挥发分$V_{daf}>37.0\%$，易着火，燃烧性能好，火焰长。水分仅次于褐煤，发热量比褐煤高，有些煤还含有少量的次生腐殖酸。

5 贫煤的主要特性是什么?

答：贫煤是煤化程度最高的烟煤，挥发分V_{daf}在10.0%～20.0%之间，含碳量C_{daf}高达90%，含氢量H_{daf}一般为4%～4.5%。这种煤燃点高，燃烧时火焰短，但发热量高，燃烧持续时间较长。

6 无烟煤的主要特点是什么?

答：无烟煤是煤化程度最高的煤；燃烧时不易着火，化学反应性弱，储存时不发生自燃。

7 煤的发热量是指什么？其计量单位是什么?

答：煤的发热量是指1kg煤在一定温度下完全燃烧所释放出的最大反应热量。

发热量的单位是兆焦/千克（MJ/kg）或千卡/千克（kcal/kg）。1MJ≈38.8kcal(1cal=4.1868J)。

8 煤的化学成分主要有哪些？主要可燃物的发热量是多少?

答：煤的化学成分主要有碳、氢、硫、氧、氮。

燃煤中的碳和氢是产生热量的主要来源，它们含量的多少决定了发热量的高低。碳的发热量是34MJ/kg，氢的发热量是143MJ/kg。规定标准煤的低位发热量是29.307MJ/kg(7000kcal/kg)。

9 煤的可磨性是指什么?

答：煤是一种脆性物质，当煤受到机械力作用时，就会被磨碎成许多小颗粒。可磨性就是反映煤在机械力作用下被磨碎的难易程度的一种物理性质。它与煤的变质程度、显微组成、矿物质种类及其含量等有关。我国动力用煤的可磨性用哈氏指数HGI来表示，其变化范围为45～127HGI，其中绝大多数为55～85HGI。其值愈大，煤愈易磨碎，反之则难以磨碎。它可用于计算碎煤机和磨煤机出力及运行中更换煤种时估算磨煤机的单位制粉量。

10 煤的磨损性是什么?

答：表示煤对其他物质（如金属）的磨损程度大小的性质，用磨损指数AI(mg/kg)表示，其值愈大，则煤愈易磨损金属。我国多数煤AI为20～40，只有少数煤$AI>70$，它主要用来计算磨煤机在磨制各种煤时对其部件的磨损速度，也可用来计算输煤系统的碎煤机各部煤筒等部件的磨损。

11 煤的真密度、视密度和堆积密度各是什么?

答：煤的真（相对）密度（TRD）是在20℃时煤（不包括煤的孔隙）的质量与同温度、同体积水的质量之比。

煤的视（相对）密度（ARD）是20℃时煤（包括煤的孔隙）的质量与同温度、同体积水的质量之比。煤的密度决定于煤的变质程度、煤的组成和煤中矿物质的特性及其含量。煤的变质程度不同，纯煤密度有相当大的差异，如褐煤密度多小于1300kg/m^3，烟煤多为1250～1350kg/m^3，无烟煤一般是1400～1850kg/m^3，即煤的变质程度越高，纯煤的密度越大。

煤的堆积密度在规定条件下单位体积煤的质量称为煤的堆积密度，单位为t/m^3。一般随着煤变质程度的加深，堆积密度随之增大，如无烟煤为900～1000kg/m^3、烟煤为850～950kg/m^3、褐煤为650～850kg/m^3、泥煤为300～600kg/m^3。

12 煤的自然堆积角是什么？

答：煤以一定的方式堆积成锥体，在给定的条件下，只能堆到一定程度，若继续从锥顶缓慢加入煤时，煤粒便从上面滑下来，锥体的高度基本不再增加，此时所形成的锥体表面与基础面的夹角称为自然堆积角或自然休止角或安息角。它一般为30°～45°，它的大小能决定煤斗中煤的充满程度和煤在煤堆中的位置等。在输煤系统中，在给原煤仓配煤时自然堆积角的大小，直接影响煤仓的充满程度。

13 煤的着火温度和特性是什么？

答：煤的着火温度是指当煤在规定条件下加热到开始燃烧时的温度。基本原理是：取一定细度的煤粉在有氧化剂存在的情况下，按一定速度加热，达到某一温度时，会伴随明显的爆燃、试样温度的急剧上升或试样质量的迅速减少，这时所达到的温度，就是煤的着火温度。

可以用煤的着火温度比较各种煤间相对着火难易程度和自燃倾向。各类煤大致着火温度（固体氧化剂法）是：无烟煤（$V_{daf}\approx7\%$）为390℃，弱黏结煤（$V_{daf}\approx17\%$）为360℃，焦煤（$V_{daf}\approx20\%$）为360℃，长焰煤（$V_{daf}\approx43\%$）为350℃。

14 煤的自燃特性是什么？影响自燃的因素有哪些？

答：煤在常温下与空气接触会发生缓慢的氧化，同时产生的热量聚集在煤堆内，当温度达到60℃后，煤堆温度会急剧上升，若不及时处理便会发生着火。煤在无需外来火源，受自身氧化作用蓄热而引起的着火称为自燃。

影响煤自燃的因素主要有以下三个方面：

（1）煤的性质。煤的变质程度对煤的氧化和自燃具有决定意义。一般变质程度低的煤，其氧化自燃倾向大。此外，煤的岩相组成和矿物质种类及其含量、粒度大小和含水量多少，都会影响煤的氧化自燃性能。

（2）组堆的工艺过程。为减少空气和雨水渗入煤堆，组堆时要选择好堆基，逐一将煤层压实并尽可能消除块、末煤分离和偏析。组堆后最好在其表面覆盖一层炉灰，再喷洒一层黏土浆，同时还要设置良好的排水沟。

（3）气候条件。大气温度及压力波动、降雨量、降雪量、刮风持续时间及风力大小等因素，都会影响煤的氧化自燃。

15 煤质的变化对输煤系统有何影响？

答：煤质煤种的变化对输煤系统的影响很大，主要表现在煤的发热量、灰分、水分等指标上。

（1）发热量的变化对输煤系统的影响。如果煤的发热量下降，锅炉的燃煤量将增加，为了满足生产需要，不得不延长供煤时间，使输煤系统设备负担加重，导致设备的健康水平下降，故障增多。

（2）灰分变化对输煤系统的影响。煤中的灰分越高，固定碳就越低，这样发同样的电量，就需要烧更多的原煤，会使输煤系统的负担加重，破碎困难，设备磨损加速，状态恶化。

（3）水分变化对输煤系统的影响。煤中水分很少，在卸车和上煤时，煤尘很大，造成环境污染，影响环境卫生，影响职工身体健康；煤中水分过大（超过4%时），将使输煤系统沿线下煤筒黏煤现象加剧，严重时会使下煤筒堵塞，系统停机，不能正常运行，人员工作量加大，还会引起冬季存煤冻块增多，损坏设备。

（4）硫分太高，黄铁矿增多，使落煤管磨损和锈蚀严重，破碎困难。

（5）挥发分太多，易造成粉尘自燃。

16 煤的燃烧性能指标主要有哪些？各对锅炉运行有何影响？

答：燃煤的燃烧性能指标主要有：发热量，挥发分，结焦性，灰的熔点、灰分、水分、硫分等。

煤质成分变化时对锅炉运行的影响主要有：

（1）挥发分。挥发分高的煤易着火，燃烧稳定，但火焰温度低；挥发分低的煤不易着火，燃烧不稳定，化学不完全燃烧热损失和机械不完全燃烧热损失增加，严重的甚至还能引起熄火。锅炉燃烧器形式和一、二次风的选择、炉膛形状及大小、燃烧带的敷设、制粉系统的选型和防爆措施的设计等都与挥发分有密切关系。

（2）水分。水分大于4%的煤，首先会造成原煤仓蓬煤、堵煤，使给煤机供应不足，制粉受阻；对燃烧系统来说会使热效率降低（1kg水汽化约耗2.3MJ热量），导致炉膛温度降低，着火困难，排烟增大。烟气中的水分大，加快了三氧化硫形成硫酸的过程，造成空气预热器和炉膛腐蚀等后果。

（3）灰分。灰分越高，发热量越低，使炉膛温度下降。灰分大于30%时，每增加1%的灰分，炉膛温度降低5℃，造成燃烧不良，乃至熄火、打炮。灰分增多使锅炉受热面污染积灰、传热受阻，降低了热能的利用，同时增大了机械不完全燃烧的热损失和灰渣带走的物理热量损失，而且增加了排灰负荷和环境污染。

（4）硫分。硫分高能造成锅炉部件腐蚀，加速磨煤机磨损，粉仓温度升高甚至自燃，又会造成大气污染，煤中的硫每增加1%，1t煤就多排20kg SO_2。

17 煤中水分存在的形式和特征有哪些？

答：煤中水分根据存在的形式可以分成三类：表面水分、内在水分、与矿物质结合的结晶水。

煤中水分的特征有：

（1）表面水分，又叫游离水分或外在水分。它存在于煤粒表面和煤粒缝隙及非毛细管的孔隙中。煤的表面水分含量与煤的类别无关，与外界条件（如温度、湿度）却密切相关。在实际测定中，是指煤样达到空气干燥状态下所失去的水分。

（2）内在水分，又叫固有水分，它存在于煤的毛细管中。它与空气干燥基水分略有不同，空气干燥基水分是在一定条件下煤样在空气干燥状态下保持的水分，这部分水在105～

110℃下加热可除去。因为煤在空气干燥时，毛细管中的水分有部分损失，故空气干燥基水分要比内在水分高些。

（3）矿物质结合水（或结晶水），它是与煤中矿物质相结合的水分，如硫酸钙（$CaSO_4 \cdot 2H_2O$）、高岭土（$Al_2O_3 \cdot 2SiO_2 \cdot 2H_2O$）中的结晶水，在105～110℃温度下测定空气干燥基水分时结晶水是不会分解逸出的，而通常在200℃以上方能分解、析出。

18 灰的化学成分主要是什么？

答：灰中主要包括二氧化硅、三氧化二铝、三氧化二铁、氧化钙、氧化镁、氧化钾、氧化钠、二氧化锰、五氧化二磷和三氧化硫等。

19 动力用煤的主要特性指标及其符号是什么？

答：煤的主要特性指标及其符号是：

（1）工业分析。水分（M）、灰分（A）、挥发分（V）和固定碳（FC）。

（2）元素分析。碳（C）、氢（H）、氧（O）、氮（N）、硫（S）。

（3）发热量（Q）、变形温度（DT）、软化温度（ST）、流动温度（FT）、真密度（TRD）、视密度（ARD）、可磨性、粒度、堆积角度、堆积密度等。

20 煤的分析基准是什么？常用分析基准有哪些？

答：在工业生产和科学研究中，有时为某种目的将煤中的某些成分除去后重新组合，并计算其组成百分量，这种组合体称为分析基准。

常用燃煤的分析基准有四种：收到基、空气干燥基、干燥基和干燥无灰基。

21 煤质指标符号右下标的小字符代表什么含义？

答：在表示燃煤试验项目的分析结果时，需在该项目的代号右下端标明基准，才能正确反映燃煤的质量。燃煤常用试验项目符号右下标的小字符含义如下：

全（水分、硫）—t；外在（水分）—f；内在（水分）—inh；有机（硫）—o；硫酸盐（硫）—s；硫铁矿（硫）—p；弹筒（发热量）—b；高位（发热量）—gr；低位（发热量）—net；收到基—ar；空气干燥基—ad；干燥基—d；干燥无灰基—daf；恒湿无灰基—maf。

22 不同基准状态下煤中水分和硫分的表示符号各是什么？

答：（1）煤中水分（M）在不同基准状态下的表示符号为：

全水分—M_t；外在水分—M_f；内在水分—M_{inh}；收到基水分—M_{ar}；空气干燥基水分—M_{ad}。

（2）煤中硫分（S）在不同基准状态下的表示符号为：

全硫—S_t；硫酸盐硫—S_s；有机硫—S_o；硫铁矿硫—S_p；收到基硫分—S_{ar}；空气干燥基硫分—S_{ad}；干燥基硫分—S_d；干燥无灰基硫分—S_{daf}。

23 煤的工业分析与元素分析有什么关系？

答：工业分析包括水分、灰分、挥发分、固定碳四项。元素分析包括碳、氢、氮、硫、氧五项。如果它们都以质量百分含量计算，则可写成下式：

$$M_{ad}+A_{ad}+V_{ad}+(FC)_{ad}=100\%$$

$$M_{ad}+A_{ad}+C_{ad}+H_{ad}+O_{ad}+N_{ad}+S_{ad}=100\%$$

经简单整理可得出：

$$V_{ad}+(FC)_{ad}=C_{ad}+H_{ad}+O_{ad}+N_{ad}+S_{ad}$$

此式表明：

（1）工业分析中的可燃成分恰好等于碳、氢、氮、氧和硫五个元素含量的总和。

（2）从简单工业分析中的 V_{ad} 和 $(FC)_{ad}$ 大致可看出，构成煤中有机质主要成分的含量大小，因而可估计煤炭的质量好坏。

（3）从元素的平衡来看，全碳 C_t 应等于固定碳 $(FC)_{ad}$ 和挥发中碳 C_v 之和，即 $C_t=(FC)_{ad}+C_v$。

24 煤的收到基是什么？其组成物的百分含量表达式是什么？

答：煤的收到基是指以收到状态的煤为基准来分析，表示煤中各组成成分的百分比。

工业分析 $M_{ar}+A_{ar}+V_{ar}+(FC)_{ar}=100\%$

元素分析 $C_{ar}+H_{ar}+N_{ar}+S_{c,ar}+O_{ar}+A_{ar}+M_{ar}=100\%$

25 煤的空气干燥基是什么？其组成物的百分含量表达式是什么？

答：煤的空气干燥基是以空气干燥状态的煤基准，表示煤中各组成成分的百分比。

工业分析 $M_{ad}+A_{ad}+V_{ad}+(FC)_{ad}=100\%$

元素分析 $C_{ad}+H_{ad}+N_{ad}+S_{c,ad}+O_{ad}+A_{ad}+M_{ad}=100\%$

26 煤的干燥无灰基是什么？其组成物的百分含量表达式是什么？

答：干燥无灰基是以假想的无水无灰状态的煤为基准来表达煤中各组成成分的百分比。

工业分析 $V_{daf}+(FC)_{daf}=100\%$

元素分析 $C_{daf}+H_{daf}+N_{daf}+S_{c,daf}+O_{daf}=100\%$

27 燃煤化学监督需采取哪些样品？它们各化验什么项目？

答：为使锅炉设备维持最佳的运行工况，达到良好的经济效益，就要对燃煤定期采取样品化验，这些样品主要有：

（1）入厂原煤样。在进厂来煤的运输工具上按规定方法采取的样品，它用于验收煤质，及时发现“亏卡”。化验项目有全水分（M_t）、空气干燥基水分（M_{ad}）、灰分（A_{ad}）、挥发分（V_{ad}）、发热量（$Q_{net,ar}$）、全硫（$S_{t,ad}$），有时还测定灰熔融性温度（DT、ST、FT）。

（2）入炉原煤样。在炉前输煤系统中按规定方法采取的样品，它用于准确计算煤耗和监控锅炉燃烧工况。化验项目有全水分（M_t）、空气干燥基水分（M_{ad}）、灰分（A_{ad}）、挥发分（V_{ad}）、发热量（$Q_{net,ar}$）。

（3）煤粉样。在制粉系统中按规定方法采取的样品，它用于监控制粉系统运行工况。化验项目有煤粉细度（R_{90}、R_{200}）和煤粉水分。

（4）飞灰样。在锅炉尾部烟气侧适当部位用专门取样装置采取的样品，它用于监控锅炉燃烧，提高燃烧热效率。化验项目为可燃物含量。

28 煤的挥发分如何测定?

答：煤的挥发分是煤在（90±10）℃下隔绝空气加热7min，煤中有机物发生分解而析出气体和常温下的液体，扣除其中分析煤样水分后占试样量的质量百分比。

29 怎样在火车顶部采取煤样?

答：在火车顶部采样时应按下列规定进行：

（1）根据不同品种的煤确定采样点和子样数目。对于洗煤和粒度大于100mm的块煤，不论车皮容量大小，沿斜线方向按5点循环每车皮采取一个子样。对于原煤、筛选煤，不论车皮容量大小，沿斜线方向每车皮采三个子样。

（2）采样时，先挖到表层煤下0.4m后采取。

（3）采取粒度不超过150mm的入厂煤时，使用宽度约250mm，长度约300mm的尖铲做采样工具。

（4）采样过程中不能将应采的煤块、矿石和黄铁矿漏掉或舍弃。

（5）所采的煤样要立刻放入密封的容器中，并立即送往化验室，防止水分损失。

30 怎样在煤堆上采取煤样?

答：煤堆上采样条件差，一般不易取到代表性较好的样本，然而要严格按照有关规定进行采样，也可采到具有一定代表性的样本（煤样）。

（1）煤堆上的采样点的分布，按规定的子样数目，根据煤堆的不同堆形，应当均匀而又合理地分布在顶、腰、底或顶、底的部位（底在距地面0.5m处），除去0.2m表层煤，然后采样。

（2）煤堆上采取子样时，其子样最小质量可按最大块度确定。

（3）采样工具的开口宽度不小于最大块度煤的2.5～3倍。

31 自动采制样装置的性能技术要求有哪些?

答：机械采制样装置主要是由采样头、破碎机和缩分器等部件构成。对采制样装置整机要求有：

（1）在燃煤水分达到12%时（褐煤除外）仍能正常工作。

（2）整机水分损失应达到最小程度，小于1.5%。

（3）采样头工作时要保证能采到煤流整个横截面，动作时间间隔一般在0～10min内可调，以满足不同均匀度煤的需要。

（4）破碎机的工作面应耐磨，当破碎湿煤时，不发生黏结或形成“煤饼”等现象；应能自动排出煤中金属异物，以保护破碎机。破碎机工作时无强烈的气流产生，以减少水分损失。出料粒度中大于3mm的煤不超过5%（按质量计）。

（5）缩分器的煤样量要符合最小留样质量与粒度关系。缩分精密度要小于0.37A（A为采样精密度）。用t值检验法检验无系统偏差。

（6）余煤回送系统要简易可行，能将余煤返回到采样皮带下游。

32 制样的基本要求是什么?

答：制样是指对采集到的具有代表性的样本，按规定方法通过破碎和缩分以减少数量的过程。制备出的煤样不但符合试验要求，而且还要保持原样本的代表性。

要制备出保持原样本代表性的煤样，应符合下列基本要求：

(1) 对最大块度超过 25mm 以上的样本，无论其数量多少，都要先破碎到 25mm 以下才允许缩分。

(2) 在缩分煤样时，须严格按照粒度与煤样最小质量的关系规定保留样品。

(3) 在缩分中要采用二分器或其他类型的机械缩分器。缩分器要预先确认有无系统偏差。

33 制样过程需经哪些步骤？怎样才能减少制样误差？

答：制样过程包括破碎、过筛、掺和、缩分四个步骤：

破碎—减小粒度尺寸，减少煤的不均匀性。

过筛—筛出未通过筛的大块煤，继续破碎。

掺和—使煤粒大小混合均匀。

缩分—减少样本数量，使其符合保留煤样量。

要减少制样误差应做到：

(1) 对粒度大于 13mm 的样本，用堆锥四分法缩分；对粒度不大于 13mm 的样本，则坚持采用二分器或其他缩分器缩分。

(2) 在缩分时，留样要符合粒度对煤样最小质量的要求，使留样仍能保持原煤样的代表性。

(3) 在缩制中要防止煤样的损失和外来杂质的污染。

(4) 制样室要专用，并不受环境影响（如风、雨、灰、光、热等），室内要防尘，地面要光滑并部分区域铺有钢板。

34 简述煤中水分的测定方法。

答：化验室测定的水分有煤样的全水分和分析煤样水分两种，两种均采用空气干燥法。

煤中水分测定原理：煤中水分采用间接测定方法，即将已知质量的煤样放在一定温度的烘箱或专用微波炉内进行干燥，根据煤样水分蒸发后的质量损失计算煤的水分。煤中水分测定方法有充氮干燥法、空气干燥法和微波干燥法。

煤中全水分的测定按 GB/T 211—2017《煤中全水分的测定方法》执行，空气干燥煤样水分的测定按 GB/T 212—2008《煤的工业分析方法》执行。

35 简述煤中灰分的测定方法。

答：煤的灰分不是煤中原有的成分，而是煤中所有可燃物质在全燃烧以及煤中矿物质在一定温度下产生一系列分解、化合等复杂反应后剩下的残渣。

煤中灰分测定原理：称一定量的空气干燥煤样，放入马弗炉或快速灰分测定仪中，以一定的速度加热到（815±10）℃，灰化并灼烧到质于恒定，以残留物的质量占煤样质量的百分数作为灰分产率。测定方法有缓慢灰化法和快速灰化法。

煤中灰分的测定按 GB/T 212—2008《煤的工业分析方法》执行。

36 简述煤的挥发分的测定方法。

答：煤的挥发分不是煤中固有的物质，而是在特定条件下煤受热分解的产物。

煤的挥发分的测定原理：把煤在隔绝空气的条件下，于一定的温度下加热一定时间，煤中分解出来的液体（蒸气状态）和气体产物减去煤中所含的水分，即为挥发分，剩下的焦渣为不挥发物。

煤的挥发分测定是一种规范性很强的试验，其结果受加热温度，加热时间，加热方式，所用坩埚的大小、形状、材质及坩埚端盖的密封程度等影响。改变任何一种试验条件，都会对测定结果带来影响。

煤的挥发分用复式法测定，按 GB/T 212—2008《煤的工业分析方法》执行。

37 简述煤中全硫的测定方法。

答：所有的煤中都含有数量不等的硫。煤中的硫通常可分为有机硫和无机硫两大类。煤中无机硫又可分为硫化物硫和硫酸盐硫两种，有时还有少量的元素硫。

硫化物硫绝大部分是以黄铁矿硫形态存在，习惯上也称为黄铁矿硫，实际还有少量白铁矿硫。

硫酸盐硫主要存在形态是石膏，少数为硫酸亚铁及其他极少量的硫酸盐矿物。

根据煤中硫分的存在形态不同，测定煤中硫分的方法也分为煤中全硫的测定和煤中形态硫的测定（即煤中硫化物硫的测定和煤中硫酸盐硫的测定）。煤中全硫的测定方法主要有艾氏法、高温燃烧法和弹筒法等。高温燃烧法又分为高温燃烧中和法、高温燃烧库仑法和高温燃烧红外光谱法。

高温燃烧库仑法测定煤中全硫的原理：煤样在 1150℃高温和催化剂作用下，于空气流中燃烧分解，煤中各种形态硫均被氧化分解为二氧化硫和少量三氧化硫。二氧化硫被电生碘和电生溴滴定，电生碘和电生溴所消耗的电量由库仑积分仪积分后，仪器上显示出煤中所含硫的量。

煤中全硫的测定按国标 GB/T 214—2007《煤中全硫的测定方法》执行。

38 简述煤的发热量测定方法。

答：发热量测定是煤质分析的一个重要项目，发热量是动力用煤的主要质量指标。煤的发热量是指单位质量的煤在完全燃烧时产生的热量。

煤的发热量测定原理：把氧弹放在一个盛有足够浸没氧弹的水的容器（通称水筒或内筒）中，在有过剩氧气存在的条件下，点燃适量的煤样并使其完全燃烧，放出的热量用水吸取，由水温的升高来计算发热量。

自动氧弹测量计根据水套温度的控制方式又分为绝热式热量计和恒温式热量计。自动发热量仪器可以自动计算出弹筒发热量（$Q_{b,ad}$），根据需要，输入煤的氢含量、全硫、全水以及分析煤样水分，可自动计算出不同基准的高位发热量和低位发热量。

自动氧弹测量计除需要定期进行热容量标定外，还要对测量精密度和准确度进行检验。氧弹还要定期进行 20MPa 耐压试验和水压试验。

煤的发热量测定按国标 GB/T 213—2008《煤的发热量测定方法》执行。

39 火电厂为什么必须重视燃煤管理？

答：因为燃煤是火力发电厂提供能源的物质基础，是生产技术和经济核算的中心环节，燃煤的质量关系到锅炉机组的安全、经济、稳定运行，因此必须由计划、生技、财务、化学、燃料及供应等部门分工协调进行管理。燃煤管理的主要任务就是搞好燃煤的收、管、用，要对各项指标完成情况经常地进行分析，从而挖掘生产的潜力，节约燃煤和自用电量，努力实现企业利益最大化。

40 燃料车间经济技术指标管理的作用有哪些？

答：燃煤经济技术指标管理的作用有：

（1）通过指标的逐级分解，以小指标的落实保证大指标的落实。

（2）小指标管理和奖励竞赛制度相结合，利用比较科学的量化评价依据，达到按劳分配的目的。同时运行管理工作的薄弱环节也容易暴露出来，便于采取措施解决问题，从而推动企业管理工作的改善。

（3）开展小指标竞赛，一方面使每个职工关心指标，管理指标，促进专业管理和群众管理的结合；另一方面可以把企业管理的各个方面有机地结合起来，减少例外管理，达到有序运作的目的。

（4）通过将各项小指标的完成情况与计划数值进行对比，可算出节省煤（电）、浪费煤（电）的值。通过分析煤耗率、厂用电率，找出完不成计划的原因。从中发现问题、研究解决措施。

41 燃用多种煤的发电厂如何选用煤质指标作为配煤的依据？

答：燃用多种煤的火电厂，配煤依据要视锅炉燃烧而定，通常选用灰分（或发热量）、挥发分为配煤的依据，有时也选用灰熔融性。例如锅炉燃烧不好、煤耗高时，则选用挥发分或灰分作为配煤指标较为合适；又如锅炉经常发生结渣威胁锅炉安全运行时，则选用灰熔融性作为配煤指标较好；再如为使烟气中硫氧化物含量符合排放标准，可选用硫分作为配煤指标（一般混煤的煤质、特性可按参与混配的各种煤的煤质特性用加权平均的办法计算出来。这是因为煤中灰分或发热量、挥发分等在混配过程中不会发生“交联”作用，而有很好的加成性。然而，对灰的熔融性则不能采用上述加权平均方法，而必须通过对混煤进行实测而定）。定出标准后，燃料车间应严格按照这一要求配煤，并做到配煤均匀，以保证锅炉正常燃烧。电厂燃用的一般原煤发热量为15～23MJ/kg，为了确保燃烧稳定，应将混煤发热量配至19MJ/kg以上。洗混煤由洗中煤和原煤配制而成，可以满足系统对水分和发热量的要求。

42 燃煤储备量的依据是什么？

答：为了保证正常发电，必须有一定数量的燃料储备。其储备煤量要依据锅炉机组的消耗水平、运输路程远近、储煤场大小、季节气候等因素来确定。一般矿区发电厂煤炭经常储备量（周转煤量）不低于5～7d耗用量，保险储备（安全储备）不低于5d耗用量；非矿区发电厂煤炭经常储备量不低于6～12d耗用量，保险储备不低于6d耗用量。

43 燃煤化验分析的目的是什么？其化验项目有哪些？

答：燃煤的化验分析主要有三个目的：一是检验燃煤质量；二是掌握燃煤特性；三是准确计算煤耗率。

进厂煤的化验一般按工业分析项目进行。根据煤炭计价规定，进厂煤化验项目有：发热量、灰分、水分、挥发分、硫分、块度下限率及煤炭品种。

44 燃煤中三大块是指什么？各如何处理？

答：煤中三大块是指：木块、铁块、石块。

在输煤系统中有以下处理方法：

木块—用除木器（除大木器、除细木器）处理。

铁块—用除铁器处理。

石块—用筛碎设备处理。

45 燃煤中铁块的主要来源有哪些？

答：燃煤中铁块的主要来源有：

（1）煤矿开采及运输中的部件杂物。

（2）输煤系统磨损掉落的杂物。

46 燃煤组堆的注意事项有哪些？

答：在有条件的电厂，对不同品种的煤要分开组堆存放。对需要长期贮存的煤，尤其是低变质程度的煤，组堆时要分层压实，减少空气和雨水的透入和防止煤的自燃。在组堆时要注意下列具体事项：

（1）选择好组堆形状，一般堆成正截角锥体较为理想，因为正截角锥体自然通风较好，可减少风吹雨淋对煤的损耗。

（2）选择好组堆方向。根据我国地理位置，组堆以南北方向长，东西方向短为宜，这可减少太阳直射，有利于防止煤堆自燃。

（3）组堆时防止块末分离，偏析和煤堆高度过高，以阻止空气进入煤堆。

（4）组堆过程中要检查煤堆高0.5m处的煤温与周围环境的温度，若两者温度相差大于10℃，则要重新组堆压实。

（5）为监测煤堆温度变化，在煤堆中要安插许多底部为圆锥形的适当大小的金属管，以便插入测温元件探头。

（6）煤堆最好选在水泥地面上，且周围设有良好的水沟。因为煤堆中水分增多，会促进煤的氧化和自燃。

（7）组堆完后，要建立组堆档案，写明堆号、煤品种及其进厂时间、组堆工艺和监测温度等。

47 燃煤防止自燃的措施有哪些？

答：燃煤防止自燃的措施有：

（1）压实煤堆，使其内部的空气尽量减少，并喷洒一层石灰乳。

（2）不同粒级的煤应分开堆存。

（3）煤堆不宜过高。

（4）经常测量煤堆的温度，一旦发现煤堆温度达到60℃的极限温度，或煤堆每昼夜温度连续增加高于2℃（不管环境温度多高），应立即消除“祸源”。方法是将“祸源”区域的煤挖出，暴露在空气中散热、降温，或立即供应锅炉燃烧。切记不要往“祸源”区域煤中加水，因为水和 SO_2 等生成物进一步氧化反应，会放出更多热量促进煤堆内温度的升高，这会加速煤的氧化自燃。

48 燃煤长期贮存时煤质会发生哪些变化？

答：煤在露天长期贮存时，因不断受到风、雨、雪的作用及温度变化的影响，煤质会发生变化，其变化程度与贮存条件、时间及煤品种直接相关。煤质变化主要表现在：

(1) 发热量降低。贫煤、瘦煤发热量下降较小，而肥煤、气煤和长焰煤则下降较大。

(2) 挥发分变化。对变质程度高的煤，挥发分有所增多；对变质程度低的煤，挥发分则有所减少。

(3) 灰分产率增加。煤受氧化后有机质减少，导致灰分相对增加，发热量相对降低。

(4) 元素组成发生变化。碳和氢含量一般降低，氧含量迅速增高，而硫酸盐硫也有所增高，特别是含黄铁矿硫多的煤，因为煤中黄铁矿易受氧化而变成硫酸盐。

(5) 抗破碎强度降低。一般煤受氧化后，其抗破碎强度均有所下降，且随着氧化程度的加深，最终变成粉末状，尤其是年轻的褐煤更为明显。

49 燃煤在组堆及贮存期间会发生哪些损耗？

答：煤在组堆及长期贮存中的损耗，概括起来有机械损耗和化学损耗两种。

(1) 机械损耗。搬运中撒掉的和飞散的损耗，煤混入土中的损耗，被风和雨雪带走的煤尘和煤粉的损耗。

(2) 化学损耗。煤中有机质氧化自燃过程中的损耗，挥发分降低和黏结性变差而形成的损耗等。

因此，在组堆及长期贮存中要尽量减少上述各种“有形”或“无形”的损耗，以提高火电厂的经济效益。

50 长期贮存易氧化的煤时应怎样组堆？

答：对需长期贮存且易受氧化的煤，最好采用煤堆压实且其表面覆盖一层适宜的覆盖物质，以防止自燃。因为空气和水是露天贮存煤堆引起氧化和自燃的主要原因。煤堆内若有空隙，乃至空洞，空气便可自由透入堆内，使煤氧化放热。同时，煤堆内水分被受热蒸发并在煤堆高处凝结释放大量热量。再者，煤中的黄铁矿也会因氧化放出热量。这些都会产生或加剧煤的氧化作用和自燃倾向。防止办法是在煤堆表面覆盖一层无烟煤粉、炉灰、黏土浆等。此外，还可喷洒阻燃剂溶液，既可减缓煤的自燃倾向，又可减少煤被风吹走而造成的损失。

51 分炉计量的测算方法是怎样的？

答：可以根据皮带秤的上煤量和每个原煤仓上犁煤器的下落时间来进行分斗或分炉计量。有条件时可以每台炉装一台皮带秤。

52 配煤的重要性是什么？

答：每台锅炉及其辅助设备都是依据一定煤质特性设计的，锅炉只有燃用与设计煤质接近的煤，才能得到最好的经济性。然而，许多火电厂实际燃用的煤种繁多，煤质特性各异，若不采取适当措施，势必导致锅炉燃烧不好，增加煤耗，乃至发生严重事故。依据不同煤质特性配煤是解决煤质与锅炉不相符合问题的行之有效的方法之一。因此，燃用多种煤的电厂应根据供应煤的煤质和数量制订出合理的配煤方案，使锅炉在燃用与设计煤质相接近煤的条件下运行，以提高锅炉燃烧效率，增加锅炉安全经济性。此外，为了控制烟气中硫氧化物的排放标准，有时也需采用高硫煤与低硫煤混配，使入炉煤的含硫量控制在1%以下。

53 常用的配煤方法有哪几种?

答：正确实现预定的配煤比关系到配煤的质量，因此，必须选择行之有效的合理方法。通常采用下列方法：

（1）煤斗挡板开度法或变频调节法。此法依据煤斗的挡板开度或给煤机的频率来调节输煤皮带的出力，从而达到该种煤单位时间的预定送煤量，如甲、乙两种煤需按3∶1即可达到预定的配煤比。

（2）抓斗数法。此法只适用于设有门式抓煤设施的中小型电厂。各种煤的抓斗系数依据预定的混配比确定，如甲、乙两种煤混合，确定其配比为1∶2，则应抓一斗甲煤，抓两斗乙煤，混匀后，再用抓斗转移到混好的煤堆中备用。

（3）组堆混煤法。斗轮机向煤场堆煤或汽车卸煤时，不同煤种可按比例分层或间隔堆煤，然后再进一步用推煤机掺配。

54 燃煤验收包括哪些内容?

答：火电厂燃煤验收工作的主要内容是指进厂煤量和煤质验收。进厂煤的计量方式因运输方式不同而不同，火车运煤普遍采用电子轨道衡计量煤量吨数。船舶运输一般采用观测水尺换算载重量，也有采用码头磅秤或电子皮带秤进行计量的。汽车运输一般采用汽车磅计量验收。

煤质验收包括采样、制样和化验。化验项目根据煤炭计价规定为发热量、灰分、水分、挥发分、硫分、块度下限率及煤炭品种。为积累资料，应建立档案，并应定期进行各品种累积煤样的元素分析、工业分析，对灰熔融性、硫分等每年至少测定一次。

55 库存煤是如何进行盘点的?

答：盘点前需将煤场、煤沟等库存煤整理成比较规则的形状，然后进行丈量计算或用专用激光仪测算。根据煤的密度算出库存煤的储煤量，这就是煤场盘点。一般每月进行一次。

56 船舶运输煤量的验收方法有哪些?

答：船舶运输煤量的验收一般有以下两种方法：

（1）电子皮带秤计量法。此法是将轮船（或驳船）上的煤通过机械装置转移到码头专用的皮带上，然后用精度为±0.5%的电子皮带秤直接检测煤量（电子皮带秤应定期进行实物校验），此法计量一般准确可靠，也较简单。

（2）吃水表尺计量法。此法是根据船舶上吃水表尺的吃水深度与排水量的关系，再由排水量与水密度的关系计算出船舶的载煤量。按规定应认真查看六面水尺，求出平均吃水深度。

57 电子轨道衡和汽车衡计量的优点是什么?

答：电子轨道衡和汽车衡都是以电阻应变式称重传感器作为力电转换元件，采用微处理机控制进行计量的，是对列车和汽车进行动态或静态称重的自动化计量设备。计量自动化程度高，性能可靠，精度准确，操作简便，结构稳定，是目前广泛使用的两种陆路运输称重设备。

58 列车车号自动识别系统的用途和工作原理是什么?

答：在铁路系统，为实时了解车辆物流去向，在国标车型的每节车辆底梁都装有标明该车辆车型、编号、权属、制造年月、荷载、辆序、编组等数据信息的无源电子标签。在铁路咽喉道口（如轨道衡或厂矿区关卡数据采集点等）的道芯装有微波射频自动识别系统，当车辆经过射频识别装置时，车体上的电子标签立即收到识别系统发来的微波信号，电子标签将部分微波能量转换成直流电供其内部电路工作。同时自动与地面计量台交换数据信息，核实载重与路耗，为全局的数据化管理提供及时的服务。

第二节　燃料设备基础知识

1 机械摩擦的危害和润滑的作用有哪些?

答：机械摩擦的危害有：消耗大量的功，造成机件磨损，产生大量热量。

润滑的作用有：控制摩擦，减少磨损，降温冷却，防止摩擦面锈蚀，防尘。

2 润滑介质可分为哪几类?

答：润滑介质可分为五类：气体、液体、油脂、固体、油雾润滑。

3 润滑油应有哪些性能要求?

答：润滑油的性能要求为：

(1) 适当的黏度，较低的摩擦系数。

(2) 有良好的油性，良好的吸附能力，一定的内聚力。

(3) 有较高的纯度，有较强的抗泡沫性、抗氧化和抗乳化性。

(4) 无研磨与腐蚀性，有较好的导热能力和较大的热容量。

(5) 对含碳量、酸值、灰分、机械杂质、水分等也要达到一定的要求。

4 润滑脂的种类与特性有哪些?

答：润滑脂习惯上称为黄油或干油，是一种凝胶状材料。润滑脂由基础油液、稠化剂和添加剂（或填料）在高温下混合而成。可以说它是一种稠化了的润滑油。工业用润滑脂按其稠化剂类型分为钙基脂、钠基脂、铝基脂、锂基脂、钡基脂等几种类型。

润滑脂各种类的主要特点及用途如下：

(1) 钙基脂是最早应用的一种润滑脂，有较强的抗水性，使用温度不宜超过 60℃，使用寿命较短。

（2）钠基脂的抗高温能力较强（80～100℃），在其使用范围的临界温度上易出现不可逆硬化。易吸收水分，存放时需密封。由于有上述缺点，已逐渐被淘汰。

（3）铝基脂有很好的抗水防蚀效果，多用于汽车底盘、纺织、造纸、挖泥机及海上起重机等方面的润滑，涂于金属表面具有防蚀作用。

（4）锂基脂是一种多效能润滑剂，使用温度范围在－120～145℃之间，抗水性稍逊于钙基脂。锂基脂通用性强且使用寿命长，除能在高低温、潮湿等不同外围条件收到良好润滑效果外，对于简化油料采购和管理，便于储存和应用，均有良好作用。

其次还有钡基脂、合成基脂、混合基脂、复合皂基脂、非皂基脂等润滑脂，均有其特定的适用范围。

5　二硫化钼润滑剂的特点是什么？

答：二硫化钼润滑脂主要由复合钙基脂和二硫化钼（胶体 MoS_2）经混合加工制成。二硫化钼润滑脂剂具有良好的润滑性、附着性、耐温性、抗压减摩性等优点，适用于高温、重负荷、高转速等设备的润滑。二硫化钼润滑脂以复合钙基脂为载体，存放三个月以后，表层干涸不能用。因此，油桶一定要密封。对使用二硫化钼润滑脂的摩擦面或轴承，每月至少应检查一次。发现润滑脂变干时，应立即清洗，换上新脂。

6　国产机械油的特性与分类牌号是什么？

答：国产机械油黏度和温度性能较好，闪点凝点较高，是由矿物润滑油馏分加工精制而成。

国产机械油按 50℃运动黏度分为 10、20、30、40、50、70、90 号等七个牌号，输煤机械减速机多采用 50 号。

7　国产工业齿轮油的种类牌号有哪些？

答：国产工业齿轮油按 50℃运动黏度分为 50、90、150、200、250、300、350 号和硫铝型 400、500 号等。

8　滑动轴承的润滑有哪些要求？

答：油润滑的滑动轴承，其油液黏度随温度的升高而降低。当速度低，负荷大时，应选用黏度较高的润滑油；当速度高、负荷小时，应选用黏度较低的润滑油。

脂润滑的滑动轴承，当轴承载荷大、轴颈转速低时，应选用针入度小的油脂；当轴承载荷小、轴颈转速高时，应选用针入度大的油脂。润滑脂的滴点一般应高于工作温度 20～30℃。滑动轴承如在水淋或潮湿环境下工作时，应选用钙基、铝基或锂基润滑脂；在一般环境温度条件下工作时，可选用钙—钠基脂或合成脂。

9　滚动轴承添加润滑脂应注意什么？

答：滚动轴承的结构不同，会影响润滑油黏度的选择。如在同一温度条件下，向心球面滚子轴承和推力球面滚子轴承，由于同时受径向和轴向载荷，而比球轴承和圆柱滚子轴承需要更高黏度的油。球和滚子轴承添加润滑脂应注意：

（1）轴承里应添满，但不应超过外盖以内全部空间的 1/2～3/4。

（2）装在水平轴上的一个或多个轴承要添满轴承和轴承空隙，但外盖里的空隙只添全部空间的1/3～3/4。

（3）装在垂直轴上的轴承，只装满轴承，但上盖则只添空间的一半，下盖只添空间的1/2～3/4。

（4）在易污染的环境中，对低速或中速轴承，要把轴承和盖内全部空间添满。

以上是添加润滑脂的一般要求，如果发现轴承温度升高，应适当减少装脂数量。

10 油浸减速器的齿轮浸浴度有什么要求？

答：油浸减速器的齿轮浸浴度的要求为：

（1）单级减速器的大齿轮浸油深度为1～2齿高。

（2）多级减速器中，轮齿有时不可同时浸入油中，这就需要采用打油惰轮、甩油盘和油杯等措施。

（3）蜗杆传动浸油深度，油面可以在一个齿高到蜗轮的中心线范围间变化。速度愈高，搅拌损失愈大，因此浸油深度要浅；速度低时，浸油深度可深些，并有散热作用。蜗轮在蜗杆上面时，油面可保持在蜗杆中心线以下，此时飞溅的油可以通过刮板供给蜗轮的轴承。

11 减速机的润滑要求有哪些？

答：减速机的润滑要求有：

（1）一般用油池飞溅润滑，自然冷却。润滑油的注入量达到油标油位，即将齿轮或其他辅助零件浸于减速器油池内，当其转动时将润滑油带到啮合处，同时也将油甩到箱壁上借以散热。

当齿轮线速度v>2.5m/s、环境温度为0～35℃或采用循环润滑时，推荐选用中极压工业齿轮油N220；环境温度为35～50℃时，推荐选用中极压工业齿轮油N320。

（2）当齿轮速度超过12～15m/s、工作平衡温度超过100℃时，或承载功率超过热功率时，应采用风冷、水冷或循环润滑方式，循环润滑时的贮油量应满足齿轮各啮合点润滑、轴承润滑及散热冷却的需要。由于温度升高，需要油泵向齿面喷油，在高速时，油嘴最好用两组，分别向着两个轮子的中心。

（3）冷却用水要用氧化钙含量低的清水，水压不超过0.8MPa。在低温情况下，减速机长时间停运时，必须把冷却水排净，以防冻坏冷却系统。

（4）采用循环润滑的减速机，其润滑系统的油泵、仪表、油路等要正确安装，正常系统油压为49～245kPa。

（5）当减速机的环境温度低于润滑油凝固点时，或为了使减速机启动时油的黏度不过高，可采用浸没式电加热器或蒸汽加热圈对润滑油进行加热。电加热器单位面积上的电功率不应超过0.7W/cm^2。建议加热后的油温为5～15℃。

（6）减速机在投入使用前必须在输入轴轴承注油点及视孔处注入润滑油，油面应达到油尺上限，注油后视孔盖应重新用密封胶封好，并拧紧螺栓。

（7）减速机使用后要经常检查油位，检查应在减速机停止运转并且充分冷却后进行。注意：在任何情况下，油位不能低于油尺下限。

（8）当减速机连续停机超过24h，再启动时，应空负荷运转，待齿轮和轴承充分润滑后，方可带负荷运转。

12 减速机润滑油的更换有何要求？

答：减速机润滑油的更换要求为：

（1）减速机初始运行 200～400h 后必须首次换油。润滑油应在停机后油温还未降低时排放。

（2）一般换油间隔应按表 1-1 规定进行。

表 1-1　　减速机润滑油换油间隔表

工作温度（℃）	运行间隔（h）
100	2500
90	4000
80	6000
<70	8000

但是当采用一班或两班工作制时，最长二年换油一次；若三班工作制，最长一年换油一次。当换油量较大时，可通过对润滑油进行化验的办法来确定最经济的换油时间间隔。

（3）减速机应换用与以前同样等级的润滑油，不同等级或不同厂家的润滑油不能混合使用。

（4）换油时，减速机壳体应采用与减速机传动润滑油相同等级的油进行冲洗，高黏度油可先行预热，再用于清洗。

（5）采用强制润滑的减速机，润滑系统也应清洗，并用高压空气吹干。

（6）换油时，排油口油塞上的磁铁也要彻底清洗干净。

（7）清洗必须绝对清洁，决不允许外部杂质进入减速机。

（8）换油后，拆过的轴承端盖及视孔盖必须用密封胶重新封好。

13 开式齿轮的润滑方式有哪几种？

答：开式齿轮的润滑主要有下面几种方法：

（1）利用喷枪在一定间隔时间内喷油。由于开式齿轮所用残留型润滑油黏度都比较高，常需利用溶剂加以稀释才便于喷涂。

（2）利用油杯或油管喷嘴滴油润滑。

（3）利用毛刷刷油或用手油壶加油的办法。

14 润滑油液的净化方法有哪些？

答：为消除外界杂质渗入润滑油内，要利用过滤、沉淀等方法在系统内外将油液净化，其方法有四种：

（1）沉淀和离心。主要利用油液和杂质密度的不同，通过重力和离心力将其分离。

（2）过滤。一般在润滑油液流动通道上设置粗细深浅不同的筛孔，限制大小杂质的通过。

（3）黏附。利用有吸附性能的材料阻截，收集润滑油液中的杂质。

（4）磁选。利用磁性元件选出带磁性的钢铁屑末。

15 润滑油箱的功能与储油要求有哪些？

答：润滑油箱不但是润滑油液的容器，而且常用以沉淀杂质、分离泡沫、散发空气，故也是净化油液的装置。润滑油箱实际如同润滑系统的后方基地，具有排油、吸油、回油、排气、通风等功能。

循环油一般在润滑油箱有3～7min的停留时间，润滑油箱除须能盛装全部循环油以外，其空腔上留有适应系统油流量偶尔的变化以及油热膨胀、波动和撑泡沫需要的空间。一般润滑油箱油位应高于静止油位，容积可超过其实际储量的10%～30%，如不保留空腔，则回油管道将受到背压的阻碍而造成回油不畅，油和泡沫甚至会从放气孔溢流而出。

16 设备的润滑方法有哪些？

答：设备润滑的方法主要是根据设备结构、运动的特点和对润滑的要求选用。

（1）手工润滑。手工润滑一般由运行维护人员用油壶或油枪向油孔油嘴加油，油在注入孔中后，沿着摩擦表面扩散以进行润滑。一般滴油润滑装置有泵式油枪、热膨胀油杯、跳针式油杯等。油杯只供一次润滑的小量润滑油，其给油量受杯中油位和油温的影响，阀的加工质量亦往往影响到供油的稳定性，故在装置和调节以前运行人员必须认真加以检查。油杯储油的高度应不低于全高的1/3，油杯的针阀和滤网必须定期清洗，以免堵塞。

（2）油池或溅油润滑。油池或溅油润滑的作用是利用转动的机械将油带到相互咬合和紧紧靠近的各个摩擦副上。油池里的油应有适当黏度，一般为30～50号机械油，可适应摩擦副的需要。加入油池的油应先经过滤清，油池温度一般不宜超过70℃。

（3）脂杯、脂枪润滑。

1）脂杯润滑为带螺纹盖的润滑脂杯，是小压力下分散间歇供脂最常用的装置，这种脂杯在旋转油杯盖时才间歇地送入油脂。当机械正常运转时，每隔4h（半个班）将杯盖回转1/4转已够应用，一般用在速度不超过4m/s的设备上。

2）脂枪润滑。手操纵的压力杠杆型脂枪是推煤机、斗轮机、翻车机等行走移动设备常用的润滑工具，每一个润滑点装有配套的加油口，按需要有规律地加脂润滑。

17 润滑油脂的使用情况有哪几种方式？

答：按油脂的使用情况，可分为一次使用和循环使用两种方法。一次使用是润滑油脂只使用一次就不再回收。循环使用是在高速、重荷、机件集中、需油量大的设备上润滑时都应将油循环使用，如斗轮行走立式减速箱、重牛绞车减速箱等。

18 润滑装置有哪几种配置方式？

答：润滑装置有的配置方式可分为分散润滑和集中润滑两种方法。

（1）分散润滑。一般在结构上分散的部件，如电动机、碎煤机两端的轴承，桥吊、翻车机等几十处润滑点均按其润滑部位，就地安排润滑油杯、油孔、油嘴，分散进行润滑。

（2）集中润滑。在机件集中，同时有很多配件需要润滑，如斗轮堆取料机的回转部分，车床的减速机、走刀箱等，既有变速的齿轮或蜗轮，又有其轴和轴承，还可能有各种联轴器和离合器，就有必要进行集中润滑。

19 按润滑装置的作用时间可分为哪几种润滑方法?

答：按润滑装置的作用时间可分为间歇润滑和连续润滑。按油脂进入润滑面的情况，又可分为无压润滑和压力润滑。油压很高属于压力润滑。油绳、毡块、油杯、油链、吸油、带油、油池、飞溅等无强制送油措施的润滑方法均属无压润滑。在除了要求充分润滑外，还有散热的需要时，就应进行连续润滑。如高速运行的齿轮箱和滑动、滚动轴承等。对润滑要求不高的部件，可以采用间歇润滑。

20 润滑管理的五定有哪些内容?

答：润滑管理的五定内容为：

(1) 定质。按照设备润滑规定的油品使用，加油、加脂、换油、清洗时要保持清洗质量。设备上各种润滑装置要完善，器具要保持清洁。

(2) 定量。按规定的数量加油、加脂。

(3) 定点。确定设备需要润滑的部位。

(4) 定期。按规定的时间加油、换油。

(5) 定人。按规定的润滑部位指定专人负责。

第二章

油库及燃油设备系统

第一节　燃油特性及管理

1　石油是怎样形成的？燃油的种类有哪些？

答：远古时代的动植物和水中生物的遗体，因地壳的运动被埋在地层深处，在缺氧和高压条件下经过长期变化就形成石油。

我国燃料油按照馏分性质分为液化石油气、航空汽油、汽油、喷气燃料、煤油、柴油、重油、渣油、特种燃料9种。

2　重油是由哪些油按不同比例调制而成的？

答：燃料重油是由裂化重油、减压重油、常压重油和蜡油等按不同比例调制而成的。

3　重油的凝固点如何测定？

答：当油温降到某一值时，重油变得相当黏稠，以致盛油试管管口向下倾斜45°，油表面在1min之内，尚不表现出移动倾向，此时的温度称为该油的凝固点。

4　轻柴油有哪几个牌号？

答：轻柴油按凝固点分为0、+20、−10、−20及−35五个牌号。

5　锅炉用油应符合哪几项要求？

答：锅炉用油应符合下列要求：

(1) 保证燃油流量，以满足负荷需要。

(2) 保证炉前燃油有稳定的燃油压力和温度，上下压力波动应小于或等于0.1MPa。

(3) 防止油中含有杂质，保证来油混油器的正常投运。

(4) 来油必须经过必要而充分的脱水。

6　燃油的组成元素有哪些？

答：燃油是由多种元素组成的多种化合物的混合物，主要元素包括：碳、氢、氧、氮、硫等五种元素及灰分和水分。其中，碳含量占总量的84%～87%，氢含量占总量的11%～14%，硫、氧和氮含量一般都小于1%，有的种类含硫量可能达到2.5%～5%。灰分和水是油中的杂质，通常占到总量的0.05%。

7 燃油中含硫过大有何危害？

答：硫在石油中大部分以机械硫化物的形态出现，可以燃烧，但燃烧产物除对锅炉设备有腐蚀作用外，还对环境和人的身体有害。此外，油中硫化物大部分具有毒性和腐蚀性，在存储、输送和炼制过程中影响设备使用寿命。因此，硫是一种有害成分，含量越少越好。

8 燃油的元素分析法是什么？

答：燃油元素分析法是指通过加热、燃烧及向燃烧产物中加入化学药品等手段，来测定燃油中的碳、氢、氧、氮、硫等五种化学元素的质量百分数。

9 燃油的工业分析法是什么？

答：燃油工业分析法是指通过对燃油的干燥、加热以及燃烧等手段，来测定油中的固定碳、挥发分、灰分和水分四项内容。

10 燃油的发热量是什么？

答：1kg油完全燃烧后产生的热量称为油的发热量，用符号Q表示，单位为MJ/kg或kcal/kg。

11 燃油的发热量为何比煤的高？

答：由于燃油的含碳、氢量（尤其是氢）远较煤中含量多。因此，油的发热量也远较煤高。燃油密度越大（相对含氢越少），发热量越低；燃油密度越小，则发热量越高。

12 燃油的比热容是什么？

答：1kg燃油温度升高1℃所需的热量称为油的比热容，用符号c表示。燃油的比热容通常为2094J/(kg·℃)。

13 燃油的凝固点是什么？它与哪些因素有关？

答：物质由液态转变为固态的现象称为凝固，发生凝固时的温度叫作凝固点。

燃油的凝固点与其化学成分有关。随着燃油中含蜡量的增加，燃油的凝固点随之升高；而燃油中胶状物含量越多，凝固点越低。

14 燃油的沸点有何特点？

答：液体发生沸腾时的温度称为沸点。燃油是由各种不同的碳氢化合物和其他物质组成的，因此没有一个恒定的沸点，而只有一个沸点范围，它的沸点从低温开始直到高温是连续的。

15 燃油的黏度是什么？

答：黏度是表示油对其本身的流动所产生的阻力的大小，是用来表征油的流动性的指标，它对燃油的输送、雾化、燃烧有直接的影响。黏度的大小可用动力黏度、运动黏度和条件黏度来表示。

动力黏度（又称绝对黏度）：即两个面积为1cm^2，相距1cm的两层液面，以1cm/s的相对速度运动时所产生的内摩擦力。用符号 η 表示，单位为 Pa·s。

运动黏度：指液体的动力黏度与其密度之比，用符号 ν 表示。

条件黏度：就是采用某种黏度计，在规定的条件下所测得的黏度。

16 燃油的黏度与哪些因素有关？

答：燃油黏度与下列因素有关：

（1）油的组成成分及其含量。油的黏度随组成成分的分子量增大而升高。

（2）温度。油温升高，黏度降低；反之，黏度增大。

（3）压力。当压力较低时（1～2MPa），对黏度的影响可忽略不计，但当压力升高时，黏度随压力的升高而发生剧烈的变化。

17 油的黏温曲线是什么？

答：黏度与油温的关系通常称为油的黏温特性。用来反映黏度和温度之间关系的曲线称为黏温曲线。

18 黏度与温度的变化关系是怎样的？

答：油温对黏度的影响不是均衡的，一般说来，油温在 50℃以下变化，对油的黏度影响很大；温度在 50～100℃变化时，对油的黏度影响较小；而油温在 100℃以上变化时，对油的黏度影响就更小。另外，黏度随温度变化关系还与油的化学组成有关，不同的油种，黏温特性就不同，渣油的黏度随温度的变化较大，而含蜡的重油黏温曲线比较平坦，即当温度变化时，黏度变化较小。

19 燃油中的机械杂质是什么？

答：机械杂质指存在于油品中所有不溶于溶剂（如汽油、苯）的沉淀状物质，这些物质多数是沙子、黏土、铁屑粒子等。

20 燃油的闪点和燃点是什么？

答：油加热到某一温度表面有油气发生，油气和空气混合到某一比例，当明火接近时即产生蓝色的闪光，此时的温度称为闪点。

当油温升高到某一温度时，表面上油气分子趋于饱和，与空气混合且有明火时，即可着火，并保持连续燃烧，此时温度称为燃点（着火点）。

燃点一般比闪点高 20～30℃。

21 燃油的自燃点是什么？

答：油在规定加热的条件下，不接近外界火源而自行着火燃烧的现象叫自燃。发生自燃时的温度叫燃油的自燃点。燃油的自燃点随油压的改变而改变，受压越高，其自燃点越低。

22 燃油的爆炸浓度极限是什么？

答：当油蒸气（或可燃气体）与空气混合物的浓度达到某个范围时，遇到明火或温度升高就会发生爆炸，这个浓度范围就称为该燃油的爆炸浓度极限（界限）。

23 燃油蒸气浓度超过爆炸极限时，为何反而不易发生爆炸？

答：因为燃油气体爆炸的浓度有上、下限之分，当燃油中的蒸气浓度低于爆炸浓度下限时，由于混合物中可燃物比空气少得多，即使有明火接触，也不易着火爆炸。当油蒸气浓度高于爆炸浓度极限时，因为严重缺氧，混合物也不能爆炸。所以，燃油蒸气浓度超过爆炸极限时，反而不易发生爆炸。

24 燃油的静电特性是什么？

答：燃油很容易与空气，钢铁等摩擦产生静电，静电荷能在它们的表面上积聚和保持相当长的时间。燃油的流动速度越快，所产生的电压越高。燃油的这种特性叫做燃油的静电特性。

25 油系统内所有管道设备为何要有良好的接地措施？

答：在一定的静电作用下，绝缘物（如油层）被击穿，就会导致放电而产生火花，将油蒸气引燃。静电压越高，其击穿能力越大，燃油起火的危险性就越大。为了使产生的静电荷连续放掉而不累积起来，并把产生的静电荷带走，所以，要求油系统内所有的管道、油罐均需装有良好的接地措施。

26 燃油的水分是从哪里来的？它存在的状态有哪几种？

答：燃油中的水分来源于运输和储存过程中。

燃油中水分存在的状态主要有以下三种：

（1）悬浮状。水分以水滴形态悬浮于油中，多发生于黏度大的重油。

（2）乳化状。水分以极小的水滴状均匀分散于油中，这种分散很细的乳浊液，由于水滴微粒极小，比悬浮状水分更难从油中分出。

（3）溶解状。水分以溶解于油中的状态存在，其溶解在油中的量，决定于燃油化学成分和温度。

27 燃油带水有何危害？

答：燃油带水的危害有：

（1）燃油中水分蒸发时要吸收热量，会使发热量降低。

（2）燃油的水分会使燃烧过程恶化，并能将溶解的盐带入炉膛，引起高温受热面上结渣、腐蚀和低温受热面结碳，增加不安全因素和提高排烟温度。

（3）在低温状态下，燃油中的水会结冰，堵塞燃油管道。

（4）燃油中有水时，会加速燃油的氧化和胶化，使燃油喷嘴工作状态恶化。

28 燃油的灰分是什么？它的组成成分有哪些？

答：燃油在规定温度下完全燃烧后遗留下来的残余物称为灰分。灰分是由燃油中的矿物质在高温作用下形成的。

燃油灰分的主要化学成分与煤灰分类似，它是由硅、铝、钙、镁、钠等组成，灰分的颜色随灰分组成的不同而有较大的差异，多数呈白色，有时是赤红色。

29 燃油雾化的目的是什么？

答：燃油油泵加压输送到锅炉前，经油雾化器送入炉膛内，形成很小的油滴（直径约为100～300μm），这种过程称为燃油的雾化。燃油雾化的目的是增加单位质量油的燃烧反应表面积，为迅速而完全燃烧创造条件。

30 油是如何进行雾化的？

答：雾化是利用外力克服油本身的内力（黏性力和表面张力）的过程，它必须加大外力减小油的黏性力和表面张力，才能促使油雾化成很细的油滴。

31 油雾如何与空气混合？

答：燃油着火点较低，其燃烧属于扩散燃烧，燃烧速度取决于与空气混合速度，其大小取决于空气与油滴相对速度以及气流的混流程度。相对速度越高，混流越强烈，混合速度就越高，混合情况就越好，燃烧越迅速、完全，同时必须使油在着火前就和空气混合，即实现根部送风。

32 燃油强化燃烧的措施有哪些？

答：燃油强化燃烧的措施有：

（1）入炉前的燃油和空气预热，加强高温烟气对雾化器的加热，保证燃油更好地雾化与蒸发。

（2）选用合适的燃油系统及燃油喷嘴，保证燃油雾化良好，使油滴细小而均匀，既便于蒸发，又利于与空气充分混合。

（3）依据燃油特性，选择合适的油雾化角，以便于烟气回流使油雾及时着火。

（4）改善送风条件，使空气与油滴之间有较大的相对速度，气流能够强烈扰动，使空气与油雾充分而迅速混合。

33 燃油的燃烧过程分为哪几个阶段？

答：一般把燃油的燃烧过程分为四个阶段：

（1）燃油的雾化。

（2）雾化油滴吸热蒸发和热分解。

（3）油蒸气与空气混合物形成可燃物。

（4）可燃混合物的着火和燃烧。

34 燃油的燃烧时间如何缩短？

答：油滴完全燃烧所需的时间和它直径的平方成正比。也就是说，如果油滴直径扩大一倍，它完全燃烧所需的时间将增加四倍。所以，要想缩短燃烧时间，必须提高雾化细度，以减小油滴的粒度。

35 燃油储存时有哪些注意事项？

答：燃油储存时的注意事项有：

（1）储油罐油位不得高于高限值，以防跑油，顶部留有足够空间，以备灭火用，且不得低于低限值，以防油泵抽空断油。

（2）储油罐的油温必须严加监视，防止超温。

（3）油罐顶部的油气浓度应定期测定，油质应定期化验，防止火灾及燃油变质，减少燃油损失。

（4）储油罐定期进行放水。

36 造成油品消耗的原因有哪些？

答：造成油品消耗的原因有：油罐大呼吸损耗，油罐小呼吸损耗，自然通风损耗，油蒸气饱和损耗，油罐放污水损耗以及其他损耗。

37 油罐的大呼吸损耗是指什么？

答：在油罐进行收油操作的过程中，由于油面的不断升高，气体空间容积不断缩小，造成油气混合压力增加。当压力超过罐顶呼吸阀控制压力时，油气不断向外排出，这个过程就是大呼吸损耗的“呼出”过程。当油罐发油时，由于油面不断降低，气体空间的容积就不断增加，气体压力减少，一直到形成负压并超过呼吸阀设定的真空度，油罐开始“吸入”空气。由于吸入大量新空气，油气混合物中的油品浓度和压力相应减少，此时油面蒸发加快，使之重新达到饱和，气体空间压力再次上升，部分油气混合物顶开呼吸阀逸出，造成回逆“呼出”损耗。进行一次收发油作业，便伴随一次“呼出”和一次“吸入”过程。由此造成的损耗称为大呼吸损耗。

38 油罐的小呼吸损耗是指什么？

答：油罐的小呼吸损耗是指油品静止储存过程中，由于外界温度或压力的变化而产生的油品蒸发损耗。

39 油品的油蒸气饱和损耗是什么？

答：向空容器（油罐）内装油时，由于容器内无油蒸气，装油后则迅速地蒸发，使气体逐渐被油蒸气饱和。油蒸气浓度增加，气体压力随之升高，当压力达到一定值时，顶开空气阀，油蒸气逸出罐外，造成损耗，成为油蒸气的饱和损耗。

40 如何降低燃油的损耗？

答：降低燃油损耗的方法为：

（1）加强油罐罐顶呼吸阀、安全阀、量油孔的维护与管理。要求阀门灵活，人孔门封闭，以减少蒸发损失。

（2）加强岗位责任制，防止漏油、溢油故障和管路冻结等损耗。

（3）加装污水含油处理装置，减少污水含油率。

（4）设计油气集输密闭系统，用来密闭集输、处理、储存和轻油回收。

（5）建造浮顶油罐，大幅减少蒸发损失。

41 燃油运输的方式有哪些？

答：燃油运输的方式有铁路运输、水路运输、公路运输以及管道运输等。按分装方式不同，又可分为散装运输和整装运输。

42 铁路油罐车运输有何特点？

答：铁路油罐车运输的特点为：

（1）铁路油罐车是铁路运输石油的专用车辆。油罐车的容积，多数是 $50m^3$。成列发运时，每列可编 35～50 辆，运量可达 2000t 左右。成列发运和单车分运都可以。它是我国目前石油运输的主要方式。

（2）铁路油罐车按用途分为：轻油罐车、黏油罐车和润滑油罐车三种。

（3）轻油罐车装运汽油、煤油、轻柴油，罐体为银铝色；黏油罐车装运重柴油、燃料油、原油，罐体为黑色；润滑油罐车为装运润滑油的专用车辆，罐体为银灰色。

（4）为了便于卸油，黏油罐车和润滑油罐车下部均设有卸油管阀，罐内有固定的加温管和外部加温套层等装置。为了便于识别和使用，各罐体都按用途分别印有“轻油”“黏油”和“润滑油”的标记。

43 船舶燃油运输有何特点？

答：船舶燃油运输的特点为：

（1）船舶是我国沿海、沿江河一带常用散装石油的运输工具。按航行能力和载重吨位的不同，油船可分为油轮及油驳两大类。

（2）油轮具有动力装置，除航行系统外，还装有加热系统、自卸输入系统和消防系统。油船的船壳颜色几乎都油漆成银灰、湖绿和淡蓝等冷色。

（3）油驳一般无自航能力，是依靠拖轮航行的。油驳按用途不同，分为海驳和内河驳两种。油驳上装有加热管道、卸油泵油管道和消防系统。

44 管道燃油运输有何优点？

答：管道运输是燃油运输中最经济、最安全的一种运输方式，其主要优点是：

（1）运输能力大。

（2）运输成本低。

（3）损耗小。

45 使用船舶装卸油时有何安全措施？

答：船舶装卸油时的安全措施为：

（1）在油区内禁止任何火种。船体周围 50m 内不得进行明火作业。

（2）油船装卸完以后，应及时将油舱盖盖好，并有专人负责检查。

（3）严禁穿有铁钉的鞋上船，使用铁制工具时应轻拿轻放。油船在装卸过程中有大量油气溢出时，应停止某些作业，防止摩擦产生火花。

（4）在给油加热时，应掌握不超过安全温度。

（5）船上一切设备均应为防爆型。

（6）定期检查油船通风管道及消防设施，加强人员安全教育。

46 燃油测定时的标准密度是什么？

答：燃油在 20℃时的密度，被规定为标准密度，以 ρ_{20} 表示，并由此计算其在标准温度

20℃时的质量。已知它的标准密度，也可计算在其他温度下的密度和体积。

47 视密度是什么？

答：当密度计在非标定温度下使用时，因不同于标定温度的膨胀和收缩量，测得的密度不是标定温度下的真实密度，而是视密度。

48 视密度如何测定？

答：视密度测定的方法为：

（1）将调好温度的试样，小心地沿壁倾入量筒中，量筒应放在没有气流的地方，并保持稳定水平，注意不要溅出，以免产生气泡。

（2）将干燥的密度计，小心地放入搅拌均匀的试样中。待其稳定后，按弯月面上缘读数。

（3）注意温度计要保持水银线全浸入油液中，读数准确至0.2℃。

（4）将密度计在量筒中轻轻转动一下，再放开，按上述规定再测定一次。记录连续两次测定温度和密度的结果。

49 某油罐车装运燃油到电厂后，实测油面高度为2.493m，原油温度为40℃，采样后，用密度计测得油温为42℃时，视密度为847kg/m³，计算该罐内油在空气中的质量是多少？

答：查找铁路油罐车容积表得知：油面高度为2.493m时的容积为51.287m^3。查找“石油视密度换算表”得知：42℃时，视密度847kg/m^3；20℃时，标准密度860.9kg/m^3。查找“石油体积温度系数表”得知：标准密度时的石油体积温度系数f为0.000 76/℃。根据以上数据可以计算该油罐车原油在空气中的质量。由石油在20℃时的标准体积计算公式可得

$$V_{20}=V_t[1-f(t-20)]=51.287[1-0.000\ 76(40-20)]=50.507(m^3)$$

由国际石油计算公式得

$$m=(\rho_{20}-1.10)V_{20}=(860.9-1.10)\times 50.507=43\ 426(kg)$$

50 测量油面高度的方法有哪两种？

答：测量油面高度的方法有两种：

（1）测实法。即将特制的钢卷尺直接放入油罐底，在油迹处读出油面高度，称为测实法。这种方法适用于轻质油类。

在检尺时，将尺砣徐徐下落，以免冲击油面而引起波动，影响检尺的精确度。当尺砣触及罐底的瞬间，立即提起卷尺，在油迹处读出油面高度（读数时先读小数，后读大数），并做好记录。用同样的方法复测一次，取平均值，两次测量误差不得超过±1mm。

（2）测空法。即是测量从量油孔至油面的空间距离（空高），然后计算出油罐实际油面高度。这种方法适用于黏度较大的燃油，如重油（渣油）和原油。采用这种方法，必须先测得从油罐车量油孔至油罐底的高度H。在测量油面高度时，将固定长度H_n的卷尺徐徐投入油中（必须淹没尺砣），停1min后，提起卷尺，读出卷尺浸入油中的刻度数值ΔH；再用同

样方法复测一次。

51 水面高度如何测量？

答：测量水面高度前，用干棉纱擦净量水尺，估计出水面高度，在量水尺上均匀涂上试水膏，按照量油面方法下尺。当量水尺接触罐底时，要保持尺与罐底垂直。停半分钟后，提出水尺，在变色的分界处，读出水面高度并做记录。

52 检测时如何进行采样？

答：采样器必须要洁净，在采样前先用油品洗涤一次。然后将采样器口盖盖严，将采样器投至所采油柱部位，打开采样器口盖。待液面气泡停止后，提出采样器，将油样倒入洁净的闭口瓶或量筒内。

53 船舶装载容量的测量如何进行？

答：先测得从量油孔至油面之间的空高。在实际测量时不可能做到将量油尺一端准确地正好放到接触面，故测量时可将量油尺的一端少许浸入油面，然后将量油尺齐油孔的刻度读数减去浸入油面中一端的刻度读数，即为该测量舱的实际空高数。每测量一个油舱后，应将粘在量油尺一端的油迹擦掉，然后逐舱进行测定，分别做好测定记录。各个舱位实际高度减去空高即为各个舱油高度，查船舶容积表换算为各舱的容积。然后把各个舱的容积相加起来，即为该船装载的体积容量。

54 船舶空载容量的测量如何进行？

答：船舶油舱的出油口处与舱底有一定的间距，故在卸油时不能全部卸尽，总有一定数量的油留存舱内，通常称为底油。而装载测量中的装油量是包括底油的。因此，必须再测量一次各舱位的底油，并予以扣除，才能求得实载质量。测量方法是：将量油尺插至油舱底部，再取出，油黏附在量油尺刻度上的读数，即为该舱底油高度数值，查表换算出实际体积容量，逐舱测定后，加起来即为该船底油的总体积容量，即船舶空载容量。

55 管道输油时如何进行计量验收？

答：管道输油的计量：有的用流量计；有的用油罐。

使用流量计计量是在流量的管道上装有定时测温和定时取样装置，以流量计记录下来的输油体积、温度来计算输油质量。

使用油罐计量，即输油前先计算好油罐实际储油吨数，收油单位前去检尺验收，然后开泵输油直至该罐油全部输送完为止。

56 常用油种的一般化验项目有哪些？

答：燃油质量验收所需化验的油质指标视具体情况而定。对常用油种一般只化验黏度、闪点、密度、硫分和水分。每月至少测定燃油发热量 2～3 次，每年进行一次综合油样的元素分析。对新油除了要化验上述油质指标外，还要化验机械杂质、凝点、进行元素分析等；同时，还要测定不同温度下燃油的黏度，并绘制出黏度与温度的关系曲线，以提供燃油加热及雾化的技术依据。

57 油区内应做到的“三清、四无、四不漏”是指什么？

答：三清：设备清洁、场地清洁、工具清洁。
四无：无油垢、无明火、无易燃物、无杂草。
四不漏：不漏油、不漏水、不漏气、不漏电。

58 油区内防火安全措施有哪些内容？

答：油区内防火安全措施的内容为：

（1）油区周围必须设置围墙其高度不低于2m，并挂有“严禁烟火”等明显的警告标示牌，动火要办动火工作票。锅炉房内的油母管检修时按寿命管理要求应加强检查；运行中巡回检查路线应包括各炉油母管管段和支线。

（2）油区必须制订油区出入管理制度。进入油区应进行登记，交出火种，不准穿钉有铁掌的鞋子。

（3）油区的一切电气设施（如断路器、隔离开关、照明灯、电动机、电铃、自启动仪表触点等）均应为防爆型。电力线路必须是暗线或电缆，不准有架空线。

（4）油区内应保持清洁，无杂草，无油污，不准储存其他易燃物品和堆放杂物，不准搭建临时建筑。

（5）油区内应有符合消防要求的消防设施，必须备有足够的消防器材，并经常处在完好的备用状态。

（6）油区周围必须有消防车行驶的通道，并经常保持畅通。

（7）卸油区及油罐区必须有避雷装置和接地装置。油罐接地线和电气设备接地线应分别装设。输油管应有明显的接地点。油管道法兰应用金属导体跨接牢固。每年雷雨季节前须认真检查，并测量接地电阻。

（8）油区内一切电气设备的维修，都必须停电进行。

（9）参加油区工作的人员，应了解燃油的性质和有关防火防爆规定。对不熟悉的人员应先进行有关燃油的安全教育，然后方可参加燃油设备的运行和维修工作。

（10）油区内进行动火工作时，必须办理有总工签字的动火工作票。

59 卸油工作时的防火要求有哪些？

答：卸油工作时的防火要求有：

（1）卸油站台应有足够的照明。冬季应清扫冰雪，并采取必要的防滑措施。

（2）油车、油船卸油加温时，原油一般不超过45℃，重油一般不超过80℃。

（3）卸油用蒸汽的温度，应考虑到加热部件外壁附着物不致有引起着火的可能，蒸汽管道外部保温应完整，无附着物，以免引起火灾。

（4）油车、油船卸油时，严禁将箍有铁丝的胶皮管或铁管接头伸入舱口或卸油口。

（5）打开油车上盖时，严禁用铁器敲打。开启上盖时应轻开，人应站在侧面。上下油车应检查梯子、扶手、平台是否牢固，防止滑倒。卸油沟的盖板应完整，卸油口应加盖，卸完油后应盖严。

（6）卸油区内铁道必须用双道绝缘与外部铁道隔绝。油区内铁路轨道必须互相用金属导体跨接牢固，并有良好的接地装置，接地电阻不大于5Ω。

(7) 火车机车与油罐车之间至少有两节隔车，才允许取送油车。在油区作业时，机车烟囱应扣好防火纱网，并不准开动送风器和清炉渣。行驶速度应小于5km/h，不准急刹车，挂钩要缓慢。车体不准跨在铁道绝缘段上停留，避免电流由车体进入卸油线。

(8) 工作人员应待机车与油罐车脱钩离开后，方可登上油车开始卸油工作。

(9) 油船靠岸后，禁止无关船只靠近。

(10) 卸油过程中，值班人员应经常巡视，防止跑、冒、漏油。

(11) 在卸油中如油区上空遇雷击或附近发生火警，应立即停止卸油作业。

(12) 油船卸油时，应可靠接地，输油软管也应接地。

60 燃油在储存管理过程中应遵守哪些安全规定？

答：燃油在储存管理过程中的安全规定为：

(1) 地面和半地下油罐周围应建有不低于2m的防火堤（墙）。金属油罐应有淋水装置。

(2) 油罐不能装得太满，要留有适当的空间，油罐的顶部应装有呼吸阀或透气孔。储存轻柴油、汽油、煤油、原油的油罐应装呼吸阀；储存重柴油、燃料油、润滑油的油罐应装透气孔和阻火器。运行人员应定期检查：

1) 呼吸间应保持灵活、好用。

2) 阻火器的铜丝网应保持清洁、畅通。

(3) 油罐侧油孔应用有色金属制成，油位计的浮标同绳子接触的部位应用铜料制成。运行人员应使用钢制工具或专用防爆工具操作。

(4) 用电气仪表测量油罐油温时，严禁将电气触点暴露于燃油及燃油气体内，以免产生火花。

(5) 油泵房应保持良好的通风，及时排除可燃气体。

(6) 燃油温度必须严加监视，防止超温。

(7) 不同油品应分开储存，不能掺混，要定期对油品质量进行安全监督。

61 燃油设备检修工作开工前应做哪些安全检查工作？

答：燃油设备检修开工前，检修工作负责人和当值运行人员必须共同将被检修设备与运行系统可靠地隔离，在与系统、油罐、卸油沟连接处加装堵板，并对被检修设备有效地冲洗和换气。测定设备冲洗换气后的气体浓度（气体浓度限额可根据现场条件制订）。严禁对燃油设备及油管道采用明火办法测验其可燃性。

62 油区工作时使用的工器具有何规定？

答：油区检修应尽量使用有色金属制成的工具，如使用铁制工具时，都应采取防止产生火花的措施，例如涂黄油、加铜垫等。

63 油区检修临时用电及照明线路应符合哪些安全要求？

答：油区检修用的临时动力和照明的电气线路，应符合下列要求：

(1) 电源应设置在油区外面。

(2) 横过通道的电线，应有防止被轧断的措施。

（3）全部动力线或照明线均应有可靠的绝缘及防爆性能。

（4）禁止把临时电线跨越或架设在燃油或热体管道设备上。

（5）禁止把临时电线引入未经可靠冲洗、隔绝和通风的容器内部。

（6）用手电筒照明时应使用塑料电筒。

（7）所有临时电线在检修工作结束后，应立即拆除。

64 动火作业的含义是什么？

答：凡是能产生火花的工作、安设电气隔离开关的地方、安设非防爆型灯具的地点、钢铁工具的敲打工作、凿水泥地、打墙眼及使用电烙铁等均为动火作业。

65 动火工作票主要包括哪些内容？

答：燃油设备检修需要动火时，应办理动火工作票。动火工作票的内容应包括动火地点、时间、工作负责人、监护人、审核人、批准人、安全措施等项。动火工作的批准权限应明确规定。在油区内的燃油设备上动火，须经厂主管生产的领导（总工程师）批准。

66 动火工作的监护人有哪些安全职责？

答：动火工作必须有监护人。监护人应熟知设备系统、防火要求及消防方法。其安全职责是：

（1）检查防火措施的可靠性，并监督执行。

（2）在出现不安全情况时，有权制止动火作业。

（3）动火工作结束后检查现场，做到不遗留任何火源。

67 油区如何控制可燃物？

答：油区控制可燃物的方法为：

（1）杜绝储油容器溢油，对在装卸油品操作中发生的跑、冒、滴、漏、溢油应及时处理。

（2）严禁将油污、油泥、废油等倒入下水道排放，应收集于指定地点，妥善处理。

（3）油罐、泵房等建筑物附近，要清除一切易燃物品，如树叶、干草或杂物等。

（4）用过的沾油棉纱、油抹布、油手套、油纸等应放于工作间外有盖的铁桶内，并统一处置。

68 油区内如何做到断绝火源？

答：油区内断绝火源的措施有：

（1）严格执行油区出入管理制度，严禁携带火种进入油区。严格控制火源流动和明火作业。只允许用防爆式或封闭式灯光照明。

（2）油罐区、油泵房严禁烟火。检修作业必须使用明火（对设备、容器、管道等进行气焊、电焊、喷灯、熔炉等作业）时，应办理有总工签字的一级动火工作票，采取必要的安全措施后，在专职消防员及安全人员的监护下，方可进行作业。

（3）机动车辆进入油区时，必须在排气口加戴防火罩，停车后应立即停止发动机。严禁在油区内检修车辆，不得在作业过程中启动发动机。

（4）铁路机车进入卸油站台时，要加挂隔离车，关闭灰箱挡板，并不得在卸油区清炉和在非作业范围内停留。

（5）油船停靠码头时，严禁使用明火。禁止携带火源登船。

69 油区如何防止产生电火花引起燃烧或爆炸？

答：油区防止产生电火花引起燃烧或爆炸的措施为：

（1）油区及一切作业场所使用的各种电器设备，都必须是防爆型的，安装要合乎安全要求，电线不可有破皮、露线及发生短路的现象。

（2）油罐区上空，严禁高压电线跨越。与电线的距离，必须大于电杆长度的1.5倍以上。

（3）通入油区的铁轨，必须在入油区前安装绝缘隔板，以防止外部电源经由铁轨流入油区发生电火花。

70 油区如何防止金属摩擦产生火花引起燃烧或爆炸？

答：油区防止金属摩擦产生火花引起燃烧或爆炸的措施为：

（1）严格执行出入油区和作业区的有关规定。禁止穿钉子鞋或有掌铁的鞋进入储油罐区，更不能攀登油罐、油轮、油槽车、油罐汽车，并禁止骡马和铁轮车进入油区。

（2）不准用铁质工具去敲打油罐的盖，开启油槽车盖时，应使用铜扳手或碰撞时不会发生火花的合金扳手。

（3）油品在接卸作业中，要避免鹤嘴管在插入或拔出油槽车口（或油轮舱口）时碰撞。

71 防止油气聚集的措施有哪些？

答：防止油气聚集的措施有：

（1）油罐以及其他储存容器，严禁修焊。洗刷后的各种容器在准备焊接前要打开通风。作业前必须测试可燃气体是否合乎“动火”要求，必要时先进行试爆。

（2）地下、山洞油罐区内、泵房内严防油品渗漏，要安装通风设备，保持通风良好，避免油气积聚。

72 静电是如何产生的？

答：油品在收发、输转、灌装过程中，油分子之间和油品与其他物质之间的摩擦，会产生静电，其电压随着摩擦的加剧而增大。如不及时导除，当电压增高到一定程度时，就会在两带电体之间跳火（即静电放电）而引起油品爆炸着火。

73 静电电压的高低与哪些因素有关？

答：静电电压越高，越容易放电，电压的高低或静电电荷量的大小主要与下列因素有关：

（1）管内油流速越快、摩擦越剧烈，产生静电电压越高。

（2）空气越干燥，静电越不容易从空气中消散，电压越容易升高。

（3）油管出口与油面的距离越大，油品与空气摩擦越剧烈，油流对油面的搅动和冲击越厉害，电压就越高。

（4）管道内壁越粗糙，流经的弯头阀门越多，产生静电电压越高。油品在运输中含有水分时，比不含水分产生的电压要高几倍或几十倍。

（5）非金属管道，如帆布、橡胶、石棉、水泥、塑料等管道比金属管道更容易产生静电。

（6）管道上安装的滤网其栅网越密，产生静电电压越高。绸毡过滤网产生的静电电压更高。

（7）大气的温度较高（22～40℃），空气的相对湿度在13%～24%时，极易产生静电。

（8）在同等条件下，轻质燃料油比其他油品易产生静电。

74 油区如何防止静电放电？

答：在油区防止静电放电的措施为：

（1）一切用于储存、转输油品的油罐、管线、装卸设备，都必须有良好的接地装置，及时把静电导入地下，并应经常检查静电接地装置技术状况和测试接地电阻。油库中油罐的接地电阻不应大于10Ω，其余设备的接地电阻不应大于100Ω（包括静电及安全接地）。立式油罐的接地极按油罐四周长计，每18m一组，并定期检验。

（2）向油罐、油罐汽车、铁路槽车装油时，输油管必须插入油面以下或接近罐底，以减小油品的冲击及与空气的摩擦。

（3）在空气特别干燥，温度较高的季节，尤其应该注意检查接地设备，适当放慢灌油的速度，必要时可在作业场地和静电接地点周围浇水。

（4）在输油、装油开始和灌油到容器的3/4至结束时，容易发生静电放电事故，这时应控制流速在1m/s以内。

（5）船舶装油时，要使加油管线出油口与油船的进油口保持金属接触状态。

（6）油库内严禁向塑料桶里灌注轻质燃料油。禁止在影响油库安全的区域内用塑料容器倒装轻质燃料油。

（7）所有登上油罐和从事燃料油灌装作业的人员均不得穿着化纤服装（经鉴定的防静电工作服除外）。上罐人员登罐前要手扶无漆的油罐扶梯片刻，以导除人体静电。

75 油区接地装置的设置有何要求？

答：油区接地装置的设置要求为：

（1）接地线。接地线必须有良好的导电性能、适当的截面积和足够的强度。油罐、管线、装卸设备的接地线，常使用厚度不小于4mm、截面积不小于48mm^{2}的扁钢；油罐汽车和油轮可用直径不小于6mm的铜线或铝线；橡胶管一般用直径3～4mm的多股铜线。

（2）接地极。接地极应使用直径50mm、长2.5m、管壁厚度不小于3mm的钢管，清除管子表面的铁锈和污物，挖一个深约0.5m的坑，将接地极垂直打入坑底土中。接地极应埋在湿度大、地下水位高的地方。接地极与接地线间的所有的触点均应栓接或卡接，确保接触良好。

76 燃油为何具有较大的毒性？

答：油品具有一定的毒害性，毒性的大小因其化学结构、蒸发速度和所含添加剂性质、加入量的不同而不同。一般认为基础油中的芳香烃、环烷烃毒性较大，油品中加入的各种添加剂，如抗爆剂（四乙基铅）、防锈剂、抗腐剂等都有较大的毒性。这些有毒物质主要是通过呼吸道、消化道和皮肤侵入人体、造成人身中毒。

77 如何避免油气中毒？

答：避免油气中毒的措施为：

（1）尽量减少油品蒸气的吸入量。

1）油品库房要保持良好的通风。进入轻质油库房作业前，应先打开窗门，让油品蒸气尽量逸散后再进入库内工作。

2）油罐、油箱、管线、油泵及加油设备要保持严密不漏，如发现渗漏现象，应及时维修，并彻底收集和清除漏洒的油品，避免油品产生蒸气，加重作业区的空气污染。

3）进入轻油罐、船舶油舱作业时，必须事先打开人孔通风，进行动物试验和化学检测，确认没有问题，方可进出作业，并穿戴有通风装置的防毒装备，还要带上保险带和信号绳。操作时，在罐外要有专人值班，以便随时与罐内操作人员联系，并轮换作业。

4）清扫油罐汽车和其他小型容器的余油时，严禁工作人员进入罐内操作，在需清扫其他余油，必须进罐时，应采取有效的安全措施。

5）进行清油作业时，操作者一定要站在上风口位置，尽量减少油蒸气吸入。

6）油品质量调整的作业场所，要安装排风装置，以免在加热和搅拌中产生大量油气、防止危害操作人员健康。

（2）避免口腔和皮肤与油品接触。

1）作业完毕后，要用碱水或肥皂洗手，未经洗手、洗脸和漱口不要吸烟、饮水或进食。

2）严禁用含铅汽油洗手、擦洗衣服、擦洗机件、灌注打火机或作喷灯燃料。

3）不要将沾有油污、油垢的工作服、手套、鞋袜带进食堂和宿舍，应放于指定的更衣室，并定期洗净。

78 油区常用的消防器材有哪些？其使用方法是什么？

答：在存储、收发和使用油品的作业场所，要配备适用有效和足够的消防器材，以便能在起火之初迅速扑灭。常用的消防器材有如下几种。

（1）灭火砂箱。配备必要的铁锹、钩杆、斧头、水桶等消防工具。发生火灾时用铁锹或水桶将砂子散开，覆盖火焰，使其熄灭，这种方法适用于扑灭漏洒在地面的油品着火，也可用于掩埋地面管线的初起小火灾。

（2）石棉被。将石棉被覆盖在着火物上，火焰因窒息而熄灭。适用于扑灭各种储油容器的罐口、桶口、油槽车罐口、管线裂缝的火焰以及地面小面积的初起火焰。

（3）泡沫灭火器。灭火时，将泡沫灭火器机身倒置，泡沫即可喷出，覆盖着火物而达到灭火目的。适用于扑灭管线、桶装油品、地面的火灾，不宜用于电气设备和精密金属制品的火灾。

（4）四氯化碳灭火器。四氯化碳是无色透明、不导电、气化后密度较空气大的气体。灭火时将机身倒置，喷嘴向下，旋开手阀，即可喷向火焰，使其熄灭。适用于扑灭电器设备和贵重仪器设备的火灾。四氯化碳毒性大，使用时操作者要站在上风口处，在室内灭火后，要及时通风。

（5）二氧化碳灭火器。二氧化碳是一种不导电的气体，密度较空气大，在钢瓶内的高压下为液态。灭火时只需扳动开关，二氧化碳即以气体状态喷射到着火物上，隔绝空气，使火焰熄灭。适用于精密仪器、电气设备以及油品化验室等场所的小面积火灾。二氧化碳由液态转变为气态时，大量吸热、温度极低（可达－80℃）。因此，在使用时要避免冻伤，同时，二氧化碳有毒，应尽量避免吸入。

（6）干粉灭火器。钢瓶内装有干粉和二氧化碳。使用时将灭火器的提环提起，干粉剂在二氧化碳气体作用下喷出粉雾，覆盖在着火物上，使火焰熄灭。它适用于扑灭油罐区、库房、油泵房、发油间等场所的火灾，不宜用于精密电器设备的火灾。

（7）1211灭火器。1211是由二氟一氯一溴甲烷组成。它是在氮气压力下以液态灌装在钢瓶里，使用时拔掉安全销，用力紧握压把启开阀门，1211即可喷出，射向火焰，立即抑制燃烧的连锁反应，使火焰熄灭。广泛用于扑救各种场合下的油品、有机溶剂、可燃气体、电器设备、精密仪器等火灾。

79 物理爆炸和化学爆炸的区别是什么？

答：物理爆炸是由物理变化引起的爆炸。这类爆炸常常是由于设备内部介质的压力超过了设备所能承受的强度，致使容器破裂，内部受压物质冲出而引起的。

化学爆炸是由化学反应引起的爆炸。化学爆炸实质上就是高速度的燃烧，它的作用时间极短，仅为百分之几秒或千分之几秒。随着燃烧会产生大量的气体和热量、气体骤然膨胀产生很大的压力。因此，通常化学爆炸随着就发生火灾。

80 防火防爆的方法有哪些？

答：产生燃烧的三个必要条件是：可燃物质、助燃物质、着火源。

防火防爆的原理和方法就是设法消除造成燃烧或爆炸的三个条件。实际应用的方法是：控制可燃物，防止可燃气体、蒸气和可燃粉尘与空气构成爆炸混合物；消除着火源；隔绝空气储存密闭生产。

81 泡沫消防系统的工作原理是什么？

答：消防水经过消防泵升压，少部分高压水流经泡沫混合器产生负压，由混合器吸入泡沫液，自动与水按6∶94比例混合，再经消防泵出口管至各罐顶的泡沫发生器与空气混合后形成泡沫，喷射在油液表面。由于泡沫比油轻，覆盖在着火的油面上，使油面与火隔绝。由于泡沫传热性能低，可以防止油品形成蒸汽，同时泡沫所含的水冷却油的表面，并阻止油品蒸气进入燃烧区，从而起到灭火的作用。

82 泡沫灭火系统主要包括哪些设备？

答：泡沫灭火系统主要有离心式消防泵、灌水排空设备（包括中间水箱、补水门、溢流门等）、储药罐、到各罐的供水门、泡沫发生器等。

83 消防泵启动前应检查哪些项目？

答：消防泵启动前的检查项目有：

（1）检查中间水箱来水门开启，溢流管有溢流。
（2）打开中间水箱出口门、消防泵入口门及排空门，进行泵及入口管道的排空，见水后关闭排空门。
（3）检查消防泵出口门关闭。
（4）检查至各罐的供水门关闭。
（5）检查消防泵轴承已加油，电动机接线良好，各地脚螺栓齐全、紧固。
（6）关闭中间水箱出口门。
（7）启动消防泵，检查振动、声音、各轴承温度正常。

84 如何用消防泵系统灭火？

答：（1）启动消防泵运行，出口压力稳定在0.2MPa。
（2）开启泵出口门。
（3）开启着火油罐的供水门。
（4）开启储药罐出口门，开启加药调整门。
（5）开大消防水蓄水池补水门，保证用水量。

第二节　燃油系统设备及运行

1 火电厂的燃油系统包括什么？

答：火电厂的燃油系统指燃油从卸油站到储油罐，再由储油罐经过滤、升压、加热，输送到锅炉房，并经油枪雾化进入锅炉燃烧的油管路及设备组成的系统。

2 燃油系统有什么要求？

答：燃油系统的要求有：
（1）炉前母管燃油压力要保持在设计数值，上下波动不大于0.1MPa。
（2）燃油须经脱水和过滤。
（3）炉前燃油黏度，当用机械雾化时为3～4°E(°E为恩氏黏度)；用蒸汽雾化时，为6°E，点火时为3°E。

3 燃油系统的任务是什么？

答：燃油系统的任务是把燃油连续不断地输送到锅炉，并保证做到：一定的流量、合格的质量、稳定的油温及油压。要防止流量中断，水分和杂质超标，油温及油压不稳定。

4 燃油系统的附属系统有哪些？

答：燃油系统的附属系统包括：蒸汽加热、吹扫油污、消防系统、工业冷却水及排水、污油水处理系统等。

5 燃油主系统主要由哪四部分组成？

答：燃油主系统主要由四部分组成：

（1）卸油设备。包括卸油站台、卸油管道及阀门、卸油泵。

（2）燃油泵房内设备。包括供油系统设备、污油泵及污油处理装置、室内管道沟内的管道、阀门等。

（3）油罐区。包括罐体及油罐上部的呼吸阀、安全阀及管道、阀门等。

（4）炉前油系统。包括布置在锅炉房内供、回油管道及蒸汽系统的所有管道、阀门。

6 燃油泵房的工业冷却水系统有何要求？

答：燃油泵房主要动力设备为供油泵，该泵使用的是由稀油润滑的滚动轴承，需由冷却水进行冷却。其轴封采用填料式密封，为防止轴封处摩擦发热及漏出燃油或漏入空气，采用了工业水冷却和无压排水系统。工业冷却水来自工业水母管，支管连接到供油泵、卸油泵、污油泵及油水分离器，经使用后的无压排水经母管汇总后排放至污油池统一处理。

7 燃油系统采用什么方式卸油？

答：燃油系统采用离心油泵配合蒸汽引虹卸油。为增加卸油的可靠性，在卸油系统中设有压力油罐泵管，用于排除离心泵及入口管路中的空气。

8 燃油系统防冻有哪些措施？

答：燃油系统的防冻措施有：

（1）对易冻结的燃油、卸油、储油及供应系统采用加热设施，对污油池、储油罐装设管排式加热器，对卸油站台装设加热装置，对卸油母管装设伴热蒸汽管，在供油泵出口装设加热器。

（2）对长距离输送管路应加装伴热管，并将来、回油及蒸汽管三者一齐保温，以保证加热效果。

（3）对燃油泵房加装暖气。

9 燃油系统所用蒸汽参数有何规定？

答：油罐内储油采用压力不大于0.6MPa、温度不高于210℃的蒸汽加热，油温最高不超过50℃。采用蛇行管表面加热器。

10 燃油蒸汽系统的作用是什么？

答：燃油蒸汽系统的主要作用：

（1）卸油站台。供接卸油槽车时，以蒸汽引虹卸油。另外对油槽车油底进行加热，以减少冬季卸油时油的流动阻力，减少卸油时间和卸油泵的动力消耗。

（2）油罐区储油罐内。供蛇形管表面加热器对储油加热，冬季使油温保持在30～40℃。

（3）油罐区的油池内。蒸汽接通至集油池及隔油池的钢管表面加热器，对燃油加热起防冻（冬季使用）作用。

（4）各管道、设备。管道或设备进行检修前，将卸供设备及管道内的油污及杂质吹扫干净。

11 燃油蒸汽管道为何必须装有截止门和止回阀？

答：一般燃油泵房的蒸汽汽源都由厂用蒸汽母管供给，为防止蒸汽管道系统中窜入燃油，串联管道的蒸汽总管道都装有关断截止阀门和止回阀。

12 燃油系统加热器有哪几种？各适用于哪些场合？

答：燃油系统常用的加热器有管排式和内插物表面式两种。

管排式加热器常安装于储油罐，污油池或污油箱中，均设置在容器底部。

内插物表面式加热器常安装于供油、卸油系统中，常布置两台，一台运行，一台备用。

13 燃油系统的整体布置是怎样的？

答：拱顶钢油罐采用地上布置。燃油系统中从燃油泵房至锅炉房供油管、回油管、加热蒸汽管布置在厂区管沟内。在综合管沟中的供、回油管与蒸汽管道保温在一起，不另设蒸汽伴热管。油区防火采用单独的泡沫灭火系统。

14 燃油系统包括哪些阀门和设备？

答：燃油系统包括的阀门和设备有：

（1）阀门。

1）闸阀。起关断作用，一般不做压力或流量调整。流动阻力小。

2）截止阀。作用和闸阀相同，但要求严密性较高。

3）止回阀。升降式垂直瓣止回阀装在垂直管道上，升降式水平瓣止回阀装在水平管道上，底阀装在泵的垂直吸入管端。

（2）细滤油器。为钢制罐体，内有滤芯，滤芯外部包网孔为80～100孔/cm^2的滤网。作用是在供油泵前布置，以便过滤燃油中携带的细小杂质。

（3）粗滤油器。与细滤油器结构基本相同，只不过其滤芯外包的滤网要粗，大约在36孔/cm^2。作用是布置在卸油泵前，防止油罐车内的较粗的杂质进入油罐内。

（4）卸油软管。布置在卸油平台上部，每个卸油车位布置一根卸油软管。作用是卸油罐车时将软管伸入油罐内卸油。

（5）污油池。位于库区内。作用是用于储存燃油系统中的冷却水退水、吹扫污油水、加热蒸汽的疏水、油罐放水及其他工作排放的油污水。

（6）隔油池。为分级溢流式。作用是利用重力原理对污油中的油水进行分离。

（7）集油池。用来储存由隔油池分离出的净油，存满后由污油泵打回储油罐。

（8）油水分离器。污油经隔油池粗分离后，引入油水分离器进行细分离，分离出的净油进入集油池，水由地井排走。

15 燃油系统第一次投入运行前应进行哪些试验？

答：燃油系统首次投入运行前应进行的试验有：

（1）燃油系统的管道必须经过1.25倍工作压力实验，最低试验压力不得低于0.4MPa。

（2）燃油系统管道应进行清水冲洗和蒸汽吹洗，并提前调整阀芯和孔板，吹洗时应有经过批准的技术措施，吹洗次数应不少于2次，直至吹扫介质清洁合格，清洗后应清除死角积渣。

（3）燃油系统应进行全系统油循环试验，油泵的分部试运工作可结合在一起进行。试验时应有批准的技术措施，循环时间应不少于8h。循环结束后应清扫过滤器办理试验合格证。油循环试验中应同时进行下列试验工作：

1）油泵的事故按钮试验。

2）油泵连锁、低油压自启动试验。

16 燃油系统初次受油前应具备哪些条件？

答：燃油系统受油前应进行全面检查，符合下列条件方可受油：

（1）燃油系统范围内的土建和安装工程应全部结束并经验收合格。

（2）应有可靠的加热汽源。

（3）防雷和防静电设施安装和试验完毕，并经验收合格。

（4）油区的通信、照明设施已具备使用条件。

（5）消防通道通畅，消防系统试验合格并处于备用状态。

（6）已建立油区防火管理制度，并有专人维护管理。

（7）油区围栏完整，并设有警告标志牌。

17 燃油运行故障处理的原则和要求有哪些？

答：燃油系统运行故障处理的原则和要求有：

（1）燃油运行值班人员，要加强责任感，工作要认真负责，做好事故预想，确保安全运行。在发生故障时，运行人员要沉着冷静、正确分析原因，采取力所能及的处理办法，不能使故障扩大。

（2）在发生故障时，应在值长统一指挥下，根据故障处理规程进行处理。在处理过程中，要尽量保证供油压力及温度的稳定。

（3）在故障处理过程中，值班人员要互相配合，及时与值长取得联系。

（4）故障处理完毕，需书写故障处理经过和故障分析报告，并汇报有关的部门。

18 燃油窜入蒸汽系统有何现象和原因？如何处理？

答：燃油窜入蒸汽系统的现象：加热器监视门、疏水门、扩容器排汽，疏水箱、疏水泵出口、吹扫管出口等处发现油迹。

原因：油罐或油池加热器内部损坏；吹扫门未关严或汽门不严；误操作。

处理方法：

（1）若加热器内部损坏漏油，应停止其运行，将该加热器吹扫干净，待检修处理。

（2）若吹扫门未关严，应立即关严。

（3）如汽门本身泄漏时，应联系检修人员进行处理。

（4）纠正误操作。

（5）将蒸汽系统内积油放干净后，恢复原运行方式，汇报有关的部门。

19 燃油系统供油压力比炉前进油压力高的原因有哪些？

答：供油压力比炉前进油压力高的原因有：

（1）供油管路布置不合理，系统阻力过大。

（2）设计选择的油泵供油压力富余量过大。

（3）运行管理不当，油泵性能不稳定，检修质量不佳。

20 燃油泵房各油池应进行哪些维护和检查？

答：燃油泵房各油池应进行的维护和检查项目为：

（1）隔油池水满时，应投入油水分离器装置进行处理，达标净水排放地沟，净油回收至储油罐。油水分离器不能正常运行时应将水排向地沟。

（2）集油池油满时应及时启动污油泵将油回收至储油罐。

（3）污油池水满时，应及时启动污油泵，将污油送到隔油池进行油水分离。

（4）室外各油池盖板应盖严，防止杂物或引火物落入引起火灾，检查时可打开检查孔，检查完后关闭。

21 燃油系统运行的经济性如何提高？

答：燃油系统提高经济性的方法为：

（1）改进管路系统，减少阻力，降低出口压力。应尽可能缩短管线长度，或采取双路进油，降低流速以减少沿程油压头损失。减少闸阀、弯头、孔板等部件，并经常吹扫管路内部污油，以减少局部油压头损失。

（2）降低油泵出口压力的富余量，恰当地满足管路系统对油压力要求。可通过减少叶轮级数或车削叶轮等方法，还可以采用变频电动机驱动。目前某些电厂的油泵供油压力与出油所需的压力之比已经降到了1.34以下，已接近先进水平。

（3）改进油泵的过油部分，提高油泵效率。目前为提高油泵效率的方法有：

1）提高叶轮、导叶流道表面的光洁度，减少油力摩擦损失。

2）设计高效叶轮，改善油泵的油力性能。

3）改进导叶，采用径向导叶。

4）缩小各部分间隙，增加泄漏阻力，以减少容积损失。

（4）采取合理的运行方式，提高运行经济性。在运行中尽量采取使用最少台数的满载泵；尽可能投入效率高的泵，并使其在阀门全开的状态下运行，降低节流损失。

22 燃油系统中油泵为何大部分采用并列运行？

答：一般燃油系统大多数采用母管制并列运行，这样一来，可以减少全厂备用泵的数量；并且还可以根据负荷大小实行经济调度，安排投入泵的台数、次序，既满足负荷需要，又能保证每台泵接近最佳工况的范围内运行，从而降低耗电量。同时有了机动备用，还增加了运行的可靠性。

23 油泵的串联运行和并联运行是什么？

答：当一台泵不能达到所要求的扬程时，需要将泵串联起来共同工作，以便增加扬程。串联运行后的总扬程应等于两台泵在同一流量时的扬程之和。

为了满足流量的需要，把两台或两台以上的油泵并联起来向一条公共的压力管路联合供油，称为并联运行。

24 供回油管爆破有何现象和原因？如何处理？

答：供回油管爆破的现象：母管压力急剧下降，油压低，信号铃响；光字牌亮，供油泵电流突然增大，爆破点往外喷油。

原因有以下几方面：管路焊接质量差；钢材质量不合格或错用钢材；操作不当；长期腐蚀冲刷致使管壁变薄。

处理方法：

（1）联系值长，根据运行方式决定切换系统。

（2）迅速查找爆破点，必要时应立即停止系统运行，并做好防火安全措施。

（3）汇报有关的领导部门。

25 供油管路堵塞有何现象和原因？如何处理？

答：供油管路堵塞的现象：供油流量减少，压力增大；电流减小，堵塞段后管路压力低。

原因：供油温度过低，供油量过小；管路停运时未吹扫干净；投入运行前吹扫暖管不充分。

处理方法：

（1）在发生故障时，应联系值长、汇报部门。

（2）提高供油温度，调整管路流量。

（3）若处理无效时，可切换母管运行，并吹扫堵塞的管路。

26 燃油为什么必须脱水过滤？

答：燃油必须脱水过滤的原因为：

（1）油中带水会影响锅炉出力，严重时将影响燃烧，甚至灭火，所以来油必须脱水。

（2）若油中有杂质而不过滤，将引起雾化器堵，影响雾化质量，严重时使喷油量减小，甚至中断，所以必须过滤。

27 油水分离器的启停操作如何进行？

答：油水分离器的启停操作步骤为：

（1）准备。打开出水管路上的调压闸阀；打开筒体顶部的放气阀；将电控箱上1级、2级排油旋钮转到自动位置上。

（2）供水。把柱塞泵吸口管路调接到吸工业水位置上；接通电源，启动电动机，使泵向分离筒内供水。清水注入两筒体时，筒内空气通过筒体顶部的放气阀逸出，灌满清水后，关闭放气阀，此时排油指示灯应自动关闭，从这时起应继续打清水半小时。

（3）吸油污水。关闭清水的闸阀，把泵吸口管路调接到隔油池的污油水管路闸阀出口位置；工作压力调节到0.05～0.1MPa；工作中应确保筒体充满水。通过经常打开两筒体顶部放气阀来检查。

（4）加热。接通电加热器，开始加热，1级应常开，2级加热器视油污水的温度和油污性质而定，如水温低于20℃以下，且油的黏度较大时则应经常打开；反之可不打开。严禁筒内无水而开动加热器。

（5）工作结束。改吸清水半小时，将电加热器开关转向停止位置，停泵、切断电源。关闭出水管路上的阀门，如出水管路上配备有止回阀（背压阀）时，则停机后此阀门可不必关闭。停机时，筒内清水应保持满灌状态，四只泄放阀门关闭严密，切不可有滴漏。

28 油水分离器装置使用过程中有哪些注意事项?

答：油水分离器装置使用注意事项为：

（1）使用前和停机前，一定要打满清水后断续工作半小时。

（2）注意观察分离筒体上的温度表，如温度超过45℃时，应切断电加热器，以防过热而出故障。装置设置的温度调节器，可自动防止加热过限（出厂时调为45℃）。

（3）工作时通过调压闸阀，使筒内压力保持在0.05～0.1MPa。

（4）取样时，打开取样阀，先预放1min再取样。取样瓶应用碱液或肥皂反复清洗，再用清水冲洗干净，保证无油迹。

（5）装置暂停工作时，两个筒体内均应保持灌满清水。

（6）如采用隔油池分离后的污油水池的油污水进行集中处理，则油污水应储存静置10min后才能进入装置处理。并应经常（至少每月一次）将储油污水池底的排污泄放阀门打开，将淤泥杂质排放干净（此条关系聚合器堵塞问题，需予特别注意）。

（7）每月（或经常）清洗时，开启装置底部的泄放阀门排污，此时可打开电气箱上的一级（或二级）“排油电磁阀转换开关”至自动位置。如指示灯已亮，应立即关闭此泄放阀门，以防止上部排空，并充满清水。

（8）使用蒸汽加热的$4m^3/h$油污水分离装置，在停止工作时，应严格关闭蒸汽闸阀，以防止继续加热，烧损筒内部件。

（9）装有“油分浓度报警器”的装置，在使用前详细阅读使用说明书，了解使用方法，并应严格保证报警器进水管路不漏气，否则报警器测量得不正确，且指示值偏高，甚至会引起误超标而报警。

29 油水分离器运行中常见的故障及原因有哪些？如何处理?

答：油水分离器运行中常见的故障、原因及处理为：

（1）压力表超过0.25MPa。原因有：①排水门未开；②安全门故障；③聚合器堵塞。处理：①打开排水门；②调整安全门压力在0.25MPa；③清洗或更换聚合器。

（2）泵进水不好。原因是：①进水截止门未开；②泵前过滤器堵塞；③过滤器密封差；④泵前管路漏气。处理：①打开进水门；②清洗过滤器；③紧固过滤器，确保密封；④检查漏气处并进行密封。

（3）泵出口水质多泥沙。原因是：①油污水在污水池中静置时间太短；污油水进水管口距池底太近；粗滤网损坏。处理：应确保静置8～10h；②应使入口管取水口距池底有一定距离，应不少于200mm；③更换入口滤网。

（4）排油电磁阀关闭不严密。原因是：①阀座处有杂物淤塞；②电磁阀中的滑阀卡涩。处理：清除杂物。

（5）自动排油不正常。原因是：①上、下液位传感器电极对地短路；②印刷线路板有故障。处理：手动排油，打清水半小时，并检查电极棒绝缘电阻；检修或更换印刷板。

（6）泵漏水过多。原因是：盘根磨损。处理：紧固两只调节螺母、压紧盘根，使滴漏小于6滴/min。

30 燃油设备防腐有哪些措施？如何进行？

答：燃油设备防腐的措施为：

（1）涂层防腐。

1）定期在金属储油罐的内壁喷涂防腐涂层，如环氧树脂层或生漆层。

2）定期将暴露在大气的输油管线及油泵等设备喷涂防锈漆。

3）设置在地表面的输油管线，要清除积水，防止浸泡，以免涂层剥落。

4）油库设备中的活动金属部件，如输油管线的阀门等，要涂抹上防锈脂或润滑脂，防止水分从阀门螺杆渗入而引起腐蚀。露天阀门要安装防护罩，防止雨水冲掉防锈脂层。

5）设置在码头常被溅湿的输油管线及设备，除了在表面喷涂抗腐防锈涂层外，还要再涂刷防锈脂或黏附性较好的防护用润滑脂。

6）埋没在地下的输油管线及储油容器，由于直接与泥土中的水分、盐、碱类及酸性等物质接触，应在外表面涂上防锈漆，再喷涂沥青防腐层。

（2）阴极防腐。

1）防屏防腐。防屏防腐的原理是让阳极的金属腐蚀掉，保护阴极金属材料不被腐蚀。在要保护的金属油罐及输油管线的外表连接一种电位低的金属或合金（护屏材料），由于在原电池中电位低者为阳极，电位高者为阴极。因此，油罐及管线转变为阴极而得到防腐保护，作为阳极的护屏材料则被腐蚀。这种方法较适用于储油罐、油船及地下输油管线的防腐。一般采用的护屏材料有锌、铝、镁及其合金。

2）外加电流的阴极防腐。外加电流阴极防腐方法，是把被保护的金属管线及储油罐接到直流电源的负极上，在外加直流电流的作用下，管线及储油罐转变为阴极得到防腐保护，接电源正极的废钢材被腐蚀。这种方法适用于地下储油罐、地下管线和海水直接接触的码头输油管及油轮等。一般采用的阳极材料有废旧钢铁、石墨高硅铁、磁性氧化铁等，这些材料被消耗完后，随时可更换。

31 卸油系统包括哪些设备？

答：卸油系统包括的设备有：卸油管；喷射式除气器；真空泵；卸油母管；滤油器；卸油泵；辅助卸油泵以及零位油罐等。

32 卸油设施应符合哪些要求？

答：卸油设施应符合的要求有：

（1）卸油站台应有足够的照明。

（2）卸油站台长度应根据电厂容量等因素确定，一般为4～10节车厢的长度。

（3）卸油区内铁道必须用双道绝缘与外部隔绝，油区轨道必须互相用金属导体跨接牢固，并有良好的接地装置，接地电阻小于或等于5Ω。

（4）钢制卸油母管应按图纸规定的坡度安装。

（5）加热器及管道应按图纸预留膨胀量，安装后1.25倍工作压力试验合格。

(6) 卸油鹤嘴的起落，转动要灵活，密封良好。
(7) 卸油装置范围内的其他设备及管道的布置不得妨碍油罐车及机车的通行。
(8) 加热蒸汽温度小于或等于 250℃，保温完整。
(9) 卸油设备管道系统连接处密封应保持完整，严禁漏油、漏气。
(10) 调车信号、通信和闭锁装置应良好，站台进出油罐车、声光信号应保持良好。

33 卸油操作是如何进行的?

答：卸油操作的步骤为：
(1) 开启要卸油的储油罐的卸油门。
(2) 关闭卸油泵蒸汽吹扫门，开启卸油泵出口排污门。
(3) 开启卸油泵入口门，关闭出口门，投入出、入口压力表。
(4) 关闭粗滤网旁路门，开启粗滤网入口门，投入其出、入口压力表。
(5) 投入卸油泵冷却水，调整水量适当。
(6) 油车对好货位后，将卸油软管伸入油罐底部，关闭卸油管截止门，开启蒸汽引虹门，将卸油管内充满蒸汽，关闭引虹门。待蒸汽在卸油管内凝结成水并形成真空后，开启卸油门。
(7) 在真空作用下油车内油引入油泵内，卸油泵出口排油门排出油后，关闭该门。
(8) 启动卸油泵，待电流恢复正常后，逐步开启出口门，开出口门时应注意出口压力不应降得太低。
(9) 卸油过程中加强对油罐油位的检查，随油位降低逐步关小对应的卸油门，油罐油抽完后及时关闭卸油门，避免抽入空气。
(10) 卸油全部完毕，应及时停止卸油泵运行，不要使其空转。关闭泵出口门，关闭卸油管截止门，抽出软管。
(11) 关闭储油罐卸油门，记录好卸油车号及储油罐卸油前后油位。

34 离心式油泵的性能参数有哪些?

答：离心式油泵的性能参数有：流量、扬程、功率、效率、转速、比转速、汽蚀余量、吸上真空高度。

35 离心式油泵有何特点?

答：离心式油泵流量与压力的稳定性好，其特点有：
(1) 除特殊结构的离心泵外，无自吸能力。
(2) 启动前泵须灌油排空并关闭出口阀，一般用出口阀调节。
(3) 转速范围大，可达很高转速。
(4) 流量与压力范围较大。
(5) 效率高。

36 离心油泵的结构和工作原理是怎样的?

答：离心式油泵主要由叶轮、轴及轴套、平衡装置、导叶、泵壳、密封环、轴封、轴承等部件组成。

离心油泵启动前，先向泵内灌油，使入口管及泵壳内全充满油。启动后，泵壳内的油在叶片的带动下也做旋转运动。因受离心力惯性力作用，油的压力升高，从叶轮中心被甩到叶轮的边缘。同时，叶轮中心处油的压力降低。当叶轮中心处形成了足够的真空后，在大气压力作用下，油罐中的油源源不断地流向低压的叶轮中心，已被叶轮甩向外缘的油流入外壳，并将一部分动能转变为压力能，然后沿出口管道流出。在运行过程中，只要叶轮中心处的真空不被破坏，离心油泵将不断把油吸入和排出。

37 离心油泵振动的主要原因有哪些？各如何防止？

答：离心油泵振动的主要原因及预防措施为：

(1) 叶片油力冲击引起的振动。当叶轮叶片旋转经过蜗壳隔舌或导叶头部时，产生油力冲击，形成有一定频率的周期性压力脉动，它传给泵体、管路和基础，引起振动和噪声。

防止措施：适当增加叶轮外周围与舌部或导叶头部之间的距离，以缓冲和减少振幅。组装时将各动叶出口边相对于导叶头部按一定节距错开，不要互相重叠。

(2) 汽蚀引起的振动。汽蚀主要发生在大流量工况下，会引起泵的剧烈振动，并随之发出噪声。

防止措施：避免运行中单泵超出力运行，提高入口压力，避免油温过高等。

(3) 在低于最小流量下所发生的振动。油泵在低于设计最小流量下运行时，将会发生不稳定工况，流量忽大忽小，压力忽高忽低，不断发生相当剧烈的波动。并且导致管路的剧烈振动，随之发出喘气一样的声音。

防止措施：油泵在运行时不应低于所规定的最小流量，通常油泵的最小流量介于额定流量的15%～20%。当泵的流量低于最小流量时，应保证再循环装置投入。

(4) 中心不正引起的振动。中心不正的原因主要有机械加工工艺不良，安装时找正不好，在出入口管上承载过载负荷，轴承磨损，联轴器的螺栓配合不良，基础下沉等。

(5) 转子不平衡引起的振动。在运行中由于局部磨损或腐蚀，以及局部损坏或堵塞异物等原因，均可造成转子的质量不平衡。在旋转时产生的振动，甚至是破坏性的，其大小决定于转速的大小。

防止措施：对低速泵只需静平衡，而对高速油泵，必须做动平衡。

(6) 油膜振荡引起的振动。对于高速油泵的滑动轴承，在运行中必然有一个偏心度。当轴颈在运转中失去稳定后，轴颈不但围绕自己的中心高速旋转，而且轴颈本身还将绕一个平衡点涡动，涡动的方向与转子的转动方向相同。轴颈中心的涡动频率约等于转速的一半，称为半速涡动。如果在运行中半速涡动的频率恰好等于转子的临界转速，则半涡动的振幅因共振而急剧增大。这时转子除半速涡动外，还受到突来突去、忽大忽小的频发性瞬时抖动，这种现象就是油膜振动。

防止措施：在设计时尽可能使临界转速在工作转速的1/2之上；还可对轴承选择适当的长颈比和合理的油路布置方案，以提高轴颈在轴承内的相对偏心率，增大稳定区，避免在工况变动的时候出现油膜振荡。

(7) 转速在临界转速下引起的振动。临界转速下的振动，实际是共振的问题。泵转子不论怎样精确加工，它的质量中心与转子中心不可能完全一致，并且由于转子本身的重量，使轴具有一定的挠度，这个挠度更使偏差增大。由于这些因素的存在使转子转动时产生一定频率的振动。当泵的转速与转子固有的振动频率一致时，泵的转子就发生共振，即为临界转速下的振动。泵转子的固有振动频率的存在是产生临界转速的内因，而泵的转速则是它的外因。

防止措施：对于一台泵来说，泵轴的直径设计得越粗、长度设计得越短，泵轴固有振动频率越高，发生临界转速的转速越高。通常将单级泵的轴设计成刚性轴，多级泵的转子设计成柔性轴。

38 离心油泵在燃油泵房有哪些作用?

答：燃油泵房的主要设备供油泵、卸油泵、污油泵全部采用了离心式油泵。在整个燃油系统中起着至关重要的作用，一旦发生故障就可能迫使油系统中断运行，同时它在系统中消耗较大的动力。离心油泵的好坏，直接关系到燃油系统生产工艺流程的安全性和经济性。

39 离心油泵的机械损失和容积损失是什么?

答：机械损失。油泵的轴承、轴封以及旋转的叶轮盖板外侧和流体摩擦所消耗的功率称为机械损失。

容积损失。当油泵叶轮转动时，间隙的两侧产生了压力差，又由于泵的转动部件和静止部件之间存在间隙，使得部分已由叶轮获得能量的流体从高压侧通过间隙向低压侧泄漏，这种损失称为容积损失。

40 离心油泵启动初期应注意哪些问题?

答：离心油泵启动前入口门应开启，出口门应在关闭状态。在油泵启动后转速逐渐提升的过程中，要密切注意电流表和泵的启动情况。若空载电流超过正常数值时，泵发生异常响声、振动时，此时应立即停泵，查明原因。另需注意，不允许泵在出口门关闭的状态下长时间空转。

41 离心油泵启动前为什么要灌油排空?

答：若离心油泵在启动前未先使入口管和泵壳中充满油，在启动后，虽然气体也要被叶轮带动旋转，但由于气体比液体密度小得多，受到的离心力、惯性力小，使叶轮中心不能形成足够的真空，油就不能经入口管吸入泵中，则泵就不能正常工作。

42 离心油泵的轴封装置有何作用? 常用的有哪几种?

答：离心油泵的轴封装置是用来减少泵内高压力的液体向泵外泄漏和防止外界的空气漏入泵内。它是保证油泵安全、经济运行不可缺少的部件之一。

常用的轴封有填料密封、机械密封和浮动环密封等。

43 离心油泵的出口门关闭时，为何不能长时间运行?

答：在油泵出口门关闭运转时，由于泵体内油不能流动，油长时间与转子、泵体摩擦，使机械能转化为热能，促使油温升高并发生汽化。同时将出现因油温过高引起的各类故障，甚至使泵遭到破坏及发生火灾事故。

44 离心油泵流量的调节方式有哪些?

答：油泵流量的调节就是人为地改变泵的工作状况，使其工作的流量与管道系统所需要的数量相等。调节的方法有两类：一类是改变管道特性曲线来改变工作点；另一类是改变泵的性能曲线来改变工作点。从具体措施来看，有节流、变角、变速及变压调节等。

（1）节流调节。利用调整阀门的开度来改变管路性能曲线，从而达到调整流量的目的。这种方法装置简单，操作方便，调节迅速。缺点是对于大型泵来说不经济，因为当变负荷时不仅使泵脱离最佳工况，效率大幅度降低，而且额外地增加了阀门的节流损失。

（2）变角调节。改变入口导叶的方法，来改变泵的性能曲线以改变工作点的位置。

（3）变速调节。改变叶轮的工作转速，泵的性能曲线随之变化，因此可以改变工作点的位置，达到调节泵流量的目的。由于该种方法整个过程阀门没有额外的节流损失，故比较经济。但需要在供电回路改装变频器或其他比较复杂的驱动系统。

（4）变压调节。利用改变液体进入叶轮前的压力来调节流量的大小。

45 油泵电动机在何种情况下必须测绝缘？

答：油泵电动机在下列情况下必须测绝缘：

（1）油泵停运达15d及以上，或环境条件较差（如潮湿、多尘等）停运10d及以上。

（2）电气设备检修后。

（3）设备运行中发生跳闸后。

（4）备用电动机浇水、受潮后。

（5）其他需要测绝缘的情况。

46 油罐车卸油的方式有哪几种？

答：油罐车卸油的方式有：

（1）在油罐车上部卸油。

（2）在油罐车下部卸油。

47 油罐车上部卸油如何进行？

答：由真空泵或蒸汽抽气器将浸在油罐车油液中的卸油鹤管和胶皮管中形成负压，使油注满卸油管，形成虹吸。将油从油罐车中吸出注入零位油罐中（或卸油母管中），然后再由卸油泵打至储油罐中备用。

48 油罐车下部卸油如何进行？

答：利用油罐车和零位油罐的高度差，使油依靠自重流入零位油罐。

49 储油罐按顶部构造可分为哪几种？各有何特点？

答：储油罐按顶部构造可分为拱顶油罐与浮顶油罐两种。

拱顶油罐顶部与罐壁是硬性连接，储油高度只能达到连接处，拱顶内不得储油。其优点是：结构简单，便于备料和施工，但容量大于10 000m^3的拱顶油罐，由于拱顶体积大，会增加燃油的蒸发损耗且建造消耗钢材也较多。

浮顶油罐的顶部由金属制成，在油面上随液面升降而浮动，由于液面与浮顶之间基本不存在油气空间，油品不易蒸发，基本上消除了油品蒸发损耗，同时也起到一定的防火作用。

50 拱顶油罐内外有哪些附件？各有何作用和要求？

答：拱顶油罐内外的附件及其作用和要求为：

（1）表面式油罐加热器。置于油罐内部。使用压力不大于0.6MPa，温度不高于210℃的饱和蒸汽，以提高油温，保证供油品质。

（2）安全阀。位于拱顶外部，当呼吸阀失灵时，用来调节油罐内部空间气体的压力。

（3）防火器。位于拱顶，防止火焰由罐顶部的呼吸阀及安全阀进入罐内引起爆炸。

（4）呼吸阀。位于拱顶外部，使罐内油气和外部大气连通平衡，防止油气大量聚集。

（5）浮标油位计和最高、最低信号显示。油位计浮子在罐内油面上，可随油面升降，平衡重锤指针在罐外部，浮子和重锤用绳经固定架和顶端滑轮相连。用于监视卸、储、供油的计量。

（6）烟雾自动灭火器。位于罐中心位置，随油面升降而自动升降，作用是有烟雾时自动灭火。

（7）放油（水）管道、截止阀。位于罐外底部。作用是定期进行油罐的底部放水，防止供油带水，保证燃油质量。

（8）消防安全装置。位于罐壁上部，油罐着火时用于通入泡沫灭火装置。设有泡沫消防泵、蒸汽消防设施、挡油堤、消防通道等。

（9）着火报警器、避雷针及接地线。接地电阻小于或等于5Ω。

（10）其他设施及管、阀接口。指检查孔，排渣孔，内部梯子，以及供油、回油、卸油、蒸汽等管道阀门，分层测温装置，测量油温油量的监视孔，防火式照明，经过标定的容积表等。

（11）油罐油孔用有色金属制成，油位计的浮标同绳子接触的部位应用铜料制成。

（12）油罐上所用的一切仪表宜采用无电源式表计。

（13）油罐出油管应高于罐底400～500mm，并选用钢质阀门。

（14）低位布置的回油管宜引至罐体中心并上扬，以防来、回油短路。

51 储油罐建造时对其基础有何具体要求？

答：油罐基础的优劣，直接影响到油罐质量及使用寿命，甚至会影响整个油库的正常作业。基础建筑时，最下开挖的基槽底面上用素土夯实，往上是灰土层、砂垫和沥青防腐层。油罐建成后应进行72h的注水试验，地基下沉应均匀，否则应延长注水时间。

52 储油罐运行中应进行哪些维护和检查？

答：储油罐运行中应进行的维护和检查项目为：

（1）储油罐油温维持在30～40℃范围内，油温过高应切换供油储油罐或淋水降温；油温过低，则投入蒸汽加热，并控制在50℃以下，使油温必须低于油品的闭口闪点10℃以下。

（2）按时检查油罐浮标油位刻度，发现油位不正常下降时，要及时查明原因。定期检查浮标油位计动作情况，防止滑轮或浮子卡涩造成虚假油位。供油时应做好记录。

（3）定时检查储油罐阀门间管道、阀门，防止发生泄漏。

（4）储油罐应进行定期放水，防止油罐中靠重力分离出的水位过高时，造成供油泵吸入口带水量过大，系统运行不正常或锅炉灭火。

（5）对储油罐顶部呼吸阀、检查孔盖、消防系统及避雷接地装置、着火报警等进行定期检查。要求呼吸阀畅通无阻，检查孔盖严密不漏，避雷针齐全完好，接地线完好无损。

53 储油罐及其附件质量检验的内容是什么？

答：金属油罐要着重检查罐体是否有裂纹渗漏缺陷。油罐检验标准与检查应符合以下要求：

（1）管排式加热器疏水管其坡度应与母管疏水坡度协调，并应经1.25倍工作压力水压试验合格。

（2）低位布置回油管宜引至罐体中心并上扬，以防和供油短路。

（3）检查孔和量油孔的开闭应灵活，结合面上的胶圈垫应紧固严密。

（4）油位测量装置的浮子应经严密性实验合格，浮子的两根导向轨应相互平行并在同一垂直面内，连接浮子的钢丝绳接头应牢固，浮子上下应无卡涩。

（5）油位标尺应表面平整，标度准确，色泽鲜明，指针上下无卡涩。

（6）防火器、呼吸阀和安全阀的通流部分应畅通。呼吸阀面应严密，并无粘住现象。

（7）与罐体相连接的管道，应在罐体沉陷试验合格后方可安装。

54 储油罐内沉积物如何进行清理？

答：储油罐内沉积物的清理为：

（1）拆除油罐人孔门、顶部呼吸阀、阻火器安全阀、装设换气阀，进行换气。

（2）测定罐内油气浓度，当低于下限值时，工作人员方可进入罐内工作。

（3）进入罐内的工作人员必须戴防毒面具，并轮流工作，罐外必须有两人进行专责监护。

（4）清理应当从人孔向四周扩展和从底部向罐顶的方向进行。

（5）罐内照明为12V以下防爆式行灯，应穿不产生静电的服装，使用有色金属工具。

（6）清理出的杂物应及时运出并定点处置，不准堆集于罐旁或油区其他地方。

55 储油罐至少几年应进行一次定检？如何检查？

答：储油罐应根据其具体运行情况确定，但至少三年要进行一次罐内检查。

检查罐内时注意检查罐体内壁有无腐蚀、泄漏及变形；检查内部各附件的情况，看有无腐蚀、松动等现象，放水有无堵塞；检查罐底，并测量罐壁厚度。

56 供油系统包括哪些设备？

答：供油系统是指油罐来油经滤油器、供油泵、加热器送往锅炉房的燃油系统（包括回油管路及设备）。

主要设备有：加热器、供油泵、滤油器、供油管道、蒸汽加热吹扫管道、阀门和相关的温度、压力、流量表计等。

57 供油系统有什么要求？

答：供油系统的要求是：

（1）供油系统各设备容量、数量及参数选择应符合设计及安全、经济运行的要求，各设施布置、安装应符合有关规程的要求。

（2）供油、回油管路的总管应装设燃油流量装置泵，各管道处压力、温度等表计应齐全、准确。

（3）燃油蒸汽吹扫系统应有防止燃油倒灌的措施，蒸汽温度小于或等于 250℃。燃油管应有保温措施，沿线还可加装伴热管。环境温度为 25℃时，其表面温度不应超过 35℃。

（4）管道与燃油设备不得强制对口，以防设备承受附加力，防止焊渣等掉进设备内。

（5）主油管及再循环管应经常处于热备用状态。

（6）备用设备应处于随时能投入运行的状态，油泵的联动装置要正确、可靠。

（7）油泵房应保持通风良好，能及时排除可燃气体。

58 锅炉燃油系统有哪些要求？

答：锅炉燃油系统的要求是：

（1）来、回油母管应装燃油流量装置。

（2）燃油速断阀的进出口方向应符合图纸规定，一般为上进、下出。

（3）燃油调节阀的进出口方向，应符合图纸规定，阀杆转动应灵活，开度指示与实际一致。

（4）燃油母管与蒸汽母管在布置上尽量贴近，以防止燃油管道不流动。

（5）燃油管道上的压力脉冲管应装设隔离罐，并经 1.25 倍水压试验合格。

（6）连接油枪的金属软管弯曲半径应大于外径的 10 倍，接头到弯曲处最小距离应大于外径的 6 倍。

（7）供油母管压力应保持在设计值。

（8）炉前燃油黏度应满足油喷嘴的特性要求。

59 供油泵的运行和维护有哪些内容？

答：供油泵的运行和维护内容有：

（1）油泵启动正常后，应定期巡回检查电动机及泵的轴承温度，振动应正常，无异音，泵出口压力稳定。

（2）不能用泵的入口门来调整油压，以免产生气蚀。

（3）在油泵出口门关闭的情况下，油泵连续运行不能超过 3min。

（4）油泵一般不能在低于 30%设计流量下连续运行，如果必须在该条件下运行，则应在出口安装再循环，且使流量达到上述最小值以上。

（5）按要求定期加注润滑油。

60 供油泵的设备规范是怎样的？

答：供油泵为多级离心油泵，型号为 80Y-50×10，流量为 45m^3/h，扬程为 487m 水柱，电动机功率 132kW。

61 供油泵启动前应进行哪些检查内容？

答：供油泵启动前的检查内容为：

（1）检查油泵各地脚螺栓齐全紧固，轴承油位计完好，油位在油位计 1/2 刻度，油质良好。

（2）电动机检查正常，手动盘车，转动正常无卡涩。

（3）开启供油泵冷却水门，投入轴承冷却水及泵轴封冷却水，调整水量适当。投入泵出口压力表。

（4）开启细滤网入口门，开启细滤网顶部排空门，对细滤网进行排空，待有油流出时关闭排空门。开启细滤网出口门。

（5）检查关闭供油泵蒸汽吹扫门、底部排污门、入口管道排污门。

（6）关闭泵出口门，开启泵入口门，开启出口污油门注油，当出口污油门见油后关闭。

（7）启动供油泵马达，待电流回到正常值，逐步开启泵的出口门。

（8）对泵进行全面检查。

62 供油泵运行中应进行哪些维护和检查？

答：供油泵运行中应进行的维护和检查内容为：

（1）检查各轴承的温度不超过70℃，振动不超过0.06mm。

（2）电动机检查正常。

（3）各轴承油位在油位计1/2处，油质良好，无进水乳化现象。

（4）轴承冷却水畅通，水量充足，压兰退水正常，无严重泄漏。

（5）油系统、冷却水系统管道阀门严密不漏。

（6）供油管压力在3.5～4.0MPa，油压无大幅度波动。

（7）细滤网出入口压差不超过规定值，供油泵出口压力与供油管压力不应有较大的偏差。

（8）供油泵电流平稳，不超红线，运转声音正常。

（9）事故按钮完好。

（10）正常运行时一台供油泵对应一台细滤网运行，保证有备用细滤网，完好备用。

63 供油泵运行中如何进行切换？

答：供油泵运行中的切换步骤为：

（1）关闭准备启动泵（备用泵）的出口门，开启其入口门，投入前后轴承及压兰冷却水。检查泵前后轴承的油位在规定范围内。按规定进行其他启动前的检查，应正常。

（2）启动备用泵，待电流恢复正常，逐步开启备用泵出口门。同时逐步关小运行泵出口门，维持总管油压不变，将负荷逐步由运行泵倒在备用泵上。

（3）全部开启备用泵的出口，关闭运行泵的出口，检查备用泵工作状态全部正常后，停止运行泵。关闭其出、入口门（转为备用时应保持入口门开启），关闭冷却水门。

64 供油泵启动后不出油的原因有哪些？如何处理？

答：供油泵启动后不出油的原因及处理为：

（1）吸油管路不严密，入口截门或泵的盘根有泄漏，有空气漏入。处理：应系统地检查泵进油管道和法兰阀门的严密性。

（2）泵内未灌满油，有空气存在。处理：重新充油，开启排空（油）阀门。

（3）水封水管堵塞，有空气漏入。处理：应检查和清洗水封水管。

（4）安装高度太高。处理：应提高油的给油油位或降低泵的高度。

（5）电动机转速不够。处理：应检查电源电压和频率是否降低，或电动机是否缺相运行。

（6）电动机反转。处理：联系电气人员倒线。

（7）泵的叶轮入口及出油口堵塞。处理：检查和清洗叶轮及出油管。

（8）油品黏度太大，使入口阻力加大。处理：提高油温。

65 供油泵运行中流量小的原因有哪些？如何处理？

答：供油泵运行中流量小的原因及处理为：

（1）转速降低。处理：检查电动机及电源。

（2）安装高度增加。处理：检查吸油管路、油罐油位。

（3）空气漏入吸油管或经填料箱进入泵内。处理：检查管路及填料箱的严密性，压紧和更换填料。

（4）吸油管路和压油管路阻力增加。处理：检查阀门及管路中可能堵塞之处，或管路直径过小。

（5）叶轮堵塞。处理：拆开检查和清洗叶轮。

（6）叶轮的损坏和密封环磨损。处理：应清扫滤网杂物，更换叶轮、更换密封环。

（7）入口滤网堵塞。处理：应拆开，清除滤网杂质。

66 供油泵运行中压力降低的原因有哪些？如何处理？

答：供油泵运行中压力降低的原因及处理：

（1）转速降低。处理：检查电动机及电源。

（2）油中含有空气。处理：检查吸油管路和填料箱的严密性，压紧或更换填料。

（3）供油管损坏。处理：检查供油管路，必要时应停系统处理。

（4）叶轮损坏和密封磨损。处理：应拆开检修，必要时应更换。

67 供油泵停运的步骤有哪些？

答：供油泵停运的步骤为：

（1）逐步关闭要停止泵的出口门。

（2）停止供油泵运行，检查电流表到零。

（3）关闭冷却水门。泵列检修时还应关闭其出口门。

68 供油泵的紧停规定有哪些？

答：供油泵的紧停规定是：

（1）电动机冒烟、着火或水淹。

（2）电动机扫膛、各轴承断油或机械转动部分与静止部分严重摩擦。

（3）电动机或转动机械发生严重振动和窜动。

（4）电动机或供油泵任一轴承温度急剧上升，超过规定值，经处理无效。

（5）轴承冒烟或着火。

（6）电动机转速下降并发出鸣音。

（7）电流表超过红线，并伴有异常声音。

（8）发生严重漏油或其他故障，不能维持正常运行。

（9）发生其他人身或设备事故，危及人身、设备安全时。

69 供油泵的紧急停运步骤及注意事项有哪些？

答：供油泵的紧急停运步骤及注意事项有：

（1）立即按操作按钮或按下就地事故按钮。

（2）泵停止后，及时关闭出口门及有关阀门，隔离故障点。

（3）检查备用泵应联动，保证系统运行正常。

（4）若是电动机故障，应联系停电，进行测绝缘或其他检查。

（5）在未查明故障原因，消除故障点，并经必要的检查试验前，不可将故障泵列备用或投入运行。

70 供油泵汽化有何现象和原因？如何处理？

答：供油泵汽化的现象：电流表和压力表指针摆动或下降，泵发出不正常的声音。

原因：油温度过高；出入管路及过滤器堵塞；入口管或盘根有泄漏处；吹扫门不严，泵体进入蒸汽；误操作等。

处理方法：

（1）因油温较高而引起低压泵汽化时，可设法降低来油温度；可关小再循环门以降低泵的出力。

（2）因为油温超过规定值或泵入口压力低于该温度下的饱和压力，引起高压泵汽化时，可降低油温度；可提高高压泵入口压力。

（3）遇有锅炉甩负荷时，应及时调整供油压力，开大低压再循环调整门，以提高低压泵对回油的抗干扰性能。

（4）检查并关严吹扫门或消除漏汽。

（5）纠正错误操作。

上述处理无效时，应及时联系值长，进行倒泵。

71 供油泵压力摆动有何现象和原因？如何处理？

答：供油泵压力摆动的现象：油压表指示不稳，表针摆动大。

原因：压力表失灵；泵入口管或叶轮有堵塞现象，入口滤网堵塞；油罐的油位低；操作不当或有误操作；转动机械部分有摩擦现象。

处理方法：

（1）通知热工人员检查处理。

（2）检查来油量，如油位低，联系加大输油量或倒罐运行。

（3）若由于汽化引起，应按泵汽化有关处理方法去处理。

（4）若机械部分有摩擦或油泵入口管路及叶轮堵塞，应倒泵运行，通知检修处理。

（5）切换、清洗入口滤网。

（6）纠正误操作。

72 供油泵跳闸有何现象和原因？如何处理？

答：供油泵跳闸的现象：事故喇叭响，红灯灭，绿灯闪光；电流回零，油泵信号铃响，光字牌闪光，供油压力下降。

原因：保护动作；电源中断；误操作或误碰事故按钮；电动机或泵体故障。

处理方法：

（1）联动备用泵自行启动（或启动备用泵），合上启动泵开关，拉下跳闸泵开关，调整油压，切换联动开关。

（2）若联动泵未能自行启动，应手合联动备用泵开关，拉下跳闸泵开关，调整油压，切换联动开关。

（3）故障泵在未查明原因并消除故障点前禁止启动。

（4）汇报值长，联系有关人员处理。

73 供油泵为什么要采用平衡装置？

答：因为叶轮前后两侧油压的不同造成指向吸入侧的轴向推力，并作用在叶轮上。燃油离心泵运行时，轴向推力将会使转子发生轴向窜动，造成转子与定子之间的摩擦甚至撞击损坏。因此，必须采用平衡装置消除这一轴向推力。

74 供油泵常用的平衡装置有哪几类？

答：供油泵常用的平衡装置有：

（1）单级泵采用双吸式叶轮，残余的轴向推力用轴承平衡。

（2）在叶轮后轮盘上开平衡孔。

（3）对于多级泵可采用对称布置叶轮的方法，残余的轴向推力需要推力轴承承受。

（4）采用平衡盘，这种方法可以使泵的转子自动的处于平衡状态下运行。

（5）采用平衡鼓，同时使用推力轴承。

75 油泵平衡装置正常运行时的注意事项有哪些？

答：油泵平衡装置正常运行时的注意事项有：

（1）平衡盘尺寸应足够大，否则不能平衡轴向推力。

（2）平衡盘和平衡座的材料应耐磨，两者的硬度应不同。

（3）压紧螺栓应有足够数量，至少10支，采用不锈钢材料。

（4）正确地调整动静两部分的径向间隙和轴向间隙，保证泵在停止时动静两盘间的轴向间隙为0.5～1.0mm。

76 简述油泵的吹损与腐蚀。

答：油泵的各个部件除了经常受到油品的化学和电化学腐蚀外，还要受高温、高压油高速冲刷，而且在油品中含有的水分使油质乳化，造成部件腐蚀。最易出现吹损的有：出油段与静盘压盖吹损、主轴吹损、泵壳吹损等。

77 油泵电动机过热的原因有哪些？如何处理？

答：油泵电动机过热的原因及处理为：

（1）转速高于额定转速。处理：检查电动机及电源。

（2）油泵流量大于许可流量，超红线运行。处理：关小出口门，降低流量。

（3）电动机或油泵发生机械磨损。处理：检查油泵或电动机。

（4）油泵装配不良，转动部件与静止部件发生摩擦。处理：停泵，手动盘车，找出摩擦和卡涩部位。

（5）电动机运行中缺相或电流不平衡。处理：应更换或修理电动机。

78 油泵电动机电流摆动的现象和原因有哪些？如何处理？

答：油泵电动机电流摆动的现象：电流表指示不稳、摆动。

原因：电压不稳；油温过高；操作不当；电动机或泵体发生故障；吸入口管有堵塞现象；入口滤网堵塞；泵汽化。

处理方法：

（1）由于电压不稳引起电流摆动，联系值长或电气值班人员处理。

（2）降低燃油温度。

（3）操作时要缓慢或停止操作。

（4）切换运行油管或油泵。

（5）切换、清洗入口滤网。

（6）消除泵汽化现象。

79 油泵机组发生振动和异音的原因有哪些？如何处理？

答：油泵机组发生振动和异音的原因及处理为：

（1）装置不当（泵与电动机转子中心不对或联轴器结合不良），泵转子不平衡。处理：检查联轴器的中心变化情况以及叶轮。

（2）叶轮局部堵塞。处理：检查、清洗叶轮。

（3）零部件损坏（泵轴弯曲，转动部件卡涩，轴承磨损）。处理：停泵解体检查，更换零件。

（4）入口管和出口管的固定装置松动。处理：紧固松动部位。

（5）油罐油位过低或安装高度太高，发生汽蚀现象。处理：倒换油罐或采取措施以减小安装高度。

（6）地脚螺栓松动或基础不牢固。处理：紧固地脚螺栓，如基础不牢固，应加固或修理。

80 油泵填料发热有何原因？如何处理？

答：油泵填料发热的原因及处理为：

（1）填料压得过紧或四周紧度不够均匀。处理：应放松填料盖，调整好四周间隙。

（2）密封水中断或不足。处理：应检查密封水管是否堵塞，密封环与水管是否对准。

81 油泵轴封装置正常工作的注意事项有哪些？

答：油泵轴封装置正常工作时的注意事项有：

(1) 填料函要有足够的深度，至少能填 6～7 道填料。

(2) 冷却水道必须保持畅通无阻。

(3) 在填料函外端冷却水达不到的部位，不要加装填料。要使填料压盖伸向填料函里面，使压盖上另通的冷却水能直接浇在轴套上，填料不能压得太紧。

(4) 选用合适的填料材料。

(5) 轴套材料应耐热耐磨，高强度。

(6) 采取正确的安装和调整工艺。

82 油泵启动负载过大有何原因？现象是什么？如何处理？

答：油泵启动负载过大的原因：油泵在检修或安装时，推力间隙留得过大，使推力轴承和平衡盘失掉止推作用，造成油泵的动、静部分摩擦，使启动负载过大，严重时油泵不能启动。

现象：启动前手动盘车时，转子轻便灵活。而当合闸启动时，电流指示很大，油泵转速升不起来。

处理：应立即停泵检修。此外，带负荷启动或填料压得过紧，也会使启动负荷过大。

83 油泵的汽化是怎样产生的？有何危害？

答：油泵在运行中，如果某一局部区域的压力降低到与液体温度相对应的饱和压力以下，或温度超过对应压力下的饱和温度时，则液体就会汽化。由此而形成的气泡随着液体的流动，被带自高压区域时，又突然凝聚。这样，在离心油泵内反复地出现液体的汽化和凝聚的过程，最后导致油泵的汽化故障。

危害：这种故障一般发生在输送压力、温度较高的泵中，其危害是十分严重的。轻则使供油压力、流量降低；重则导致管道冲击和振动，泵轴窜动，动静部分摩擦，使供油中断。

84 油泵汽化有何现象？如何处理？

答：油泵汽化的现象为：

(1) 在运行中，泵电流指示下降并产生不正常摆动。

(2) 泵发生异常声音，出口、入口管道发生冲击和振动。

(3) 泵的盘根冒汽，平衡油室压力升高并大幅度摆动。

(4) 泵出口压力、流量不稳或油中断时，应确认为泵发生了汽化故障。

处理：迅速关小出口门，开启出口排空门，提高入口压力（倒为油位较高的油罐），降低进油温度（倒为温度较低的油罐）。若管道冲击和振动减弱，出口压力回升，待排空门出油后关闭。再逐渐开启出口门，恢复正常运行。如采取措施后无好转迹象，应立即停泵处理。

85 供油泵大修时应做哪些安全措施？

答：供油泵大修时，必须严格执行工作票制度，并做好以下安全措施：

(1) 检修泵退出备用，解开联锁装置。

(2) 电动机停电（拉下开关、刀闸，取下熔丝），并挂“禁止合闸”警示牌，在操作开关上悬挂“禁止操作”警示牌。

（3）关严泵出入口门，并上锁。

（4）开启检修泵底部排污门，放尽泵内余油。

（5）开启泵入口蒸汽吹扫门及污油门，对泵体进行吹扫。

（6）待泵体吹扫干净后，关严蒸汽吹扫门，并上锁。

（7）关闭轴承及压兰冷却水门。

（8）上述各阀门全部挂“有人工作，禁止操作”警示牌。

（9）待泵体泄压冷却，工作负责人及许可人共同检查安全措施无误后，方可办理开工手续，开始工作。

86 供油泵大修结束后如何进行试转？

答：大修结束后，值班人员应将检修人员所持的工作票收回，并与检修负责人共同沟通好有关试转事宜后，方可进行如下工作：

（1）启动前进行的检查。

1）工作已全部结束，检修人员已撤离，现场清洁，无妨碍运行的杂物。

2）外观检查所有阀门、管道已正确连接。

3）检查泵及电动机地脚螺栓无松动，联轴器连接牢固，安全罩安装良好。

4）轴承室油位正常，油质合格，油位计和放油孔不渗油。

5）各轴承、压兰冷却水畅通。

6）各仪表齐全，投入后指示正确。

7）电动机接线良好，接地线牢固。

8）手动盘车灵活无卡涩。

9）联系电动机送电并做好记录。

（2）启动试转程序。

1）撤销所有安全措施。

2）开启排污门、蒸汽吹扫门，对泵体进行吹扫并投入各表计。

3）吹扫结束后关闭污油门及吹扫门。

4）稍开泵入口门，向泵体充油，待排污门见油后关闭。检查泵体及各阀门管道无明显渗漏，全开泵入口门。

5）启动供油泵，开启部分出口门，进行检查。

（3）试转过程中，检查各部位均符合有关规定数值后，方可结束工作票，汇报值长该泵大修完毕，可投入运行或备用。

第三章

卸 煤 设 备

第一节 翻车机卸车系统设备及运行

1 翻车机本体有哪几种形式?

答：按翻卸形式可分为：转子式翻车机、侧倾式翻车机。

按驱动方式可分为：钢丝绳传动、齿轮传动。

按压车形式可分为：液压压车式、机械压车式。

2 简述转子式翻车机的结构特点和工作过程。

答：转子式翻车机是指被翻卸的车辆中心基本与翻车机转子回转中心重合，车辆同转子一起回转175°，将煤卸到翻车机正下方的受料斗中。其优点是卸车效率高、耗电量少、回转角度大。缺点是土方施工量大。

转子式翻车机主要由转子、平台、压车机构和传动装置组成。翻车机的转子是由两个转子圆盘用箱形低梁和管件结构将其联系起来的一个整体。转子是翻车机的骨骼，它支撑着平台及压车机构和满载货物的车辆，驱动装置通过固定在圆盘上的齿块转动，从而使车辆翻转0°～175°。

车辆进入翻车机时，平台上有液压缓冲器定位装置，使车辆停于规定的位置，两台同一型号的绕线式电动机同时经减速机和主传动轴驱动转子旋转。平台在四连杆的带动下逐渐产生位移，转到3°～5°时，平台与车辆在自重及弹簧装置的作用下，向托车梁移动，并靠于其上。继续转动到54°时平台与车辆摇臂机构等同转子一起脱离底梁，沿月牙槽相对于转子做平行移动。转动上移到85°，车辆的上沿与压车梁接触将车压紧，继续转动至175°时，翻车机正转工作行程到位后自停。然后操作驱动电动机返回，在返回至15°时，投涡流减速或1号电动机先停止，到零位时，2号电动机停止。摇臂机构曲连杆下面先与底梁上的缓冲器接触，以减少冲击，平台两端的辊子与基础上的平台挡铁相碰，同时压缩弹簧装置以使平台上钢轨与基础上的钢轨对准。定位器自动落下，操作推车器将空车推出翻车机。

转子式翻车机的规格种类有：

(1) KFJ-2（A）型：三支座、四连杆压车机构、齿轮传动。

(2) KFJ-3型：两支座、齿轮传动、四连杆机构。

(3) M2型转子式翻车机，钢丝绳传动，锁钩式压车机构。

3 侧倾式翻车机工作特点是什么？其形式种类有哪些？

答：卸车时车辆中心远离回转中心，将物料倾翻到车的一侧。优点是土方施工量小，缺点是提升高度大，耗电量大，回转角度小。

其结构形式有两种：

（1）钢丝绳传动，双回转点，夹钳压车。

（2）齿轮传动，液压锁紧压车。

4 侧倾式翻车机的液压传动装置包括哪些？

答：侧倾式翻车机的液压传动装置包括：

（1）液压站。包括液压泵、高压溢流阀、油箱、低压溢流阀。

（2）管路部分。包括油管、单向阀、开闭阀。

（3）执行机构。包括油缸、储能器。

5 简述 M6271 型钢丝绳驱动的侧倾式翻车机的组成及工作过程。

答：侧倾式翻车机由回转盘、压车梁、活动平台、压车机构、传动装置等组成。

车辆在翻车机上，电动机启动，传动装置通过钢丝绳拖动大钳臂，并带着活动平台和车辆一起，绕第一回转点转动。安装在活动平台下部的辊子沿着固定在基础上的活动平台转动导轨滚动，与此同时，活动平台绕销轴转动，车辆便靠在托车梁上。继续转动，则活动平台离开轨道，活动平台和车辆以及煤的重量都由托车梁和铰接销轴来支承，当转动到车辆上边梁与压车爪子接触后，大钳臂、小钳臂、活动平台、车辆、压车梁以及压车爪子连成一体，绕第二回转点转动，直至翻转到终点。物料卸至侧面的受料槽内，翻车机从终点返回零位，按上述逆过程进行。至此，就完成了一个工作循环。

6 KFJ-1 型侧倾式翻车机的工作过程是什么？

答：KFJ-1 型侧倾式翻车机在零位时，平台上定位装置的制动铁靴处在升起位置。当重车溜入翻车机时，在液压缓冲器的作用下，重车停止前进并靠定位器定位。此时，翻车机传动装置的电动机启动，小齿轮回转盘绕回转中心旋转，活动平台与重车在自重和弹簧的作用下，沿导向杆向托车梁移动，并靠在托车梁上。在此之前，先将翻车机的液压系统油泵启动，使储能器内充满液压油，且达到一定的压力。

在翻车机转动至 45°前，液压系统开闭阀凸轮处于压缩状态，开闭阀全开，储能器与液压缸的上、下腔油路联通。此时，压车主梁上的小梁和压车板贴合，将车厢压住。

随着翻车机转到 45°以上时，在液压系统开闭阀的作用下，将储能器和液压缸的三通管路封闭，液压缸内油压上升，这时将车辆紧紧夹住，保证车辆不脱轨。

当翻车机旋转到 160°时，在行程开关的作用下，切断电源，停留数秒将煤卸空后，电动机换向启动，回转盘反向旋转。当返回到 45°时，开闭阀凸轮（拉杆）变为压缩状态，使得油缸上腔和储能器的管路联通，压车端梁支轴点落下，压车大梁上的各小梁和压车板脱离车厢，最后平台随回转盘返回零位。这时，定位器铁靴落下，推车器启动，将空车推出翻车机后推车器返回，定位器止挡升起。至此，完成了一个工作循环。

7 FZ2-1C 型双车翻车机的工作过程是什么？

答：FZ2-1C 型双车翻车机的工作过程是：当重车进入翻车机指定位置停止后，靠板在油缸的作用下伸出，从而消除靠板与车辆间的间隙。当靠板与车辆接触并发出指令时，夹紧横梁在其油缸的作用下压紧车辆，当翻车机接到回转指令时，驱动装置电动机启动，翻车机开始回转，在翻车机转到 70°之前，夹紧装置必须全部夹紧。当翻车机转到 150°时，振动器开始振动，振动过程为 150°～160°（正转），160°～150°（反转），将车辆内壁的积料振落。

当翻车机从 160°反转回到 150°时，振动器停止振动。在继续反转过程中，夹紧装置逐渐松开，当反转到 70°时，夹紧装置回到原始位置。

当翻车机返回到 20°左右时，涡流制动投入，使翻车机转动趋于缓慢回转，最后制动。当翻车机返回到零位后，空车由拨车机拨出（或由推车器推出），翻车机完成一个工作循环。

8 齿轮传动式翻车机驱动装置的结构特点是什么？

答：由两套电动机、减速机、制动器、小齿轮等驱动部件用低速同步轴连接起来，共同组成齿轮传动式翻车机的驱动装置。用齿形联轴器连接翻车机的十几米长的低速同步轴，来保证两台电动机同步工作。这种结构传递扭矩大，允许误差大，便于现场安装使用。采用绕线式电动机启动性能较好，具有较高的过载能力和较小的飞轮质量。

9 压车梁平衡块的作用是什么？

答：压车梁平衡块的作用是减少电动机功率的消耗。

10 机械式压车机构的特点是什么？

答：机械式压车机构是以摇臂机构为核心，其曲连杆为箱形，为避免应力集中，拐角制成大圆角，力求等强度。其连杆一端固定在联系梁的支承座上，辊子在转子圆盘上的月形槽内滚动，以达到固定车辆的目的。

11 重车铁牛的种类和各主要特性有哪些？

答：重车铁牛的种类和各主要特性如下：

（1）前牵地面式。重车线前端可以设道岔，重车线允许布置弯道，但其往返次数较多，钢丝绳等配件易磨损。这种前牵式重牛有短颈和长颈，短颈的又有机械脱钩和液压脱钩两种，可制动整列车，车辆定位准确，可与摘沟台和重车推车器配合使用；长颈地面前牵式（机械脱钩）的车辆溜入翻车机的距离较短，但其不能制动整列车，增加了牛头的起落动作次数，实现自动控制较复杂，它适用于固定坡道的溜车，车辆速度不易控制。

（2）前牵地沟式。可制动整列车，车辆定位准确，液压脱钩，车辆溜入翻车机的距离较短，可与摘钩平台配合达到自动摘钩。重车线前端可设道岔，重车线可布置成弯道，往返时间较短，每节车往返启停一次，增加了牛头的起落动作。

（3）后推地面式（整列）。启动次数较少，制动列车时前端车辆位置不准，不便于用摘钩平台摘钩，需靠人工摘钩，实现自动控制较困难。重车线必须为直线，钢丝绳距离较长，维护工作量大。有断续后推式和慢速连续后推式两种，断续后推式控制比较简单，适用配置重车推车器或重车调车机；慢速连续后推式可连续后推整列车辆，推送每一节车时间较短，正常情况下不需制动列车，要设专人摘钩，不便实现自动控制。

（4）后推地沟式（单节）。需人工操作逐个溜放重车，工作条件较差，用人多，安全性差，铁路线布置较复杂，驼峰溜放土方工程较大，机械化程度低，难以实现卸车自动化。这种重牛包括长颈式和短颈式两种，长颈式设备较少，系统简单，运行时间短；短颈式采用直流电动机驱动，速度可随工作过程变化，运行平稳。

12 前牵式重车铁牛的组成特点和工作过程是什么？

答：前牵式重车铁牛由卷扬驱动装置、铁牛牛体及液压系统、绳轮、托轮、钢丝绳等组成。牛体有地沟式和地面式两种方式：前牵地沟式重车铁牛的牛体在地沟内，牛臂靠油缸控制其抬起和下降，在牛臂头部装有车钩和开钩用的油缸。牛臂抬起时与车辆相连挂，牵引车辆前进，牛臂降下时使车辆在其上方通过，由液压换向阀控制牛头抬落和车钩打开。前牵地面式重车铁牛接车作业时，把牛体从牛槽拉到轨面上与车辆连挂，完成牵引作业后再回牛槽，使车辆从其上方通过。

前牵式重车铁牛是在整列重车车辆前部牵引，将其牵到翻车机前一定距离时，铁牛脱钩回槽或牛头大臂落下。前牵式重车铁牛具有运行距离短（一般为40～50m）、检修维护方便等优点，但车辆不能马上摘钩，需等到铁牛回槽或牛头落下后，利用摘钩平台或调车机进行摘钩。150kN前牵式重车铁牛采用一套驱动装置，可牵引25节左右的重车；300kN前牵式重车铁牛采用两套相同的驱动装置，通过两台同步电动机驱动绞车实现牛体的前进与后退，可牵引50节重车。作业时通过减速机液压系统实现离合器的开闭，使其接车时小电动机快速空载前进，牵车返回时大电动机慢速重载返回。

前牵式重车铁牛工作过程如下：

首先前牵地沟式重车铁牛的牛臂先抬起，接通减速机上的油泵电动机和小电动机轴上的制动器电源，制动器松闸，启动小电动机。卷扬机通过钢丝绳带动铁牛前行（地面式的牛体驶出牛槽），与列车挂钩，挂钩后钩销开关发出信号，小电动机停止运转并制动。延时5s后在换向阀的作用下制动器松开，大电动机启动，带动铁牛牵引重车向翻车机方向运行。当车辆最后一对车轮越过推车器位置时，轨道电路（记四开关）发出信号，大电动机停止，大小电动机抱闸制动，牛臂落下，即完成牵车作业（地面式的减速机上的换向阀动作，小电动机制动器松开，同时铁牛臂上的摘钩机构动作，使铁牛与第一车辆的车钩摘开，小电动机再次启动后，带动铁牛返回牛槽完成牵车作业）。

13 前牵式重车铁牛卷扬驱动减速机有何特点？

答：大电动机通过带制动轮的联轴器与减速机高速轴相连，小电动机通过另一带制动轮的联轴器与减速机第二级主动齿轮轴相连。在减速机高速轴上装有摩擦片式离合器，用以保证大小电动机的传动隔离和两套大电动机驱动系统同步作业时的负荷均衡。当大电动机工作时，减速机高速轴上的摩擦式离合器主从动摩擦片闭合，小电动机断电被动空转；当小电动机工作时，离合器的主从动摩擦片分离，大电动机处于制动状态。

离合器主从动摩擦片的离合是由一液压系统控制的，其控制原理如图3-1所示。启动电动机1时油泵2开始工作，油液经换向阀5和单向阀6淋到摩擦片和齿轮上后进入油箱。当重牛开始牵车时接通换向阀5和减速机上的两台液压制动器的电源，油泵输出的压力油通过

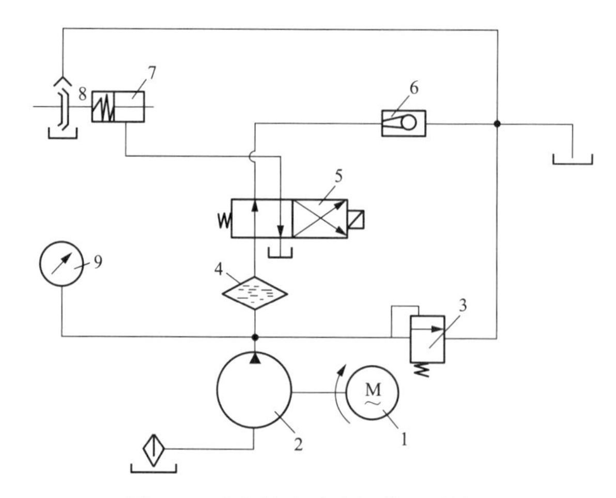

图 3-1 重车铁牛减速机供油系统图

1—电动机；2—油泵；3—溢流阀；4—滤油器；5—换向阀；6—单向阀；7—油缸；8—摩擦片式离合器；9—压力表

两位四通换向阀 5 进入油缸 7，压紧摩擦片，即离合器的主从动摩擦片闭合。同时两个制动器松闸，此时传动装置的大电动机启动工作，重车铁牛开始牵引重车车辆前进。在重牛牵引过程中，当液压系统的油压达到 0.7MPa 时，溢流阀 3 打开，油经溢流阀 3 又淋到摩擦片和减速机齿轮上后进入油箱，起到润滑和冷却的作用。为保证传送电动机的输出转矩，油缸内的压力应保持在 0.7MPa 以上，用以确保牵引重车车辆行驶。当牵引车辆到位时，换向阀 5 复位，摩擦片在弹簧的作用下迅速脱开，并切断大电动机电源，完成牵车工作。

14 调车机与铁牛相比，优缺点各是什么?

答：调车机与铁牛相比，具有翻车效率高（调车机返回与翻车机作业可同时进行），调车速度平稳（避免了溜车不到位或对翻车机定位器的冲击），定位准确，而不是自由溜放车辆，省去摘钩台等优点。缺点是造价高、能耗大，只适合于 C 型翻车机使用。

15 简述重车调车机的结构特点和工作过程。

答：重车调车机是一种新型的重车调车设备，其结构特点如下：

（1）只适用于“C”型转子式翻车机或侧倾式翻车机，其他转子式翻车机不能使用。

（2）设备简单，调车方便，不需要设置重车铁牛和摘钩平台等设备。

（3）容易控制重车车辆进入翻车机的速度，重车在翻车机内定位准确。

（4）对于贯通式卸车线还可以减少空车铁牛等调车设备。

（5）传动方式主要有两种机型：一种是齿条传动，一种是钢丝绳传动。重车调车机用直流电动机驱动，使其调速、定位控制更可靠、方便。

重车调车机在平行于重车线的轨道上往复运动，既能牵引整列重车，也可将单节重车在翻车机平台上定位，同时可将空车推出。其返回时可与翻车机作业同时进行，从而缩短卸车时间，提高生产率。

重车调车机的工作过程是：当整列重车停放于自动卸车线货位标后，重车调车机启动并挂钩，将整列车牵引移动一个车位的距离，使第二节重车的前轮被夹轮器夹紧，人工将第一节与第二节车的车钩摘开。重车调车机将第一节重车牵到翻车机平台上定位，同时自动摘钩并抬臂返回，返回同时翻车机开始翻卸。返回后重车调车机与第二节重车挂钩，同时夹轮器松开，重车调车机又将整列重车向前牵动一个车位。当第三节重车到达原来第二节重车的位置时，又被夹轮器夹紧前轮，人工摘钩，此时翻车机已卸完第一节重车并返回到零位，重车调车机将第二节重车牵到翻车机平台上并自动定位，同时车臂机构动作将停放在翻车机平台上的第一辆空车推送到迁车台上，而后摘钩抬臂退出，调车机返回到原始位置，又接第三节重车如此循环，直至卸完最后一节车辆为止。

16 重车定位机的用途与组成结构是什么？

答：重车定位机是翻车机卸车线的主要组成设备，其主要作用是将解列的单节重车推入翻车机，并使重车在翻车机内定位。它适用于“C”型转子式翻车机和侧倾式翻车机，包括电缆支架和齿条支座。电缆支架包括车体上的电缆支架、地面电缆支架和电缆小车。电缆固定在电缆小车上，车体上的支架用钢丝绳牵引电缆小车随车往返。电缆小车在轨道（工字钢）上行走。运行部分由导向轮、车体、推车臂、液压系统、驱动装置、主令控制器和操作台等组成。

17 确保迁车台对轨定位的装置有哪些？

答：迁车台的定位包括台体与重、空车线的对轨定位和车辆在台体上的定位，为减小撞击、确保安全，迁车台的对轨装置有：

(1) 迁车台行走驱动采用变频调速，能确保精确对轨，运行平稳。

(2) 迁车台端部采用液压插销装置，能保证推车器或调车机推车时不发生错轨现象。老式迁车台端部用电磁挂钩、涡流制动的对轨方式，可靠性较差，雨雪天气需提前投入涡流制动。

(3) 迁车台上有液压夹轮器，配合调车机工作能使车辆在台体上可靠定位，比双向定位装置配液压缓冲器更为可靠、可控。

(4) 迁车台两侧面各有两个液压缓冲器，能减缓意外对轨时台体对基础的冲击。

18 简述摘钩平台液压系统的工作过程。

答：摘钩平台的液压系统原理如图 3-2 所示，其工作过程如下：

(1) 油泵启动后，三位四通换向阀 5 尚未动作（即阀芯在中间位置）时，液压油经过溢流阀 1、单向阀 3 及三位四通换向阀 5 的中间位置直接返回到油箱。此时，油缸里未充油，平台不动作。

(2) 当油泵启动后，三位四通换向阀 5 左侧的电磁铁动作（阀芯在左侧位置）时，液压油经过溢流阀 1、单向阀 3 和三位四通换向阀 5 的左侧位置进入油缸 7 底部，油缸充油，平台升起。当平台上升到终点时，限位开关发出信号，换向阀电磁铁动作，使阀芯回到中间位置。此时，泵打出的油通过溢流阀 1 回到油箱，平台保持在升起状态。

(3) 油泵仍然启动，但三位四通换向阀 5 右侧电磁铁动作（阀芯在右侧位置）时，液压油经溢流阀 1、单向阀 3 和三位四通换向阀 5 直接返回到油箱，不给油缸充油。此时，油缸 7 在平台自重的作用下，将油缸内原来充满的油，通过三位四通换向阀 5、截止阀 4 压回到

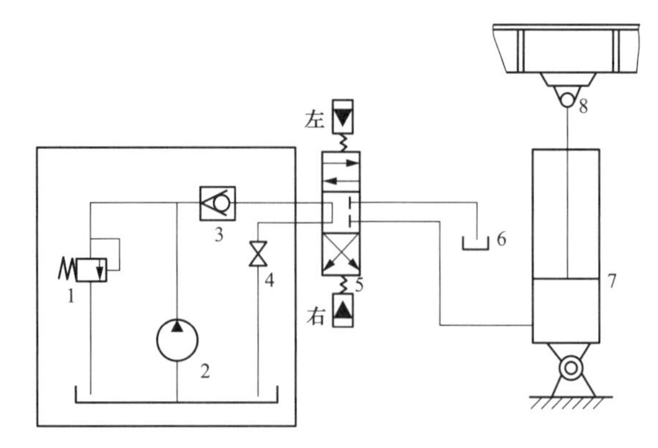

图 3-2　摘钩平台的液压系统工作原理图

1—溢流阀；2—油泵；3—单向阀；4—截止阀；5—三位四通换向阀；6—油箱；7—油缸；8—摘钩平台

油箱，平台下降。当平台复位后，又发出信号，使换向阀动作，阀芯回到中间位置，等待下一次工作。在翻卸重车的整个过程中，电动机和泵始终是在工作状态。

19 简述摘钩平台的作用及工作过程。

答：摘钩平台的作用是使停在其上面的车辆与其他车辆脱钩，并使车辆溜入翻车机内。主要由平台、单向定位器、液压装置等组成。

摘钩平台的工作过程是：当一节重车完全进入摘钩平台（即重车的四对车轮全部在平台上）时，翻车机发出进车信号后，摘钩平台开始工作。通过液压系统高压油作用于入车端一侧的两台单作用油缸下部，顶起摘钩台入车端一车钩的高度，使第一节重车与第二节重车之间的车钩脱开。第一节重车在重力的作用下，自动向翻车机间溜行，当溜至一定距离，车轮压住电气测速信号限位开关，这时电液换向阀动作换位，摘钩平台随之下降。直到平台回到零位，自停，这样摘钩平台完成一个工作循环。

20 迁车台对轨液压缓冲器的作用是什么?

答：迁车台对轨液压缓冲器装在台架的两侧，每侧两个用以减轻迁车台移动到空车线或返回重车线停止时的惯性冲击，液压缓冲器和定位钩销共同作用使迁车台与空车线或重车线准确对轨。

21 简述液压缓冲定位式迁车台的结构和工作原理。

答：迁车台由行车部分、车架、车辆定位装置、推车装置、限位装置、液压缓冲器等组成，是将翻车机翻卸完的车辆从重车线平移到空车线的移车设备。

为减小车辆或迁车台台体定位时的冲击力，在迁车台纵向轨道定位器上装有两台缓冲器，在迁车台两侧各装两台缓冲器。当空车车辆进入迁车台时，车辆在运动过程中首先撞击双向定位器，并将其打开通过（在每组车轮过后，双向定位器会在弹簧的作用下马上复位），当车辆第一对车轮碰撞到单向定位器止挡铁靴并缓冲时，车辆有向后移动的趋势。此时被已打开的双向定位器止挡，这样空车车辆就被夹在单向定位器与双向定位器之间而停稳，迁车台开始由重车线移向空车线。迁车台是通过两台绕线式电动机驱动做横向运动的，到位后平台上的轨道与空车线轨道对准，双向定位器下部的限位连杆碰触基道旁的挡铁，将双向定位器打开，迁车台上的推车器就将空车车辆以1.07m/s的速度推出迁车台而进入空车线。当空车车辆全部离开迁车台时，迁车台便返回到重车线上，推车器返回，双向定位器复位，准备接第二节空车车辆进入迁车台。

22 钢丝绳驱动式迁车台的典型结构组成有哪些?

答：钢丝绳传动式迁车台的典型结构配置主要由行走轮部分、车架以及安装在车架上的双向定位器、车辆定位器、液压缓冲器、液压止挡、传动部分等组成。另外，在翻车机出口与迁车台连接处有一套“人”型地面安全止挡器，迁车台对准重车线时，推动连杆使止挡器铁靴落下或收向道芯，使车辆得以通过；当迁车台离开重车线时，止挡器打开复位，防止推出空车掉入坑内。

23 定位器的作用是什么？它由哪几部分组成?

答：定位器的作用是使溜入翻车机或迁车台上的车辆减速并使之停止，它由液压缓冲器、铁靴、偏心盘和电动机驱动部分等组成。其中液压缓冲器的作用是减缓重车定位时对翻车机的冲击，重车车辆在惯性作用下慢速溜进翻车机，当车辆第一根轴的车轮碰到制动铁靴时，撞击液压缓冲器使车辆缓冲、减速至停止。液压缓冲器是通过多孔管节流小孔的阻力作用，将机械能转变为热能而散发掉，使车辆缓冲减速并停止。

24 液压缓冲器的结构和工作原理是什么?

答：液压缓冲器利用油液在高压冲击力的作用下流过小孔或环状间隙时的紊流作用，把运动物体的动能转变为热能，达到减速缓冲的目的。

液压缓冲器由主油缸和副油缸两部分组成，油缸中装有活塞多孔管，当液压缓冲器受到冲击后，主油缸中活塞向内压缩，使油经多孔管的小孔和端盖油槽流入副油缸，继续压缩副油缸活塞向后移动。在冲击力解除后，主、副缸的弹簧推动活塞返回原位，此时副油缸中的油经中间球阀和端盖油槽回流到主油缸内。

液压缓冲器的优点是在受压缓冲后没有剧烈的反弹现象，较为平稳。液压缓冲器目前主要应用于翻车机卸车线系统中，如翻车机平台复位及缓冲、迁车台定位、重车定位等。翻车机定位器的液压缓冲器接受车辆的速度应小于1.2m/s，否则车辆可能越位，并把摆动导轨或制动靴撞坏。

25 简述空车铁牛的工作过程。

答：空车铁牛的工作过程是：当空车的最后一组车轮溜过牛槽前面的限位开关时，限位开关动作，接通卷扬装置，大、小电动机的制动器打开，减速机液压系统的电磁换向阀换向，大电动机启动。这样卷扬装置钢丝绳拖动铁牛出槽，推送空车到前限位后，限位开关动作，大电动机断电，同时制动器制动，电磁换向阀换向，摩擦离合器分离，延时5s后小电动机制动器松闸，小电动机启动，卷扬机卷筒快速反转，带动钢丝绳将铁牛拉回牛槽。铁牛入槽到终点，在限位开关的作用下，切断小电动机电源，制动器制动。这样就完成了一个退车工作的全过程。

26 简述空车调车机的工作过程。

答：空车调车机的工作过程是：当空车车辆由迁车台送至与空车线对位后，空车调车机启动，将空车车辆推送到空车线上，空车车辆全部离开迁车台后，迁车台返回到重车线。空车调车机运行一段距离后，在限位开关的作用下停止运行，然后电动机反转，空车调车机返回到起始位置。当迁车台运送第二节空车到空车线对位后，空车调车机便开始推送第二节空车，以此程序进行循环作业，直至推送完最后一节空车为止。

27 翻车机出口与迁车台坑前的地面安全止挡器的组成及作用是什么?

答：地面安全止挡器由止动靴、弹簧及“人”字形推杆等组成。

该装置装于翻车机与迁车台的过渡段之间，为了防止迁车台未返回重车线时，翻车机内推车器误动作而产生掉道事故，当迁车台与重车线轨道对准时，焊于迁车台上的斜面挡铁推动杠杆、压缩弹簧使止动靴离开轨面收向道芯或落到轨面以下，此时翻车机内推出的空车可安全通过，移至迁车台上。当迁车台离开重车线时，地面安全止挡靠弹簧作用使制动靴复位，阻止车辆通过。这样达到安全止挡的作用。

28 翻车机煤斗箅子的孔口宜为多大?

答：翻车机箅子上不装设初碎机时，进厂煤粒度应小于或等于300mm，箅孔尺寸宜为300mm×300mm～400mm×400mm，冻块及大块杂物由人工清理。

29 防止和处理煤斗蓬煤的措施有哪些?

答：当来煤较湿、黏结性较强时，容易蓬煤。防止和处理煤斗蓬煤的措施有：

(1) 设计时斗壁倾角不应小于55°，采用无棱角的圆锥形钢筒煤斗，不易蓬煤。

(2) 斗内贴上耐磨耐蚀的高分子聚乙烯衬板可防止蓬煤。

(3) 斗壁外加振动器、空气炮可解除蓬煤。

(4) 人工捅煤时应在确保安全情况下从上往下捅。

30 聚氨酯复合衬板的特性和使用要点是什么?

答：聚氨酯复合衬板是由3～4mm的骨架钢板和聚氨酯弹性体复合而成，其弹性、耐磨性、抗冲击性、耐油性和耐腐蚀性能较好，具有较高的承载能力，使用温度不得高于80℃。安装时不能进行氧割等热加工，可用钢锯、无齿砂轮锯切割。适用于钢煤斗和卸煤沟内壁使用。

31 煤斗内衬板有哪些种类?各有哪些缺点?

答：煤斗和卸煤沟为了防堵和防磨，一般加装的护板种类有：不锈钢、铸石板、超高分子聚乙烯、橡胶陶瓷板、聚氨酯复合板、高锰钢、陶瓷等。

各自的缺点是：不锈钢成本高，不耐磨；铸石板脆，易碎；聚乙烯板弹性差，易冲击开裂；橡胶骨架板结合不牢固，易脱落。

煤斗内衬板使用聚氨酯弹性衬板能较好克服以上缺点。

32 贯通式翻车机卸车线的工艺过程及布置形式有哪几种?

答：贯通式翻车机卸车线是将翻卸后的空车通过铁牛或调车机直接推向空车线（没有迁

车台迁移空车换道)，适用于翻车机出口后场地较广、距离较长的环境，空车车辆可不经折返（或经底凹部带弹簧道岔的折返式坡道）直接送到空车铁路专用线上。

贯通式卸车线有三种布置形式：

（1）由翻车机、后推式重车铁牛和空车铁牛等设备组成的作业线。后推式重车铁牛将整列重车推送到翻车机前，重车由人工摘钩并靠惯性从有坡度的轨道溜入翻车机内进行卸车。卸完的空车由推车器推出翻车机，并由空车铁牛将其送到空车线上集结。

（2）由翻车机、前牵式重车铁牛、摘钩平台和空车铁牛等设备组成的作业线。整列重车由前牵式重车铁牛牵引到摘钩平台上，重车由摘钩平台自动摘钩后溜入翻车机进行翻卸。卸完的空车由推车器推出，并由空车铁牛推到空车线上。

（3）由翻车机、重车调车机（或拨车机）等设备组成的作业线。整列重车由重车调车机牵引到位，靠人工摘钩，重车调车机将单节重车牵到翻车机内进行卸车。卸完的空车再由重车调车机送到空车线上。

33 折返式翻车机卸车线的工艺过程及布置形式有哪几种？

答：当厂区平面布置受限时，更多地采用折返式翻车机卸车线。折返式卸车线需由迁车台将翻卸后的空车平移到与重车线平行的空车线上，再通过空车铁牛将空车一节一节地推送出去。

折返式翻车机卸车线有四种布置形式：

（1）由翻车机、前牵式重车铁牛、空车铁牛、迁车台和重车推车器等组成的作业线。重车铁牛将整列重车牵引到位后，由人工摘钩，重车推车器将第一节重车推入翻车机进行翻卸。卸完煤的空车由翻车机平台上的推车器推入迁车台，启动迁车台使之平移到与空车线对位后，迁车台上的推车器又将空车推到空车线上。空车溜过空牛牛坑后，空牛出坑，将空车一节一节地推送出去。

（2）由翻车机、后推式重车铁牛、迁车台和空车铁牛等设备组成的作业线。当后推式重车铁牛将整列重车推到位后，由人工摘钩，重车靠坡度溜入翻车机进行翻卸。卸完煤后的空车通过推车器、迁车台和空车铁牛送到空车线上集结成列。

（3）由翻车机、前牵式重车铁牛、摘钩平台、迁车台和空车铁牛等设备组成的作业线。当重车铁牛牵引整列重车到位后，重车靠摘钩平台自动摘钩后，利用摘钩平台升起的倾斜坡度溜入翻车机进行翻卸。卸完煤的空车通过推车器、迁车台和空车铁牛送到空车线上集结。

（4）由翻车机、重车调车机、迁车台和空车调车机等设备组成的作业线。当重车调车机牵引整列重车到位后，重车靠人工摘钩，由重车调车机将第一节重车牵入翻车机进行翻卸，同时重车调车机又将空车推入到迁车台，当迁车台移动到与空车线对位后，由空车调车机将空车推到空车线上。

34 简述重牛后推贯通式翻车机卸车线的工作过程。

答：待卸的煤车在翻车机进车端就位停稳后，机车退出重车停车线，运行人员做好解风管、排余风，缓解煤车制动闸瓦等工作后，重车铁牛开始工作。当翻车机在零位，定位器升起时，重牛驶出牛槽，牛臂上的车钩与列车接触，铁牛以 0.5m/s 的速度推动列车向翻车机前进。当第一辆车进入坡道时，操作人员提起第一辆车与第二辆车之间车钩的钩提，铁牛的驱动装置制动，使第二辆车及以后的车辆停止前进，第一辆车以 0.5m/s 的初速度依靠惯性沿坡道溜进翻车机。当第一辆车最前面的一组轮碰到翻车机活动平台上制动靴时，车辆停止，翻车机翻转卸煤。翻车机返回零位时，制动铁靴落下，活动平台上进车端的推车器将空车推出翻车机，空车溜过空车铁牛的牛槽后，空车铁牛驶出牛槽，向前推动空车行进一节车厢长度的距离，空车铁牛返回牛槽。即完成一个卸车循环过程。

35 转子式翻车机手动操作的步骤是什么？

答：转子式翻车机手动操作的步骤为：

(1) 合好动力电源和开关。

(2) 转换开关扳向手动位置并发出启动长铃。

(3) 按下翻车机正转倾翻按钮，翻车机启动正转运行，转到175°自停。

(4) 按下翻车机返回按钮，翻车机反转至零位时限位开关动作，翻车机自停。

(5) 按下定位器落下按钮，定位器落下到零位自停。

(6) 按下推车器按钮，推车器前进，到前限位后自停。

(7) 按下推车返回按钮，推车器启动返回，下行至后限位自停。

(8) 按下定位器升起按钮，定位器升起到位自停，可继续进车。

36 O型转子式翻车机的进车条件和安全注意事项有哪些？

答：O型转子式翻车机的进车条件为：

(1) 翻车机平台在零位。

(2) 推车器在零位。

(3) 定位器升起。

(4) 牵车台对准重车线。

安全操作注意事项有：

(1) 允许进车时必须发出进车信号，确保翻车机内无车。

(2) 对于平板车等不能翻卸的异型车，可放下定位器溜放迁入空车线。

(3) 车辆全部进入翻车机平台停稳以后，才可发出启动信号进行翻车。

37 O型转子式翻车机内往外推空车时的安全工作要点是什么？

答：内往外推空车时的安全工作要点是：

(1) 车辆卸煤后正确回到零位，平台轨道与基础轨道对准误差不超过3mm。

(2) 液压缓冲定位器落下到位。

(3) 迁车台已对准重车线轨道。

(4) 迁车台推车器位于零位。

(5) 发出“出空车”警铃。

38 翻车机回零位轨道对不准的原因是什么？

答：翻车机回零位轨道对不准的原因是：

(1) 抱闸抱紧程度不合适。

(2) 托车梁下有杂物。

(3) 定位托及撞块损坏。

（4）主令控制器或限位开关位置不对。

39 翻车机遇哪些情况时不准翻卸？

答：翻车机遇下列情况时不准翻卸：

（1）车辆在平台上没停稳。

（2）车辆在平台上停留位置不当。

（3）车辆头部探出平台。

（4）车辆尾部未进入平台。

（5）车辆厢体或行走部分有严重损坏。

（6）压钩压不着的异型车。

（7）翻车机有损坏车辆现象，未消除时。

（8）液压系统故障。

（9）翻车机本体或车厢内有人。

40 O型转子式翻车机启动前机械部分的检查内容有哪些？

答：O型转子式翻车机启动前机械部分的检查内容主要有：

（1）检查翻车机月牙槽内应无杂物，润滑良好。

（2）检查开式齿轮无严重磨损，有足够的润滑油。

（3）检查底梁、压车梁等钢结构无开焊、断裂现象。

（4）推车器不卡轮，推车器完整无变形，钢丝绳绳卡牢固，松紧合适，无断股、跳槽等，滑轮转动灵活。

（5）检查减速机不漏油，油位应不低于标尺的1/2。

（6）检查翻车机定位升降灵活，止挡器定位可靠，摆动灵活。

（7）检查制动器灵活可靠，制动轮上无油污和煤粉，闸皮无严重磨损（磨损不得超过原厚的1/3）。

（8）检查翻车机轨道对位误差不得超过3mm，轨道附近无积煤，无杂物。轨头间隙不得超过8mm。

（9）检查翻车机支座托辊，不得有积煤、杂物、保证托辊运转灵活。

（10）检查煤斗箅子无大块堆积物，无开焊、断裂等损坏现象。

（11）检查轴承瓦座完好，润滑良好。

（12）检查翻车机周围栏杆完好。

（13）各处螺钉无松动、脱落、断裂等现象。

41 O型转子式翻车机自动卸车系统启动前电气部分的检查内容有哪些？

答：O型转子式翻车机启动前电气部分的检查内容主要有：

（1）检查电动机地脚螺栓无松动，外壳、风叶护罩完好，周围无杂物、无积水。

（2）检查翻车机动力电缆，无犯卡，无断股；重牛、迁车台拖缆无犯卡，无拉断。

（3）各限位开关应完好，位置正确，动作可靠。

（4）操作室各电流、电压表计正常，各指示灯正常。操作开关、按钮、警铃、电话等均应齐全、无损坏。

（5）各处的照明齐全、光线充足。

（6）检查控制方式转换开关应在断开位置。

（7）按“灯检”按钮，检查台面上所有指示灯和故障报警器应完好。

（8）台面上所有的“电动机的电源”指示灯应全亮。

（9）检查操作台以及各机旁操作箱上的所有急停按钮全部复位，按灯检按钮，各指示灯亮。

（10）按“系统复位”按钮，“系统复位”指示灯亮，才允许操作。

（11）检查“系统准备好了”指示灯亮，若“系统准备好了”指示灯不亮，应检查各设备是否在原位。

（12）检查各接近开关，光电管上无污尘。

42 翻车机液压部分的检查内容有哪些？

答：翻车机液压部分的检查内容有：

（1）检查各设备的液压缸应不漏油，所有液压表计及油管路、管接头都不应有漏油现象。

（2）检查油泵应不抽空，不漏油，外壳温度，声音正常，油压稳定。

（3）检查油箱油位，应不低于标尺的 2/3。

43 O 型转子式翻车机集中手动操作步序是什么？

答：O 型转子式翻车机集中手动操作步序是：

（1）煤斗不满时，允许翻车机翻车。

（2）重车在翻车机内就位。

（3）将万能转换开关打到“手动”位置，“手动”指示灯亮，然后按下警告电铃按钮，持续 10s。

（4）翻车机内推车器在原位，定位器升起。翻车机的入口和出口光电管不挡其相应的指示灯亮时，方允许翻车。

（5）按下翻车机倾翻按钮，翻车机正向倾翻，到位后自停。倾翻过程中按下翻车机停止按钮，则翻车机随时停止。

（6）按下翻车机返回按钮，翻车机开始反向回转，翻车机返回到零位时自停。按下翻车机停止按钮，回转随时停止。

（7）按下定位器落下按钮，定位器落到位自停。

（8）当迁车台与重车线对准，迁车台定位器在升起位置，迁车台上无车，光电管亮后，按下本体推车器前进按钮，推车器将空车推出，到位自停。按下本体推车器返回按钮，推车器返回原位后自停，本体推车器返回。

（9）按下定位器升起钮，定位器升起到位自停。

（10）操作过程中要注意监视各信号、指示灯指示正常。

44 O 型转子式翻车机系统自动启动前的各单机就绪状态应是什么？

答：自动启动前的各单机就绪状态应是：

（1）重车铁牛油泵启动，重牛在原位，牛头低下，牛钩打开。

（2）摘钩平台在原位，摘钩平台上无车，摘钩平台油泵启动。

（3）翻车机在原位，本体内无车；推车器在原位，定位器升起，光电管（入口处和出口处）无遮挡。

（4）迁车台与重车线对轨，迁车台上推车器在原位，光电管（无遮挡）亮。

（5）空车铁牛在原位，空牛油泵启动。

满足以上条件后，“系统准备好”指示灯亮，此时允许自动工作。

45 前牵地沟折返式翻车机系统的自动卸车流程是什么？

答：将操作台上的万能转换开关打到“自动”位置，然后按“系统自动启动”按钮，翻车机系统开始按下列流程自动运行：

（1）重牛抬头到位自停（3s后）→大电动机前行接车与列车连挂后自停（5s后）→重牛牵车到摘钩平台就位后自停（6s后）→重牛低头到位自停→重牛提销。

（2）当重车完全就位于摘钩平台上，重牛低头到零位，摘钩台计四开关动作（3s后）→摘钩平台升起到位自停，车辆脱钩（5s后）→摘钩平台落下到位自停。

（3）车溜进翻车机内定位，翻车机计四开关动作（3s后）→翻车机倾翻175°到位自停（8s后）→翻车机返回0°到位自停，轨道对准→定位器落下到位自停→推车器推车到“前限”自停（3s后）→推车器返回原位到位自停→定位器升起到位自停。

（4）车溜进迁车台，记四开关动作（3s后）→脱定位钩→迁车至空车线对轨停→推车器推车到“前限”停（3s后）→返回到“后限”停→迁车台脱定位钩→迁车台返回到重车线对轨自停。

（5）在车辆溜出牛坑后，空牛记四开关动作→空车铁牛出坑推车到“前限”自停（3s后）→返回原位自停。

（6）第二次循环，当车辆溜进翻车机内后，重车铁牛又开始重复抬头接车的程序，以此循环下去。

（7）整列车全部卸完后，退出程控，停止系统各油泵，并将所有操作手柄扳回断开（或停止）位置，各原位指示灯及电源指示灯亮，其余指示灯灭。

如果中途运行中，某单机停止不动，可把该单机所在的转换开关转至“手动”位置，进行手动操作或检查原因。将车送出去后，恢复至自动运行前的准备状态，然后再打到自动位置。此时，其他各单机仍在自动运行状态，将继续进行自动工作。

在遇到死车皮或需要临时处理设备上的故障时，应将该系统的转换开关打到“停止”位置或压下“紧停”按钮，待正常后，再进行恢复。在系统未退出自动程序前，严禁工作人员在就地对机械设备进行任何手动操作，严防设备自启伤人。

以上流程动作当中的待机时间值可以根据实际情况进行调整。特别要注意的是设备前进到位信号回来后，不能立即反转电动机，必须设置一定的时间间隔，以防跳闸。

46 O型转子式翻车机系统操作时的安全注意事项有哪些？

答：O型转子式翻车机系统操作的注意事项有：

（1）接到集控室启动命令并确认具备启动条件时发出启动警告，持续10s。

（2）机旁手动操作时要严格按规定的流程和条件进行操作检查，特别检查摘钩平台、迁车台及翻车机平台轨道应与基础轨道对准。

（3）天气寒冷时应提前启动并循环室外液压系统。

（4）车辆进入翻车机、迁车台，与定位器的接触速度要适中，以免撞坏定位器。或车辆越过定位器，可以根据实际经验调整摘钩台抬起时的保持时间。

（5）重车在摘钩台上停稳后，方可操作重牛低头。如重车在摘钩台上摆动，停不稳，应检查重牛抱闸和钢丝绳，松紧不合适时要进行调整。

（6）迁车台从重车线向空车线行驶时，必须在车辆最后一对轮进入止挡器方可启动；从空车线向重车线行驶时，必须在车辆最后一组车轮离开迁车台方可启动。

（7）在操作台及各机旁箱上均安装有紧急停机按钮，当系统发生危急情况时，随时按下紧停按钮，则整个操作系统停止运行。

（8）翻车机每次翻完车后，煤斗中的煤一般情况下不能立即走空。在空煤斗卸车时，必须在停止给料机的情况下翻第一节车，以免下煤过大，压住皮带。

（9）严禁卸车期间在下部箅子上捅煤或清理煤斗箅子上的大块杂物，严禁在翻车机内清扫卸过的车辆。

（10）在自动卸车的过程中，要用工业电视随时监视翻车线的工作状态和工作流程，发现问题要采取紧停措施。

（11）在自动卸车过程中，若发现某一环节不能自动时，必须将此环节的转换开关打到“停止”位置，方可处理故障。以防故障处理过程中设备自动启动，危及人身设备安全。

（12）系统全部跳闸后，值班员应将操作台上的转换开关全部打到“停止”位置，以防送电后设备自动启动。

（13）运行时非工作人员禁止进入生产现场，禁止他人操作设备。巡查时要注意来往车辆。不准在轨道上停留或休息。

（14）高度小于2.45m的重车或结冻的车辆不准翻卸，可根据情况进行处理。

（15）重车铁牛停运时，必须与列车车辆脱钩，返回牛槽中。重、空车铁牛运行时，钢丝绳附近严禁站人。

47 翻车机系统运行时巡回检查的内容主要有哪些？

答：翻车机系统运行时巡回检查的内容主要有：

（1）检查所有转动部件，应转动灵活，无杂音，振动不超过规定值，温度不超过70℃。

（2）检查所有电气设备及线路应完好，各开关动作正确，无杂音。

（3）检查翻车机的主要控制器接线，无松动现象，护罩完好，动作准确。

（4）检查托辊，各开式齿轮，应无黏煤等现象，各轴承瓦座完好，润滑良好。

（5）检查各液压缓冲器，应无严重漏油现象，动作正常，回位完好，活塞密封圈应定期检查更换。

（6）检查翻车机转子上各处，应无杂物，平台对轨准确。

（7）检查各钢丝绳，应松紧合适，无严重断股现象。一般断股不应超过10%。

（8）检查制动器动作应灵活可靠。

（9）检查翻车机内定位装置动作应灵活，铁靴无损坏现象。

（10）检查各行程开关应完好灵活，动作可靠。

（11）检查液压系统的各种阀动作正常，管路接头无漏油现象，油泵运转正常。

（12）检查所有电动机、减速机、液压油泵等的地脚螺栓，无松动、脱落现象。

（13）检查各减速箱、液压系统油箱的油位，应不低于规定标记。

（14）监视设备的电流、电压和系统油压变化及电动机的声音、振动等情况。

（15）检查道轨无裂纹、松动、悬空或错位现象。

（16）定期给回转设备加油，经常清扫卫生，保证设备健康运行。

48 重牛和空牛启动前机械部分的检查内容有哪些？

答：重牛和空牛启动前机械部分的检查内容主要有：

（1）检查卷扬机轴承润滑良好。

（2）卷扬机制动器制动可靠，闸皮无严重磨损（磨损不应超过原厚度的 1/3），弹簧无变形，推动器油位在油位标范围内。

（3）检查卷扬机钢丝绳无串槽、无断股、无弯曲、无压扁、无严重磨损。卷扬机上下无杂物，卷筒无严重磨损，最少应在卷筒上留有 2～3 圈。

（4）牛槽内和轨道附近无杂物。

（5）滑轮、导向轮润滑良好，转动灵活。托轮不短缺，无损坏，转动灵活。

（6）检查开式齿轮润滑良好，不干磨。齿轮护罩不刮、不磨、无变形。

（7）检查各处地脚螺栓无松动、无脱落。

49 前牵地沟式重车铁牛的集中手动操作顺序是什么？

答：前牵地沟式重车铁牛的集中手动操作顺序是：

（1）将主台上重牛的控制方式转换开关扳到“手动”位置，手动工作指示灯亮。

（2）按下油泵启动按钮，油泵工作指示灯亮，三台油泵同时启动。

（3）待油循环正常，摘钩平台在原位后，操作手控“抬头低头”转换开关至抬头位置，重牛抬到位后自停。

（4）按下重牛提销按钮，重牛提销灯闪亮，提销到位后常亮。

（5）满足重牛钩打开、摘钩平台原位、重牛抬头到位条件后，按下大电动机接车按钮，带灯按钮闪亮，与重车挂钩后自停，重牛钩闭指示灯亮，无车时靠重牛前限自停。

（6）重牛与车辆挂好钩后，按下大电动机牵车按钮，灯闪亮，大电动机开始牵车，到后限位后，重牛“后限”指示灯亮，重牛大电动机牵车停。

（7）重车在摘钩平台上就位停稳后，按下重牛低头按钮，重牛头落下，到位自停，重牛低头灯常亮。

50 重车铁牛接车时电流太大的原因有哪些？

答：重车铁牛接车时电流太大的原因有：

（1）机械部分犯卡。

（2）车辆有的抱闸未打开。

（3）电动机抱闸未打开。

（4）大电动机离合器有故障。

51 重车铁牛接车时，电流不大，牵引力小的原因有哪些？

答：重车铁牛接车时，电流不大，牵引力小的原因有：大电动机离合器部分工作不正常，油温太低，或因其他故障使油压达不到0.7MPa。

52 前牵地沟式重牛的安全工作要点是什么？

答：前牵地沟式重牛的安全工作要点是：

（1）重车铁牛牛头未进入牛坑时，不准联系火车推送重车皮。

（2）重牛接车前，摘钩台必须在落下位置。

（3）重牛抬头到位后，再启动小电动机接车，这两个动作不能同时进行操作，防止损坏沿线设备或车辆。

（4）重牛牵车时，摘钩台和推车器必须都在零位，承载钢丝绳沿线不能站人。

53 摘钩平台的集中手动操作顺序是什么？

答：摘钩平台的集中手动操作顺序是：

（1）主台重牛操作的万能转换开关打到“手动”位置，手动指示灯亮。

（2）按下摘钩平台油泵工作按钮，摘钩平台油泵工作。

（3）重牛低头，翻车机在零位，推车器在原位，定位器升起，迁车台与重车线对准，翻车机内无车时，方允许摘钩平台升起。

（4）按下摘钩平台升起按钮，摘钩平台升起，当第一节车与第二节车钩脱开后，摘钩升起，到位后自停，车辆向前溜放。

（5）根据经验间隔时间按下摘钩台落下按钮，摘钩平台落下，到位后自停。

（6）操作过程中应监视各信号指示灯，可随时按停止按钮终止运行。

54 摘钩平台的安全工作条件是什么？

答：摘钩平台的安全工作条件是：

（1）翻车机在零位。

（2）翻车机平台上的制动铁靴处于升起位置。

（3）重车四对车轮停在摘钩平台上。

（4）第二节重车车轮未上摘钩平台。

（5）重车推车器在零位。

（6）迁车台与重车线对准。

（7）发出进车警铃后。

55 迁车台的机旁操作顺序是什么？

答：迁车台的机旁操作顺序是：

（1）将机旁操作台上（翻车机出口处的迁车台空牛控制台）的迁车台万能转换开关打到机旁位置，机旁指示灯亮，然后在迁车台机旁操作箱上操作。

（2）将迁车台机旁操作箱上的钥匙开关打到“开”的位置，控制电源指示灯亮，迁车台光电管无遮挡时，方允许迁车。

（3）按下迁车按钮，迁车指示灯闪亮，定位钩脱钩，钩开指示灯亮后迁车台向空车线移动，到位后自停。定位钩闭灯亮，迁车灯常亮，空车线对准灯亮。

（4）迁车台与空车线对准，止挡器脱离轨道，空车在牛坑内，溜放段无车时，按下推车器前进按钮，推车器推车，到位自停。

（5）按下推车器返回按钮，前进按钮灯灭，返回按钮闪亮，返回到位后自停。

（6）车辆四对轮全部离开迁车台后，按下迁车台返回带灯按钮，定位钩脱钩，钩开指示灯亮后，迁车台向重车线移动，到位后自停，定位钩闭灯亮，返回灯常亮。

（7）操作过程中监视各指示灯信号应正常，各动作到位后方可进行下一步操作。

56 迁车台的手动操作顺序是什么？

答：迁车台的手动操作顺序是：

（1）将操作台上迁车台操作的万能转换开关打到“手动”位置，“系统手动”指示灯亮。

（2）车辆在迁车台上就位后停稳，方允许迁车台迁车。

（3）按下“迁车”按钮，迁车按钮闪亮，定位钩脱钩，钩开指示灯亮后，迁车台向空车线移动，到位后自停，定位钩闭灯亮，空车线对准灯亮。

（4）迁车台与空车线对准，止挡器脱离轨道，空牛在牛坑内，溜放段无车时，按下推车器前进按钮，推车器推车，到位自停。

（5）按下推车器返回按钮，返回到位自停。

（6）车辆四轮组全部离开迁车台后，按下迁车台返回按钮，定位钩脱钩，迁车台向重车线移动，到位后自停。

（7）操作过程中监视各指示灯指示信号应正常，各动作到位后方可进行下一步操作。

57 迁车台的安全工作要点有哪些？

答：迁车台的安全工作要点有：

（1）迁车台从重车线到空车线，行走电动机启动前空车的四对轮子必须全部进入平台定位；定位装置的方销压杆应打开。

（2）迁车台上推车器（或空车调车机）推动空车前，迁车台必须对准空车线并对位良好；空牛在牛槽中；双向定位器（或夹轮器）打开。

（3）由空车线返回重车线时，空车的四对轮子必须全部离开平台。

58 钢丝绳传动的迁车台的使用及维护要求是什么？

答：钢丝绳传动的迁车台的使用及维护要求是：

（1）钢丝绳使用一段时间后需调整张力，使之满足运行要求。

（2）迁车台的定位有的是靠过流定位，即当迁车台运行到空车线后，缓冲器作用并顶死，此时迁车台上钢轨与基础上空车线钢轨对准，延时断电，制动轮制动。空车调车机（或推车器）启动，将迁车台上的空车推出迁车台进入空车线。

（3）迁车台从重车线要向空车线行驶时，必须在车辆的最后一对轮组进入双向定位器（或夹轮器）时，方可启动迁车台行走机构。

(4) 迁车台从空车线要向重车线行驶时，必须在车辆的最后一对轮组离开迁车台后，方可启动迁车台行走机构。

(5) 车辆进入迁车台与定位器（或夹轮器）的接触速度必须小于0.65m/s。

(6) 减速机及各转动部位，要按规定的要求加注润滑油或润滑脂。

59 空牛部分的集中手动操作顺序是什么？

答：空牛部分的集中手动操作顺序是：

(1) 在操作台上将空牛操作的万能转换开关打到“手动”位置，“手动”指示灯亮。按下空牛油泵启动按钮，空牛油泵启动，指示灯亮。

(2) 空牛在牛坑内，空车越过牛槽，按下大电动机推车按钮，空牛大电动机推车前进到位自停，空牛前限灯亮。

(3) 按下空牛大电动机返回按钮，空牛返回，到位自停，空牛后限和空牛回槽灯亮。

(4) 操作过程中应监视各指示灯指示信号应正常，各动作到位后方可进行下一步操作。

60 空牛的机旁操作顺序是什么？

答：空牛的机旁操作顺序是：

(1) 将主台上的空牛操作万能转换开关打到机旁位置，天气选择开关打到正常位置，机旁指示灯应亮，然后去空牛机旁操作箱上去操作。

(2) 将就地箱上钥匙开关打到“开”的位置。按下空牛油泵工作按钮，空牛油泵启动，灯常亮。

(3) 空牛回槽在牛坑内，按下大电动机推车按钮，空牛大电动机推车前进，到位自停，灯常亮。

(4) 按下大电动机返回按钮，返回碰限位开关后自停，空牛回槽和空牛后限灯亮。

(5) 操作过程中应监视各指示灯指示信号应正常，各动作到位后方可进行下一步操作。

第二节　底开门自卸车系统

1 底开车的结构由哪几部分组成？

答：底开车（又称煤漏斗底开车）由一个车体、两个转向架、两组车钩、一套空气制动和手制动装置、一套风动和手动开门传动装置以及一套风动开门控制管路等组成。风动、手动传动装置装在车辆一端，而空气制动和手制动装置装在车辆另一端。

2 底开车的特点有哪些？

答：煤漏斗底开车是一种新型铁路运输专用货车。对于运量大、运距短的大中型坑口火力发电厂尤为适用。它具有卸车速度快，操作方便，劳动生产率高等优点。其特点有：

(1) 卸车速度快、时间短，卸一列车只需两个半小时左右。

(2) 操作简单，使用方便。如手动操作，卸车人员只需转动卸车手轮，漏斗底门便可同时打开，煤便迅速自动流出。

(3) 作业人员少，省时、省力。每列底开车只需1～2人便可操作，开闭底门灵活、迅速、省力。

（4）卸车干净，余煤极少，清车工作量小。

（5）适用于固定编组专列运行、定点装卸、循环使用，车皮周转快，设备利用率高。

3　K18DG底开车的主要技术参数各是什么？

答：K18DG底开车主要技术参数为：载重60t，自重24t，端墙水平倾角50°，容积64m³，漏斗板水平倾角50°，底门最大开度500mm，底门数量4个，开门方式为气动、手动，车体最大高度3536mm，车体最大宽度3240mm。

4　底开车顶锁式开闭机构的组成和特性是什么？

答：顶锁式开闭机构主要由锁体、锁门销、顶杆调节头、短顶杆、下部传动轴、销轴、双联杠杆和长顶杆等组成。

顶销式开闭机构具有自锁的特性，但自锁并不影响开门。当需要打开底门时，只要锁体克服与底门销的摩擦力，锁体就可跳起，使底门打开。为了保证顶锁式开闭机构始终处于安全的锁闭状态，在结构设计上采用了一个过“死点”的量，即相对于上部轴设计了一个过“死点”偏心距e。开门时，不压缩漏斗门，只要将上拉杆、下部轴、顶杆等从松弛状态变为拉紧状态，就可通过“死点”，故所需动力不大。

5　底开车卸车方法有哪几种？

答：底开车卸车方法有手动卸车、风控风动卸车、风控风动边走边卸等。

6　手动机构的工作原理是什么？

答：手动机构一般采用蜗轮蜗杆传动。其结构特点是手动离合器为二牙嵌式，并设有146°空行程，锁体上设有限位挡。其动作过程是：手动时，只要把离合器打到“手动位置”，转动手轮，通过蜗轮蜗杆减速器，带动传动机构使底门上的锁门销离开锁体圆弧锁闭面，底开门便开启，煤即下流。下流的煤又推动漏斗门，进而促使传动机构迅速地开门。此时离合器走空行程，直到锁体上的限位挡与漏斗门相碰，底门开启程度达到最大。由于离合器有一段宽行程运行，手动打开门后，下部传动机构各部件所受载荷迅速减小。

7　手动卸车的操作方法及其适用范围是怎样的？

答：手动卸车的操作方法是卸车人员先将离合器拨叉打至手动位置，然后用手转动手轮，经蜗轮蜗杆减速器带动传动机构，便可将底开门打开。

当煤卸完并将余煤清理干净后，将手轮反方向转动，底开门即关闭。这种方法用于单辆卸车。

8　风控风动系统的工作原理是什么？

答：每一种底开车都有风动系统，结构基本相同，由储风筒、操纵阀、作用阀、双向风缸和风动控制管路等组成。

双向风缸的活塞杆向外伸是靠风动控制管路内的压力空气来实现的。在正常情况下，双向风缸处于关闭状态，活塞杆不动作。当需要开门时，首先使控制管路充有压力空气，打开截断气门，作用阀使储风筒与双向风缸的开门气室相连通，阀杆移动，使关门气室关闭。储风筒的压力空气进入双向风缸后端，推动活塞杆外伸，带动传动机构使底门开启。

当需要关门时，保持控制主管继续充压，使储风筒压力为0.5MPa后，将管中的压力空气排出，作用阀使储风筒与双向风缸的关门气室相连通，而开门气室通大气。此时压力空气进入双向风缸前端，推动活塞杆后移，从而带动传动机构使底门关闭。

9 风控风动卸车的适用范围是什么？

答：风控风动卸车是指卸车开关底门的动力为压力空气，它可由地面风源供给，也可由机车供给。此方法适用于整列卸、分组卸，也可单卸。

10 风控风动单辆卸车的操作方法是什么？

答：风控风动单辆卸车时，其操作方法是直接操纵变位阀实现开关底门，当变位阀放于开门位置时，底门开启；反之，底门关闭。

11 风控风动整列或分组卸车的操作方法是什么？

答：首先确保有足够的压力空气和离合器拨叉放于风控位置后，将管路中各截气阀门和各车控制主管折角塞门打开；将尾车末端（单辆卸时则指不与风源连接的一端）的控制主管折角塞门关闭；将各车控制主管与制动主管一样进行交叉连接。把各车变位阀手把均放到开门位，然后操纵风源向控制主管进行充风，使储风筒压力达到0.5MPa，操纵风源，使控制主管压力空气排入大气，即可使底门关闭。

12 底开车发车前应做好哪些准备工作？

答：底开车发车前应做的准备工作为：

(1) 按通用铁路火车的要求，做好列检工作。

(2) 将储风筒至作用阀之间的三通塞门关闭，目的是便于在正线运行时卸空储风筒内的压力空气。

(3) 为了防止车门被外人误开，应将手动开关的关门手轮卸下。

(4) 检查底门附件应齐全、完好，无破损，底门应处于“落锁”位置，否则不得发车。

(5) 机车连挂发车前，列检人员应配合司机进行制动简略试验。即将制动阀把手放在常用制动位置，待机车风压表压力为5×10^5Pa后，减压1×10^5Pa左右，由列车尾部的检车员确认最后一辆车制动后，向司机显示缓解信号，并确认缓解。

(6) 列检人员应确知制动管系漏风不超限，软管塞门把手缓解阀、三通阀、排风管等良好，制动缸活塞杆行程不超限，制动梁无裂损，弓杆螺母无松弛，闸瓦磨耗剩余厚度不小于10mm，各拉杆、杠杆和圆销、开口销及手闸配件无裂损。

(7) 列检人员应确知关门车的数量、排列负荷要求，即机车后1～3位车辆不得关闭截断塞门，守车前一位车不得关闭截断塞门，在列车中部不允许有连续的两辆车关闭截断塞门现象。总之，一列车关闭截断塞门的车辆数不能超过总车辆数的6%。

13 底开车的常见故障有哪些？如何处理？

答：底开车的常见故障及处理方法有：

(1) 储风筒不进风。当发现储风筒不进风时，应对系统进行检查。如果是管路及接头损坏而泄漏，应予以修复。如果是系统中的塞门把手没有开通，则应及时打开。如果是塞门损坏泄漏，则应予以更换。

(2) 储风筒已充至额定风压 (5×10^5Pa)，但底门打不开。造成这种现象的原因可能是：

1) 离合器拨叉、操纵阀及各塞门把手位置不对。

2) 齿轮脱出齿条，传动失灵，传动机构中部件损坏。

3) 双向风缸、作用阀泄漏。发现这种现象时，应首先进行仔细检查，找出泄漏部位，予以处理。处理方法要得当，质量要保证。如果是双向风缸泄漏，只需将风缸后盖拆开，松开活塞压板，取出压板和活塞即可。如果是前盖密封装置泄漏，则必须拆卸齿条，取下前盖。

(3) 风缸勾杆全部缩回，但底门开闭机构仍未"落锁"。出现这种现象的原因是齿轮齿条的起始位置不对。处理方法是用手动方法使底门"落锁"，再将风缸活塞缩到底，将齿轮齿条对好位即可。若对好位后，离合器由手动位推向风动位对不上时，则必须将齿轮转过一定角度进行选配。另外，用旋转齿条的螺纹也可进行微量调整。

(4) 制动缸活塞行程过限。行程过长，说明制动缸空间增大，降低空气压强，使制动力变小，降低制动效果；行程过短，空间变小，压强增大，制动力变大，增加轴瓦与车轮的磨耗，还会引起车轮滑行。所以行程过限是有害的，是不允许的。发现行程过限，应及时调整，调整的方法是：调整上拉杆、五眼铁及更换闸瓦来实现。

(5) 两车钩连接而不落锁。其原因是锁销链过紧或提勾杆弯曲，勾头内部有障碍物等。处理方法是：调整锁销链和提勾杆，解体检查内部，清除障碍物。

(6) 闸瓦磨耗过限（剩余厚度小于10mm，同一制动梁两闸瓦厚度差大于20mm）。处理方法：更换新瓦。换瓦前须先关闭截断塞门，排出风缸内的空气，在车前方挂出安全标志，换瓦作业要防止人身伤害。

14 电厂常采用的火车煤解冻方式有哪几种?

答：常用火车煤的解冻方式有两种：蒸汽解冻和煤气红外线解冻。

15 煤气红外线解冻库的结构特点是什么?

答：红外线解冻库是采用煤气红外线辐射器作热源，以辐射热进行解冻的。由于辐射传热快，热效高。因此，它具有解冻效率高，运行费用低等优点。同时由于辐射部位可以选择和调节辐射量，能够使车辆的制动装置避免辐射热的直接照射，因此对车辆损坏少。辐射器沿解冻库长方向布置。解冻库净宽一般为7500mm，辐射器到车帮的间距在800mm左右。车辆底部的加热装置一般采用底部辐射器，每个底部辐射器均有单独的阀门。

煤气红外线解冻库所使用的煤气是经过净化处理，并经脱硫脱萘，其热值大于16.7MJ/m^3。辐射器一般采用定型的金属网辐射器，燃烧网一般采用铁铬铝丝制成。

16 蒸汽解冻库的结构特点是什么?

答：蒸汽解冻库是采用排管加热解冻，排管加热器用ϕ108mm无缝钢管焊接制成，布置在解冻库两侧。解冻库为无窗结构，库两侧设进车大门，沿解冻库长度每隔30～50m设有检查用的侧门，解冻库外墙厚度不小于 370mm，沿解冻库长度方向每隔 30m 左右设置温度遥测点一组，每组测点温度表分上、中、下三点均匀布置。冻煤车的解冻厚度按平均为 150mm 考虑（即车皮六面体冻结厚度皆为 150mm），解冻库内设计温度按上部 100℃、下部 70℃选用。下部温度过高将会损坏车辆的制动软管、皮碗等配件。解冻库内地面靠近铁轨两侧设有排水沟，车辆与加热器间通道一般为 500～600mm，库内还设有消防水系统。

解冻库长度应可容纳 30 节车辆或更长，以满足用煤量的需要。在煤车未进入解冻库之前即应送汽预热，预热时间约 3～4h，使库内温度逐渐升高至设计温度（100℃）。当煤车进入解冻库时，由于解冻库大门开启时，冷风渗入将使库温下降 20℃，但当进口大门关闭后库温立即回升，约经 0.5～1h 后即可回升至 100℃。一般需加热 6h 后煤车上部及两侧已近 0℃，但靠车底煤温仍在 0℃以下，但此时已满足翻车机卸煤的要求。如卸车采用底开门漏斗车配地下缝隙煤槽，则需将解冻时间再延长 1h，使靠近车底煤温升至 0℃以上时，方能满足卸车的要求。

第三节　装　卸　桥

1　装卸桥的主要优缺点是什么？

答：装卸桥的主要优点是：运行灵活，可以进行综合性作业；主梁采用箱形结构可使其受力状况改善，原材料利用率提高，安装简单，制造方便，外形美观。

缺点是：承受风压大，焊接工艺要求高；电耗大，不便于实现自动化；断续作业，仅限于小容量老电厂。

2　装卸桥的结构组成与工作方式有哪些？

答：装卸桥主要由桥架、刚性支腿、挠性支腿、大车行走机构、小车行走机构和抓斗起升闭合机构、缓冲煤斗、给煤机、司机室等组成。装卸桥的三大安全构件是制动器、钢丝绳和抓斗。

装卸桥的工作分为卸煤、堆煤、向系统上煤三种方式。

（1）卸煤。铁路来煤车时，先将卸煤栈台两侧沟内的煤抓出腾空，煤车停好后，抓斗开始卸车，从列车一端按顺序卸至另一端。一般一节车厢分为 4～6 段卸除，在同一位置上一般两抓即可见底，并排两抓能卸除车厢全宽的载煤量，即每段四抓，车厢全长约 16～24 抓即可卸完，每抓约需时间为 18～20s。抓斗卸完后的车底尚有一定量的剩煤，所以每台装卸桥应配置 4～5 人进行人工清底和开闭车门。通常卸车前先将车门打开，部分煤自动流入煤沟或栈台两侧。煤湿时自流煤量小，下抓时煤受抓斗冲击，自流煤量增加。通常自流量在 20%～40%。

冬季冻煤层厚度为 100mm 时，抓斗落放的冲击力可以击碎冻层，但卸车及清车的总时间增加 50%。冻层超过 100～150mm 时，抓斗卸煤会有困难，此时卸车及清车总时间则要增加一倍。冻层越厚，卸煤越困难，此时卸煤出力降低。一般情况下，卸完一节车厢平均需要时间 8～10min，折合卸煤出力为 300～320t/h。

（2）堆煤存煤。部分来煤直接运往锅炉燃烧，其余的来煤存入煤场，此时装卸桥从车厢上卸煤，直接送往煤场堆存。电厂燃用多种煤时，卸煤可分别堆存。堆煤平均出力为300～320t/h。

（3）向系统上煤。装卸桥向系统上煤时，通过刚性支腿外侧的煤斗和给煤机。抓斗从煤场或车厢内抓取的煤送往支腿外侧的煤斗，通过给料机送入上煤系统，供锅炉燃用。

3 抓斗结构的组成和工作过程是什么？

答：抓斗由两个颚板、一个横梁、两个支撑杆和一个上横梁组成。

抓斗的工作过程可分为四个步骤：

（1）降斗。张开的抓斗下降到物料堆上。

（2）闭斗。抓斗插入物料堆内，并不断闭合。

（3）升斗。抓斗抓满物料后，迫使鄂板闭合，抓住物料。

（4）开斗。抓斗运动到卸料地点的上空，卸出物料。然后抓斗进行下一个循环过程。

当起闭绳都松开时，靠滑轮箱的自重，通过拉杆的杠杆作用，将抓斗张开，靠自重投入物料中。抓斗闭合时，靠闭合绳的拉力将抓斗闭合，把物料抓在斗内。

4 抓斗的传动类型有哪几种？

答：抓斗是一种由机械或由电动机控制的自动取物装置。根据抓斗的特点可分为：单绳抓斗、双绳抓斗和电动抓斗三种。

5 装卸桥安全操作的主要内容有哪些？

答：装卸桥安全操作的主要内容有：

（1）司机应了解装卸桥的构造和工作原理，并经考试合格后才能独立操作。

（2）应定期对各主要零部件进行安全技术检查、保养和润滑。

（3）作业前应对钢丝绳、钢丝绳卷筒、制动器、受电器及各安全装置的关键部位进行检查。

（4）开车前要检查电源供电情况，电压不低于额定电压的85％。

（5）开车前要按操作规程将所有控制器手柄扳至零位，并将仓口开关及门开关合上，鸣铃示警确实周围没有影响时方能启动开车。

（6）操作要平稳，加减速要缓慢。

（7）抓斗的四根绳的长度要一致，放绳不能过多。

（8）严禁在六级风以上工作和严禁抓斗重载高速下降。

6 装卸桥操作的基本功是指什么？

答：稳、准、快、安全和合理是操作装卸桥的基本功。

（1）稳是指在运行过程中，抓斗停在所需要的位置时，不产生任何游摆。

（2）准是指在稳的基础上，准确地把抓斗放在或停在所需要的位置。

（3）快是指在稳、准的基础上，使各运行机构协调地配合工作，用最少的时间完成抓卸作业。认真做好设备维护、保养工作，发生故障时，能迅速排除，保证设备在工作时间不间断地投入工作，这是快的重要保证。

（4）安全是指对设备做到预检预修，保证装卸桥在完好状态下可靠地工作；操作中要严格执行安全技术操作规程，不发生任何设备与人身事故；要有预见事故的能力，及时地制止事故；在意外故障情况下，能机动灵活地采取措施，制止事故或使损失最小。

(5) 合理是指在了解、掌握机械特性的基础上，根据被抓物的具体情况，正确地操纵控制器。

稳、准、快、安全、合理几个方面是相互联系的。稳和准是快的前提，否则就不能做到快，不能保证安全生产，快就失去了意义。但只注意安全而不快，也不能充分发挥设备的工作效率。只有做到稳、准、快、安全、合理地操作，才能使装卸桥充分发挥作用。

7 装卸桥作业中的安全操作技巧有哪些?

答：装卸桥作业中的安全操作技巧有：

(1) 鸣铃起车，起车要平稳，逐挡加速。

(2) 抓斗运行过程中，要禁止较大的摆动。抓斗的摆动是由于水平惯性力所造成的，为使抓斗随车相对稳定地运动，司机应掌握所谓“稳斗技术”。稳斗技术就是当抓斗游摆到最大幅度，尚未回摆时，把小车向抓斗最大幅度方向跟一步。这样作用在钢丝绳上的车体惯性力与作用在钢丝绳上的抓斗回摆力相抵消，钢丝绳就会带动抓斗随车平移。“跟车”的速度要根据抓斗的摆动情况而定。抓斗沿小车运动平面摆动时，开动小车稳斗；抓斗沿大车运动平面摆动时，可同时开动大小车进行稳斗操作。

(3) 起升机构制动器突然失效的应急措施是：当发觉制动器失灵时，在发出警告信号的同时，打反车，把起升控制器扳到上升最后一挡。利用这段时间，把大小车开到安全地点，然后放下所抓之煤。如果起升一次还来不及送到安全地点或原煤斗，可以反复几次。

8 装卸桥主接触器合不上闸的原因是什么?

答：主接触器合不上闸的原因可能是：

(1) 闸刀开关、紧闭开关未合上。

(2) 控制手柄未放到位。

(3) 控制电路的熔断器烧断。

9 大车给电后行走困难的原因是什么?

答：大车给电后行走困难的原因是：

(1) 纵行轨道有杂物，卡住车轮。

(2) 传动齿轮不好，应检查调整齿轮啮合情况。

(3) 夹轨器太紧或未松开。

(4) 电源主滑线接触不良，应更换电刷。

(5) 大车两端限位开关动作不好，应处理限位开关。

10 大车行走偏斜或啃道的原因是什么?

答：大车行走偏斜或啃道的原因是：

(1) 刚性支腿与挠性支腿的行走轮踏径相差较大。

(2) 两个行走电动机不同步或纵行传动齿轮间隙过大。

(3) 大车轨道有杂物。

（4）车轮偏差过大。

（5）传动系统偏差过大，应检修传动轴、键、齿轮传动情况，使电动机、制动器合理匹配。

（6）金属结构变形。

（7）轨道偏差或有油污冰霜。

11 抓斗张不开的原因是什么？

答：抓斗张不开的原因是：

（1）起闭钢丝绳出槽。

（2）抓斗下横梁较轻。

（3）抓斗拉杆销轴犯卡。

（4）电动机或操作器故障。

12 操作控制时过流继电器动作的原因是什么？

答：操作控制时过流继电器动作的原因是：继电器定值不符；机械部分有卡住现象；制动器未完全松开；操作线路中电压下降。

13 装卸桥滑轮的常见故障及原因是什么？

答：装卸桥滑轮的常见故障及原因是：

（1）滑轮槽磨损不均匀。原因是材质不均、安装不合要求或绳轮接触不均匀。

（2）滑轮心轴磨损。原因是心轴损坏或缺油。

（3）滑轮转不动。原因是心轴缺油锈死。

14 桥架构件初应力的种类及其造成的原因是什么？

答：桥架构件初应力的种类及其造成的原因是：

（1）收缩应力。它是由设计、加工工艺等原因造成的。

（2）变形应力。它是由构件组装不合理或误差造成的。

（3）预应力。是为了增加构件承载能力，人为造成的。

第四节　螺旋卸煤机

1 螺旋卸煤机的结构和种类有哪些？

答：螺旋卸煤机由螺旋回转机构、螺旋升降机构、行走机构和金属架构等组成。

螺旋卸煤机的形式按金属架构和行走机构分有：桥式、门式和Γ型三种。

桥式螺旋卸煤机的工作机构布置在桥架上，桥架可在架空的轨道上往复行走。其特点是铁路两侧比较宽敞，人员行走方便，机构设计较为紧凑。

门式螺旋卸煤机的特点是：工作机构安装在门架上，门架可以沿地面轨道往复行走。

Γ型螺旋卸煤机是门式卸车机的一种演变型式，通常用于场地有限、条件特殊的工作场所。

2 螺旋卸煤机的工作原理是什么？

答：螺旋卸煤机主要工作对象是火车车厢装载的煤炭及其他散状物料，螺旋起升机构将螺旋绞刀插入火车车厢待卸物料之上，再由传动系统驱动螺旋旋转机构将待卸物料绞入旋转绞刀内，运输到铁路两侧。利用正反两套螺旋的旋转对煤产生推力，在推力的作用下，煤沿螺旋通道由车厢中间向车厢两侧运动，卸出车厢。同时大车机构沿车厢纵向往复移动、螺旋升降，大车移动与螺旋旋转协同作用，煤就不断地从车厢中卸出。

3 简述螺旋卸煤机的卸车过程。

答：当重车在卸车线对位后，人工将敞车侧门全部打开。作业人员在操作室启动大车电源，将螺旋卸煤机开进敞车的末端，切断大车电源，大车停止运动。启动螺旋升降机构和螺旋回转机构电动机，螺旋开始旋转卸煤。启动大车行走机构电动机，大车沿车厢纵向移动。螺旋在下降过程中不能“啃”敞车车底，一般需要留 100mm 左右的煤层，以保护车底，这部分余留的煤最后由人工清扫。当卸完第一节车厢的煤时，启动螺旋升降机构电动机，将螺旋提起，越过敞车，开动大车。同样进行第二节车厢的卸车作业。

螺旋卸煤机卸煤，需要由人工进行开车门、清扫车底余煤、关车门等作业。因此，螺旋卸煤机只能在一定程度上提高劳动生产率和减轻工人的劳动强度。

4 螺旋卸煤机操作注意事项有哪些？

答：螺旋卸煤机操作注意事项有：

（1）司机在操作前应首先查看各操作把手是否在零位，而且各按钮应无卡涩现象。

（2）螺旋在进入煤车前，车厢门必须已经打开，而且两侧无人。

（3）螺旋接触煤层前，应先转动螺旋，注意不要超出车帮、顶车底，最好留 100mm 的保护层。

（4）注意煤种变化和螺旋吃煤深度，避免超负荷作业损坏机件。

（5）螺旋吃上煤层时应慢速下降，不能使用快速行走速度卸车。

（6）螺旋在煤中发生蹦跳现象时，应立即停止行走，提高螺旋，检查煤中是否有大块煤、木块、铁块等杂物。

（7）提升或大车行走不得依赖限位开关，卸完车后提高螺旋至最高处，将卸煤机开到指定地点。

5 螺旋卸煤机运行前的检查内容有哪些？

答：螺旋卸煤机运行前的检查内容有：

（1）各种结构的连接及固定螺钉不应有任何松动，对松动的螺钉应及时拧紧。架构不应有开焊、变形及损坏现象。

（2）检查套筒滚子链应完整，链销无窜动，链片无损坏。润滑是影响链传动能力和寿命的重要因素，润滑油膜能缓冲冲击，减少磨损。所以，应定期由人工往链子上滴润滑油。

（3）行车车轮、上下挡轮轨道不应有严重磨损及歪斜，车轮与挡轮应传动灵活，螺旋支架提升自如，限位开关良好。

（4）液压推杆制动器应注意以下几个问题：

1）铰链关节处应无卡阻，应定期观察油缸的油量和油质。

2）制动带应正确地靠贴在制动轮上，其间隙为0.8～1mm。

3）制动带中部厚度磨损减少到原来的1/2，边缘部分减少到原来的1/3时，应及时更换。

4）制动轮必须定期用煤油清洗，达到摩擦表面光滑、无油腻。

5）螺旋卸煤机润滑油油质及加油时间应严格按规定执行。

6　螺旋卸煤机的常见故障及原因有哪些？

答：螺旋卸煤机的常见故障及原因有：

（1）螺旋卸煤机在运行中转动部分发生震动、松动、异音、温度异常升高等现象时，应停下卸煤机，检查处理。

（2）运行中发生电气设备冒烟、冒火、有胶臭味时，应立即停下卸煤机，检查原因。

（3）当操作开关失灵时，立即拉开刀闸，找电工进行修理。

（4）制动器工作中，冒烟或发出焦臭味时，应立即停机，调整制动带与制动轮之间间隙，制动轮刹车瞬间温度不得超过200℃。

（5）制动器失灵，不能刹住车轮和螺旋，断开电源时滑行距离较大，其原因有杠杆系统中活动关节生锈卡住，润滑油滴入制动轮上（应用煤油清洗制动轮及制动带），制动带过分磨损，弹簧张力不足，制动轮与制动带间隙超过0.8～1mm。

（6）制动器不能打开，造成升降及行车迟缓和电动机发热。原因有：

1）制动轮与制动带间隙小于0.8～1mm。

2）活动关节缺油犯卡。

3）弹簧张力过大。

4）电力液压推动器不动作，油液使用不当（根据室外温度变换油液）。

5）推动器缺油（补充油液到规定位置）。

6）小马达不转（检查电气部分）。

7　螺旋卸煤机操作安全注意事项是什么？

答：螺旋卸煤机操作安全注意事项是：

（1）作业时大螺旋吃煤深度不得大于螺旋直径，并时刻注意大块石头、木料等杂物的出现，以防损坏链条等机械构件，一旦发现上述杂物应立即停卸，将其清除后再进行作业。

（2）卸煤过程中，螺旋接近车端板和车底板时应考虑停后的惯性，在操作中应避免螺旋被车端板和车底板卡住，特别是新装的螺旋。作业中随时注意各部位运转声音是否正常，有无异常振动和气味，如有上述现象之一，应停机检查处理。

（3）利用间歇时间用手触摸检查各部位电动机、减速机和轴承的温度。如温升超过规定值，检查处理后再使用。同时，利用间歇时间将大小螺旋所绕的铅丝、钢丝、钢丝绳等杂物清理干净。

（4）卸煤时严禁人进入车皮或站在车皮的两侧。

（5）作业过程中随时注意轨道上及轨道附近有无煤堆等障碍物。

（6）作业时要精神集中，不允许与旁人交谈，在开车过程中不准做清扫、维护检修工作，大架上面不得有人。

（7）卸煤机开动后，司机不得离开操作室，非卸煤机（当班）司机严禁开车。

（8）卸煤机不得挪作他用，严禁用卸煤机对货位及卸煤机顶卸煤机。

（9）冬季卸冻车时利用螺旋架的重量和螺旋转动的动力破冻煤层，操作时特别注意螺旋下降速度及尺寸，以防止过猛损坏机械构件。若冻煤过硬和冻层较厚，应先用人工将冻层打开后再卸。

（10）卸煤过程中大车行走、螺旋升降两个动作开始前，司机均应发出声响信号，并注意螺旋下方不得有人。

（11）电气故障后，应及时通知维护电工进行处理，卸煤司机不得擅自处理。

第五节 其 他

1 简述链斗卸车机的结构及工作原理。

答：链斗卸车机适用于中小型火电厂的卸煤或一般电厂的辅助卸煤设备，链斗卸车机主要由钢结构、起升机构、斗式提升机构、水平皮带机、倾斜皮带机、皮带变幅卷扬机机构、大车行走机构、电气控制及电缆卷绕装置、操作室等组成。

倾斜皮带机具有水平回转90°和垂直变幅40°的功能，扩大了链斗卸车机的适应性和作业范围。按跨铁路线的情况可分为单跨、双跨、三跨三种，对粒度较小、松散性好的原煤，有较高的作业效率。

链斗卸车机是利用上下回转的链斗，将煤从车厢内提升到一定高度卸在水平皮带机上，而后转卸至倾斜皮带机上，由倾斜皮带机将物料抛至轨道的一侧或两侧。通过大车行走和倾斜皮带机回转或变幅，使卸车机作业于较大的场地。

2 链斗卸车机的工作过程是什么？

答：链斗卸车机卸煤的过程是：重车车辆就位后，开动链斗卸车机的大车行走机构，使链斗对准敞车的一端，先启动抛料皮带机，再启动链斗的升降机构和旋转机构，链斗插入煤中将煤舀取上来，抛至导料斗中。煤通过导料斗流入抛料皮带，抛料皮带运转把煤卸入煤场。抛料皮带的变幅机构随煤场煤堆高度的变化而变幅。旋转机构带动皮带机在煤场旋转，被撒卸成弧形煤堆。

链斗既可以在敞车中分层取煤，也可以逐点取煤。链斗取煤时要留100mm左右的煤层，以保护敞车车底不受损伤。剩余的煤层由人工清理。

5.2m轨距液压链斗卸车机的综合出力一般为250～300t/h。

3 链斗卸车机使用及维护要求有哪些？

答：链斗卸车机使用及维护要求有：

（1）链斗卸车机在带负荷工作前，应进行空载运转。在空载运转中，检查各运动及转动部位是否正常。

（2）在作业顺序上也要先启动皮带运输机和斗式提升机，最后再开动大车行走机构，一切正常后，方可正式带负荷工作。

(3) 运行中工作人员应经常检查和监视皮带运输机有无跑偏或其他卡、划、刮、砸等现象，一旦发现，应及时停机，进行处理。

(4) 设备运行中防止链条被绳索和杂物等阻卡，避免损坏链条或链轮等转动部件。

(5) 所有转动部位的润滑要求良好，温度不超标，不漏油。

(6) 电动机、减速机及其他转动机械应平稳、无振动，声音正常。

(7) 制动器动作灵敏，并定期检查制动带的磨损情况，当制动带磨损过限或铆钉凸露与制动轮摩擦时，应更换制动带（即闸瓦）。

(8) 传动钢丝绳无断股、跳槽现象，滑轮转动灵活。

(9) 在卸车过程中要注意不要损坏车体，防止链斗刮伤车底板。

4 斗式提升机的工作原理是什么？

答：当电动机接通电源后，电动机的动力通过三角皮带或联轴器传给减速机，减速机通过低速轴带动联轴器传动，将转矩传送给传动轴。主动链轮随传动轴转动，而带动链条和从动链轮转动，这样链斗随链条一起转动，从而使链斗连续交替完成掏取、提升、倾倒的作业程序。

5 卸船机由哪些机构组成？

答：卸船机由抓斗起升、开闭机构、小车运行机构、大车行走机构、浮动臂变幅机构、金属结构、动力驱动装置、机电操纵控制设备以及辅助性的防煤落海挡板起升机构等组成。

6 卸船机的种类有哪些？

答：卸船机的种类有固定式卸船机、浮船式卸船机、桥式卸船机和链斗门式卸船机。

7 卸船机的一个工作循环包括哪些？

答：卸船机的一个工作循环包括：抓斗从船舱抓取物料并起升，然后水平移到存料漏斗上方卸料；接着做反方向运动，抓斗返回船舱，进行下一个工作循环。因此，卸船机在工作中，各机构总是处于频繁地启动、制动及正反向交替运动状态。

8 抓斗的起升开闭机构主要由哪些部件组成？

答：抓斗起升开闭机构是卸船机最主要的机构，由驱动装置（卷筒）、钢绳、滑轮组、安全检测装置等组成。

9 抓斗起重量检测装置（负荷限制器）的作用是什么？

答：当起升吊荷超过安全工作负荷的某定值时，使那些引起卸船机工作状态恶化的工作机构的运行停止，而只有那些使卸船机恢复到安全工作状态的操作才得以进行。司机室有起重量检测装置的事故信号显示和音响报警，起重量检测装置的误差不大于5%。

10 卸船机小车运行机构的任务是什么？

答：小车运行机构的任务是：水平移动取物装置，实现搬移物料，返回取物装置，使起升机构周期性循环工作。

11 卸船机小车设有哪些安全装置?

答：卸船机小车设置的安全装置有：

（1）缓冲器。当小车撞击轨道末端车挡时，起缓和冲击、降低噪声的作用。

（2）小车车架设有防止跑偏装置，和当车架或车轴断裂时防止小车坠落的安全装置。

（3）小车架上设置维修和更换车轮的通道、平台和栏杆，小车架缺口处装有钢板网。

12 卸船机臂架变幅机构设置有哪些开关和连锁开关?

答：卸船机臂架变幅机构设置的开关和连锁开关有：

（1）臂架起升到正常位置时自动减速的限位开关。

（2）臂架起升到正常位置时自动停止的限位开关。

（3）臂架起升到正常位置时自动紧急停止的限位开关。

（4）臂架变幅速度超过额定值15%时，自动紧急制动的超速保护开关。

（5）臂架下降到正常下限位置时自动减速的限位开关。

（6）臂架下降到正常下限位置时自动停车的限位开关。

（7）臂架升降的钢绳垂度限位开关。

（8）臂架液压安全钩和臂架变幅机构间实行联锁，以确保脱钩前变幅机构不能通电启动。

（9）臂架变幅机构与小车运行机构以及与司机室之间实行联锁，以确保小车和司机室位于规定位置（桥架内）时变幅机构才能通电。

13 卸船机出料系统由哪些设备组成?

答：卸船机出料系统由落煤斗、给煤机、出料皮带机、出料漏斗、喷淋装置、计量装置、除铁器等组成。

14 卸船机落煤斗上方的落煤挡风墙和挡风门的作用是什么?

答：卸煤时挡风门关闭，与挡风墙形成半封闭的落煤空间，具有挡风作用，减少煤尘外散。不卸煤时，当抓斗需要移到桥架内侧（以减小臂架的倾斜力矩）时，挡风门打开，以便抓斗通过。

15 汽车卸车机的组成和工作原理是什么?

答：汽车卸车机主要由大车机构、小车机构、液压系统、电气系统、垂直升降插铲装置、除尘系统组成。

卸车机工作时，大车由三合一减速机驱动行走，定位于被卸汽车上方，小车机构通过带有液力耦合器的驱动装置依靠齿轮齿条传动，将小车移动到工作位置。此时插铲位于车厢顶端，开启液压装置，使插铲下降，插入物料中。待插铲刮板接触车厢底板后，压力升至调定压力，恒压补偿系统工作，保持恒压。小车向车尾方向移动，物料卸下，升起插铲，大车行走至另一车位即可再次卸料。水除尘系统在刮板刮料过程中同时喷雾抑尘。

16 汽车卸车机的使用与维护要求有哪些?

答：汽车卸车机的使用与维护要求有：

（1）汽车卸车机在正常使用时，必须对机电设备及各运转部件经常进行检查，注意异常声音，传动机构的轴承温升不得超过周围介质的35℃，最高温度不得超过65℃。

（2）各电动机电流稳定、无异常波动，空载电流小于额定电流。

（3）大小行车速度，小车行程符合技术参数规定。

（4）各级限位开关、继电保护装置及有关开关工作可靠。

（5）液压系统无泄漏冲击现象，油温在25～45℃范围内。对系统压力、浮压状态每班都应检查记录。液压系统用油要定期更换（运行500h更换一次），并清洗油箱及油路。

（6）动力柜、操作柜、液压站应保持清洁，各润滑部位应定期润滑。

（7）插铲下降时如遇过大阻力，压力继电器动作，插铲停止下降，应升起插铲排除或避开障碍后继续工作。

（8）液压浮压系统在小车前进状态自动投入（联锁），此时插铲不能升降和小车也不能向后行走动作。

第四章

储 煤 设 备

第一节　斗轮堆取料机及其运行

1　悬臂式斗轮堆取料机的结构由哪几部分组成?

答：悬臂式堆取料机是一种连续取料和堆料的煤场机械，主要构架有：门架、门柱、悬臂架、平衡机构和尾车架等。主要部件有：进料皮带机、尾车、悬臂皮带机、斗轮及斗轮驱动装置、悬臂俯仰机构、回转机构、大车行走机构、操作室、自动夹轨装置、受电装置、液压系统等。

2　悬臂式斗轮堆取料机的堆取料工作方式是如何实现的?

答：悬臂皮带输送机装在悬臂板梁构架上，是斗轮堆取料机堆料和取料的重要组成部分。悬臂皮带输送机正转运行时，可以将进料皮带输送机运来的煤通过其头部抛洒到煤场，完成堆料作业。根据斗轮类型的不同有两种结构形式：一种是位于斗轮的一侧后部，布置一条向斗轮中心斜向上的带式输送机，通过落料筒转运到悬臂皮带机堆放到料场；另一种是位于斗轮尾车之上，布置一条地面输送机，依靠尾车上两组液压缸的作用，完成俯仰动作，使物料转运到悬臂皮带上，堆放到料场。

当斗轮从煤场中取煤时，悬臂皮带输送机反向运转，将斗轮取到的煤经其尾部的落煤筒（中心落煤筒）落到煤场地面主皮带机上，完成其取料作业。

3　斗轮取料部件的结构和工作特性是什么?

答：斗轮堆取料机的取料任务主要由连续运转的斗轮来完成，斗轮大盘周围一般均匀地布置有8～9个挖煤斗，根据煤的特性来选用，以达到运行平稳、效率高、卸料快的目的。斗子的边缘均焊有耐磨的斗齿，可以在冬季破碎煤堆表面10cm以下的冻层煤，对于冻层较厚和卸煤汽车压实的硬煤层，应提前和推煤机配合取料。斗齿部位磨损或凹回时，要及时修理更换，否则会加大挖煤阻力，使驱动部件负荷加大，出力下降。斗轮与驱动部件分别位于悬臂梁头部的两侧，安装时轮体圆平面与悬臂皮带中心线的夹角是4°～6°，轮体圆平面与垂直立面的夹角是7°～8°，使其向悬臂皮带内侧斜，这样提高了卸料速度，减少了撒煤。在取料过程中，借助于溜煤板将斗轮取的煤连续不断地供给悬臂皮带输送机。

挖煤取料部件只在斗轮机取料时工作，在斗轮机堆料时处于停止状态。

4　斗轮的驱动方式有哪几种？各有何特点？

答：斗轮的驱动方式有液压驱动、机械驱动和机械液压联合驱动三种方式。

（1）液压驱动方式。斗轮转速可实现无级调速和过载保护，同时具有质量轻等特点。

（2）机械驱动。它是由电动机、液力耦合器、减速机进行驱动的方式。其中减速机按结构形式又分为行星减速机和平行轴减速机两种，这两种结构的第一级均采用直角传动，使电动机、液力耦合器平行臂架布置。同时改善臂架受力状况，增大斗轮自由切削角。

（3）机械液压联合驱动。这种传动不仅具有液压传动的优点，而且传动效率较高。

5　斗轮传动轴之间采用胀环或压缩盘连接的特点是什么？

答：斗轮传动轴之间采用胀环或压缩盘连接的优点是：装拆方便，具有机械过载保护作用。

胀环结构由内环、外环、前压环、后压环、高强度螺栓组成。作用原理是用高强度螺栓将前后压环收紧，通过压环的圆锥面将轴向力分解成径向力，使内外环变形靠摩擦力传递扭矩，这样使斗轮轴、轮体（或减速机输出轴套）、胀环装置连接成一体。实际使用中压缩盘易发生打滑或锈死现象，为解决打滑问题，可在内环圆周面上均布铣出若干个宽度为3mm、长度100mm的长条槽，增加内环的变形量，达到增大摩擦力的目的。

6　斗轮机械驱动式过载杆保护装置的动作原理是什么？

答：减速机工作时产生的反力矩由杠杆及减速机壳体承受，在杠杆的端部设有限矩弹簧装置。当反力矩超过额定数值的1.5倍时，通过弹簧变形，触动行程开关，使电动机停机，起到过载保护作用。限位开关应保证灵活有效。

7　斗轮轮体有哪几种结构形式？其主要特点各是什么？

答：斗轮是通过自身的回转从煤堆铲取煤的主要工作部件，按构造其轮体结构形式可分为：无格式（开式斗轮）、有格式（闭式斗轮）和半格式三种。

其主要特点如下：

（1）无格式（开式）斗轮的斗子之间在轮辐方向不分格，靠侧挡板和导煤槽卸料。它有以下特点：

1）结构简单，质量轻，但刚度较差。由于侧挡板和导煤槽的附加摩擦，驱动功率增大。

2）开式斗轮可以采取较高的转速，提高取料出力。

3）卸煤区间大，可达130°，比较容易卸黏结性高的煤。

4）便于斗轮相对于臂架做倾斜布置，使斗轮卸煤、取煤条件和臂架受力条件得到改善。

（2）有格式（闭式）斗轮与开式斗轮相反，结构较复杂，斗子之间在轮辐方向分成扇形格斗，到接近轴心点向皮带上排料，质量大，刚度大。卸料区间小，要求转速较低，不宜于卸黏结性高的煤，不便于倾斜配置。

（3）半格式斗轮比较适中，斗子之间在轮辐方向的扇形格斗靠近轮盘圆周边沿，还靠侧挡板和导煤槽卸料，既增加了斗容，又减轻了轮体质量，较好地综合了前两种结构的优点。

电厂燃料系统多采用无格式和半格式斗轮，因为电厂的煤一般较松散，水分较大，需要的挖掘力小，对斗轮的刚度要求小。有格闭式斗轮多用于矿山机械，矿山物料密度大，需要的挖掘力大，要求斗轮刚度也大。

斗子的形式有前倾型、后倾型和标准型三种，可根据不同的煤种选用。

8 斗子底部采用链条拼接结构的特点是什么？

答：为防止因煤湿或挖取混煤黏住斗底，减少斗容，可在斗底安装链条结构装置。底部为整料铁板结构的轮斗，容易黏煤，使斗子有效容积下降；底部改用铁链拼接结构的轮斗，无黏煤现象，适应于水分较大的煤种。

9 回转支承装置的结构形式有哪几种？

答：回转支承装置主要是承受垂直力、水平力和倾覆力矩。根据结构型式可分为：滚动轴承式和台车式两类回转支承装置。

(1) 滚动轴承式回转支承装置主要由滚动轴承和座圈组成，滚动轴承内圈套与回转部分固定在一起，外圈与不回转部分固定。按轴承滚动体的几何形状可分为滚珠轴承和滚柱轴承（也称滚子轴承）。滚珠轴承主要用于生产能力较小的堆取料机上。交叉滚子轴承结构紧凑，相邻滚子的轴线互相垂直，滚子长度比直径小 1mm。回转轴承的润滑脂通过轴承上的润滑孔注入滚动体与滚道的空隙中。

(2) 台车式回转支承装置主要由垂直支承和水平支承装置两大部分组成。按水平支承装置的结构型式不同，又可分为水平导轮式台车回转支承装置和转柱式台车回转支承装置。水平导轮式台车回转支承装置的垂直支承装置是由固定在转盘上的四组台车和固定在门座架上的圆弧形轨道组成，该装置的水平支承装置是由固定在转盘上的四个水平导轮和固定在门座架上水平圆弧轨道组成。转柱式台车回转支承装置的垂直支承装置与水平导轮式台车回转支承装置相同，其水平支承装置由固定在转盘上的转轴和固定在门座架上的轴套组成。这种装置只能用于堆料机，因为堆料机在门座架中心没有中心落料管。

滚动轴承式回转支承装置应用较多，优点是结构紧凑、空间尺寸小、整机质量较轻，且允许回转部分的重心超出滚动体滚道直径，安全可靠。缺点是轴承的加工精度较高及维修更换困难较大。台车式回转装置的优点是易于维修、便于更换；缺点是占有空间尺寸较大，结构笨重，整机行走跨度大。

10 回转机构的组成及驱动方式有哪几种方式？

答：回转机构主要由大转盘齿轮、回转蜗轮减速箱及驱动部分组成。

回转驱动有液压传动和机械传动两种方式。

液压传动由内曲线油马达及液压系统各部件组成，靠变量油泵实现回转速度的无级调速，具有过载自保护功能，但对使用维护人员的技术水平要求较高。

机械传动的优点是故障诊断容易，机械传动可分为定轴传动和行星轮传动。

(1) 定轴传动由电动机、制动轮联轴器、圆齿轮减速机、蜗轮减速机和传动轴套构成；定轴传动结构庞大、占地面积大，但易于检查及更换零部件。

(2) 行星轮减速机传动主要由电动机、制动轮联轴器、行星减速机等构成。只有堆料功能的斗轮机不要求回转速度可调，而具有取料功能的斗轮机要求回转速度的可调性，保证取料作业中稳定的取料要求。

机械传动电动机调速主要有三种方式：交流调速电动机、交流变频调速、直流电动机调速。

11 回转液压系统缓冲阀的作用是什么？

答：回转液压系统缓冲阀的作用是：在斗轮机大臂回转过程中，可避免由于换向时引起的机械设备和液压系统的冲击，保证机械的安全使用。

12 俯仰机构的组成和工作方式有哪些？

答：斗轮机俯仰机构主要由悬臂梁、配重架、变幅机构等组成。

俯仰变幅机构分为液压传动和机械传动两种。

(1) 液压传动由油缸、柱塞泵及其他液压元件组成，悬臂梁的俯仰动作靠装于转盘上的两个双作用油缸推动门柱，并带动其上整个机构同时变幅，由电动机、柱塞泵、换向阀等组成的动力机构作用于油缸来完成俯仰动作。

(2) 机械传动由钢丝绳、卷扬机构、滑轮组等组成，斗轮堆取料机的悬臂梁以门柱的支撑点为轴心，通过卷扬机构、钢丝绳牵引平衡架尾部的动滑轮组带动前臂架，一起实现变幅动作。

13 大车行走装置的组成和结构特点是什么？

答：大车行走装置由电动机、减速机、行走车轮组、制动器、夹轨器、钢轨及电气控制部分等组成。

大车行走轮组的结构为组合式，以驱动轮组、从动轮组为单元通过平衡梁进行组合，根据轮压大小选用相应车轮数量的台车数。平衡梁与基本轮组都是铰轴连接，使每个车轮的受力基本相同，平衡梁采用箱形结构，驱动轮数一般不少于总轮数的50%。

驱动装置由电动机、带制动刹车的联轴器、立式三级减速机、开式齿轮、驱动车轮等组成，为了减少走车时间，驱动电动机采用双速电动机，快速为调车速度，慢速为工作速度。

14 折返式尾车的种类与结构特点是什么？

答：折返式尾车装置的工作方式为：地面皮带堆料时的来料方向和取料时的送料方向相反，即堆料时物料从何方来，取料时就向何方原路反送回去。折返式尾车按结构型式可分为：变幅和交叉两种型式尾车。

(1) 折返变幅式尾车按尾车皮带机参与变幅范围的程度，又分为半趴式和全趴式尾车。半趴式仅是一部分尾车皮带机变幅，另一部分为固定的。变幅机构结构型式可分为机械和液压两种方式。

(2) 折返交叉式尾车主要由与地面皮带机共用的提升皮带机、落料管、具有独立驱动装置的斜升皮带机、机架和行走轮等组成。堆料时，地面皮带机输送来的物料经提升皮带机及落料管落到斜升皮带机上，再经斜升皮带机和主机的悬臂皮带机将物料抛撒到料场上；取料时，斗轮挖取的物料经悬臂皮带机和中心落料管落到地面皮带机上，由地面皮带机运往主机的前方。

15 斗轮机的三种堆料作业法各有何特点？

答：堆料作业包括三种作业方式：回转堆料法、定点堆料法和行走堆料法。

（1）回转堆料法。它是指斗轮机停在轨道上的某一点，转动臂架将煤抛到煤场上，转到端点时大车向前或向后移动一定的距离，继续回转堆料。直至达到所需要的距离后，前臂架再升高一个高度，进行第二层、第三层堆料，直至堆到要求。有必要均匀混料配煤时，可用此法。这种方法优点是：煤堆形状整齐，煤场利用系数高。缺点是：回转始终动作，不够经济。

（2）定点堆料法。它是指斗轮机在堆料时悬臂的仰角和水平角度不变，待煤堆到一定高度时，前臂架回转某一角度，或前臂不动，大车行走一段距离。这种方法优点是：动作少，较为经济，为推荐使用方式。缺点是：煤堆外形不规整，煤场利用系数低。

（3）行走堆料法。它是指斗轮机前臂架定于某一角度和高度，大车边行走边堆料，待大车走到煤场终端时，退回，再行走堆料，同时前臂架转动一角度。这种方法缺点是：行走电动机始终动作，很不经济，而且机器振动较大。

16 斗轮机的取料作业工艺有哪些?

答：斗轮机的取料作业工艺有：

（1）旋转分层取料法（斜坡多层切削法）。大车不行走，前臂架回转某一角度，取料完毕后，大车再前进一段距离，前臂架反方向回转取料，依次取完第一层。然后将大车后退到煤堆头部，使前臂架下降一定高度，再回转第二层取料，如此循环。

根据料堆高度又可分为分段和不分段两种作业方式。

如选用分层分段自动取料作业，首先由司机手动操作斗轮机行走，旋转、俯仰装置把斗轮置于料堆顶层作业开始点位置上（手动定位运转），然后靠旋转控制开始取料，每达到旋转范围时行走机构微动一个设定距离（进给量），按照设定的供料段长度（或设定的旋转次数）取完第一层后，进行换层操作。每层的旋转角度由物料安息角及层数决定；俯仰高度按层数设定，行走距离由进给量决定，当取完最下一层后进行空段操作，把斗轮置于第二段最顶层的作业开始点上，重复进行取料，供料段的长度设定以臂架不碰及料堆为原则。

旋转分层不分段取料工艺，作业效率最高，可以避免作业过程中由于料堆塌方而造成斗轮和臂架过载的危险，适用于较低、较短的料堆，在作业中臂架不会碰及料堆。

（2）定点斜坡取料（斜坡层次取料法）。大车不行走，前臂架回转一个工作角度，斗轮沿料堆的自然堆积角由上至下地挖取物料，大车向后退一段距离，前臂架下降一定高度，再向反方向回转进行第二层取料。如此循环，煤堆成台阶坡形状。这是一种“先堆先取”间断操作的作业工艺，作业效率较低，在作业过程中斜堆容易塌方，造成斗轮过载。

17 斗轮机启动前的检查准备工作有哪些?

答：斗轮机启动前应检查准备的事项为：

（1）轨道上应无障碍物。积煤要低于行走减速器底部200mm，应保证大车行走畅通。上下悬梯和立式减速机不应有碰剐和摩擦的地方，主动轮组和从动轮组下不应有杂物和异常现象，大车刹车完好，松紧合适。轨道内侧面的电缆和水泥地面无摩擦现象。

（2）机器工作地点的正常温度应为－20～40℃，非正常工作的最大风压为800Pa（相当于七级风力），正常工作风压小于250Pa。

（3）夹轨器就位良好。禁止在轨道连接处停夹，行走轨道两端挡铁应牢固可靠。

（4）皮带的中心下煤筒内不应有积煤、杂物堵塞，无漏煤现象，分煤挡板应完好可靠，其他各活动处，不应有被物料卡住现象，输煤槽无栏、裂、跑出现象。

（5）悬臂皮带后挡板应符合堆取料要求。

（6）皮带不应有破裂、脱胶和严重跑偏现象，胶接头应完好，上下应无积煤和杂物，拉紧装置应完好灵活。

（7）转盘下面、斗轮处和门座平面上不得有积煤和杂物，如有必须清除后方可启动。

（8）各滚筒、托辊不应有严重黏煤，各段支架不应有开焊断裂现象及变形。

（9）各减速机油质和油位应符合规定，油位应不低于标尺的1/2处（上下标尺中间），支撑架构无断裂变形，各部件地脚螺栓、联轴器螺栓等均应齐全，不松动，各制动器应完好有效，各防护罩完好。

（10）液压系统不漏油，油泵、油管接头、油马达无严重渗油现象，油箱的油位、油质符合要求，油压表齐全、完整、准确。

（11）各润滑通道畅通，并保持润滑油脂充足。

（12）斗轮不应有掉齿、螺钉松动等损坏现象。

（13）斗轮机的梯子及围栏，应保持完整。

（14）各部分无检修维护工作。

（15）操作用的专用工具齐全。

（16）总电源开关上无“禁止合闸，有人工作”牌。电缆无过热、变形、变色、脱皮现象。

（17）滑线沟内滑触线无变形、变色、断裂，受电装置完好，无严重磨损、变形，滑线与滑环接触良好，电刷无严重磨损现象，绝缘子无损坏现象，沟内无积水、积煤和杂物堆积。轨道接地线应牢固可靠，导地良好。

（18）检查各对讲机、指示灯、电源插座、电暖气或空调、各种表计等完好无损。

（19）大车行走轨道两端限位开关装置完好。其他各行程限位开关无缺失和损坏现象，复位应灵活可靠。

（20）各段线路和继电器柜中不应有烧坏、接地和积粉现象。

（21）停运15d以上应对各电动机测量绝缘。

（22）拉紧钢丝绳表面应无锈蚀，接头处无松动。变幅钢丝绳应无锈蚀现象，磨损程度应符合要求，表面保持涂有润滑油状态。

18 斗轮机运行中的检查内容有哪些？

答：斗轮机运行中的检查内容有：

（1）皮带是否跑偏，回转皮带侧不应有异物或刮破皮带现象。各下煤筒是否堵煤或异物卡住，冬季要注意大的冻煤堵塞下煤筒。

（2）电动机、油泵、减速机及各轴承温度是否正常，机器的声音是否正常。

（3）各液压部件是否漏油，压力是否正常，油路系统有无振动及异常响声。

（4）夹轨钳、各抱闸是否动作可靠，回转、俯仰角度是否合适，检查各限位是否可靠。

（5）各电气控制回路和保护系统是否正常。

（6）检查机械各部润滑是否稳定正常。

（7）斗轮运转灵活，吃煤深度合适。

（8）各电流表、电压表、油压表表计正常。

19 斗轮机作业时的安全注意事项有哪些？

答：斗轮机作业时的安全注意事项有：

（1）根据煤场形状，先用手动方式将煤场大体取平，再考虑选用自动或半自动取料。大车开动前，检查夹轨器应放松；检查各指示信号，先空载运转，当俯仰、回转及斗轮旋转正常时再加负荷。每步动作前都要有预令。

（2）斗轮机大车行走时，严禁任何人上下，以防摔伤，下雪和下雨时应更加注意安全。

（3）经常检查风速表转动，应灵活正常。遇七级以上大风时，应停止运行，夹紧夹轨器，斗轮下降到煤堆，以防大风刮动悬臂自转损坏设备。

（4）煤场高低不平时，防止煤与皮带反面摩擦或使煤进入滚筒，造成跑偏、撕破等。根据煤场储煤情况及切削高度，及时调整大臂角度。斗轮卡住时，及时回转大臂，以免损坏设备。

（5）启动油泵前应检查油温在20℃以上，否则加热后再启动设备，温度最高不得大于75℃。调整臂架时，应提前5min启动变幅油泵。冬季气温太低时，停转备用期间时间不得过长，应每隔一小时启动循环一次，以提高油温。

（6）在操作过程中必须集中精力，在按下某一按钮后，要仔细观察执行机构是否动作，若不能动作，应马上停机检查。

（7）大臂回转机构在启动时抖动较大，回转过程中不许进行大车快速行走调整。

（8）司机室及配电室要有灭火器材及防护装置。

（9）回转俯仰角不得超过规定限度，在堆料和取料时，悬臂下方不许站人。

（10）斗轮挖煤不得超过一个斗深。取煤时要防止撞坏轨道、地面皮带和斗轮部件；行走时注意铁轨上不能有煤。堆煤时斗轮要离开轨道3m以外。

（11）尽量避免将“三大块”（大石块、木块、铁块）取上，发现大于300mm×300mm以上的大块时，要及时停止悬臂皮带，人工将大块取下，以防损坏后级设备。

（12）注意保持煤场工作区内与运煤车和推煤机安全距离。汽车卸煤和斗轮机取煤同时进行时，必须保持3m以上的安全距离。

（13）半自动取煤时，煤场起伏峰谷高差最好在1m以下，各限位开关保护传感器应完好有效。

（14）停机时要逐挡进行，有间隙地把手柄扳回零位，禁止快速扳回零位，防止损坏设备。停止运行后，夹紧夹轨器，为使整机平衡，斗轮部分不允许接触地面，将斗轮机靠边水平放置，不得影响煤车和推煤机。停机后应切断电源，防止电源箱内交流接触器长时间带电。司机离开时司机室门必须上锁。检修有工作计划时，将斗轮开到检修场地并将悬臂放好再停电。

（15）严禁他人随便代替司机操作。应经常保持轨道和电气设备接地良好，防止发生触电事故。斗轮机跳闸后，司机须将所有开关按钮恢复到断开位置，然后检查处理，未查清原因前不准轻易送电。

20 斗轮机的启动操作步骤是什么？

答：根据运行方式的需要，经检查无误，斗轮机司机应向集控汇报，待接到集控室启动命令后，斗轮机方可开机启动上煤。具体操作步骤为：

(1) 先将总电源开关合上，指示灯亮，整机的动力电源接通。

(2) 根据运行方式，将“连锁开关”扳至正确位置。

(3) 操作接通控制电源，同时夹轨器放松（夹轨器放松指示灯亮）。

(4) 按下电铃警告按钮持续 30s，发出斗轮启动警告。

(5) 液压式斗轮机先启动补油泵进行液压系统循环，气候寒冷时，应提前启动油加热器将油温加至 20℃，再启动补油泵。

(6) 根据煤堆形状采取相应的作业方式开始作业。

21 斗轮机堆料操作步骤主要有哪些?

答：斗轮机堆料操作步骤主要有：

(1) 接到集控室堆料通知后，检查尾车或挡板是否符合堆料要求，否则应首先操作尾车使其处于堆料位置，或将挡板扳至堆料位置。

(2) 将“堆料”开关打到启动位置，悬臂皮带作堆料运转。

(3) 根据实际情况选择堆料方式进行堆料作业。

(4) 司机接到集控室停止堆料通知后，待地面皮带停止，悬臂皮带上无煤后，将机器回转和行走到应停位置。

(5) 将各操作手柄扳回零位，按下总停按钮，切断设备总电源。

22 斗轮机取料操作步骤主要有哪些?

答：斗轮机取料操作步骤主要有：

(1) 接到集控室取料通知后，应检查尾车架或挡板是否符合取料要求，否则应先操作尾车使其处于取料位置，或将挡板扳至取料位置。

(2) 尾车调整好后与集控室联系，待集控室启动地面皮带并观察运转正常后，将油泵启动。待油压正常后，可进行回转俯仰工作，悬臂皮带作取料运转。

(3) 根据具体情况选择取料方式，然后通过上升、下降开关和左转、右转按钮，进行调整位置，将斗轮逐渐切入物料（以切入斗深三分之二为佳）。

(4) 司机接到集控室停止取料的通知后，先将斗轮升起离开取料点，待煤走空后，停斗轮，停悬臂皮带。将斗轮靠边水平停放，不能阻碍运煤汽车通行。

(5) 将各操作手柄扳至零位，按下总停按钮，切断设备总电源。

23 斗轮机的日常维护项目有哪些?

答：斗轮机的日常维护项目有：

(1) 清扫进入头尾滚筒处及上下托辊间等各处的积煤。

(2) 设备启动前检查、运行检查、定期加油。斗轮传动轴下开设一溜煤孔，每次运行完毕，司机须将积煤通过溜煤孔清理干净。

(3) 对大轴承用手动或电动润滑泵每月注入钙基润滑脂一次。

(4) 对机械各部件及液压系统按时巡回检查，及时排除各种故障或隐患。

(5) 擦净各润滑及液压系统的渗油。有漏油情况时及时汇报处理。

24 斗轮机每周维护项目有哪些？

答：斗轮机每周维护项目有：

（1）对行走车轮各轴承座、各改向滚筒、铰轴注入钙基润滑脂一次。

（2）检查各传动件、液压件、制动器，必要时加以调整。

（3）对皮带机及各挡板进行一次调整，对滑动转动部分检查加油。

25 斗轮机每月维护项目有哪些？

答：斗轮机每月维护项目有：

（1）每月检查各减速箱油质油位，并注入40号机械油，每六个月过滤或更换一次新油。

（2）检查蜗轮减速器油位，并注入120号蜗轮油，每三个月过滤或更换一次新油。

（3）检查各销轴的销定状态和磨损情况，检查各紧固件的连接情况。

（4）检查清洗或更换各滤油器滤芯。

（5）检查各结构件、拉杆的受力和损伤情况，检查电缆包皮无损伤。

26 斗轮机紧急停机事项有哪些？

答：斗轮机发生下列情况之一时，需要紧急停机：

（1）操作过程中某一机构不动作时。

（2）悬臂皮带跑偏、撕裂时。

（3）电动机温度升高、冒烟、电流超限，且不返回或振动强烈、声音异常时。

（4）减速机振动强烈，温度上升，严重漏油或有异常声音时。

（5）制动器打滑或冒烟，制动器失灵时。

（6）滤油器发生堵塞报警时。

（7）风速仪报警时（遇七级以上大风）。

（8）液压系统严重漏油时。

（9）悬臂在上升过程中有抖动现象时。

（10）油泵噪声大，剧烈振动时。

（11）设备发生异常，原因不清时。

（12）煤中遇大块或异常杂物时。

（13）发生人身事故时。

27 斗轮机的常见故障及其处理方法有哪些？

答：斗轮机常见故障及其处理方法见表4-1。

表4-1　斗轮机的常见故障及其处理方法

故障现象	故障原因	处理方法
油泵噪声大	1. 活塞配合过紧或卡死； 2. 吸油滤油器堵死； 3. 油面太低，吸入空气； 4. 工作油黏度太大（油温太低）； 5. 联轴器弹性销损坏	1. 修理油泵或更换油泵及油马达； 2. 清洗滤油器； 3. 加油，使油位达到规定高度； 4. 更换工作油或加温； 5. 更换联轴器弹性圈，重新找正

续表

故障现象	故障原因	处理方法
油压运行不稳定	1. 系统中有大量空气，油箱中泡沫太多； 2. 溢流阀作用失灵，弹簧永久变形或阀芯被杂质卡住	1. 找出吸入空气原因，排除油缸及管路中的空气； 2. 拆开阀件检查清洗，更换已坏弹簧
油压不高，油量不足，液压缸动作迟缓	1. 溢流阀弹簧压力低，大量油被溢流回油箱； 2. 油泵泄漏量大，油泵磨损大； 3. 液压系统中内漏大，密封件损坏	1. 校正弹簧压力，调定系统油压达额定要求； 2. 修复油泵或更换新油泵； 3. 更换密封件
臂架升降不均匀，有抖动现象	1. 电液控制阀芯有脏物； 2. 工作油黏度大； 3. 平衡或液控单向阀阀芯内有脏物	1. 清洗阀芯，检查油质，必要时换油； 2. 清洗各有关阀芯及各滤油滤芯，必要时将工作油重新过滤后再用
油路漏油	1. 管接头松动； 2. 密封件损坏或漏装； 3. 焊接处有裂缝或铸件有砂眼； 4. 工作油标号不对	1. 拧紧管接头； 2. 更换或补装密封件； 3. 补焊或更换； 4. 换工作油
油泵剧烈振动	1. 电动机与泵中心不正； 2. 管道中有空气； 3. 轴承损坏； 4. 油泵、油马达内部磨损严重	1. 校正中心； 2. 放净管道中的空气； 3. 更换轴承； 4. 修理或更换油泵、油马达
尾车不动作或不脱钩	1. 上下限位未复位或损坏； 2. 电液换向阀不动作； 3. 电气故障	1. 检查限位使其复位； 2. 检查电液换向阀； 3. 通知电工处理
回转机构不动作	1. 回转限位未恢复； 2. 回转油泵未启动； 3. 电气故障； 4. 堵塞继电器动作，堵塞报警灯亮	1. 使其复位； 2. 使其启动； 3. 通知电工处理； 4. 清理油路，使其畅通
大车开不出	1. 夹轨器未松开； 2. 风速仪动作； 3. 电气故障	1. 松开夹轨器； 2. 暂停工作，待风速降低后再工作； 3. 通知电工处理
斗轮不转或运行中突然停下	1. 悬臂皮带未开（联锁关系）； 2. 卡住大块或机械故障； 3. 电气故障；悬臂皮带未启动； 4. 因过载使斗轮力矩限位开关动作，减速机内损坏或液力耦合器喷油	1. 待悬臂皮带开后再启动； 2. 检查处理； 3. 检查或通知电工处理； 4. 卸载后“复位”作业或修复驱动部件
悬臂皮带不转	1. 地面皮带未启动（联锁位置）； 2. 电气故障	1. 先启动地面皮带； 2. 找电工处理
电气故障	1. 熔丝熔断； 2. 开关接触不良； 3. 过热继电器动作； 4. 限位器失灵	更换熔丝或通知电工处理

28 斗轮机械驱动空载试车的内容和要求有哪些？

答：斗轮机械驱动空载试车的内容和要求有：按取料方向运转并多次启动和制动，电动机电流和减速机声音正常，液压传动平稳、不漏油，阀类动作准确，各部轴承温升正常。

29 折返变幅式尾车的工作位置如何调整？

答：斗轮机折返变幅式尾车通过调整尾车的位置来完成堆料和取料两种工作状态的切换，因此尾车架应放在对应的位置上。堆料时尾车上升抬高到斗轮机中心料斗上；取料时尾车下降到斗轮机中心落料管底下，操作过程可自动，也可手动。从取料到堆料的操作顺序是：

（1）启动尾车油泵。

（2）尾车挂钩拔销。

（3）大车向前行 5m，碰限位开关自停。

（4）尾车上升，到位后碰限位开关自停。

（5）大车向后退 5m，碰限位开关停下，大车与尾车自动挂紧。

（6）钩销复位，到此整个尾车上升调整结束。

取料位置时尾车下降，逆向进行上述步骤。

30 俯仰液压机构不动作或运动不均匀的原因有哪些？

答：俯仰不动的原因有：电磁阀不动作；变幅泵压力低；油温低；平衡阀脏；上下限位未复位；电气故障等。

运动不均匀的原因有：

（1）机器在停止使用后，重新开动时由于液压系统中存在空气，承受负载后显著压缩，使运动不均匀，检查油箱中的油面是否过低，油中有无气泡。

（2）润滑情况不良，运动部件之间表面不能形成油膜，致使摩擦系数变化。

31 俯仰机构空载试车的内容和要求是什么？

答：俯仰机构空载试车的内容和要求是：由原始位置，仰起和下俯至极限位置反复进行，多次启动和制动。电动机电流和减速机声音正常，仰起、下俯开关及控制器动作准确，液压系统平稳，不漏油，轴承或油温正常。

32 悬臂皮带机空载试车的内容和要求是什么？

答：悬臂皮带机空载试车的内容和要求是：按堆料、取料方向各运转 1h，并多次启动和制动，胶带无跑偏现象。托辊转动灵活，拉紧装置可靠，联锁制动准确，电动机电流和减速机声响正常，各部轴承温升正常。

33 回转机构空载试车检查的内容和要求是什么？

答：回转机构空载试车检查的内容和要求是：在回转角度范围内往复运行，多次启动和制动，电动机电流和减速机声响正常，液压传动平稳，不漏油，启动和制动动作准确，各部轴承温升正常。

34 斗轮机分部试车的要求有哪些？

答：各部传动装置空负荷连续试车，时间不少于30min，达到各处温升稳定为止。

（1）行走、回转、仰俯、输送等机构的传动装置分别进行正反各30min以上的空负荷试车，检查减速机、轴承座等处温升不得超过35℃，声音正常，不漏油。

（2）斗轮尾车装置按其工作方向进行30min以上的空负荷试车，检查各处温升不得超过35℃。

35 斗轮机试车前的检查内容及要求有哪些？

答：斗轮机试车前的检查内容及要求有：

（1）锚定器、夹轨器、制动器、限位器、行程开关、保险丝及总开关处于正常状态，动作安全可靠、灵活、准确及间隙合适。

（2）金属结构件外观不得有断裂、损坏、变形，拼装焊缝质量符合设计要求。

（3）各传动机构及零件不得有损坏和漏装现象。紧固件牢靠，铰接点转动灵活。

（4）液压系统管路走向、元件安装正确，泵与电动机转向正确，各系统压力调整合适，动作准确无误。

（5）润滑系统供油正常。

（6）电气系统动作联锁、事故预警、各种开关、仪表、指示灯和照明，无漏接线头、联锁和预警可靠，电动机转向正确。开关、仪表和灯光使用可靠。

（7）配重量调整。配重量调整符合整体稳定要求。

36 斗轮机带负荷堆料（取料）试车的内容和要求是什么？

答：在悬臂架处于水平、仰起和下俯三种极限位置时，分别进行堆料（取料）作业1h，运行中多次进行启动和制动。各部机构运转正常，堆料（取料）达到平均额定出力，电动机电流正常。

试车中凡属故障停机的，其试车时间必须重新计算，不得前后累计。

37 行走机构空载试车检查的内容和要求是什么？

答：在悬臂架分别呈垂直和平行于轨道状态时，取仰起、水平、下俯三种位置进行低速运行，但悬臂架平行于轨道时，取高速运行。运行中多次制动和启动，电动机电源正常，制动器动作可靠，减速器声响正常，尾车运行平稳，电动机与各部轴承温升正常。

第二节 刮板式堆取料机

1 DB2000/24.5侧式悬臂堆料机的型号代表什么？

答：DB2000/24.5侧式悬臂堆料机的型号代表的含义为：D-堆料机；B-悬臂式；2000-生产能力，t/h；24.5-卸料滚筒到变幅铰点距离，m。

2 侧式悬臂堆料机的主要用途是什么?

答：由堆料皮带机运来的物料，卸到堆料机悬臂上的胶带机上。堆料机一边行走，一边将物料卸到场内，形成分层的人字形料堆，完成第一次混匀作用，以备取料机取走。

3 侧式悬臂堆料机的主要技术性能参数有哪些?

答：侧式悬臂堆料机的主要技术性能参数有：料堆宽度：42.5m；料堆高度：17.9m；动力电压：6000V；堆料方式：人字形堆料法；轨道中心距：6m；行走速度：10m/min；车轮直径：630mm；悬臂长度：31.2m；变幅角度：－16°～16°；控制方式：PC 程控、手控。

4 简述侧式悬臂堆料机的基本构造。

答：侧式悬臂堆料机基本构造的堆料机主要由：悬臂部分、行走机构、液压系统、来料车、变幅机构、轨道部分、电缆坑、动力电缆卷盘、控制电缆卷盘以及限位开关装置等组成。

5 简述侧式悬臂堆料机悬臂的组成及工作原理。

答：悬臂架由两个变截面的工字型梁构成。横向用钢板连接成整体，工字型梁采用钢板焊接成型。

悬臂架上面安有胶带输送机，胶带机随臂架可上仰 16°、下俯 16°，胶带机的传动采用电动机—减速器—传动滚筒结构。为减少胶带机跑偏，胶带机全程采用前倾托辊组。张紧装置设在尾部传动滚筒处，使胶带保持足够的张力，张紧装置采用重锤张紧方式，通过重锤向后拉动传动滚筒，使得胶带能够达到足够的张紧力并保持恒定。胶带机上设有打滑检测器、防跑偏等保护装置，胶带机头、尾部设有清扫器。

悬臂前端垂吊两个料位探测仪。随着堆料机一边往复运动，一边堆积物料，料堆逐渐升高。当料堆与探测仪接触时，探测仪发出信号，传回控制室。控制室开动变幅液压系统，通过油缸推动悬臂提升一个预先给定的高度。两个探测仪，一个正常工作时使用，另一个用作极限保护。悬臂尾部设有配重箱，箱内装有铸铁或混凝土配重块。

悬臂两侧设有走台，走台上铺设花纹钢板，一直通到悬臂的前端，以备检修、巡视胶带机。悬臂下部设有两处支撑铰点：一处是与行走机构的门架上部铰接，使臂架可绕铰点在平面内回转；另一处是通过球铰与液压缸的活塞杆端铰接，随着活塞杆在油缸中伸缩，实现臂架变幅运动。为了传递横向载荷，在门架上部铰点处，设有剪力支座。在悬臂与三角形门架铰点处，设有角度限位开关，正常运行时，悬臂在－16°～16°之间运行；当换堆时，悬臂上升到最大角度 16°。

6 简述侧式悬臂堆料机行走机构的组成及工作原理。

答：行走机构由门架和行走驱动装置组成。

门架通过球铰与上部悬臂铰接，堆料臂的全部重量压在门架上。门架下端四点各与一套驱动装置铰接。每套驱动装置由一台 5.5kW 的 YB 系列电动机驱动。驱动装置实现软起动、延时制动。门架下部设有平台，用来安装变幅机构的液压站。行走驱动装置采用电动机—减速器—车轮系统的传动形式，驱动系统的同步运行是靠结构刚性实现的。车轮架的两端设置缓冲器和轨道清扫器。在门架的横梁上吊装一套行走限位装置，所有行走限位开关均安装在吊杆上，随堆料机同步行走，以实现堆料机的限位。

7 简述侧式悬臂堆料机来料车的组成及工作原理。

答：来料车就是一台卸料台车。堆料胶带机从来料车通过，将堆料胶带机运来的物料通过来料车卸到悬臂的胶带机上。

来料车由卸料斗、斜梁、立柱等组成。

工作原理：卸料斗悬挂在斜梁前端，使物料通过卸料斗卸到悬臂的胶带面上。斜梁由两根焊接工字型梁组成，横向通过 4 根大立柱支撑。大立柱之间用工字型梁连接，工字型梁和斜梁之间又支撑 4 根小立柱。这样可保证卸料车的整体稳定性。工字形梁上安有电气柜、控制室以及电缆卷盘。斜梁上设有胶带机托辊，前端设有卸料改向滚筒，尾部设有防止空车时飘带的压辊。大立柱下端装有四组共 8 个车轮。来料车的前端大立柱与行走机构的门架通过铰轴连接，使来料车能够随行走机构同步运行。

8 侧式悬臂堆料机试车前的准备工作有哪些?

答：在各关键部位配备齐检测人员、监视人员、抢修人员。配齐必要的通信工具和检测仪表等。准备必要的检修工具和材料（氧气、乙炔、焊机、灭火器等）。试车前的其他准备内容与要求应符合表 4-2 规定。

表 4-2 侧式悬臂堆料机试车前应准备的内容与要求表

序号	内　容	要　求
1	安全措施：制动器、行程开关、保险丝、总开关等	处于正常状态，动作灵活、准确安全、稳定可靠、间隙合适
2	电缆卷盘及电缆	电缆卷绕正确、电缆不得有损坏、烧焦现象
3	金属结构的外观	不得有断裂、损坏、变形、油漆脱落现象，焊缝质量应符合要求
4	传动机构及零部件	装配正确、不得有损坏、漏装现象；螺栓连接应紧固；铰接点转动灵活；链条张紧程度合适
5	润滑点及润滑系统	保证各点润滑供油正常，按要求加够润滑油或润滑脂
6	电气系统和各种保护装置、开关及仪表照明	不得有漏接线头，联锁应可靠，电动机转向要正确，开关、仪表和灯光要好用
7	配重量调整	要有安全措施，分次增加

9 侧式悬臂堆料机空负荷试车的要求有哪些?

答：试车准备完成并检测合格后，方可进行空负荷试车。

空负荷试车前应先用手传动方式或短冲击的方法启动电动机，使机器缓慢地运转一周，确定无障碍时，才能正式试车。

（1）先开动液压系统，使活塞杆能正常升降，使臂架在＋16°和－16°之间运行，确定限位开关的位置，工作限位+16°和-16°。液压系统工作时不允许有振动、噪声、泄漏现象。发现故障立即停机，查明原因及时排除。

（2）将堆料臂架置于水平位置，启动堆料臂上胶带机。观察所有托辊的运转情况，注意观察胶带是否跑偏及运行方向，若出现托辊运转不灵活或胶带跑偏等现象要查明原因及时排除。待故障排除后，悬臂胶带机空负荷运行不得少于2h，注意观察减速器的温升不超过40℃，其轴承温度不应大于65℃。

（3）开动电缆卷盘，检查电缆卷盘是否存在问题，如有问题，根据电缆卷盘说明书调整。电缆卷盘没有问题后，才允许进行行走机构试车。

（4）开动堆料机的行走驱动装置（行走驱动开动前，必须先开动电缆卷盘），首先将锁紧盘松开，通电检测电动机、减速器旋转方向是否完全相同。没有问题后重新锁紧盘，开动行走驱动装置往复运行，时间不少于2h。期间试验电动机内制动器的制动性能。要特别注意观察减速器的温升不得超过40℃，其轴承温度不应大于65℃，车轮与钢轨不得出现卡轨现象。堆料机运行期间确定各行走限位开关的位置，调整好后，将其固定。

（5）以上各部件试车应分别进行机旁（维修）、机上手动、自动试车。

（6）待各部运行正常后，堆料机整机进行联动空负荷试车，运行时间不少于48h。

（7）堆料机与取料机联动试车运行时间不少于48h。

10 侧式悬臂堆料机带负荷试车的要求有哪些？

答：待空车试运行正常后，可进行负荷试车，负荷试车分部分负荷（由25%～50%负荷开始，一直到满负荷，一般可分为三个阶段）试车与满负荷试车两种工况，应先进行不少于12h的部分负荷试车。部分负荷试车时应逐步增加负荷，最终达到满负荷程度。部分负荷试车没有问题后，才可进行满负荷试车。向悬臂胶带机加料时，胶带机必须达到正常运转速度后，才可往胶带机上加料。不能在胶带机静止时加物料。在负荷运转时，除按空车试运转时注意观察的各项外，还要观察和调整悬臂胶带机上的清扫装置及胶带和滚筒是否打滑，如果出现打滑现象，调整胶带机的重锤块数量。调整重锤块时，观察胶带机两托辊间胶带下垂度情况，最多不超过托辊间距离的2%，还要注意观察悬臂每次升高及堆料机行走是否按规定的工艺程序进行。

11 侧式悬臂堆料机启车前的注意事项有哪些？

答：侧式悬臂堆料机启车前的注意事项有：

（1）开机前必须对全机进行检查，各部工况均属良好，方可按开车顺序开动堆料机，进入作业状态。

（2）启车前，应用铃声预告，操作人员或其他人员应迅速离开危险区。

（3）堆料机能够长时间正常运行，取决于经常的检查和良好的使用、维护、保养。为保证堆料机正常工作，要求工作现场建立严格的交接班和操作人员定时巡视制度。要求操作和维修人员在现场经常进行巡视，在出现故障时能及时发现并得到处理。为保证堆料机正常工作并在出现故障时能及时发现并得到处理，本机设有报警装置，当某部位发生故障，就会通过电控系统在现场和中控室发出声光报警信号，提醒操作人员查明原因，及时检修，排除故障。

12 侧式悬臂堆料机监控、报警和保护部位有哪些？

答：(1) 堆料臂架的变幅角度，当变幅角度超过+16°和−16°时停机。

(2) 堆料臂架与料堆顶点距离小于约0.5m时停机。

(3) 堆料机变幅液压站的液压油温及液位予以监控。

(4) 堆料胶带机设有两级跑偏保护装置：一级跑偏发出故障报警信号，二级跑偏发出停机信号。

(5) 堆料胶带机两侧设有急停拉绳开关，发现胶带机运行出现异常故障可拉动线绳，胶带机及相关设备运转即停。

(6) 堆料机行走在料场两侧设置行程开关。

(7) 现场操作与维修人员在定时设备运转巡视过程中对上述部位应重点检查，发现停机现象应重点在上述部位中查找故障原因，及时检修。

13 侧式悬臂堆料机重点巡检内容有哪些？

答：侧式悬臂堆料机重点巡检内容有：

(1) 胶带机的托辊转动情况。如有异常声音或托辊不转动，胶辊脱胶等现象应及时检修，更换托辊。

(2) 胶带机的胶带运行是否对中。跑偏量不应大于50mm，若出现胶带跑偏现象应及时分析跑偏原因，进行纠偏处理。

(3) 胶带机的驱动装置运转情况。减速机不应有异常噪声及渗漏油现象，温升不应大于40℃，最高油温不得大于65℃。

(4) 胶带机头部清扫器与空段清扫器清扫物料的效果。清扫器与胶带的贴合情况是否合适，清扫器上黏附物料的多少，清扫器上螺栓是否松动、脱落。

(5) 胶带机传动滚筒与胶带的摩擦情况。是否存在打滑丢转现象，滚筒胶面是否出现局部胶面积大于摩擦面积的10%时，应予以更换滚筒。

(6) 胶带机打滑、跑偏等检测装置动作是否可靠。

(7) 堆料机行走驱动运转情况。减速机不得有异常噪音，温升不应大于40℃，最高油温不得大于65℃。

(8) 行走车轮组运行情况。车轮运转是否正常，是否存在啃轨现象。

14 侧式悬臂堆料机运行中应注意的事项是什么？

答：侧式悬臂堆料机运行中应注意的事项有：

(1) 使用中不允许超载运行。

(2) 在胶带机稳定运行后方可供料，供料要均匀，防止出现偏载现象。

(3) 停机前应先停止供料，正常情况下，禁止在带负荷工况停机。

(4) 运行时禁止检修、润滑、保养，设备有规定的除外。

(5) 运行中，严禁操作工在接近转动部位的狭窄处进行检修作业。

(6) 在对设备作业时应停机并切断控制回路，设备或安全装置的调整应由主值人员进行。

(7) 控制室工作人员应正确记录停机次数及故障部位。

(8) 认真填写运行日记，修理人员做好修理记录。

(9) 事故停机应查清原因及时排除。

(10) 发生重大事故后，应立即停机，保护现场并及时上报。

(11) 检修时，需先切断电源，挂“有人检修，禁止合闸”牌子，检修后做到“工完场清”，对设备确认无误后，才能开机。

(12) 工作或检修时，严防人和工具掉到胶带上。

(13) 可运行部件下方严禁站人。

15 侧式悬臂堆料机的操作方式分为哪几种?

答：侧式悬臂堆料机的操作方式有三种：

(1) 机上人工控制。机上人工控制适用于调试过程中所需要的工况和自动控制出现故障要求堆料机继续工作，允许按非规定的堆料方式，堆料和取料作业的工况。

操作人员在机上控制室内控制操作盘上相应按钮进行人工堆料作业。当工况开关置于机上人工控制位置时，自动机旁（维修）工况均不能切入，机上人工控制可对悬臂上卸料胶带机，液压系统，行走系统进行单独启停操作，各系统之间失去互相连锁，但各系统的各项保护仍起作用。

启动顺序是：

1) 启动悬臂上的卸料皮带机。

2) 启动液压系统。

3) 启动堆料皮带机。

4) 启动电缆卷盘。

5) 启动行走机构。

正常停车顺序：

1) 停止堆料皮带机。

2) 停止悬臂上的卸料皮带机。

3) 停止行走机构。

4) 停止电缆卷盘。

(2) 自动控制。自动控制方式下的堆料作业，由集控室和机上控制室均可实施。当需要集控室对堆料机自动控制时，操作人员只要把操作台上的自动操作按钮按下，然后按下启动按钮，堆料机上所有的用电设备将按照预定的程序启动，整机操作投入正常自动运行作业状态。在集控室的操作台上，通过按动按钮可以对堆料机实现整机系统的启动或停车。

在自动控制状态下启机前首先响铃，启动顺序是：

1) 启动悬臂上的卸料皮带机。

2) 启动液压系统。

3) 启动堆料皮带机（联锁信号）。

4) 启动电缆卷盘。

5) 启动行走机构。

正常停车顺序：

1）停止堆料皮带机（联锁信号）。

2）停止悬臂上的卸料皮带机。

3）停止行走机构。

4）停止电缆卷盘。

（3）机旁（维修）操作。机旁现场控制适用于安装检修和维护工况时需要局部动作，依靠机旁设置的操作按钮实现，在此控制方式下，堆料机各传动机构解除互锁，只能单独启动或停止。当工况开关置于机旁（维修）位置时自动及机上人工工况不能切入，机上人工工况的功能，机旁工况亦具备。但操作按钮只装在有利于维修操作的位置上。机旁工况不装行走操作按钮。

16　堆料机和取料机换堆作业有哪些规定？

答：为了实现物料的均化处理，堆料机需和取料机配套使用。即当一堆已堆满，堆料机需离开该堆区域，以便取料机进入该区域取料，这就是换堆。在换堆过程中，堆料机和取料机有一个联锁保护问题，即在正常工作或调车工况时，堆料机和取料机均不得进入换堆区，由限位开关来限制。当控制室发出换堆指令时，现场认为满足换堆条件后，将工况开关置于手动工况，此时堆料机和取料机才可进入换堆区。堆、取料机必须同时进入换堆区。如果堆料机没进入换堆区，则取料机就不能走出换堆区，反之亦然。只有等另一机进入换堆区后，两机才能分别走出换堆区，进入各自的工作区。这时，取料机开始取料，堆料机走到另一料堆区域的最远端等待。直到取料机走出中间危险障碍区后，堆料机才可以进行堆料作业。换堆时，堆料机的悬臂抬升到最高点，即上仰16°的位置，由限位开关来控制。

17　侧式悬臂堆料机如何进行堆料作业？

答：堆料机预定完成正常堆料过程时，首先应将堆料机置于手动工况位置，手动操作行走至一料场的固定堆料点（即远离料场中心的料堆中心点），并将堆料臂下降到最低点。然后选择堆料方式。正常堆料时，应选择自动操作方式。

自动堆料：可由中央控制室或机上进行，堆料机在堆料区域往返行走，卸料皮带机同时卸下物料，因本堆料机不要求物料的均化比，堆料机在料堆两侧的停留点是固定的，每次堆料时，堆料机总是从远离料场中心的固定点开始，在料堆的两个尖点之间往返行走进行堆料，直至物料探测仪触及料堆。这时，悬臂抬高一预定高度，然后继续往返行走进行堆料，直至达到标准堆高。由臂架处限位开关发出信号，通知控制室，料场已堆满，停止堆料皮带和堆料机的运行，将堆料臂升至最高位准备换堆。

手动堆料：手动堆料是由操作台人员在控制室操作按钮控制堆料机进行堆料，操作顺序与自动堆料一样，是在自动方式有故障或进行调试的情况下使用的堆料方式。

18　堆料机的日常检查项目和要求是什么？

答：堆料机的日常检查项目和要求是：

（1）轨道。检查轨道有无下沉、变形，压板螺栓有无松动现象。应及时校正轨道，拧紧螺栓。

（2）电缆。检查动力及控制电缆有无破损、老化及触点接触不良、烧焦等现象，应及时修复。

（3）减速器及液压站油箱的油位。油位若低于规定的标准，应及时补充并按规定换油周期换新油。

（4）制动器。制动瓦与制动轮间隙正常，制动可靠。若制动瓦磨损应及时更换，及时清除制动轮上的污物。

（5）轴承座。固定螺栓无松动，润滑良好。

（6）胶带机。胶带无断裂、撕裂，张紧适度，托辊滚筒运转灵活，各种保护装置良好。

（7）电气元件及限位开关。在机器开动时，观察各元件动作是否灵敏，发现接触点不正常时，及时修复。各限位开关动作应准确、可靠。

19 简述堆料机常见故障的诊断及处理。

答：堆料机常见故障的诊断及处理见表4-3。

表4-3　堆料机的常见故障诊断及处理

序号	故障形式	故障原因	消除故障措施
1	悬臂胶带机打滑	1. 物料过载； 2. 滚筒有油污； 3. 张紧力不够	1. 减少物料； 2. 清除油污； 3. 加大张紧力（向重锤箱内增加重锤块）
2	悬臂胶带机胶带边缘损伤	与导料槽、机架等碰撞	调整胶带与相关件距离，使其脱离接触
3	悬臂胶带机跑偏	1. 头、尾滚筒中心线与输送机中心线不垂直；头、尾滚筒与托辊安装不对中； 2. 胶带接头不直； 3. 受料偏载	1. 调整滚筒轴承座，重新安装、找正； 2. 重新连接； 3. 调节卸料挡板，使受料居中
4	滚筒转动不灵活	1. 轴承损坏； 2. 密封损坏； 3. 两侧轴承座中心线不同轴	1. 更换轴承； 2. 修理密封，加大间隙； 3. 重新安装、找正，拧紧固定螺栓
5	堆料机制动不灵	制动器制动瓦与制动轮间隙过大	调整间隙使其符合制动器说明书的要求

20 QG1500/46桥式刮板取料机的型号代表的含义是什么？

答：QG1500/46桥式刮板取料机的型号代表的含义是：Q-桥式；G-刮板式；1500-额定生产能力，t/h；46-取料机行走轮轨距，m。

21 桥式刮板取料机的主要用途是什么？

答：桥式刮板取料机的主要用途是：堆料机在料场堆积好物料后，由取料机从料场中间开始全断面取料，卸到取料皮带机上，完成物料的第二次混匀。

22 桥式刮板取料机主要参数有哪些？

答：桥式刮板取料机主要参数有：取料能力：Q＝1500t/h；设备跨度：L＝46m；取料

工艺：全断面取料；刮板驱动功率：2×110kW；刮板速度：v=0.6m/s；张紧型式：双缸液压张紧；端梁布置型式：一端固定、一端铰接；大车运行时速度：（变频调速范围）v=0.0078～0.078m/min，额定运行速度 v=0.062m/min；大车调车时速度：v=6m/min；料耙系统驱动方式：液压驱动、一套液压站、双油缸、双料耙。

23 桥式刮板取料机的主要结构组成是什么?

答：取料机的结构组成主要由箱形主梁、刮板输送部分、料耙、固定端梁、摆动端梁、动力电缆卷盘、控制电缆卷盘等部分组成。

24 桥式刮板取料机的桥式箱形主梁的组成部分有哪些?

答：箱形主梁截面尺寸为 2600×3000mm，四周由钢板围成。在长度方向上有若干个空心隔板起抗扭作用，内壁四周每边设有 2 道由槽钢组成的加强筋，用来提高箱形梁的稳定性。该梁由三段组成，段与段之间的连接在工地焊接。在每段之间的连接处设有定位块，用螺栓预连接，以保证各段连接到位。

桥梁的两个侧面每面都设有二段圆弧轨道（安装在大吊架上），用以支撑料耙下部。桥梁的下面设若干个支架座，用以悬吊刮板吊架。桥梁头部下面有悬吊头部链轮组的支座及溜槽，侧面有悬吊刮板驱动装置的支点。端头下部与固定端梁连接，梁尾部下面设刮板尾部链轮组和液压张紧装置的吊架。尾部端梁下面与摆动端梁的铰座相接，摆动端梁上的防偏装置通过桥梁端部摆动端梁相对转动来检测。桥梁头、尾部开有一个门，人可以通过该门和设在桥内壁的脚登架垂直上下，以便检修。梁的头、尾部上面设有护栏。梁头部上面放置控制室。

25 简述桥式刮板取料机的刮板输送部分的组成及工作原理。

答：在主梁下面吊着若干个吊架，吊架的上、下方各设置左、右导槽，上方中间和下方中间各设置一条防偏导槽，上方和下方左右导槽内装有两条输送链条。两条链条之间每隔 1000mm 设置一个折线型的刮板。头部设置传动链轮及传动装置。尾部设置张紧装置。在头部下方设置溜槽。

吊架由工字钢和钢板组成。上部用螺栓与主梁连接。链条是非标大节距套筒辊子输送链条，节距 500mm，每两个节距设置一个刮板。刮板上法兰与链条侧耳用螺栓固定。刮板为钢板结构，两侧边缘和底边缘镶有用耐磨材料制成的切割刮削刃。

驱动装置由两套立式 110kW 三相异步电动机、立式直交空心轴减速器组成；驱动装置驱动主动链轮轴，链轮轴带动链轮链条运动。

为减少启停车的冲击，采用智能电动机控制器来控制驱动电动机的启停。

尾部拉紧部分，采用一套液压站双缸张紧形式，其中包括尾部链轮、链轮轴、带滑动轨道的拉紧轴承座等组成。

由于链轮齿数少、大节距，旋转时链条对链轮中心距时刻产生周期性变化，即发生脉冲振动，液压张紧可减轻这种振动，提高链运动的平稳性。

26 桥式刮板取料机的料耙部分的组成是什么?

答：在主梁上部安有塔架，塔架上安有滑轮组和用来调整料耙角度的电动葫芦。由于耙车下部轨道为圆弧形，所以调整角度限定为35°～45°，以避免耙车脱轨。料耙为液压双缸分别驱动，取料时只驱动取料侧的料耙。

料耙整体形状为三角形骨架，由矩形方管组焊而成并形成立体桁架结构以提高料耙的刚度。下面装有很多耙齿用来安装耙料用的圆钢，用来耙动物料。

27 简述桥式刮板取料机的固定端梁组成和工作原理。

答：固定端梁由端梁体、车轮组、驱动装置组成。

端梁体是由钢板组焊而成，形成箱形结构。两套驱动共四个主动轮，还有四个从动轮。主动轮由驱动装置驱动，驱动装置由调频电动机（取料）—摆线针轮减速器—电磁离合器—双出轴电动机（调车）—直交中空轴减速器组成。取料时变频电机通过变频调速适应取料量的要求。动力通过摆线针轮减速器，电磁离合器通电吸合，通过调车电动机带动减速器输入轴（这时调车电动机不通电，起联轴节作用），再由减速器使主动轮转动。调车时，当一侧料场取料完需到另一侧取料时，需要设备快速行走，这时取料电动机断电，电磁离合器断电脱开，调车电动机通电，通过直交减速器带动主动轮，使设备快速运行。在端梁下部靠行走轮的轨道外侧，设两个侧向挡轮，端梁远端有两对对称挡轮使设备能承受刮板系统和料耙产生的侧向力。

28 简述桥式刮板取料机的摆动端梁的组成和工作原理。

答：桥式刮板取料机的摆动端梁由端梁体、铰支座、防偏机构、车轮组、驱动机构所组成。

端梁体是由钢板组焊而成的箱形结构，该端梁上部设有球铰支座，支座安有关节轴承。支座上部与桥梁尾端下部相连。

29 桥式刮板取料机的操作方式有哪几种？

答：取料机有三种操作方式，即自动控制、机上人工控制和机旁（维修）控制。每种操作是通过工况转换开关实现的。

（1）机上人工控制。机上人工控制适用于调试过程中所需要的工况和自动控制出现故障，要求取料机继续工作，允许按非规定的取料作业的工况。

操作人员在机上控制室内控制操作盘上相应按钮进行人工取料作业。当工况开关置于机上人工控制位置时，自动、机旁（维修）工况均不能切入，机上人工控制可对行走端梁、刮板输送系统、料耙系统进行单独的启停操作，各系统之间失去相互联锁，但各系统的各项保护仍起作用。

（2）自动控制。自动控制方式下的堆料作业，中控室和机上控制室均可实施。当需要中控室对堆取料机自动控制时，操作人员只要把操作台上的自动操作按钮按下，然后按下启动按钮，取料机上所有的用电设备将按照预定的程序启动，整机操作投入正常自动运行作业状态。

（3）在中控室的操作台上，通过按动按钮可以对取料机实现整机系统的启动或停车。在自动操作状态下启动，首先预告响铃，然后启动。

启动顺序是：

1）启动取料皮带机（联锁信号）。

2）启动电缆卷盘。

3）启动刮板输送系统。

4）启动耙车。

5）启动行走端梁。

正常停车顺序：

1）停止行走端梁。

2）停止电缆卷盘。

3）停止耙车。

4）停止刮板输送系统。

5）停止取料胶带机。

（4）机旁（维修）操作。机旁现场控制适用于安装检修和维护工况时需要局部动作，依靠机旁设置的操作按钮实现；在此控制方式下，取料机各传动机构解除互锁，只能单独启动或停止。

当工况开关置于机旁（维修）位置时自动工况及机上人工工况不能切入，机上人工工况的功能，机旁工况亦具备。但操作按钮只装在有利于维修操作的位置上。机旁工况不装行走操作按钮。

30 桥式刮板取料机的试车有哪些规定？

答：桥式刮板取料机试车规定有：

（1）取料机全部安装完之后，要认真检查各个部位，确认各处均安装良好，没有杂乱零散物件，才准许进行试运转。试运转前要认真检查各减速机、液力耦合器、液压制动器、润滑油箱和各轴承的润滑点，是否已按设计要求加好润滑油或润滑脂。

（2）首先松开所有联轴器或锁紧盘，通电检测电动机的旋转方向是否一致或符合图纸旋转方向。没有问题后，重新紧固锁紧盘上的螺栓并达到相应的拧紧力矩。

（3）按机旁（维修）工况试车。操作台工况开关置于机旁（维修）工况位置（此时自动工况及机上手动工况已切断），操作按钮设在各驱动装置附近（大车行走无此工况）。可单独操作各个驱动装置，如有不正常现象，应及时查找原因，排除故障，再进行试车。

（4）各个驱动装置单独试车正常后，再进行机上手动工况试车，机上手动工况操作在本机操作台上进行。操作台上的工况开关置于机上手动位置（此时自动工况及机旁维修工况已切断）。机上手动工况也是单独操作各个驱动装置动作（机上手动工况有大车行走）。运转时间各2h，检查各运转部件有无异常振动、噪声。温升正常，检查行走轮、挡轮和轨道接触情况，检查两端梁跑偏情况，检查刮板系统运转情况及料耙系统运转情况。

（5）空负荷试运转大车行走速度按由低到高方式逐步调整到最高速度运行。

（6）手动工况试车完成后，进行自动工况试车，工况开关置于自动位置（此时维修工况及手动工况已切断）。自动工况试车分：机上自动试车和中控室自动试车。应先进行机上自动试车。中控室自动工况试车在中控室进行，与出料皮带机联网，试车时间及大车运行速度等均按手动情况进行。自动控制程序是在电气系统安装和调试时已按事先规定编好的程序进行。参考电气系统说明书有关章节进行。

（7）在空车试运转无问题后方可进行负荷试车。运转时间不小于20h。负荷试车按自动工况、逐步加载程序进行，即控制大车运行速度，由最低速度开始，每运行4h提高一级速度，直到达到正常产量。负荷试运转期间，除按空负荷运转要求的有关内容检查外，还应检查电动机的电源波动是否正常，各连接螺栓有否松动，各密封是否良好，有无渗漏。轴承温升不得超过40℃，最大温度不得超过65℃。在负荷运转期间，一旦发现上述不正常情况时，应立即停止运转并进行处理。负荷运转一切正常后，可投入试生产。

31 桥式刮板取料机开车前的注意事项有哪些？

答：桥式刮板取料机开车前的注意事项有：

（1）接班试运转时应检查各运转部件有无异常振动、噪声。温升正常，检查行走轮、挡轮和轨道接触，检查两端梁跑偏情况，刮板系统运转及料耙系统运转情况。

（2）检查电动机的电源波动是否正常，各连接螺栓是否松动，各密封是否良好，有无渗漏，轴承温升不得超过40℃，电动机温度不得超过65℃。

（3）凡在本系统内任何地方出现事故必须停机时，按动紧急开关使取料机马上停止工作。

第三节 门式斗轮堆取料机及其他

1 简述MDQ1505型门式斗轮机的主要技术参数。

答：MDQ1505型门式斗轮机的主要技术参数为：

堆取能力：1500t/h　　堆高：10m

堆宽：47m　　堆长：不限

斗轮直径：6.5m　　斗轮斗容：单斗0.5m^3

带宽：1200mm　　起升高度：8.25m

大车运行速度空车：30m/min　　重车：5m/min

电动机总功率：465kW　　机器总重：220t

带速：3.15m/s

2 门式斗轮机的主要结构包括哪几部分？其特点是什么？

答：门式斗轮机又称门式滚轮堆取料机，门架活动梁上装有斗轮装置，既能堆料，又能取料；既可以分层取料，又可以抬起活动梁跨越煤堆，根据需要选取物料，运行方式比较灵活。其主要结构包括金属结构、斗轮及滚轮回转机构、滚轮小车行走机构、大车走行机构、活动梁起升机构、胶带输送机、尾车伸缩机构、操纵室和检修吊车等。

门式斗轮堆取料机的特点是将斗轮安置在活动梁上，即堆料系统和取料系统都设置在活动梁上，可以进行低位堆取作业。这样，随着堆料作业过程中料堆高度的变化，调整活动梁的位置，就可使机上抛料点与堆料顶部始终保持较低而又适度的落差，以尽量减少物料粉尘的飞扬，有利于煤场环境的保护。

3 简述门式斗轮机的堆取料工作过程。

答：门式斗轮机的堆取料工作过程为：

（1）门式斗轮机的取料工作过程是：取料时先开动伸缩机构使尾车远离台车，根据物料流动性能有以下两种取料方式：

1）当物体流动性能好时，可采用底部取料法。工作时大车每行进 0.5m 左右即停止不动，将活动梁降至最低点，斗轮从一端开始边行走边挖料。斗轮取完一层物料，则大车前进一段距离，滚轮行走机构反向运行，斗轮取第二层物料，再反向取第三层……

2）如果物料的流动性差，斗轮取料时物料不能自流。为了防止物料塌落砸埋斗轮，则必须采用分层取料法。工作时，大车每行进 0.5m 后即停车不动，将活动梁升到最高处（即超过煤堆顶部）。每次取料高度在 3.5m 左右。开动斗轮及滚轮行走机构，使斗轮沿活动梁由一端向另一端边挖取边行走。待滚轮到达活动梁上轨道终端后，开动大车 0.5m，让滚轮行走机构返回，如此斗轮反复取料。待滚轮取完一层时，活动梁返回初始位置下降 3.5m，滚轮返回取下一层。

（2）堆料工作过程是：先起升活动梁至堆料位置，并使斗轮停在远离尾车的立柱侧，开动伸缩机构使尾车向驱动台车靠拢。此时尾车上的胶带输送机的头部对准斜升胶带输送机的受料斗，启动尾车及门架横梁上的胶带输送机向煤场堆煤。当所在位置的煤场堆到规定高度时，大车前进一段距离，再继续堆煤。

堆料胶带输送机悬挂在门架横梁下部，抛料时为了减少粉尘飞扬，应尽量沿煤堆坡度顺序推进。

4 门式斗轮机的堆取料作业有哪几种操作方式？

答：由于门式斗轮堆取料机的堆煤作业是在三维空间中运行的，它的堆煤条件受限制较少，所以堆煤作业方式较多，且方法也比较灵活。常用的堆取煤方法是：

（1）定点堆煤法。先保持配料皮带机机架不动，在一点堆煤，当煤堆到预定高度后，机架行走一段距离再继续堆。堆满一行后，将大车行走一段距离，再堆第二行，直至堆到煤场终端，这时完成了第一层堆煤。然后将活动梁提升一段距离，再按堆第一层的方法堆第二层，如此往复作业，最后将煤场堆满，并达到最大堆高。

（2）分层堆煤法。配料小车做往复运动，并通过皮带机正反方向的运行将煤连续地、一层一层地抛至煤场，堆完一行后（达到预定高度），大车行走一段距离，再堆第二行，如此反复，直至储煤场终点。将活动梁提升一段距离，重复上述作业过程，直至将煤堆满。

（3）取煤作业方法。取煤原理是斗轮不断地旋转，斗轮小车往复行走，将储煤场的煤挖取出来，通过落料斗卸到受料皮带机上，受料皮带机将煤转运到移动皮带机上，再转运到尾车皮带机运走。斗轮小车往复运动为斗子挖掘煤提供了横向进给，大车行走可以为斗轮提供纵向进给，活动梁升降可以调整取煤高度，因此与堆煤作业一样，取煤作业也是在三维直角坐标系下的空间进行的。斗轮的取煤作业方法比较简单，大都采用分层取料法作业，斗轮首先在煤堆顶部取煤，斗轮在挖取煤的过程中，小车走完一个作业行程后，大车向前移动一段进给距离。然后小车反向行走，再度使斗轮进入挖取状态，直到将煤堆顶部一层全部取完。如果再取下一层，则将大车返回到初始位置，将活动梁下降一段距离，斗轮又可按上述过程切取第二层煤。如此循环，以满足上煤系统的需要。

5 门式斗轮轮体旋转驱动的结构特点是什么?

答：门式斗轮轮体结构形式为无格式斗轮，利用物料自重进行卸料。斗轮结构主要由料斗、滚轮、斗轮小车、圆弧挡板、斗轮驱动装置等组成。斗轮旋转采用双驱动，即在斗轮两侧同时驱动，这种驱动方式能够改善斗轮的受力条件，而且有利于斗轮卸料。采用液力耦合联轴器，有效地保证两侧驱动功率的平衡，同时又能对电动机、减速器及其他传动件起过载保护的作用，克服斗轮在取料过程中小车行走轮脱轨现象。

6 门式斗轮机各皮带机是如何协调完成堆取料作业的?

答：(1) 受料皮带机位于活动梁左半部分，它的功能是把斗轮挖掘出来的煤转运到移动皮带机后，再转运到尾车上去。由于受料皮带机几乎在全长段上接受斗轮卸下来的原煤，必然造成原煤对皮带机托辊的冲击，所以受料皮带机全部采用缓冲托辊组，以减少物料冲击。

(2) 移动皮带机位于活动梁的右半部分，是进行堆料、取料作业的双向运行皮带机。移动皮带机可在活动梁内移动，通过改变移动皮带机的位置，可分别完成堆料、取料作业。取料时移动皮带机移至受料皮带机下面，斗轮挖取的原煤卸入受料皮带机，再转运到移动皮带机，最后转运到尾车皮带上，完成取料作业。堆料时移动皮带机移至尾车头部改向滚筒之下，由系统皮带机运来的原煤经尾车卸入移动皮带机，再经移动皮带机转运给配料皮带机，堆至煤场。

(3) 配料皮带机是一条移动式堆料作业的皮带机，配料皮带机吊挂在活动梁下面，可沿设置在活动梁上的轨道往复运行。堆料时由移动皮带机卸下的原煤按照堆料作业要求，经配料皮带机有规则地堆到煤场。配料皮带机主要由机架、行走装置、电动滚筒、改向滚筒及托辊等组成。为减小原料对配料皮带的冲击，在配料皮带机上全程设置缓冲托辊。

(4) 尾车是地面系统皮带机与机上皮带机的连接桥梁，它通过机架、改向滚筒、托辊与地面皮带机的胶带套在一起，又通过圆环机构与活动梁连接，可以与主机同步行驶。门式斗轮堆取料机尾车为折返式，尾车采用了圆环变换机构，圆环可绕活动梁回转。取煤时尾车位于移动皮带机下面，移动皮带机处于取煤状态。堆煤时圆环机构回转，尾车改向滚筒运动至堆煤作业位置，移动皮带机处于堆煤状态，即可进行堆煤作业。

7 圆形煤场采用的DQ-4022型斗轮堆取料机的结构特点是什么?

答：圆形煤场采用DQ-4022型斗轮堆取料机，其结构是斗轮机沿着直径为25m的圆形轨道做圆周运动，圆形轨道以中心柱为圆心，内轨直径为3.4m。中心柱是斗轮堆取料机与给煤系统的连接中枢。

当煤需要堆存到储煤场时，来煤经高架栈桥上的皮带输送机落到中心柱的受煤斗，经斗轮机堆料桥架上的移动皮带机均匀地抛洒到储煤场内。当锅炉需要供煤时，斗轮堆取料机悬臂上的斗轮从煤场挖取煤，经悬臂上的皮带机将煤运至尾车，尾车上的皮带输送机将煤运到中心柱的落煤斗中，再由斗下的皮带机传输系统送往锅炉煤斗。

DQ-4022型斗轮堆取料机是由堆料机和取料机两部分组成：

(1) 堆料机由桥架、桥架行走机构、受料皮带机、移动式皮带机等组成。

(2) 取料机是一台行走在圆形轨道上的斗轮取料机。它由取料机构、变幅机构、旋转机构、悬臂架和尾车组成。

8 圆形煤场斗轮机取料机构的维护内容主要有哪些？

答：取料机部分的检修与维护主要是行走部分的检修，其内容包括轨道、车轮、轴承、减速机、齿轮、制动器及电动机等。圆形斗轮堆取料机行走在圆形轨道上，在正常运行时，车轮轮缘与钢轨有一定的间隙，由于轨道道钉松动或车轮轴承座螺栓松动等，易发生啃道现象，发现啃道时要认真查找原因，进行调整并做好记录。

第四节 推煤机及其运行操作

1 内燃机的结构组成有哪些？

答：内燃机是由机体与曲轴连杆机构、配气机构、燃料供给系统、点火系统、润滑系统、冷却系统、启动系统等组成。

2 内燃机的分类有哪几种？

答：内燃机的结构型式很多，根据活塞在汽缸中的运动型式不同，可分为往复活塞式内燃机和旋转活塞式内燃机。其中往复式内燃机的使用最为广泛，按照不同分类方式分为以下几种类型：

（1）按使用燃料的性质分：柴油机、汽油机、煤气机。

（2）按一个工作循环所需的活塞冲程次数分：二冲程机、四冲程机。

（3）按机体结构形式分：单缸机、多缸机。多缸机根据汽缸排列方式不同，又分为：直列立式、直列卧式和“V”型排列式等。

（4）按冷却方式分：水冷式、风冷式。

（5）按点火方式分：压燃式、点燃式。

（6）按进气方式分：非增压式、增压式。

（7）按额定转速分：高速（额定转速在1000r/min以上），中速（额定转速在600～1000r/min范围内），低速（额定转速在600r/min以下）。

（8）按用途分：固定式（如发电、钻井等用）和移动式（如汽车、推煤机、装载机、船舶动力用、内燃机车动力用等）。

3 柴油机的工作原理是什么？

答：柴油机是将柴油以高压喷入气缸进行燃烧，产生高的压力推动活塞，经过曲轴连杆机构把活塞的往复运动变为曲轴的旋转运动，并通过飞轮将动力输送给推煤机或其他机械的传动装置。一般推煤机的主发动机大都为四冲程柴油机。

4 四冲程内燃机的工作循环过程是什么？

答：四冲程内燃机是通过气缸内连续进行进气、压缩、做功、排气四个过程来完成的，这个过程的总称叫作一个工作循环。完成一个工作循环曲轴转两圈，活塞走四个冲程的内燃机称为四冲程内燃机。

5 机体与曲轴连杆机构的组成与作用是什么?

答：机体与曲轴连杆机构的主要零件有：汽缸体、曲轴箱、汽缸盖、活塞、连杆、曲轴和飞轮等。

机体与曲轴连杆机构的作用是将燃料在汽缸中燃烧产生的燃气压力，推动活塞在汽缸内做往复运动，通过连杆传动曲轴旋转。曲轴的作用是接受从活塞、连杆传来的动力，将活塞、连杆的往复运动转变为旋转运动，由曲轴的末端输出动力，带动工作机械转动。

6 配气机构的作用及组成是什么?

答：配气机构的任务是适时地向气缸内提供新鲜空气，并适时地排出气缸中燃料燃烧后的废气。它由进气门、排气门、凸轮轴及其传动零件组成。

7 顶置式气门机构的工作过程是什么?

答：顶置式气门机构的工作过程是：凸轮轴由齿轮带动旋转，凸轮也随着凸轮轴转动。凸轮的凸起部位将挺柱向上顶起，推杆也随之上升，推动摇臂的一端使摇臂摆动；摇臂另一端克服气门弹簧的弹力作用，将气门向下推动逐渐开启。当凸轮顶部在最高位置时，气门大开；当凸轮顶部离开挺柱后，在气门弹簧的张力作用下摇臂上升而紧压在气门座上，关闭气门。

8 燃料供给系统的作用及组成是什么?

答：燃料供给系统的任务是按照内燃机工作时所需求的时间，供给汽缸适量的燃料。

燃料供给系统由燃料箱、燃油滤清器、油泵、喷油器等组成。

9 点火系统的作用和组成是什么?

答：点火系统是用来适时地点燃汽缸中的可燃混合气。

点火系统由火花塞、点火线圈、分电器和蓄电池（或磁电动机）等组成。

10 润滑系统的作用和组成是什么?

答：润滑系统的作用是向内燃机各运动机件的摩擦表面不断地提供适量的润滑油。

润滑系统由机油泵、机油滤清器、机油箱及散热器、安全限压器等组成。

11 气环和油环的作用是什么?

答：气环的作用是和活塞一起封闭气缸以防漏气。

油环的作用为：

（1）刮掉气缸壁上多余的润滑油，以防止润滑油窜入燃烧室燃烧而产生积炭。

（2）使气缸壁上的润滑油均匀分布，改善活塞组的润滑条件。

12 活塞与连杆的连接方式有哪几种?

答：活塞与连杆的连接方式有三种：定销式、连杆销孔定销式和浮式活塞销的连接。其中浮式活塞销的连接特点是，活塞销在销座中和连杆小端处都转动，即活塞销和连杆小端，活塞销和销座都有相对运动。

13 飞轮的作用是什么？

答：飞轮的作用是将做功冲程中曲轴所得到的能量一部分储存起来，以使曲轴连杆机构克服非做功冲程的阻力而连续运转，使曲轴的转速均匀；飞轮还可以使内燃机克服短时间的超载。

14 冷却系统的作用和组成是什么？

答：内燃机工作时，燃烧气体在汽缸中的温度高达2000℃左右，与之接触的受热零件（汽缸套、活塞、活塞环、汽缸盖和汽门零件等），如不进行适当的冷却，必将强烈受热而损坏。因此，冷却系统的主要作用是：将受热零件吸收的部分热量及时散到大气中，保证内燃机在最适宜的温度状态下工作。

冷却系统由水泵、散热器（又称水箱）、风扇、水套、节温器、水温表等组成。

15 水冷却系统的优点是什么？

答：水冷却系统的特点是：在内燃机的汽缸周围和汽缸盖中设有冷却水套，使内燃机多余的热量被水套中的冷却水吸收，再以一定的方式散到大气中。与风冷式相比较，它的优点是冷却可靠而且效果好。

16 启动系统的作用是什么？内燃机的启动方式有哪几种？

答：启动系统是以外力转动内燃机曲轴，使内燃机由静止状态转入工作状态。内燃机必须借助外力以一定的转速转动曲轴，使内燃机能够自行运转启动。

内燃机的启动方式有：人力启动、电力启动、专用汽油机启动以及压缩空气启动。

17 空气滤清器的作用是什么？

答：空气滤清器的作用是清除进入气缸（柴油机）或汽化器（汽油机）空气中所含的尘土和砂粒，以减少气缸、活塞和活塞环的磨损。

18 增压的原理是什么？

答：增压是将进入内燃机气缸的空气，预先压缩或压缩后再加以冷却，以提高其密度，同时增加喷油量，从而提高平均有效压力。

19 废气涡轮增压器的工作原理是什么？

答：废气涡轮增压器是利用柴油机气缸排出的废气能量推动增压器中的涡轮，并带动同轴上的压气机叶轮旋转，将压缩了的空气充入气缸，增加气缸里的空气数量。同时增加喷油泵的供油量，使更多的柴油和空气更好地混合燃烧，以提高内燃机的功率。

20 简述柴油机燃料供给系统的组成。

答：柴油机燃料供给系统一般由油箱、柴油滤清器、输油泵、喷油泵和喷油器以及输油管等组成。

21 柴油粗滤器与细滤器有何区别？

答：柴油粗滤器与细滤器的作用都是清除柴油中的杂质和水分。粗滤器的作用原理是当柴油流过时，利用滤芯上的细小缝隙阻止较大颗粒的杂质。细滤器的滤芯一般由棉纱、毛毡或滤纸等制成，用以吸附其中极小的微粒杂质。

22 输油泵的组成和作用是什么？

答：输油泵主要由泵壳、柱塞、挺杆、柱塞弹簧、进油阀、出油阀和手油泵等组成。输油泵的作用是提高燃油的输送压力，以供给喷油泵所需的燃油。

23 喷油泵的原理是什么？

答：喷油泵的泵油分为进油、泵油和回油三个阶段。泵油的原理是：凸轮顶住挺柱，克服柱塞弹簧的弹力推行柱塞上行，当柱塞封闭进油孔时，柱塞上腔行程密封的空间，柴油油压急剧上升。克服出油阀弹簧的弹力和高压油管内的剩余压力顶起出油阀，高压油进入高压油管，向喷油器供油。当油压达到喷油器开始喷油压力时，柴油经过喷油器的喷孔喷入燃烧室。

24 采用交流发电机调节器的优点是什么？

答：与传统的直流发电机比较，交流发电机的优点是：

（1）体积小、质量小、结构简单、维修方便。

（2）能提高内燃机对发电机的传动比，使内燃机在较低转速运转时，发电机也能向外输出电流，故能提高内燃机低速运转时的充电性能。

（3）采用交流发电机后，相匹配的调节器简单了许多，只需要一组节压器便能满足要求。

25 简述 T140-1 型推煤机的主要技术性能参数。

答：主要技术性能参数有：

自重：17t　　最大牵引力：137.5kN

活塞总排量：12L　　气缸数-缸径×行程：6-135mm×140mm

标定转速：1800r/min　　行走速度：2.52～10.61km/h

标定功率：103kW(140PS)

燃油消耗量：≤245g/(kW·h)[≤180g/(PS·h)]

机油消耗量：≤3.4g/(kW·h)[≤2.5g/(PS·h)]

冷却方式：闭式循环水冷却　　启动方式：24V 电启动

空气滤清器：卧式两级滤清　　最小离地高度：400mm

启动电动机型号：QD27A 型　　功率：8kW（11PS）

发电机型号：3JF500A 型　　容量：500W　　电流：21A

接地方式：负极搭铁

各油箱加注油容量如下：

水箱及柴油机冷却水：60L　　工作装置液压系统用油：85L

柴油机润滑油系统用油：25L　　　　柴油箱装柴油：230L
分动箱、主离合器用油：35L
支重轮、引导轮、托链轮用油（每个）：0.35L
终传动用油（单位）：40L　　　　平衡梁用油：2L

26 列举 TY220 型推煤机的主要性能参数。

答：TY220 型推煤机的主要性能参数有：
额定转速：1800r/min　　　　额定功率：162kW(220PS)
缸数—缸径×行程：6—139.7mm×152.4mm　　　　活塞排量：14.01L
最小耗油量：≤228g/(kW·h)[≤180g/(PS·h)]
液力变矩器：三元件，一级一相
变速箱：行星齿轮，多片离合器、液压结合强制润滑式
中央传动：螺旋锥齿轮，一级减速，飞溅润滑
转向离合器：湿式，多片弹簧压紧、液压分离，手动-液压操作
转向制动器：湿式、浮式，直接离合、液压助力，联动操作
最终传动：二级直齿轮减速，飞溅润滑
最小离地间隙：405mm　　　　使用质量：23450kg
接地比压：0.077MPa　　　　最小转弯半径：3.3m
爬坡性能：30°　　　　履带中心距：2000mm
单铲容量：5.6m^3　　　　生产率：330m^3/h

27 推煤机试转中的检查内容及要求有哪些？

答：推煤机试转中的检查内容及要求有：

（1）在启动及试运过程中，应做好防止发动机超速的准备，在发生发动机超速时能立即停车。

（2）试运转的检查：

1）仪表指示正常，机油压力为 0.196～0.245MPa，柴油压力为 0.0686～0.098MPa，水温为 60～90℃。

2）在试运转中每挡至少要分合主离合器 2～3 次，以检查主离合器的工作情况，应无卡死和打滑现象。由有经验的人员调整主离合器，必要时停止主发动机后再进行调整。

3）变速箱各挡的变换应轻便灵活，运行中无异常的响声及敲击声。主离合器接合时，其自锁机构保证不跳挡。

4）保证转向离合器在各挡时均能平稳转向。在一、二挡行驶时，在原地做左右 360°急转弯试验。要求：被制动一侧履带停转，制动带无打滑和过热现象，制动踏板不跳动。对其余各挡，做两次左右 360°转弯试验，应良好。

5）刹车装置应保证在 20°的坡度上能平稳停住。

6）在平坦干燥的地面上和不使用转向离合器及制动器情况下，推煤机做直线行驶。其自动偏斜应不超过 5°，链轨的内侧面不允许与驱动轮或引导轮凸缘侧面摩擦，其最小一面的间隙不小于两面间隙总和的 1/3。

7）铲刀起升、下降应灵活平稳，并能在任何位置上停住，绞盘无打滑现象。

8）试运转结束后，应进行技术保养，并消除试运转中发现的各种缺陷，做好交车准备。

28 推煤机启动前的准备工作有哪些？

答：启动前的准备工作为：

（1）检查冷却系统是否有水，柴油箱是否有油。检查润滑系统的油底壳、喷油泵、调速器、变速箱、终减速装置、支重轮、张紧轮、托链轮等部位的润滑情况，补充润滑油。

（2）检查并拧紧各部松动的螺栓，清除空气滤清器积尘；检查与调整各操纵杆及制动踏板的行程范围、间隙和可靠性；检查照明系统及各部位有无漏水、漏油、漏气现象。

（3）打开柴油箱下部的放泄阀门，将柴油中的沉淀水放出。将柴油箱下部输油管截门打开，排除管路中的气体。环境温度低于5℃时，应将冷却水加热到80℃以上再加入水箱，当热的冷却水从放水截门流出后，再关闭本截门，并继续加注热的冷却水，直至加足为止。

（4）推煤机启动时：

1）将主离合器操纵杆推向前方，使主离合器处于“分离”状态。

2）把变速箱进退操纵杆放在需要的位置。

3）将油门操纵杆拉开1/3行程。TY220应打开燃油截止阀（停止工作时需关闭手动燃油截流阀）。

4）将变速操纵杆放在“空挡”位置。

5）使推煤装置操纵杆处于中间“封闭”位置。

29 推煤机运转当中的监视项目内容有哪些？

答：柴油机运转当中应注意检查项目有：

（1）电流表的指针应该指向充电位置（即指针指向“+”），随时间的推移，指针逐渐转向“0”。

（2）机油压力表指针应在0.29～0.34MPa（3.0～3.5kgf/cm^2）。

（3）水温在75～85℃范围内为适宜的负荷工作温度，最高时可达90℃。

（4）机油油温80℃为适宜的工作温度，最高可达90℃。

（5）检查润滑油、冷却水等有无泄漏、排气是否正常，各部位有无异响、异状，如爆发不齐，敲缸响声等。

30 推煤机爬坡角度是多少？

答：推煤机纵向爬坡角度为25°，极限爬坡角度为30°，横向坡道不得大于25°。

31 推煤机的操作驾驶注意事项有哪些？

答：推煤机的操作驾驶注意事项有：

（1）推煤机起步前应仔细检查现场，避免人身事故或损坏其他物品。

（2）先将加速器手柄推到低速空转位置，再将主离合器彻底分离。此时可将变速杆稳、准地移到所需的挡位，将换向杆推到前进或后退位置。

（3）挂挡后，可将加速器手柄向上拉到行程的中间位置，同时缓慢地结合离合器，推煤机即开始起步。随即将主离合器拉到最后面，越过死点，推煤机进入正常行驶。严禁离合器处于半结合状态。

（4）推煤机在运行中需要转弯时，应操纵操向杆和脚踏板。当拉动右操向杆时，推煤机向右转弯；当拉动左操向杆时，推煤机向左转弯。拉动要缓慢，放松要平稳。当推煤机需要急转弯时，除拉动操向杆外，还要踏一下同一侧的脚踏板。操纵时要注意：当需要踏下脚踏板时，必须先拉动操向杆，然后踏下脚踏板。转向结束时，必须先松开脚踏板，再松开操向杆。当转弯半径较大时，尽量不踏脚踏板。

（5）推煤机工作时，负荷不能过高或过低，负荷过高（超载）或过低（不足）会增加发动机缸套内的积炭，引起活塞环胶结等故障，降低发动机寿命。

（6）正常工作时，驾驶员必须经常监视油温、水温及油压的指示数据，以及机械有无异常变化等，发现问题，及时排除。

（7）推煤机不允许在硬路面上四五挡行驶。

（8）推煤机在行驶中，如需急转弯，应用一挡小油门。

（9）不需要使用制动时，驾驶员的脚不应放在制动踏板上，以防制动器摩擦片不必要磨损和增加燃油消耗量。

（10）推煤机越过障碍物时，用一挡并将两转向离合器稍分开，便于推煤机在障碍物顶点上缓慢行驶。然后轻轻地连接其中的一个转向离合器，使推煤机平稳地转过一个运动角度，以免冲击。

（11）推煤机行驶时，应根据坡度的大小选用一挡或二挡。此时应降低发动机转速。

（12）推煤机上下坡行驶，禁止变速（换挡），上坡时应采用前进一挡。绝对禁止推煤机横坡行驶。

（13）换挡必须在斜坡上停车时，在分离离合器的同时，必须踩住制动踏板，以防推煤机自行下滑。长时间停车时，可使用制动锁。

（14）推煤机通过铁路时，应用一挡并垂直于铁轨行驶。当通过铁路影响信号时，必须用木块或草垫垫在铁轨上面，保证绝缘后再通过，以防发生事故。严禁推煤机在铁路上停留。

（15）要停车时，先分离主离合器，将变速箱挂空挡，然后再接离合器。此时发动机再以空负荷小油门运转几分钟后，才可停止供油，使发动机熄火。

（16）如果天气较寒冷，有结冰的可能时，停车后应待冷却水的温度下降至40℃左右，再将水全部放出。放水不应在停车后立即进行，以免冷热悬殊，使水套激裂。

（17）如需放机油，应在发动机熄火后立即进行，使悬浮在表面的杂质随机油一起排除。

（18）为避免发动机燃油供给系统中漏入空气，应在停车后仍将燃油箱的开关开着，如停车时间较长，则可关闭燃油箱的出油阀。

（19）推煤机在接近易燃场地时，发动机排气管必须带上灭火消声器。

（20）换班时，交班的驾驶员应把推煤机的技术状态向接班人员作详细介绍。

第五节　布　料　机

1　环式布料机的工作原理是什么？

答：物料通过筒仓上方栈桥的带式输送机输送到环式布料器的旋转皮带机上。在皮带机下方设置了缓冲床，有效减轻了煤流对皮带的冲击。皮带机通过旋转支撑固定在筒仓的中心，通过皮带机向大小环卸料。物料通过皮带机的布料点卸入筒仓的大、小环位置的筒仓内，实现向筒仓内均匀布料，增大了筒仓的容积率，同时布料均匀，不会对筒仓产生不平衡的侧压。行走驱动传动采用销齿传动，实现皮带机绕筒仓中心360°旋转。筒仓通过大、小环形槽的密封盖板总成实现对筒仓的良好密封，同时密封盖板总成连接在皮带机架上实现绕筒仓中心旋转。

2 环式布料机的作用和优点有哪些？

答：通过设置在筒仓顶部的环形落料口均匀地将原煤撒落在筒仓内，使筒仓能够最大限度地贮存原煤。也可以根据筒仓贮煤不均的现象，通过启动或停止旋转大车来达到定点装煤。

布料机的双向带式输送机沿着筒仓的两个不同半径的内、外环形落料口分别均匀地将来煤撒落在筒仓里；密封装置能有效地控制粉尘飞扬，也能避免雨水、雪或其他杂物进入仓内。

3 环式布料机的主要结构组成有哪些？

答：可逆环式布料机是布置在可旋转平台上的可逆（双向）带式输送机。主要有全封闭的双向带式输送机、可逆双向旋转大车及整体密封装置组成。销齿传动机构、回转机构、胶带张紧装置（外置式螺旋拉紧）旋转进料漏斗、出料漏斗、防雨罩、大车行走机构、环隙缝槽密封装置和电控系统构成。

4 环式布料机的控制方式有哪几种？

答：环式布料机的控制方式有三种：手动调试、就地控制和远程控制，并可实现与上级系统联锁。布料机工作时需要首先开启皮带机，再启动行走机构，使其沿着轨道进行旋转。皮带机运转，把物料卸入到大、小环，使筒仓内的物料均匀连续上升，直到筒仓装满。

5 布料机的产品型号含义是什么？

答：布料机的产品型号含义是：DB-带式布料机；16/36-“16”表示布料机输送胶宽度系列，$B=1600$(mm)；“36”表示布料机配套筒仓的直径 ϕ36m。

6 环式布料机的主要特点有哪些？

答：环式布料机的主要特点有：

(1) 头部布袋除尘器和整机密封，使现场粉尘污染达到国家控制标准 10mg/m^3，降低员工患职业病的风险。

(2) 中部可调式比例分流器，实现头部和中部同时卸煤并可以调节头部和中部的卸煤量。

(3) 皮带机可逆运行，降低轨道、皮带机的制造和安装精度，安装调偏托辊，皮带跑偏风险大大降低。

(4) 皮带机可逆运行，皮带机的重要部件（电动机、减速机、耦合器、联轴器、滚筒、托辊、清扫器、皮带等）寿命延长，降低了保养、维护工作量。

（5）皮带机的运量和筒仓落料方式不变，且堆料速度更快，布料更均匀。

（6）采用环形滑缆供电，结构简单，寿命长，检修方便，电控采用无线遥控，成熟可靠，系统简单。

（7）采用双向旋转可逆布料机，进行筒仓均匀布料。在头部采用声光报警，双向拉线开关等。

7 环式布料机运行前的检查内容有哪些？

答：环式布料机运行前的检查内容见表4-4。

表4-4　环式布料机运行前的检查内容

序号	检查项目	项目内容	备注
1	各轨道面	无异物和障碍物	
2	各连接处	各连接点无松动	
3	各减速器和润滑点	无异物、油位正常、油色正常	
4	各线路和线管	无破损、接头无松动、接地点完好、无短路点	
5	故障信号	无故障信号	
6	电气元件	各熔断器、控制器、PLC完好	
7	电压	三相电压平衡，在360～390V范围内	

8 环式布料机在哪些情况下应立即停车处理？

答：环式布料机在下列情况下，应立即停车处理：

（1）胶带严重跑偏、胶带撕裂时。

（2）超负荷，胶带打滑、托辊不转或闷车时。

（3）电气或机械部件温升超限或运转声音异常时。

（4）较大的材料或矿物进入输送机内，有危及输送机运转或堵塞煤仓的可能时。

（5）输送机运转危及设备及人员安全时。

（6）电压缺相或不平衡时。

（7）出现停车或不明信号时。

9 环式布料机的操作注意事项有哪些？

答：环式布料机的操作注意事项有：

（1）操作人员应熟悉所用的布料机的结构、性能、工作原理和完好标准及其在保护装置系统中安装的位置。

（2）操作人员必须在工作现场交接班，交清设备运转情况、存在的问题及应注意事项，并做好交接班记录。

（3）操作人员必须按规定的信号开、停布料机。

（4）在对输送机检修、处理故障或做其他工作时，必须锁闭布料机的控制开关，并挂上规定的告示牌。

（5）布料机启动运行，应做到的事项为：

1）启动前先发出信号，警告人员离开输送机转动部位和运输区域。

2）启动电动机，观察机头传动装置，各滚筒运转情况，清扫器及其他附属装置工作情况。

3）注意胶带张紧情况。

4）加载后注意胶带运行情况，发现跑偏，应立即调整。

5）加载后还应注意电动机、减速器和各滚筒的温升，发现异常应停机检查处理。

10 环式布料机维修和保养要求有哪些？

答：环式布料机的维修和保养要求有：

（1）电动机、减速机、液力耦合器、回转轴承以及集电器的使用、维修、保养，按厂家提供的使用说明书进行。

（2）设备的清扫工作应在停车状态下进行。

（3）检修时，检修人员必须与主控室联系，在操作按钮和现场操作开关处挂“停电检修牌”，检修完取回检修牌，检查检修现场一切正常后，方可开始运行。

（4）每班开机前，应检查轨道上有无积煤及障碍物，如有应予以清除。

（5）每班停机后，将设备与现场清理干净。

（6）定期检查所有螺栓是否松动，销轴是否有损坏。

（7）定期检查销齿传动齿轮间隙，并及时调整。

11 环式布料机调试前的准备工作有哪些？

答：环式布料机调试前的准备工作有：

（1）检查各连接螺栓是否松动。

（2）凡是能够用手动的机构均进行盘车试验，不得有卡阻现象。

（3）检查各润滑点的供油情况。

（4）检查安全防护装置是否可靠。

12 环式布料机调试运转规定有哪些？

答：环式布料机调试运转规定有：

（1）空载分步试运转。在就地控制柜上分别对布料机设备的皮带机和旋转大车进行试运转。

1）皮带机试运转。皮带机试运转之间应选择正转或反转（大布环或小布环），建议先选择小布环。皮带机试运转时请参照带式输送机试运转及调试规定进行，在此基础上还可以对尾部拉紧装置进行微调，使皮带机胶带不跑偏。连续试转时间应不小于4h。

试验结果要求：运行平稳、不跑偏、不打滑；胶带保护装置运作准确。轴承温升不得大于55℃，其最高温度不得超过80℃，各处无泄漏。

2）设备旋转试运转。连续试转时间应不小于1h。

试验结果要求：运行平稳、不卡涩、无噪声；大车轮及小车轮的轴承、齿轮马达温升不得大于40℃，其最高温度不得超过80℃，各处无泄漏；反向灵活；齿轮马达电机电流正常。

（2）空载整体试运转。在就地或程控对布料机设备的皮带机与旋转大车进行试运转；连续试转时间应不小于 2h。

试验结果要求：运行平稳、不跑偏、不打滑；胶带保护装置运作准确；所有轴承、减速器温升不得大于 40℃，其最高温度不得超过 80℃，各处无泄漏；电动机电流正常；密封装置无卡阻，其运行噪声小或无噪声、反向灵活。

（3）负载试运转。首先将导料槽上的煤流挡板（向内）调整至最小位置，启动大车旋转，选择皮带机正转（大布环）。进入布料机的煤流量应由小到大，以保证皮带机不跑偏。连续试转时间应不小于 6h。

试验结果要求：运行平稳可靠。电动机电流正常，性能参数达到设计要求。轴承外壳温升不得大于 40℃，其最高温度不得超过 80℃，各处无泄漏。机架无永久变形、无破裂、连接部位无松动、无损坏。

第五章

输 煤 设 备

第一节　常用皮带输送机

1　输煤系统主要由哪些设备组成？

答：输煤系统主要设备有：翻车机等卸煤设备、给料机、皮带输送机、斗轮机等煤场设备、筛碎煤机、除铁器、除尘器、电子皮带秤、自动采样器、犁式卸煤器、电动三通切换挡板、各种传感器以及排污泵等。

2　带式输送机的优点与种类有哪些？

答：在火电厂将煤从翻卸装置向储煤场或锅炉原煤仓输送的设备主要是带式输送机。带式输送机同其他类型的输送设备相比，具有生产率高，运行平稳可靠，输送连续均匀，运行费用低，维修方便，易于实现自动控制及远方操作等优点。另外，刮板输送机大多用作给煤设备和配煤设备，管道输送装置及气动输送装置等由于有多种不足而很少被采用。

按胶带种类的不同，可分为普通带式输送机、钢丝绳芯带式输送机和高倾角花纹带式输送机等；按驱动方式及胶带支承方式的不同，可分为普通带式输送机、气垫带式输送机、钢丝绳牵引带式输送机、中间皮带驱动带式输送机、密闭带式输送机和管装带式输送机等；按托辊槽角等结构的不同，还可分为普通槽角带式输送机和深槽形带式输送机。随着设备的不断增容与改善，普通带式输送机又分为 TD62 型、TD75 型和 DTⅡ型。

3　TD75 型和 TD62 型皮带机主要有哪些区别？

答：TD75 型和 TD62 型皮带机从设备组成上看是基本相同的，所不同的是设计参数的选取及个别部件的尺寸有所改变。在运行阻力、结构、制造和功率消耗等方面，TD75 型比 TD62 型皮带机要先进。TD75 型皮带机托辊槽角为 30°，而 TD62 系列托辊槽角为 20°。TD75 型输送机托辊可使胶带的输送量提高 20%左右，并能使物料运行平稳，不易撒落。由于输送量的提高，在相同出力的情况下，就可使胶带宽度下降一级，因而 TD75 型槽形托辊可节约胶带费用。

4　TD75 和 DTⅡ皮带机的型号中各段字符的含义是什么？

答：（1）TD75 型皮带：T-通用；D-带式输送机；75-1975 年定型的带式输送机系列。

（2）DTⅡ型皮带：DT-带式输送机通用型代号；Ⅱ-1994年定型的带式输送机系列（属我国第二次定型）。

TD75型及DTⅡ型固定式带式输送机都是通用系列设备，可输送500～2500kg/m³的物料。DTⅡ型皮带机的结构更为合理。

5　输送胶带有哪些种类？

答：胶带按带芯织物的不同，可分为棉帆布型、尼龙布型、钢丝绳芯型。按胶面性能的不同，可分为普通型、耐热型、耐寒型、耐酸型、耐碱型、耐油型等。目前，电厂输煤系统中常用的胶带是普通帆布胶带、普通尼龙胶带和钢丝绳芯胶带。

6　普通胶带的结构性能和主要技术参数有哪些？

答：普通胶带一般用天然橡胶作胶面，棉帆布或维尼龙布作带芯制成。以棉帆布作带芯制成的普通型胶带，其纵向扯断强度为56kN/(m·层)，一般用于固定式和移动式输送机；以维尼龙作带芯制成的强力型胶带，其纵向扯断强度为140kN/(m·层)，用于输送量大，输送距离较长的场合。

普通胶带的主要技术参数有：宽度、帆布层数、工作面和非工作面覆盖胶厚度。

7　普通皮带机的结构和工作原理是什么？

答：普通皮带机主要由胶带、托辊、机架、驱动装置、拉紧装置、改向滚筒、制动装置和清扫装置等组成。

皮带机在工作时，主动滚筒通过它与胶带之间的摩擦力带动胶带运行，煤等物料装在胶带上和胶带一起运动。普通皮带机的最大提升角为18°。

8　输送带运动的拉力和张力是指什么？

答：滚筒与输送带之间的摩擦传动，传动滚筒传给输送带足够的拉力，用以克服它在运动中所受到的各种阻力。输送带以足够的压力紧贴于滚筒表面，两者之间的摩擦作用使滚筒能将圆周力传给输送带，这种力就是输送带运动的拉力。

运行阻力和拉力形成使输送带伸张的内力，即张力。张力大小取决于重锤拉紧力、运输量、胶带速度、宽度、输送机的长度以及托辊结构、布置方式等。由皮带机的张力传递方式可知：胶带沿运动方向前一点的张力等于后一点的张力与两点之间胶带运行阻力之和（主动滚筒处的张力变化除外）。

9　输送带的初张力有何作用？

答：为了使传动滚筒能给予输送带以足够的拉力，保证输送带在传动滚筒上不打滑，并且使输送带在相邻两托辊之间不至过于下垂，就必须给输送带施加一个初张力，这个初张力是由输送机的拉紧装置将输送带拉紧而获得的。在设计范围内，初张力越大，皮带与驱动滚筒的摩擦力越大。

10　拉紧装置主要结构形式有哪几种？

答：拉紧装置的主要结构形式有：螺杆式、小车重锤式、垂直重锤式、液压式、卷扬绞车式等。

11 设计皮带机时应考虑哪些原始数据及工作条件?

答：设计皮带机时应考虑的原始数据及工作条件为：

(1) 物料名称和输送量。

(2) 物料的性质。包括：

1) 粒度大小、最大粒度和粒度组成情况。

2) 堆积密度 γ。

3) 堆积角 ρ。

4) 温度、湿度、黏度和磨损性等。

(3) 工作环境。露天、室内、干燥、潮湿、灰尘、极端高低气温、平均降水量、风向风速等。

(4) 卸料方式和卸料装置形式。

(5) 给料点数目和位置。

(6) 输送机布置形式及尺寸。

12 提高滚筒与输送带的传动能力有哪几种方式?

答：提高滚筒与输送带的传动能力的方式有：提高输送带对滚筒的压紧力；增加输送带对滚筒的包角；提高滚筒与输送带之间的摩擦系数。

压紧滚筒给传动滚筒增加压力的办法，由于构造复杂，很少采用。采用改向滚筒来增大输送带对滚筒的包角，这是常用的简便方法，但它所增加的数值有限，300m 以上的长皮带机往往根据需要采用双滚筒传动，可使包角增大得较多。

13 双滚筒驱动的主要优点有什么?

答：双滚筒驱动的主要优点是：可降低胶带的张力，因而可以使用普通胶带来完成较大的输送量；可减少设备费用，驱动装置各部的结构尺寸也可以相应地减小，有利于安装和维护。

14 双滚筒驱动有哪几种驱动方式？其特点各是什么?

答：双滚筒驱动有两种驱动方式：集中驱动式和分别驱动式。

集中驱动系统是一套电动机减速机同时带两个驱动滚筒，两滚筒之间用相同齿数的齿轮啮合传动，其载荷分配按两个滚筒的直径比值 D_1/D_2 决定，理论上以 D_1 略大于 D_2 为佳。但从生产、维修、使用上考虑，多采用直径相同的滚筒。

分别驱动滚筒方案中，常利用两台鼠笼型电动机或绕线型电动机配液力耦合器分别驱动两个滚筒，使驱动系统的联合工作特性变软，从而达到各电动机上载荷的合理分配。延长了启动时间，改善了输送机满载启动性能，使每个滚筒都有各自的安全弧，两滚筒都和输送带工作面接触，摩擦系数较稳定。

输送距离长、输送量大的带式输送机，其出力相应增加，有的还要求正反两个方向运行，采用双滚筒驱动的主要优点是可降低胶带的张力，因而可以使用普通胶带来完成较大的输送量，可减少设备费用，驱动装置各部的结构尺寸也可以相应地减小，有利于安装和维护。所以，要仔细考虑双滚筒驱动的布置形式及负荷分配。更长的皮带还有三滚筒驱动及中间胶带摩擦驱动等形式。

15 驱动装置的组成形式有哪几种？分别由哪些设备组成？

答：驱动装置的组成有三种形式：

(1) 电动机和减速机组成的驱动装置。这种组合装置由电动机、减速机、传动滚筒、液力耦合联轴器、抱闸、逆止器等组成。输煤系统由于运行环境差，皮带机一般采用封闭鼠笼式异步电动机，这种电动机结构简单，运行安全可靠，启动设备简单，可直接启动。但有启动电流大（一般为额定电流的5～10倍），不能调整转速等不足，配以液力耦合联轴器极大地改善了电动机的启动性能。

(2) 电动滚筒驱动装置。电动滚筒就是将电动机、减速机（行星减速机）都装在滚筒壳内，壳体内的散热有风冷和油冷两种方式。所以，根据冷却介质和冷却方式的不同可分为油冷式电动滚筒和风冷式电动滚筒。

(3) 电动机和减速滚筒组成的驱动装置。它由电动机、联轴器和减速滚筒组成。所谓减速滚筒，就是把减速机装在传动滚筒内部，电动机置于传动滚筒外部。这种驱动装置有利于电动机的冷却、散热，也便于电动机的检修、维护。

16 油冷式电动滚筒的结构与工作原理是什么？

答：油冷式电动滚筒是胶带输送机的驱动装置，在小负荷和小空间的场合可代替电动机与减速机所构成的外驱动装置。

油冷滚筒空腔内，带有环形散热片的电动机用左法兰轴和右法兰轴支承，两法兰轴的轴头固定在滚筒外的支座上，电动机主轴旋转带动一对外啮合齿轮和一对内啮合齿轮使滚筒体减速旋转。在滚筒空腔内充有冷却润滑油液，当滚筒旋转时，油液便可冲洗电动机外壳进行冷却并润滑齿轮和轴承（不包括电动机轴承）。

17 油冷式电动滚筒适用于哪些场合使用？

答：油冷式电动滚筒适用的场合为：

(1) 油冷式电动滚筒的密封性良好，因此可用于粉尘大的潮湿泥泞的场所。

(2) 电动滚筒有封闭结构的接线盒，因此可随同主机安装在露天或室内工作。

(3) 电动滚筒采用B级绝缘的电动机，电动机使用滴点较高的润滑脂以及耐油耐高温的橡胶油封，因此当环境温度不超过40℃，能够安全运转。

(4) 电动滚筒不适用于高温物料输送机。

(5) 电动滚筒不能应用于具有防爆要求的场所。

18 油冷式电动滚筒的优点是什么？

答：油冷式电动滚筒是各种移动带式输送机的驱动装置，也可供某些固定带式输送机使用。该产品的优点是：结构紧凑，质量轻，占地少，性能可靠，外形美观，使用安全方便，在粉尘大、潮湿泥泞的条件下仍能正常工作等。

19 列举油冷式电动滚筒型号规格的含义。

答：(1) TDY-Ⅱ-15-1.6-650-500的含义为：T-滚筒；D-电动；Y-油冷式；Ⅱ-第二代

油浸式；15-滚筒功率 15kW；1.6-滚筒表面线速度 1.6m/s；650-皮带宽度 650mm；500-滚筒直径 500mm。

（2）YT-22-2-1000-800 的含义为：YT-油浸式大功率电动滚筒；22-功率 22kW；2-表面线速度 2m/s；1000-皮带宽 1000mm；800-筒径 800mm。

20 改向滚筒的作用与类型有哪些？

答：改向滚筒的作用是：改变胶带的缠绕方向，使胶带形成封闭的环形。改向滚筒可作为输送机的尾部滚筒，组成拉紧装置的拉紧滚筒并使胶带产生不同角度的改向。

改向滚筒有用铸铁制成和钢板制成两种。因橡胶具有弹性，可清除滚筒上的积煤，改向滚筒也有包胶和不包胶两种。与非工作面接触的改向滚筒，一般不必包胶；与皮带工作面接触的改向滚筒采用光面包胶形式，可有效防止其表面黏煤（如不包胶，也可沿滚筒柱面平贴一条角钢刮除黏煤）。

21 落煤管的结构要求有哪些？

答：落煤管的结构应保证落煤与胶带运行方向一致并均匀地导入胶带，从而防止胶带跑偏，和由于煤块冲击而引起胶带损坏。落煤管的外形尺寸和角度，应有利于各种煤的顺利通过。一般落煤管倾斜角（落煤管中心线与水平线的夹角）应不小于 55°～60°。落煤管应具有足够大的通流面积，以保证煤的畅通。同时，应使煤流沿皮带运动方向形成一定的初速度便于出料，减少了皮带胶面的磨损和纵向撕裂的可能。为了延长落煤管的使用寿命，落煤管工作面可用厚钢板制成，或衬锰钢板、铸铁板、橡胶等耐磨材料。

斜度角小于 60°的落煤管，都应安装堵煤振动器，落煤管的堵煤信号由安装在上下皮带上的煤流信号组成。当发生堵煤时，振动器振打 10s，若消堵不成功，可继续振打直到疏通为止。在落煤管上安装堵煤传感器时，应有防震装置。

22 输煤槽的作用与结构要求是什么？

答：输煤槽（导料槽）的作用是使落煤管中落下的煤不致撒落，并能使煤迅速地在胶带中心上堆积成稳定的形状，因此输煤槽要有足够的高度和断面，并能便于组装和拆卸。输煤槽安装时应与皮带机中心吻合，且平行，两侧匀称，密封胶皮与皮带接触良好，无接缝。

23 迷宫式挡煤皮与普通挡煤皮相比有哪些特性？

答：挡煤皮是皮带输送机尾部导料槽主要的密封装置。普通挡煤皮采用厚度 10mm 左右，宽度 18～30cm 的普通输送带做挡煤皮，如图 5-1 所示。普通挡煤皮用压条固定在槽体两侧，向导料槽内部弯曲包入，缺点是运行阻力大，易磨损皮带，更换不方便。皮带跑偏时挡煤皮易跑出，而且回装困难。当挡煤皮过宽时，会使导料槽的通流面积减小，容易造成堵煤；而当挡煤皮过窄时，又会出现挡不住物料的现象。普通挡煤皮与胶带工作面满接触、长期的摩擦作用，大大地降低了胶带的使用寿命。又因普通输送带利用尼龙、帆布等带芯，加之挡煤皮所需宽度不大，故折弯性能不好，与皮带机工作面贴合弹性不足，使得导料槽的密封性较差，皮带运行中容易出现漏煤、漏粉现象。

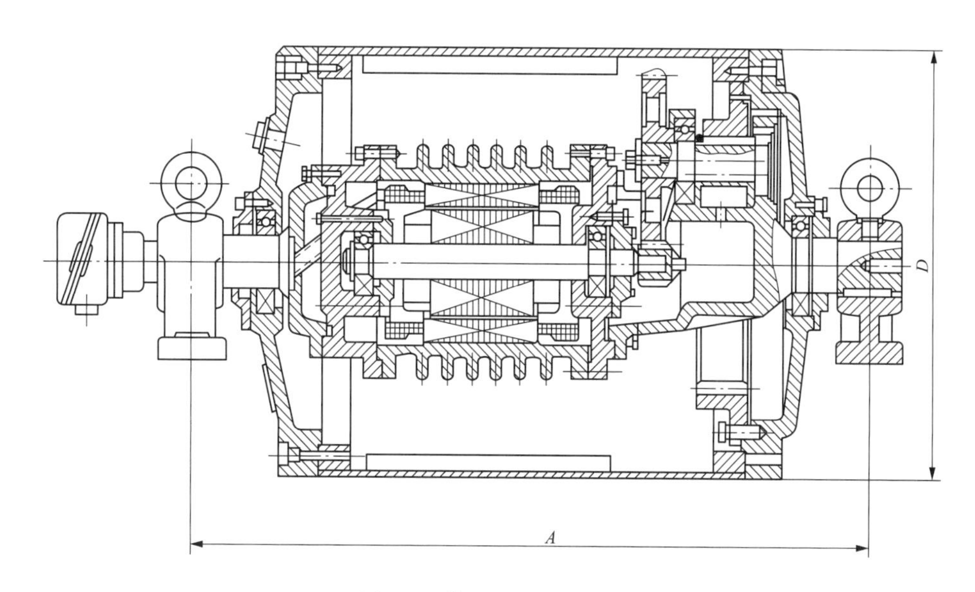

图 5-1 普通挡煤皮示意图

边缘带有迷宫结构的专用挡煤皮称为迷宫式密封挡煤皮，如图 5-2 所示，其压条装置与普通导料槽一样，可由楔铁或顶丝固定（顶丝牢固，但拆装不便）。迷宫式密封挡煤皮由固定段、弯曲段、封尘段、迷宫段等几部分组成，用特制型橡胶板两层密封。迷宫段从弯曲段开始向外弯曲，并与输送胶带的工作面呈外“八”字迷宫槽线接触贴合，自封性能强，不会因为磨损或皮带颤动而影响密封。煤流不磨损挡煤皮，延长了使用寿命，对导料槽的通流面积没有任何影响，对胶带的使用寿命基本没有影响，不存在跑出输煤槽后撒煤磨损的麻烦；封尘段自由悬挂在迷宫段与导料槽挡板之间，磨损量小。当导料槽受到物料冲击时，大块物料被封尘段挡住，少量的粉尘在到达迷宫段时被多道迷宫槽挡住，并随着胶带的运动回流到胶带中部，无论是大块物料或细小的粉尘均不能撒落到导料槽之外。挡煤皮分带封尘段和不带封尘段两种，对于粉尘量不大的场合，可以直接选用不带封尘段的挡煤皮。对于物料粒度较大、水分较小的物料应选用带封尘段的挡煤皮。

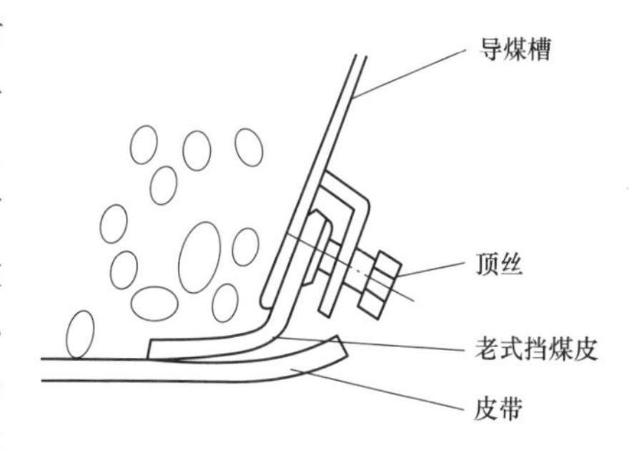

图 5-2 迷宫式密封挡煤皮示意图

迷宫式挡煤皮对减小粉尘污染，提高胶带的使用寿命以及减轻工人的劳动强度均起到了较好的作用。

24 密闭防偏导料槽的功能与特点是什么？

答：密闭防偏导料槽是配合 DTⅡ型固定式带式输送机的结构尺寸设计的，避免了常规导料槽的许多不足，其主要的功能和特点如下：

（1）在落料点处加装有可调导流挡板，可防止因落料不正导致的胶带跑偏。

（2）采用特制的迷宫式挡煤皮，挡煤皮向外“八”字安装，不存在因导料槽皮子跑出后漏煤的麻烦。配合该种固定方式可增强导料槽的密封性，以防止导料槽内带有粉尘的气流外溢。

（3）导料槽的上盖板制成弧形，便于积尘后水冲洗。

（4）导料槽前段配有喷雾装置，可以降低槽内气流的粉尘外溢。

（5）在落料点处，装有防止胶带纵向撕裂的保护开关，而且是双重设置，因此能防止特大块煤矸石和长硬杆件撕裂胶带，有着保护胶带的作用。

（6）为减轻料流下落的冲刷磨损，可调导流挡板面上将贴有耐磨陶瓷衬板，槽体下沿易磨部位也衬贴有耐磨陶瓷衬板。

25 托辊的作用是什么？可分为哪些种类？

答：托辊是用来承托胶带并随胶带的运动而做回转运动的部件。托辊的作用是支承胶带，减小胶带的运动阻力，使胶带的垂度不超过规定限度，保证胶带平稳运行。

托辊组按使用情况的不同可分两大类：承载托辊组和回程托辊组。

承载托辊组包括：槽形托辊组、缓冲托辊组、过渡托辊组、前倾托辊组、自动调心托辊组等多种。

回程托辊组包括：平形回程托辊、V型回程托辊、清扫托辊（胶环托辊）。

按辊体的材料考虑，托辊大多数为无缝钢管制成，近年来新开发的有陶瓷的、尼龙的等，这些托辊可装在除铁器下方使用。

为防止托辊脱落，在托辊轴两端卡头的外端面留有凸檐，正好卡在支架缺口，使其安装更为牢固。

26 过渡托辊组安装在什么部位？有哪几种规格？

答：过渡托辊组布置在端部滚筒与第一组承载托辊之间，以降低输送带边缘应力，避免撒料情况的发生。

过渡托辊组按槽角可分为10°、20°、30°三种。

27 前倾托辊组的作用与使用特点是什么？

答：前倾托辊能防止皮带跑偏，减少托辊表面黏煤。有V型前倾回程托辊和前倾槽型托辊两种。V型回程托辊支撑空载段皮带由两节托辊组成，每节托辊向上倾斜5°，呈V型，同时向前倾斜2°。一般每十组托辊安排4个V型回程托辊组、6个平行托辊组。

前倾槽型托辊组安装在单向运转的皮带机承载段，安装托辊架时要注意支架耳槽缺口的偏向应和皮带机的运行方向一致。

28 缓冲托辊的作用与种类有哪些？

答：缓冲托辊用在受料处以减少物料对胶带的冲击，以保护胶带不被硬物撕裂。对于煤中三大块较多的电厂，为了更有效地避免胶带纵向断裂，在落料点可加密装设多组缓冲托辊或用弹簧板式缓冲床，可以减少物料对胶带的冲击损坏。

缓冲托辊可分为：橡胶圈式、弹簧板式和弹簧板胶圈式、弹簧丝杆可调式、槽形接料板缓冲床式和组合式等多种。

29 弹簧板式缓冲托辊的使用特点是什么?

答：弹簧板式缓冲托辊装在落料点下，三个托辊连成一组，两侧支架用弹簧钢板制成，调整两弹簧板的间距和托辊轴的固定螺母，使中间的托辊贴紧皮带，使其能有效起到支撑缓冲作用。落差较高时，要在落料点多装几组，以提高使用效果，防止弹簧钢板经常损坏。

30 弹簧缓冲可调式托辊组的结构和工作原理是什么?

答：弹簧缓冲可调式托辊组由三联组托辊底梁、活动支腿、压力弹簧和导向支柱组成。导向支柱总成既是弹簧的导向柱，又是中托辊下止点的支撑柱。调整支柱上的压紧螺母，可使托辊组在一定范围内任意选择槽角和缓冲弹力，使处于任何节段包括滚筒附近过渡节段受料胶带有一个合适的依托，达到保护胶带，延长使用寿命的目的。

托辊组以压力弹簧为缓冲力源，利用压力弹簧被压缩时会随着高度的降低而弹力递增的性能，使托辊组可随着所受冲力的增大而缓冲弹力递增，能有效地抵消物料下落的冲击力，起到保护胶带的作用。托辊组的活动三角形支柱使作用在托辊支柱上的冲击力得以分解，可有效地增加托辊组耐冲击能力，延长使用寿命。

31 弹簧橡胶圈式可调缓冲托辊组有哪些特点?

答：边托辊支架用铰链连接于机架横梁上，两托辊间由螺旋弹簧、轴销等组成的支撑架连接，弹簧预紧力可调，托辊上装有橡胶缓冲圈，这种托辊架具有双重缓冲性。当托辊上方胶带受大块物料冲击时，这一冲击主要由螺旋弹簧缓冲，橡胶缓冲圈起辅助缓冲作用。调整支柱上的压紧螺母可改变螺旋弹簧预紧力的松紧，使托辊组槽角变化，进而使托辊组紧贴皮带，以适应不同物料块度的实际工况，也能使滚筒附近过渡节段的受料胶带得到足够的缓冲弹力。因此，这种缓冲托辊组具有承载能力大、适用性能好等优点。

32 弹簧式双螺旋热胶面缓冲上托辊有哪些主要特点?

答：弹簧式双螺旋热胶面缓冲上托辊的主要特点有：

(1) 将托辊原橡胶圈辊子或光面辊子，改用热铸胶，一次成形，比原橡胶圈结实、牢固、不脱胶、弹性好、使用寿命长。两侧槽形辊子呈左右螺旋，还能防止因落料点不正引起的皮带跑偏现象。

(2) 将原固定支架式缓冲托辊的固定支架和弹簧板式缓冲托辊的弹簧钢板改用活动支架，支架内侧加弹簧、弹簧轴、轴螺母、轴连接叉和轴活动座等部件支撑。当托辊受到物料的冲击时，致使支架受力改变角度，同时使弹簧压缩缓冲，达到良好的缓冲效果，根据现场实际可调整托辊本身的成槽角度。

33 弹簧橡胶块式缓冲床（减震器）有何特点?

答：弹簧橡胶块式缓冲床的特点有：橡胶块连接的托板与机架横梁之间，由多个螺旋弹簧组成的支撑架连接，螺旋弹簧预紧力可调，具有双重缓冲性，且承受缓冲力度大，运行平稳。缓冲器上螺旋弹簧预紧力的松紧，安装时可根据物料块度的实际情况随时调节。

缓冲床安装在皮带机落料点正下方，使胶带的整个冲击部位下部没有虚空的缝隙，能有效防止坚硬物刺穿胶带，避免纵向撕裂的故障发生。

34 自动调心托辊组的作用及种类是什么？

答：各种形式的皮带机，在运行过程中由于受许多因素的影响而不可避免地存在程度不同的跑偏现象。为了解决这个问题，除了在安装、检修、运行中注意调整外，还应装设一定数量的自动调心托辊。当输送带偏离中心线时，调心托辊在载荷的作用下沿中轴线产生转动，使输送带回到中心位置。调心托辊的特征在于其具有极强的防止输送带损伤和跑偏的能力。对于较长的输送机来说，必须设置调心托辊。

自动调心托辊按使用部位可分为：槽形自动调心和平形自动调心两大类，槽形自动调心托辊又分为单向自动调心（立辊型）和可逆自动调心（曲面边轮摩擦型）两种。

35 锥形双向自动调心托辊的工作原理和结构特点是什么？

答：这种托辊组两边的槽型托辊为锥形结构，小径朝外大径朝内安装，下有支柱和一对小轮。运行当中托辊大径朝内与皮带滚动接触，外圈小径与皮带有相对摩擦运动。如果皮带向右跑偏时，相对摩擦力偏大，强迫右面锥形托辊向前倾，带动左侧锥形托辊向后倾（轴销下有连杆），右侧托辊与皮带在载荷的作用下沿中轴线产生运动，使皮带自动调整。

结构特点是：两锥形托辊 $\alpha=30^{\circ}$，跑偏量大时，托辊能自动向上立，使皮带产生更大的向心调整力。

36 单向自动调偏托辊组的结构及工作原理是什么？

答：单向自动调偏托辊组由托辊组和牵引器两大部分组成。托辊组与平常调心托辊组相同，牵引器用螺栓固定在中间架上，通过拉杆与调心托辊组相连。

当皮带跑偏时，跑偏侧的挡辊向外侧移动，同时牵引杠杆向输送带运行方向转动，通过拉杆带动调心托辊组的活动支架偏转。这时托辊转动方向与输送带运行方向有一定的夹角，产生相对速度，形成指向机架中心的侧向力，从而对输送带产生纠偏作用。这种调偏托辊组只能安装在单向运行输送机上。

37 曲线轮式可逆自动调心托辊的工作原理及优点是什么？

答：可逆自动调心托辊用于双向运转的皮带机上，它是通过左右两个曲线辊与固定在托辊上的固定摩擦片产生一定的摩擦力使支架回转的。皮带跑偏时，皮带与左曲线辊或右曲线辊接触，并通过曲线辊产生一个摩擦力，使支架转过一定角度，以达到调心的目的。

可逆调心托辊由于取消了立辊，使结构紧凑，对皮带边基本上没有磨损。它用于单向运行的皮带机时，效果也很好。

38 离合式双向自动调偏器换向和调偏的原理是怎样的？

答：离合式双向自动调偏器的换向原理为：当皮带偏移时，皮带与跑偏侧的调偏挡辊接触，挡辊旋转，同时挡辊下端的单向离合器齿轮借助双联单向离合器轴与换向槽中的齿条啮合，跳出换向挡中的单向挡到另一侧单向槽内，处于调偏状态。其换向过程为：皮带逆转→皮带如果跑偏→皮带与挡辊接触移动→挡辊由原来的调偏位置换到另一侧。

调偏原理为：当皮带偏移时，皮带与跑偏侧的挡辊接触压紧，挡辊被迫向外移（同时转动），挡辊移动使杠杆转动，带动托辊偏转，促使皮带还原正位。其调偏过程为：皮带跑偏→

挡辊移动→拉杆动作→托辊偏转→皮带还原。

39　连杆式可逆自动槽形调心托辊有何特点？

答：连杆式可逆自动槽形调心托辊的特点为：

（1）两侧皆设有挡辊，且挡辊轴线与托辊轴线在同一平面内相垂直，其接受胶带跑偏的推力完全用于纠偏，适合可逆皮带机使用。

（2）两边托辊分两个回转中心，且在机架下用连杆互连，当胶带向一侧跑偏时，该侧托辊迅速纠偏，另一侧也同时参加纠偏。其优点是减少了回转半径，回转角增大，使调偏力量增大，动作灵敏、迅速。

40　胶环平形下托辊具有哪些特性？

答：普通平形托辊在运行过程中存在着黏煤、转动部分重量较大，拆装不便等问题。大跨距胶环平形下托辊（简称胶环托辊）的辊体采用无缝钢管制成，胶环是用天然橡胶硫化成型，胶环与辊体的固定采用氯丁胶黏剂。胶环托辊具有转动部分重量轻、运行平稳、噪声小、防腐性能好、黏煤少等优点，在胶带运行中还能使胶带自定中心，预防跑偏，很好地保护皮带。如采用双向螺旋胶环，还具有清扫皮带作用，即使湿度较大、黏性较强的煤也难以粘住胶带和托辊。特别是在北方地区，冬季气候寒冷，下托辊黏煤现象严重，采用胶环托辊能有效清除黏煤。胶环托辊用于尾部落料点时具有很好的缓冲作用。

41　清扫托辊组的种类与安装要点有哪些？

答：清扫托辊组用于清扫输送带承载面的黏滞物，分为平行梳形托辊组、V型梳形托辊组和平行螺旋托辊组。

一般在头部滚筒下分支托辊绕出点设一组螺旋托辊，接着布置5～6组梳形托辊。

42　清扫器的重要性是什么？

答：皮带运输机在运行过程中，细小煤粒往往会黏结在胶带上卸不干净。黏结在胶带工作面上的小颗粒煤，沿线撒落，并且通过胶带传给下托辊和改向滚筒，在滚筒上形成一层牢固的煤层，使得滚筒的外形发生改变。撒落到回空胶带上的煤黏结或包裹于张紧滚筒或尾部滚筒表面，甚至在传动滚筒上也会发生黏结。这些现象将引起胶带偏斜，影响张力分布的均匀，导致胶带跑偏和损坏，煤干时在这些部位还会产生很多的扬尘。同时由于胶带沿托辊的滑动性能变差，运动阻力增大，驱动装置的能耗也相应增加。因此，在皮带运输机上安装清扫装置是十分必要的。

43　清扫器耐磨体的种类有哪些？

答：清扫器耐磨体有以下几种：

（1）高分耐磨材料刮板。

（2）高耐磨特种硬质合金刮板。

（3）高耐磨橡胶刮板。

（4）普通胶带裁成的刮板。

44 清扫器有哪些使用要求？

答：清扫器的使用要求有：

（1）皮带有铁扣接头时不适宜用清扫器。

（2）工作面不得有金属加固铁钉。

（3）工作面破损修补的补皮过渡边应平缓，最好和主带胶面顺茬搭接。

（4）安装在接近滚筒胶带跳动最小的地方。

（5）清扫板与胶带要均匀接触，无缝隙，侧压力为50～100N。清扫板对皮带压力过大，影响胶带和清扫板的寿命；过小，清扫效果不好。

45 弹簧清扫器的结构特点是什么？

答：弹簧清扫器是利用弹簧压紧刮煤板，把胶带上的煤刮下的一种清扫器。刮板的工作件是用胶带或工业橡胶板做的一个板条，其长度比胶带稍宽，用扁钢或钢板夹紧，通过弹簧压紧在胶带工作面上。弹簧清扫器一般装于头部驱动滚筒下方，可将刮下来的黏煤直接排到头部煤斗内，安装焊接前调整保证压簧的工作行程为20mm。

46 三角清扫器的结构特点是什么？

答：空段三角清扫器用V型三角形角钢架与扁钢夹紧工业橡胶条或用硬质合金条制成，平装于尾部滚筒或重锤改向滚筒前部二层皮带上，用以清扫胶带非工作面上的黏煤。有的犁煤器式配煤皮带卸料时二层带煤较严重，可在相应的犁煤器下二层皮带回程段上安装三角清扫器，以便及时清除带煤。改进型三角清扫器悬挂支点抬高，三点在同一平面内连挂清扫器连杆，使清扫器能与皮带平行接触，消除了只用后部两点固定时的头部翘角现象。清扫器橡胶条磨损件应定期检查、更换。

47 三角清扫器的使用要点是什么？

答：为了使皮带机胶带的非工作面保持清洁，避免将煤带入尾部的改向滚筒和重锤间，在尾部和中部靠近改向滚筒的非工作面上装有犁式清扫器，以清除粘在非工作面上的煤渣，也可防止掉落的小托辊等零部件卷入尾部滚筒或重锤处。因回程段胶带下弓，清扫器与胶带的接触面两侧边缘如有缝隙，三角清扫器的下方前后，最好多装一组平行托辊，以保证清扫器与皮带接触的平整性与严密性。

48 硬质合金橡胶清扫器的结构和使用特点是什么？

答：硬质合金橡胶清扫器代替了传统的胶皮弹簧清扫器，在专用的胶块弹性体上固定了钢架清扫板，清扫板与皮带接触端部镶嵌有耐磨粉末合金，主要由固定架、螺栓调节装置、横梁座、横梁、橡胶弹性体刮板架和多个刮板组成。所以这种清扫器接触面比较耐用，不易磨损，弹性体吸振作用较好，一定程度上提高了使用寿命和清扫效果。

硬质合金橡胶清扫器的优点在于：结构紧凑，刮板坚实，平整，与输送机滚筒圆周实体接触，对输送皮带产生恒定的预压力，清扫器效果好，对清除成片黏附物具有特殊效果。使用时皮带冷黏口或其他工作面部位起皮后，若发现不及时，会加快皮带和清扫头的损坏，清扫板弹性体上煤泥板结清理不及时会影响吸振效果，机头落煤筒堵煤发现不及时也会损坏清扫器。

49 硬质合金清扫器分哪几种结构形式？各安装在什么部位？

答：硬质合金清扫器的结构形式及安装部位为：H型-头部滚筒；P型-头部滚筒下，二道清扫；N型-水平段、承载面（适应于正反转的皮带）；O型-三角清扫器，二层皮带非工作面沿线重锤前及尾部。

50 重锤式橡胶双刮刀清扫器的使用性能与注意事项有哪些？

答：重锤式橡胶双刮刀清扫器用于皮带机头部刮除卸料后仍黏附在胶带上的黏煤物料，采用特种橡胶制成的刮刀，用重锤块压杆的方式使刮刀紧压胶带承载面。其主要特性与使用注意事项有：

使用过程中刮刀与胶带接触均匀，压力保持一致，能够自动补偿刮刀的磨损，减少调整和维修量；当刮刀的一侧磨损到一定程度时，翻转刮刀，可使用另一侧，待两侧均磨完后再换；适用于带速不大于5m/s的带式输送机，正反运转均可；橡胶刮刀与输送机胶带摩擦力小，对皮带损伤较小，可延长胶带使用寿命。

这种清扫器安装于头部卸料滚筒下胶带工作面上，固定清扫器轴座的位置可以移动，根据设备的具体情况，可以安装在煤斗侧壁，也可以安装于头架或中间支腿的两侧。安装时尽量要使重锤杠水平放置、刮刀贴紧胶带，接触工作压力为50～80N，然后用顶丝将挡环固定在轴上，在保证清扫效果的情况下，尽量使重锤靠近支点，以减少橡胶磨损。

轴座上两油杯要在开机前注油，每周注30号机油1～2次，这是确保清扫器正常有效工作的重要因素。头部料斗堵煤发现不及时，会扭曲损坏清扫架。

51 弹簧板式刮板清扫器的结构与工作原理是什么？

答：弹簧板式刮板清扫器的结构由双刮刀板、弓式弹簧板、支架、横梁和调节架五部分组成。

弹簧支架板呈弓式，反弹力强，通过螺栓与清扫双刮刀板连接，另一端与横梁固定。双刮刀板采用高分子合成弹性材料，其耐磨度高于合金钢，且具有弹性，对皮带损伤很小。通过调整螺栓使双刮刀板与胶带弹性紧贴，振动小，不变位。双刮刀板在弹簧支架板的支撑下，因具有双重弹性，当遇到硬性障碍物时，刮刀板能迅速跳越，再复位清扫，双刮刀板双重清扫效能使胶带表面更为干净。

52 转刷式清扫器的结构与特点是什么？

答：转刷式清扫器主要用于花纹带式输送机，由尼龙刷辊、减速机、电动机、联轴器（或皮带轮）和结构框架等构成。

刷辊式清扫器装在卸料滚筒下部，刷辊应与输送带表面压紧，刷辊由耐磨尼龙丝沿轴身呈螺旋形布置而成，减速机与电动机为一体构成驱动装置，通过联轴器与刷辊的一端相连。减速机及轴承座配有可调整支座，通过调节螺钉，可对刷辊的位置进行调整，以保证运行过程中刷辊压紧皮带并且与头部滚筒的轴线平行。其压紧行程通过调节板调节。

转刷式清扫器清扫点连续接触，清扫有力，清扫效果好，清扫过程中不会造成胶带跑偏。

53 线性导轨垂直拉紧装置的结构特点是什么?

答：目前广泛使用的垂直拉紧和车式拉紧（TD75或DTⅡ）行走部分普遍使用面接触，导轨与行走轮间隙大，容易形成上下或左右摆动，产生过大阻力，使重锤箱或拉紧小车运行时两侧受力不均，容易造成卡死和皮带跑偏。线性导轨垂直拉紧装置及车式拉紧装置为新式结构，其构造主要包括等边角钢与圆管（或其他结构型材）组焊成的自定心导轨、四个导向轮、拉紧架（含配重块或配重箱）共三部分。四个导向轮与拉紧架通过螺栓连接在一起。导向轮体配合面为槽形凸弧面，与导轨配合为线接触。通过调整导向轮与导轨的相对位置，使其配合间隙不大于2mm。运行时滚动的导向轮可有效地减小摩擦阻力，保证拉紧架平稳地沿导轨上下直线运行，且防止了运行过程中拉紧架的摆动。另外，改向滚筒的重心与拉紧架的重心在同一平面内，从而有效地防止了输送带跑偏和拉紧结构的振动，提高了整体结构的稳定。

54 制动装置的类型和作用是什么?

答：提升倾角超过4°的带式输送机带负荷运行当中，若电动机突然断电，会因重力的作用发生输送带逆向转动，使煤堆积外撒，甚至会引起输送带断裂或机械损坏。因此为防止重载停机时发生倒转现象，一般要设置逆止器等制动装置。输煤系统常用的制动装置有刹车皮、逆止器和制动器等。

逆止器结构紧凑，倒转距离小，物料外撒量小，制动力矩大，一般装在减速机低速轴的另一端，也有安装在中速轴和高速轴上的，与刹车皮配合，使用效果更好。刹车皮用于驱动滚筒胶带绕出端，仅用于小型皮带机上。

制动器的主要作用是控制皮带机停机后继续向前的惯性运动，使其能立即停稳，同时也减小了向下反转时的倒转力。

55 滚柱逆止器的结构和工作原理是什么?

答：滚柱逆止器的星轮为主动轮，并与减速机轴连接。当其正常回转时，滚柱在摩擦力的作用下使弹簧压缩而随星轮转动，此时为正常工作状态。当胶带倒转即星轮逆转时，滚柱在弹簧压力和摩擦力作用下滚向空隙的收缩部分，楔紧在星轮和外套之间，这样就起到了逆止作用。

56 接触式楔块逆止器的结构和工作原理是什么?

答：接触式逆止器是一种低速防逆转装置，其外形结构如图5-3所示。它与普通滚柱逆止器、棘轮逆止器相比，在传递相同逆止力矩的情况下，具有质量轻、传力可靠、解脱容易、安装方便等优点。当满载物料的皮带输送机突然停止运行时，能有效地阻止因物料重力而发生的逆行下滑。其允许最大扭矩通常能达到数十万牛顿·米以上，适用于大型带式输送机和提升运输设备。

接触式逆止器内部结构如图5-4所示。其工作原理为：接触式逆止器内有若干异形楔块按一定规律排列在内外圈之间。当内圈向非逆止方向旋转时，异形楔块与内圈和外圈轻轻接触；当内圈向逆止方向旋转时，异形块在弹簧力的作用下，将内圈和外圈楔紧，从而承担逆止力矩。

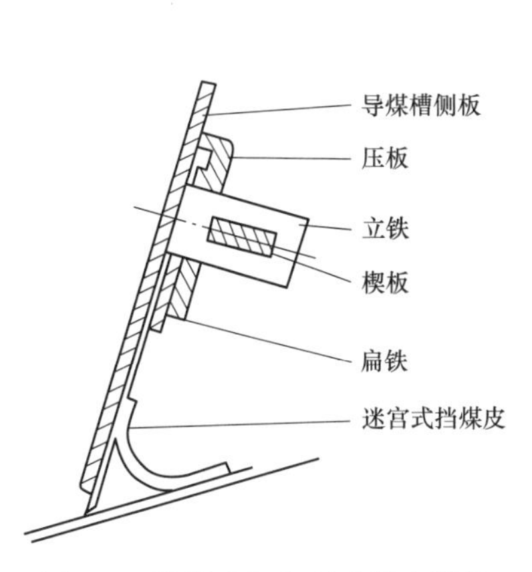

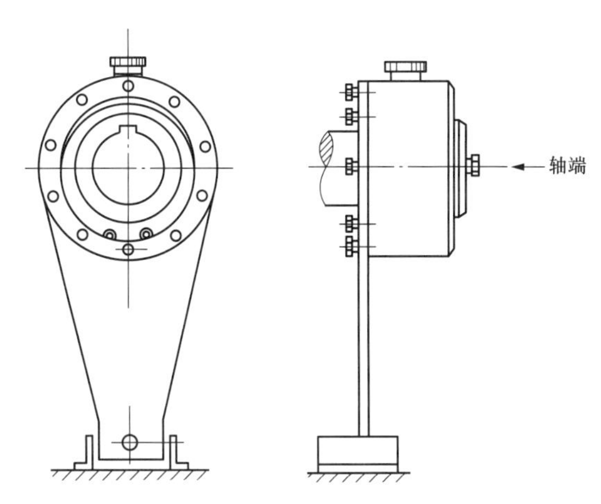

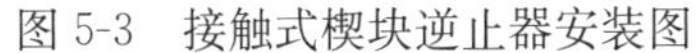

图 5-3 接触式楔块逆止器安装图　　图 5-4 接触式逆止器内部楔块工作图

57 非接触式楔块逆止器的工作原理是什么？

答：非接触式逆止器是安装在减速机高速轴轴伸或中间轴轴伸上的逆止装置，其内部楔块逆止结构如图 5-5 所示，采用非接触式楔块逆止结构，当输送设备正常运行时，带动楔块一起运转，当转速超过非接触转速时，楔块在离心力转矩作用下，与内外圈脱离接触，实现无摩擦运行，因而降低了运转噪声，提高了使用寿命。当输送设备载物停机，内圈反向运转时，楔块在弹簧预加扭矩作用下，恢复与内外圈接触，可靠地进入逆止工作状态，使上运输送机在物料重力作用下，不会有后退下滑故障的发生。这种逆止器具有逆止力矩大、工作可靠、质量轻、安装方便和维护简单的优点。广泛用于上运输送机、斗式提升机、埋刮板输送机和其他有逆止要求的输送设备。

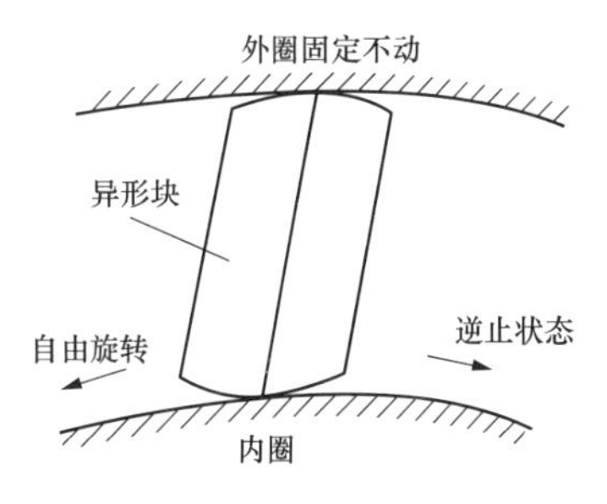

图 5-5 非接触式楔块逆止器内部工作图

58 非接触式楔块逆止器有哪些优点？

答：非接触式楔块逆止器的优点为：

（1）在输送设备运行过程中，当逆止器发生故障或逆止器与减速机轴卡紧损坏，且输送设备不允许停止运行，而逆止器在短时间内又无法拆下时，只需拆除防转支座便可实现输送机在无逆止状态下安全平稳地运行，不会影响正常生产。

（2）在带式输送机更换胶带时，无需拆下逆止器，只需拆下防转支座，便可实现传动滚筒正反两个方向自由旋转（即可使带式输送机的胶带沿反方向运行），对更换胶带非常方便，快捷。

（3）在新安装的带式输送机调试过程中，当电动机正反转无法确定时，只需拆除防转支座，便可接通电源。避免了带式输送机首次接通电源时，必须先拆下逆止器的重复装配工作，使设备的调试更方便。

59 缓冲锁气器的原理与结构特点是什么？

答：缓冲锁气器安装在转运站落煤管出口处，管内是授料板，管外是重锤块，其作用有：

（1）缓冲煤流对下段皮带的冲击力，防止由于大炭块、木块、铁块、石块等杂物造成皮带撕裂或托辊损坏。

（2）可将煤流居中，防止胶带跑偏。

（3）煤流聚在接料板上减速缓冲，将落煤管上下气流分开，密封的内壁让物料畅通无阻，同时阻断诱导风回流。

（4）无料时靠重锤杆自关落料管，防止其他落料管上料时引起的粉尘外溢污染。

缓冲锁气器有单板和双板结构两种，缓冲授料板最下层是钢板，第二层为橡胶材料，具有吸收高冲击特性，第三层为耐磨陶瓷材料，具有摩擦阻力小、坚固耐用的特性。授料板的自振力破坏了引起物料堆积的内外摩擦力，使物料在高强度耐磨衬滑板上稳定、均匀流动，能有效避免物料发生堵塞。双板缓冲锁气器和自对中齿轮缓冲器更能使煤流居中，减少了下级皮带的跑偏现象。

60 缓冲锁气器的使用效果及要点有哪些?

答：缓冲锁气器安装在皮带机尾部落料处，落差超过 6m 的落料管安装缓冲锁气板，有明显的减速效果，利用物料堆高自封闭效果大大减少了诱导风量上翻。

通过缓冲后下段胶带上的料流均匀，减少了落料点缓冲弹簧托辊的损坏量。缓冲锁气器使尾部输煤槽密封良好，可减小除尘器的出力，用 2000～4000m^3/h 的风量即能达到原装 1 万 m^3/h 的效果。可用于输送黏料、湿料、大块料，可承受 80kg 重物从 12m 高自由下落的长期冲击。

采用缓冲锁气器并与除尘喷水综合投运，能很好地解决转运站落煤处撒煤、堵煤、漏粉、跑偏、撕裂皮带等问题，并对落料点的缓冲托辊也有很好的保护缓解作用。只要维护润滑及时到位，就能有效发挥其良好的综合性能，能有效地控制高速落料对设备的冲击磨损和对环境的恶劣影响。

为保证降尘效果，可与密封导料槽和导料槽中间的挡帘一起与除尘器配合使用。一般不必与循环引流风管一起使用。如果落料管落差小于 3m 或不宜安装锁气器，可在落料管内倾斜段吊装一个吊皮挡帘，同样具有密封锁气效果。

61 缓冲锁气器的种类和功能有哪些?

答：缓冲锁气器有两种类型：

（1）单板锁气器。用于单一直供落料管或配煤间下煤斗。

（2）双板锁气器。用于交叉落料管，有效调整落料点居中，齿轮式自对中双板锁气器防偏效果更好。

缓冲锁气器的功能有：

（1）保护胶带，减少磨损，避免撕裂。

（2）保护缓冲托辊，延长寿命。

（3）减少导料槽落煤管冲击点的磨损。

（4）重新分布物料，使料管落料居中均匀，防止胶带跑偏撒煤。

（5）能减少输煤槽内诱导鼓风，使除尘风量减少到原来的1/3以下，配置小容量除尘器即可。

（6）由于缓冲器来回活动，输送黏煤、湿煤不易堵。

62 缓冲锁气器的使用要求是什么？

答：输煤现场潮湿，如果维护不好，转轴生锈，缓冲锁气器将失去正常的工作效能，其使用要求有：

（1）定期检查衬板磨损情况，及时更换。

（2）长期停运的缓冲锁气器重新使用时要全面检查，看转动是否灵活。

（3）转轴要定期加润滑脂。

（4）适当调整重锤块在水平杆中间位置，来控制下料缓冲锁气的工作性能。

63 自对中齿轮缓冲器的结构特点和功能是什么？

答：自对中齿轮缓冲器是利用杠杆原理，在重锤的作用下，通过两对齿轮传动使两页不锈钢缓冲授料板同步开或关，在有效减小下落原煤冲力的同时，保证落煤点始终处于输送胶带的中心，可消除输送胶带因落煤冲力过大和落煤点不居中而导致的输送皮带跑偏现象。因此，又被称为自动导流缓冲锁气器。

缓冲锁气器一般安装在输送系统的皮带机受料处落料管的末端（导料槽上部）或中部。使落料管中下落的高速物料，经缓冲锁气挡板而减速，然后利用物料堆积质量将封闭的缓冲挡板打开，使物料顺利地通过，物料流引起的诱导鼓风量基本被阻，从而达到其缓冲功能、锁气功能和自动对中心导流这三种功能。

64 刮水器的用途与特点是什么？

答：刮水器主要用在煤场露天皮带机上，将停运的皮带机上积存的雨水或雪在启动时及时刮掉，避免运行时涌进转运站。

刮水器主要由机架、刮水犁板、托辊、连杆、滑槽和电动推杆执行机构所组成。刮水器犁头固定不动，借助滑槽中的托辊上升将胶带托起与刮水犁板贴合在一起。上升时电动推杆推动杠杆，顶起托辊沿滑槽上升，这样就使运行时带过来的雨、雪及时刮掉。

65 皮带机转运站的交叉切换方案有哪些？

答：根据现场实际情况，皮带输煤系统转运站的切换方案有：三通挡板、收缩头、犁煤器跨越式卸料、小皮带正反转给煤机、振动给煤机、料管转盘切换等多种。

66 皮带机伸缩头的结构与特点是什么？

答：皮带机伸缩头主要用于翻车机或卸煤装置、地下转运站，以及煤场转运站和煤仓间转运站，作为甲、乙胶带机交叉换位之用。

皮带机伸缩头的主要结构有：固定机架、伸缩头车架、走行轮、车架、走行驱动装置、皮带机头轮、导向滚筒、头部护罩、落煤斗、导流挡板和清扫器等。车架上装有头部滚筒、改向滚筒、头部护罩、落煤斗、托辊，由驱动装置带动，沿轨道移动，运行交叉换位，达到系统交叉的目的。

伸缩头具有以下特点：

（1）采用高支架式布置，两卸料点交叉换位，布置在同一个空间。

（2）伸缩头由驱动装置通过齿轮传动进行系统换位，托辊采用穿梭式，亦可采用折叠式。

（3）伸缩头进行系统交叉换位的优点是使转运部的容积大大减小，可节省建筑费用。降低煤流落差，减少粉尘对环境的污染和物料对皮带机的冲击，从而改善了运行条件，延长胶带机使用寿命。

67 船式防卡三通的结构特点是什么？

答：船式防卡三通以船式溜槽结构代替了普通挡板的单一翻板结构，在原翻板两端面增加两块大半圆形立板形成溜槽结构，物料从两板中间槽体内通过，其结构如图 5-6 所示。

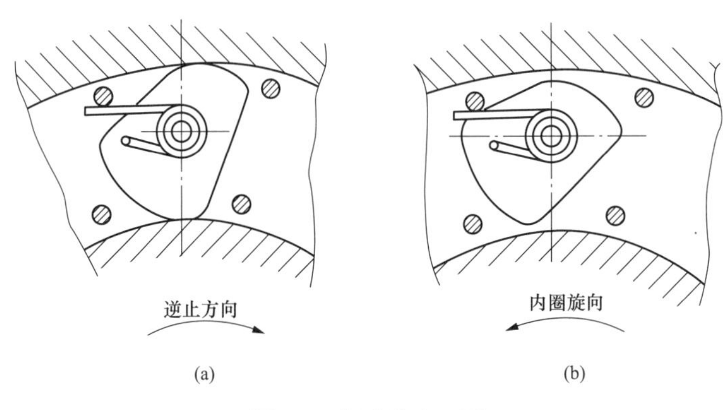

图 5-6 船式防卡三通
（虚线位置向右上料）

船式溜槽是通过固定在其两侧板上的短轴支撑并自由翻转切换煤流方向的。三通侧板与壳体两侧设计有 20mm 的间隙，避免了原翻板三通两侧缝隙易卡的现象。这种三通无死点，转动灵活，到位可靠。切换方式可根据需要通过短轴一侧所装的曲柄使用电动推杆或手动两种方式进行。外壳采用 8～10mm A3 板制造，船式溜槽采用 16～30mm 16Mn 板制造。溜槽内单面磨耗，工作面可衬上 28CrMnSi 的耐磨板，或可进行耐磨陶瓷贴面处理以进一步延长其使用寿命。

空载切换力矩：小于 343N・m，翻转角度 120°，安装成功后，基本能达到无故障运行，能避免大量维护保养工作量。

68 摆动内套管防卡三通的特点是什么？

答：摆动内套筒式输煤三通利用三通内一个左右摆动的双曲线形或方锥形内套管来改变煤流向，其内部结构均为耐磨材料，双曲线形摆动内套与煤的接触面为双曲面，因此使内套壁对煤的摩擦面积和阻力减小，而且煤不会在曲线的内套壁上形成结疤，使得煤在三通内的堵塞概率降低，保证煤顺畅通过。方锥形内套筒结构较简单，其结构如图 5-7 所示。摆动内套式三通摆动角度小，转轴靠近重心，动力源采用电动液压推杆，可轻松实现带负荷切换运行方式，不发生卡堵现象。通过安装在输煤三通上的两个限位开关来控制内套的转动位置。

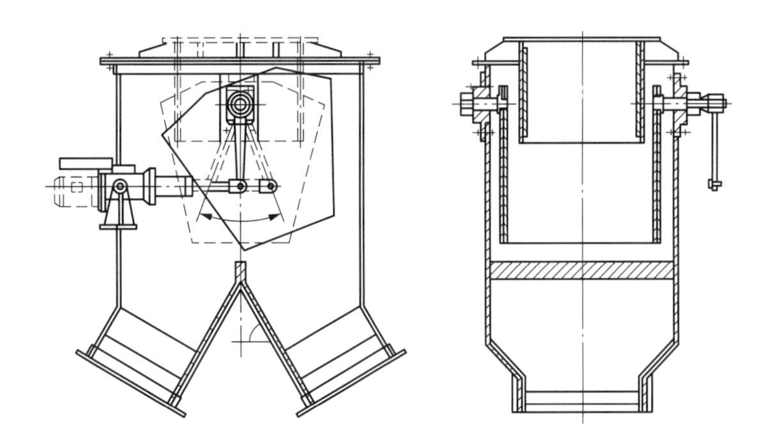

图 5-7　方锥形内套管式摆动三通落煤管

69 防卡三通分流器有何特点?

答：防卡三通分流器的主要特点为：

(1) 采用导向溜槽结构，操作简便。

(2) 导向槽在导向轨架控制下摆动灵活，定位后平稳，不变形。

(3) 落煤进入如“漏斗”状的导向轨架，直接进入导向溜槽内排出，运行无卡死现象，确保物料分流顺畅，系统正常运行。

(4) 导向槽凹面结构采用坚硬耐磨滑面材料制作，经久耐用。

(5) 安装方便（与原挡板式三通管尺寸相同），维修工作量少，安全可靠，效果显著。

70 三通挡板的检查与维护内容有哪些?

答：三通挡板的检查与维护内容有：

(1) 三通挡板运行中推杆和转轴必须垂直，不得有歪斜现象，否则应及时处理。

(2) 对挡板转轴部位每月加油一次，保证其转动灵活。

71 三通挡板启动切换时的检查内容有哪些?

答：三通挡板启动切换时的检查内容有：

(1) 挡板无卡涩，各部分连接螺钉无松脱，挡板手动活动灵活。

(2) 必须明确上下部设备运行方式及挡板要切换到的位置。限位开关安全可靠，挡板角度应与行程开关动作位置相应。

(3) 电动推杆无严重变形，防护罩完好清洁，限位开关完整无损。

(4) 操作人员看不见电动推杆位置时，应有一人监护，以避免挡板不到位或卡涩；对手动挡板，不要用力过猛，以防伤人。

(5) 切换完毕，应认真检查，确认挡板是否确实到位，不留缝隙。

72 输煤系统的停机要领是什么?

答：输煤系统的停机要领是：

（1）当输煤系统发生故障时，可随时拉事故拉线紧急停机，并及时汇报值长，查明原因处理好后，方可重新启动。

（2）正常情况停机时，必须走空余煤，确保下次空载启动。所有运行煤仓上满煤后，系统可以正常程控停止，或者在确认皮带上无煤流信号后，由集控值班人员从煤源开始按顺煤流方向逐级延时停机。系统为就地手动操作方式时，停机由各设备值班员分别在就地进行操作。

（3）碎煤机除紧急情况外，不准在上煤过程中停机。

（4）碎煤机在其上级皮带停机后，机内确证无煤时方可停机，除铁器和除尘器在相应皮带停机后 2～5min 停机。

73 输煤设备紧停规定的内容有哪些?

答：输煤设备紧停规定的内容有：

（1）危及人身或设备安全时。

（2）系统设备发生火灾时。

（3）现场照明全部中断时。

（4）设备剧烈振动，串轴严重时。

（5）设备声音异常，有异味，温度急剧上升或冒烟起火时。

（6）皮带严重跑偏、打滑、撕裂及磨损时。

（7）皮带上有易燃、易爆品及三大块杂物时。

（8）碎煤机、落煤管严重堵塞，不能排除时。

（9）托辊大量掉落，各部螺钉松动，影响安全运行时。

（10）给料机料槽被杂物卡住时。

（11）转动部件卷绞异物时。

（12）犁煤器发生失控时。

（13）制动抱闸打不开时。

74 皮带机启动前的检查内容有哪些?

答：皮带机启动前的检查内容有：

（1）查看电动机、减速机、逆止器和皮带各部分滚筒外观良好，紧固螺钉齐全无松动，周围无堆积物，电动机接线无断线、变形、变色、漏电现象。各防护罩必须完整、无损坏。

（2）检查减速机油位在正常刻度线内（1/2 以上），油质清洁，结合面轴端无渗油。

（3）检查各转动机件安全罩等连接螺钉无松动、缺损。对缺少防护装置的转动设备，禁止投入运行。

（4）检查清扫器无脱落，无损坏，与皮带接触均匀紧密。

（5）检查皮带制动装置及逆止器外观良好，安全可靠。

（6）检查落煤管内应无积煤，堵塞物，特别是挡板处的积煤和堵塞物必须在启动前清理干净。

（7）检查导料槽严密完整，无缺无损。挡板皮应完好有效，检查门应关闭。

(8) 检查皮带无撕裂、断裂、脱胶分层及严重磨损现象，胶接头应完好无脱胶，皮带上下无积煤、无黏煤、无障碍物。头尾部滚筒无积煤堵塞卡阻现象。

(9) 检查驱动滚筒包胶无脱落，改向滚筒无严重黏煤现象，调整滚筒应灵活，各托辊应无短缺、损坏现象。

(10) 检查各拉紧装置完好，拉紧绳无断股、无严重磨损、无卡阻现象，皮带垂直拉紧滚筒下无杂物卡垫和脱轨现象，动作应灵活可靠、完好。

(11) 检查拉线开关拉绳无磨损断裂，跑偏煤流速度信号测量装置无松动歪斜，开关应完好可靠，复位正常。

(12) 检查现场开关箱完好，各设备行程开关，接近开关，仪表指示无积尘杂物，否则应及时清除。各挡板位置与运行方式一致。

(13) 检查各犁煤器无卡涩，各转运站、栈桥及其他地方的照明应齐全良好，各电缆引线无断裂、漏电现象。

(14) 检查栈桥及各转运站水管、汽管及阀门无泄漏。

(15) 检查通信设施，现场照明，专用工具应齐全完好。

(16) 地下室排水沟、集水井应畅通、无堵塞，污水泵排水良好，雨季随时排水。

(17) 露天皮带启动前检查皮带上积雨、雪情况，处理后再启动。

75 皮带机带负荷启动的危害和注意事项是什么?

答：输煤皮带因故障紧急停机时，皮带上往往是装满煤的，故障消除后需带负荷启动，就需要较大的启动力矩。有时由于停前慢转聚煤很多，而造成启动时打滑冒烟、电动机过载甚至被烧毁等严重事故。有液力耦合器的皮带机还会使液耦油温升高，当接近 134℃时，易融塞中的低熔点合金就会融化喷油，加大抢修工作量。

所以带负荷启动要注意：因过电流不能启动，要先铲下部分余煤减轻负荷，电动机温度下降后，再进行启动；每次启动的间隔不应短于半小时；启动皮带时，要联系上一级皮带启动。

76 皮带机的联锁方式包括哪些内容?

答：皮带机的联锁方式包括的内容有：

(1) 皮带系统启动时，按逆煤流方向逐一启动，而停机时则按顺煤方向逐一停止。

(2) 运煤系统中不加入连锁的筛碎设备启动时，首先启动筛碎设备，然后再按顺序启动其他设备。加入连锁系统的设备启动时按逆煤流方向逐一启动，而停机时则按顺煤流方向逐一停止，筛碎设备较其他设备延时 2min 停机。

(3) 当系统中参与连锁运行的设备中某一设备发生故障停机时，则该设备以前的各设备立即停机，以后的设备仍继续运转。

77 皮带机拉线开关起什么作用?

答：皮带机拉线开关的作用是：

(1) 当皮带机的全长任何处发生故障时，操作人员在皮带机任何部位拉动拉线开关，均可使开关动作，切断电路使设备停运。

（2）当发出启动信号后，如果现场不允许启动，也可拉动拉线开关制止启动。

78 皮带机跑偏开关有什么功能？

答：胶带跑偏开关主要用于防止输送带因过量跑偏而发生撒煤或损坏胶带和设备的故障，在皮带机的头部和尾部两侧一般安装跑偏开关，使皮带跑偏严重后能及时报警或立即停机。

79 程控启动设备时现场值班员应做好哪些工作？

答：（1）接到集控室准备启动的通知后，应观察设备附近有无妨碍运行的人和物，各检查门均应关闭，各挡板与运行方式一致。

（2）集控室发出启动预告后，现场任何人不准接触设备。

（3）启动过程中，应仔细监视设备的启动情况，直至设备运行正常。

（4）启动时发现设备故障影响正常启动时，应紧急停机，并立即通知集控室。

（5）相应设备的除铁器、除尘器、喷水，如果自动联锁启不来，应在主设备启动前人工操作，根据需要先行投运，停机时等主设备停止后再停这些设备。

80 皮带机正常运行有何要求？

答：托辊转动灵活无异音，拉紧装置可靠，联锁制动准确，电动机电流和减速机声音正常，各部轴承温升正常，无跑偏、撒煤等异常现象。正常停机时，一定要走空皮带才允许停机，这样待下次启动时，才能正常空载启动。

81 皮带机如何正确启停操作？

答：正常情况下，皮带机的启停操作，由集控人员通过程序自动或手动联锁或解锁进行。

就地操作仅作为设备检修试验时使用，操作时需将电源柜上的转换开关打在“就地”位，然后通过就地控制箱上的启停按钮进行操作。

82 皮带机的日常检查内容与标准有哪些？

答：皮带机的日常检查内容与标准有：

（1）各电动机、减速机无异常声音，电动机温度不得超过65℃，减速机轴承温度不得超过80℃。

（2）各电动机、减速机地脚连接螺栓无松动，电动机振动不得超过100μm，减速机振动不得超过150μm。

（3）原煤中不应含有三大块——石块、木块和铁块，或其他杂物。若有应立即停机取出。搬取时应有相应措施，不允许在运行中的皮带上搬取杂物。

（4）如发现皮带跑偏时，应立即查找原因主动调整。

（5）皮带无撒煤、撕裂、开胶和卡涩等异常情况。

（6）下煤筒应畅通，如有黏煤，应及时疏通。在雨季及煤湿时应加强巡回检查下煤筒处，以防堵煤，并适当减小煤量。

（7）拉紧装置动作灵活，滑轮小车无卡死现象，垂直拉紧滚筒底部无衬托物，若有应及时用工具清理。

（8）煤仓间煤斗不应有杂物堵塞，否则要求采取安全措施，及时处理。

（9）拉线开关不得随意使用，发现拉线上煤块卡压时，应及时处理。

83 胶带大量黏煤会导致什么后果？

答：由于煤湿的原因，胶带回程段工作面会有很多黏煤污染沿线，特别是冬季露天皮带积煤粘在改向滚筒上，被胶带压实而“起包”，会导致胶带背面与滚筒钢架接触摩擦，造成橡胶与布层剥离而损坏，也会导致皮带跑偏撒煤并使胶带侧边磨损严重。撒煤后二层皮带还会将煤带到皮带机尾部，使尾部滚筒聚煤堵转，甚至拉断皮带或损坏驱动设备等，缩短了胶带的运行寿命。

84 如何预防皮带的损伤？

答：在皮带机上装设一些辅助设备，可以有效地预防皮带的损伤。

（1）装设头部、尾部清扫器，清除运行中胶带回程段上的黏煤，以防止引起跑偏。

（2）装设除铁器和木块分离器，以防止坚硬物件卡塞胶带，造成胶带纵向断裂或其他损伤。

（3）落料点装设多组缓冲托辊，以减少物料对胶带的冲击。

（4）装设自动调偏托辊，防止胶带跑偏，以减少胶带边缘的磨损。

85 皮带机运行中的注意事项有哪些？

答：皮带机运行中的注意事项有：

（1）运行中应注意电动机、减速机的轴承温度不能超过 80℃；电动机温度不能超过 75℃。

（2）检查各滚筒托辊是否有不转，脱落，轴承损坏情况。

（3）要随时注意皮带，有无打滑，跑偏，撕裂，撒煤等异常情况，如有发生及时调整。

（4）系统设备要在额定负荷下运行，不允许超载。

（5）随时检查皮带上“木块，铁块，石头”等，防止三块进入原煤仓。

（6）设备运行中禁止对其进行清扫等维护工作。

（7）各落煤筒、导煤槽等处无撒煤，堵煤现象。

（8）检查电动机、减速机、逆止器等各部螺钉无松动，声音无异常；振动、温度不超过规定值。

（9）在皮带运行中，集控室应严密监视设备运行情况，发现异常立刻通知就地巡检员查找原因，及时处理并汇报。

86 皮带机的故障原因及处理方法有哪些？

答：皮带机的故障原因及处理方法见表 5-1。

表 5-1　　皮带机的故障原因及处理方法

现象	故障原因	处理方法
胶带打滑	1. 拉紧重锤重量，拉紧装置卡	1. 调整重锤重量或检修拉紧机构
	2. 皮带机过载	2. 减轻负荷
	3. 胶带非工作面有水	3. 将水除掉后再速负荷
工作胶面非正常磨损	1. 导煤槽护皮与皮带之间卡有杂物	1. 停机清理杂物
	2. 导煤槽护皮过硬	2. 处理导煤槽护皮
各种滚筒不转或各轴承发热	1. 滚筒被杂物卡住	1. 停机清理杂物
	2. 轴承损坏	2. 更换轴承
	3. 润滑油变质	3. 更换新润滑油
非工作胶面磨损异常	1. 胶带打滑	1. 调整拉紧装置
	2. 物料卷入回程段	2. 检查承载，清理杂物
	3. 物料水分过大，磨损系数减小	3. 减小煤的水分
减速机振动异常或声音异常	1. 地角螺栓松动或联轴器中心不正	1. 紧固地脚螺栓或找正靠轮
	2. 齿轮磨损超限或损齿	2. 检修或更换齿轮
	3. 轴承故障	3. 检修或更换轴承
电动机温度升高振动嗡嗡响	1. 负荷过大	1. 减轻负荷
	2. 电压低	2. 检查电压
	3. 动静之间相碰	3. 停机联系，检修处理
	4. 轴承故障	4. 检修轴承
	5. 润滑油变质	5. 更换润滑油
	6. 地脚螺栓松动	6. 紧固地脚螺栓
	7. 两相电源	7. 停机检查电源和接线

87 胶带跑偏的原因及调整方法有哪些?

答：胶带跑偏的原因及调整方法有：

（1）安装中心线不直。机架横向不平，使得胶带两侧高低不平，煤向低侧移动引起胶带跑偏。此时，可停机调整机架纵梁。

（2）胶带接头不直。胶带采用机械接头法接头时卡子钉歪，或采用胶接接头时胶带切口与带宽方向不垂直，使胶带承受不均匀的拉力，此接头所到之处就会发生跑偏。此时，应将接头重新接正。

（3）滚筒中心线同胶带中心线不垂直。这种情况主要是机架安装不正所致，可以通过改变滚筒轴承前后位置来调整，如效果不明显，则必须重新调整机架。胶带在滚筒上跑偏时，收紧跑偏侧的滚筒轴承座，使跑偏侧拉力加大，胶带就会往松的侧边移动。拉紧装置偏斜或过轻，也会造成跑偏。

（4）托辊组轴线同胶带中心线不垂直。托辊与胶带的关系犹如利用地辊搬运机器，机械转弯时要使机器转弯的方向与地辊倾斜方向一致，所以为防止胶带跑偏，托辊必须装正。当胶带跑偏时，应将跑偏侧的托辊向胶带前进方向调整，而且往往需要调整相邻几组托辊。

（5）滚筒的轴线不水平。由于安装和制造的原因，滚筒两端轴承座高低不一致，此时可以把低的一端垫起；如果滚筒外径不一致，可将滚筒装在车床上加工修整。

（6）由于滚筒或托辊上有黏煤使其表面变形，也会使胶带向一侧偏离，特别是输送湿度大的煤，机尾处密封不好时，煤容易落在回程皮带上，导致滚筒直径沿滚筒长度方向产生差异，因此必须经常清理。

（7）落煤偏斜或输煤槽两边宽度不相等也会引起胶带跑偏。此时，应调整落料口的插板，使煤落至皮带中间。一般来讲，胶带两头跑偏，多由于滚筒轴心与胶带中心线不垂直；胶带中部跑偏，多由于托辊安装不正生锈不转、轴承磨损或胶带接头不正；如果整个胶带跑偏，多半是加煤偏斜所致；有时空皮带容易跑偏，那是由于初张力太小、托辊面不是全部接触造成的。

88 胶带打滑的原因及预防措施有哪些?

答：胶带在运行过程中常见的打滑原因及预防措施有：

（1）初张力太小，拉紧器拉力不够或拉紧小车被卡住，胶带与滚筒分离点的张力不够，造成胶带打滑。这种情况一般发生在启动时，解决的方法是调整拉紧装置，加大初张力。

（2）传动滚筒与胶带之间的摩擦力不够，造成打滑。摩擦力不够的原因多半是胶带上有水或环境潮湿，摩擦系数减小。这时可用鼓风设备将松香末吹在滚筒表面上。

（3）部分改向滚筒轴承损坏不转（主要是尾部和重锤处的滚筒）。更换损坏轴承。

（4）输煤量过大。减少上煤量。

（5）皮带跑偏严重，皮带与机架有严重摩擦。

（6）下煤筒堵煤。

89 胶带纵向撕裂是由于什么原因造成的？如何防止?

答：胶带纵向撕裂是由于煤中的铁件和片石等坚硬异物被卡在导煤槽处或尾部滚筒与胶带之间，胶带以一定的速度运行时将胶带划裂的。

防止胶带纵向撕裂的方法有：

（1）在输煤系统中加装除铁器和木块分离器来除掉异物。

（2）在尾部落料点加密缓冲托辊间距或改装成接料缓冲板，可防止坚硬物件穿透皮带卡塞等故障。

（3）落煤管出口顺煤流方向倾斜一定的角度，也有利于及时排料，减少撕裂的可能。

90 下煤筒堵塞的原因主要有哪些?

答：下煤筒堵塞的原因主要有：原煤湿度过大；输煤槽胶皮太宽，出口小，拉不出煤；下一级皮带转速慢；下煤筒或输煤槽卡住杂物；煤挡板位置不对，切换错误或不到位等。

91 拉紧装置失灵的原因主要有哪些?

答：拉紧装置失灵的原因主要有：煤块或异物卡住小车；拉紧钢丝绳断裂；拉紧重锤欠重等。

92 气垫皮带机的结构和工作原理是什么？

答：气垫皮带机主要是将普通输送带直线段的槽型托辊换成气槽，由鼓风机向气室供气，通过气槽上的气孔向上喷气，对胶带产生浮力，使胶带与气槽之间形成气膜，从而实现流体摩擦的一种输送机械。

气垫皮带机新增主要部件是：气室、鼓风机、消声器。头尾部分及弧形部分仍用托辊，回程段仍采用平行托辊，其他结构没有改变。气垫皮带机的传动滚筒、改向滚筒、拉紧装置、清扫器、制动及逆止装置以及机架、头部漏斗、头部护罩、导料槽等均与 TD75 型固定式通用型皮带机相同。

93 气垫皮带机有哪些优点和不足之处？

答：理论上气垫皮带机主要具有以下优点：

(1) 能耗小，费用低，维护工作量减少。

(2) 不颠簸，不跑偏，不撒煤，磨损减少，胶带撕破的概率减少，使胶带寿命提高。

(3) 运行平稳、噪声低，原煤提升角可达 25°。

(4) 带速高，输送量大。

实际应用中有以下缺点：

(1) 能耗减少不明显。

(2) 气压不均，皮带颤抖，气膜不能有效均匀分布，皮带和气槽都磨损严重，落料点不正时也跑偏、撒煤，如果落料点还是普通托辊，也避免不了胶带纵向撕破。

(3) 胶带运行不稳，由于气流层不均或载荷不均会使胶带颤振，进而引起机架和栈桥共振。

(4) 风机都是二级电动机，高频噪声很大。

(5) 启动时二次粉尘污染严重。

(6) 带负荷启动很困难，气槽浮力不足以形成大面积气膜。

(7) 气眼易堵，气膜层不均。

(8) 气槽凹弧面工艺精度不匀，与皮带的接触气隙很不均匀，造成皮带非工作面磨损严重。

(9) 气槽室内易积聚水汽生锈，使气槽锈损、漏气。

94 气室的作用是什么？

答：气室是用来形成气膜、支承物料的关键性部件，它的制造精度是影响总机功率和胶带寿命的主要因素。合理的布置气孔位置和气孔的大小，以产生均匀稳定的气膜，可使总机消耗功率大大下降，磨损减轻，使用寿命延长。气室工作风压为 3～8kPa，皮带越宽，风压应越高。

95 气垫皮带鼓风机的安装运行特性有何要求？

答：鼓风机一般为高压离心式鼓风机。在正常情况下，能满足形成稳定气膜所需的风量与风压。鼓风机一般安装在输送机中部，对于较长的输送机，如选用单个鼓风机难以满足要求时，在保证风压的情况下，可选用多台风机，并在整个输送机长度上做适当布置，以风压沿程损失较少为佳。在特殊情况下风机可沿整机长度内做空间布置，并用弯管与气室连接。为了降低鼓风机的噪声，可设置隔声箱或消声器。

96 气垫皮带机上为什么要设置消声器?

答：为了降低鼓风机的噪声，要在气垫皮带机气室的风机入口处设置隔声箱或消声器。

97 气垫皮带机常见故障有哪些?

答：气垫皮带机常见的故障有：

（1）皮带打滑，皮带慢转，皮带撕裂，皮带磨损。

（2）气眼堵塞、气膜不均，气箱内积水、积泥、生锈。

（3）气槽工作面磨损开口或焊口开后漏风失效。

（4）带负荷启动困难。

98 钢丝绳芯胶带与普通胶带相比具有哪些特点?

答：钢丝绳芯胶带的优点是：

（1）强度高，可满足长距离大输送量的要求。由于带芯采用钢丝绳，其扯断强度很高，胶带的承载能力有较大幅度的提高，可以满足大输送量的要求。单机长度可达数公里，出力达 4000～9000t/h。

（2）胶带的伸长量小，钢丝绳芯胶带由于其带芯刚性较大，弹性变形较帆布要小得多，因此拉紧装置的行程可以很短，这对于长距离的胶带输送机非常有利。

（3）成槽性好，钢丝绳芯胶带只有一层芯体，并且是沿胶带纵向排列的，因此能与托辊贴合得较紧密，可形成较大的槽角，有利于增大运输量。同时能减少物料向外飞溅，还可以防止胶带跑偏。

（4）使用寿命长，钢丝绳芯胶带是用很细的钢丝捻成钢丝绳作带芯，所以它有较高的弯曲疲劳强度和较好的抗冲击性能。

钢丝绳芯胶带的缺点是：芯体无横丝，横向强度很低，容易引起纵向划破；胶带的伸长率小，当滚筒与胶带间卷进煤块、矸石等物料时，容易引起钢丝绳芯拉长，甚至拉断。

99 钢丝绳芯胶带的接头强度与搭接种类有何关系?

答：钢丝绳芯胶带接头的强度是由接头部位钢丝绳和胶带拔出的强度确定的，所以接头中钢丝绳应有一定的搭接长度，以使接头处钢丝绳芯与胶带的黏着力大于钢丝绳芯的破断拉力。

接头的形式种类有三种：三级错位搭接、二对一搭接和一对一搭接。根据带宽的不同，接头长度 1.2～2.8m。三级错位搭接，接头长 1.2～1.4m，强度可达原带的 95%以上；一对一搭接接头长度 1.7～1.9m，接头强度是原带的 85%；二对一搭接接头长度 2.8m，强度是原带的 75%。

100 钢丝绳芯胶带硫化胶接的工艺要求是什么?

答：钢丝绳芯胶带硫化胶接的工艺要求是：

（1）固定胶带的接头端，按要求尺寸划线、剥胶。胶带的中心对准不得歪斜，否则运行时就会跑偏。剥胶后要打毛钢绳上的残胶。

(2) 在下加热板上撒上隔离剂（滑石粉）并放好垫铁。

(3) 按选定的接头长度、宽度、厚度的要求在下加热板上铺好覆盖胶片和中间胶片，然后排列钢绳。排列前钢绳要用汽油擦拭干净，不得有油污、水或粉尘粘污，然后向钢绳涂胶，晾干后（以不粘手为宜），再涂第二遍胶浆。当向钢绳的间隙中充满中间胶条前，应对胶片和钢绳的接触表面涂上稀胶浆。每两搭接的钢绳端应用细铁丝捆扎几道。最后铺上覆盖胶片和中间胶片。铺胶片时，胶片之间的接触表面一定要用汽油擦拭干净，除去油污及粉尘。

(4) 上覆盖胶片外露表面涂撒隔离剂后，加盖上加热板，进行硫化。

(5) 可用电热或蒸汽硫化机，硫化时注意，在预热几分钟后向胶带施加拉伸力，保证接头部位的钢丝绳在硫化过程中平直不打弯。

(6) 对已完成的接头要做质量检查，最好用 X 射线进行探测。

101 钢丝绳芯胶带输送机的布置原则是什么？

答：钢丝绳芯胶带输送机的布置原则是：

(1) 采用多传动滚筒的功率配比是根据等驱动功率单元法任意分配的。即在张力合理分布而各传动滚筒又不致产生打滑的条件下，将总周力或总功率分成相等的几份，任意地分配给几个传动滚筒，由它们分别承担。

(2) 双传动滚筒不采用 S 型布置，以便延长胶带和包胶滚筒的使用寿命，且避免物料粘到传动滚筒上影响功率的平衡。

(3) 拉紧装置一般布置在胶带张力最小处。若水平输送机用多电动机分别驱动时，拉紧装置应设在先启动的传动滚筒一侧。

(4) 胶带在传动滚筒上的包角 α 值的确定主要是根据布置的可能性，并符合等驱动功率单元法的圆周力分配要求。

(5) 胶带机尽可能布置成直线型，避免有过大的凸弧、深凹弧的布置形式，以利正常运行。

102 简述钢绳牵引皮带机的工作原理。

答：钢绳牵引皮带机的牵引件与承载件是分开的，它用两条钢绳作牵引件，胶带作承载件，胶带以特制的耳环槽搭在两条钢丝绳上，只作承载构件。两条无极的钢丝绳绕过驱动装置的驱动轮，当驱动装置带动绳轮转动时，借助于钢丝绳与驱动轮上衬垫之间的摩擦力使钢丝绳运动。钢绳和胶带各自独立成闭合回路，有各自独立的张紧装置，在头尾端有分绳装置使牵引钢绳和胶带嵌合或分离。驱动轮驱动钢绳，从而带动胶带运动，将物料从一端输送到另一端。

103 钢绳牵引皮带机的驱动部件有何特点与要求？

答：钢绳牵引皮带机的驱动系统、胶带、牵引钢绳、托轮组、分绳装置、安全保护装置等设备结构有很多特殊之处，为了达到两条牵引钢丝绳寿命相同、胶带磨损小的目的，要求两条牵引钢丝绳的线速度和受力基本相同。但实际情况总有差异，严重时会使胶带脱槽，耳槽很快磨损。采用合理的驱动方案，通过胶带的传递作用，能达到两条钢丝绳的速度基本相同，受力相差不大的要求。目前常采用的有以下两种方案：

（1）机械差速方案，采用机械差速器并通过胶带的传递作用，达到两条钢丝绳的线速度和受力基本相同。

（2）电气同步方案，采用两个直流电动机传动，电枢串联励磁并联方式，通过胶带传动作用，由电压分配的差别自动补偿达到同步。

104 钢绳牵引胶带的组成特点是什么？

答：钢绳牵引的胶带由钢条、V型耳环、上下覆盖胶、帆布、填充胶等组成，它不承受牵引力。钢条设计的原则是：当满载时，钢条弯曲转角为10°～12°。

105 钢绳牵引胶带的连接方法与性能是什么？

答：钢绳牵引胶带的连接采用钢条、卡子和硫化等方法。其中以钢条连接的较多，连接的钢条还应起到保险销的作用。当发生事故时，首先拉断钢条，保护胶带。

106 钢绳牵引皮带机的分绳装置有哪几种？各有何优点？

答：钢绳牵引皮带机分绳装置的种类及其优点为：

（1）水平分绳式。具有受力小、质量轻、钢丝绳弯曲小和安全可靠等优点。

（2）垂直分绳式。具有结构紧凑，与驱动轮的间距较小，但每个轮受力较大，多用于结构受限制的场合。

107 钢绳牵引皮带机的钢绳有何特殊要求？

答：钢绳表面涂的一般润滑油会使摩擦系数明显下降，因此在使用前需要除油。除油不仅花费时间，而且会使绳芯油融化渗出，影响钢绳寿命，因此最好用镀锌钢绳，或用既能防腐、又不明显降低摩擦系数的戈培油。

108 深槽型皮带机与普通皮带机的区别是什么？

答：深槽型皮带机又称U型皮带机，目前仅限于橡胶输送带。它与普通皮带机的区别主要是槽形上托辊的槽角为45°以上。由于槽角大，要求输送带横向挠性大，有较好的成槽性能，因而必须使用尼龙帆布做衬层的橡胶输送带。

109 深槽皮带机的特点有哪些？

答：深槽皮带机的特点有：

（1）除能输送通用皮带机可以输送的物料外，还能输送细粉状物料和流动性较强的物料。

（2）托辊槽角大，可达45°～60°以上。

（3）输送能力大，可达普通型的1.5～2.0倍。

（4）允许胶带的倾斜角大，一般可达到22°～25°，比通用皮带机大5°～7°。能使输送系统的布置紧凑，减少占地面积。

（5）运送平稳。深槽型皮带机运行时，物料稳定，无撒料现象，不易跑偏，清扫工作量小。

（6）运行费用较低。对于同一输送量，深槽型输送带约为普通型输送带带宽的70%～80%，但深槽输送带的单价较高。

（7）水平输送直接转运物料时，可不用导料槽，减少了胶带的磨损及因设置导料槽而损失的附加功率。

（8）设备简单，便于制造，也便于改造原有的皮带机，以达到提高输送能力的目的。

（9）能在与输送机头尾中心线成6°以下的水平弯曲时运转，而普通皮带机只能直线输送。

110 花纹胶带有哪些特点？

答：皮带机采用花纹胶带时，可将输送机的倾角提高到28°～35°，从而可大大缩短输送机及其通廊的长度，节省基建投资和占地面积。可输送流动性较强的物料，由于其工作面有许多橡胶凸块，所以局限了其使用长度和张紧方式等结构，不能用集中双滚筒驱动，需要用专用的转刷清扫器和输煤槽结构。

111 管状带式输送机的结构特点是什么？

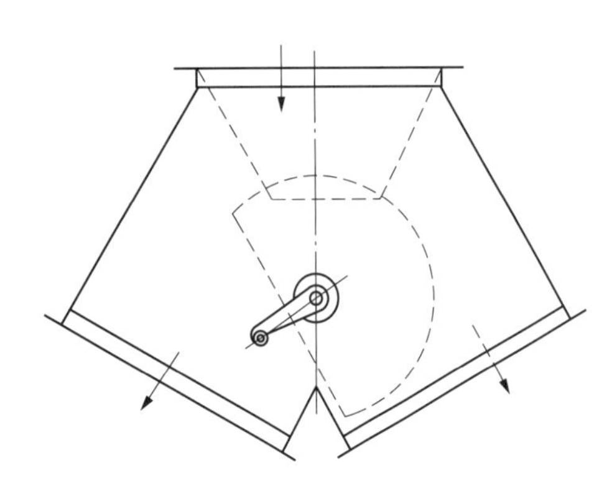

图5-8 管状带式输送机结构简图

答：管状带式输送机的结构如图5-8所示，头尾及拉紧器结构与普通输送机一样，沿线将皮带裹成管状。适合在复杂地形条件下连续输送密度为2500kg/m³以下的各种散状物料，工作环境温度适用范围－25～＋40℃，该机由呈六边形布置的辊子强制胶带裹起边缘，互相搭接成圆管形状来输送物料。其具有密闭环保性好，输送线可沿空间曲线灵活布置，输送倾角大，运输距离长，输送量大的特点，且建设成本低、安装维护方便、使用可靠。由于输送物料被包裹在圆管胶带内输送，所以隔绝了输送物料对环境的污染，同时也避免了环境对物料的污染。而且，物料不会散落和飞扬，也不会受刮风、下雨的影响。

与普通胶带机相比，没有胶带跑偏的情况，所以可水平转弯，可形成螺旋状布置，从而用一条管状带式输送机取代一个由多条普通胶带机组成的输送系统。可节省土建（转运站）、设备投资（减少驱动装置数量）和减少故障点。由于管状带式输送机自带走廊和防止了雨水对物料的影响。因此，选用管状带式输送机后，可不再建栈桥，节省了栈桥费用。由于胶带形成圆管状而增大了物料与胶带间的摩擦，故管状带式胶带机的输送角度可达30°，从而减少了胶带机的输送长度，节省了空间位置，降低了设备造价。

112 密闭式皮带输送机的结构与特点是什么？

答：密闭式皮带输送机用机壳将整条皮带密封，解决了普通皮带机存在的落料、溢料、粉尘污染问题，如图5-9所示。其结构特点如下：

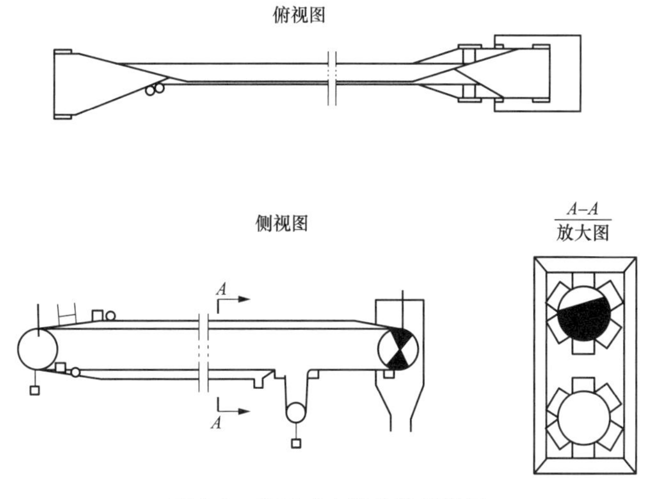

图 5-9 密闭式皮带输送机简图

（1）由于系统可以实现全封闭，落料及溢料几乎等于零，减少了清洁维修工作。

（2）可以实现露天布置输送系统，减少了传统输送带需要的栈桥投资。

（3）可在不改变传统皮带输送机驱动机构、钢构架的基础上，将传统带式输送机改造为密闭式皮带输送机，可以减少设备改建费用。

（4）独特落料口受料部位结构设计，有效地防止撒料和物料冲击扬尘。

输送机驱动装置、机架等与 DTⅡ固定带式输送机相同，可以按照 DTⅡ固定带式输送机选型方法选用。

第二节 碎煤设备及其运行

1 原煤的破碎粒度大小对制粉系统有何影响？

答：原煤的破碎质量对于制粉过程和制粉设备运行的可靠性有很大的影响。破碎后的原煤粒度过大，会降低磨煤机的生产率，增加制粉电耗，加剧磨煤机研磨件的磨损。因此，输煤设备运行时，特别是破碎设备运行时，必须保证合格的燃料破碎质量。通常破碎后的煤粒粒度不得大于 25mm。

2 环锤式碎煤机的结构和工作原理是什么？

答：环锤式碎煤机主要由机体、机盖、转子、筛板和筛板调节器及液压启盖装置等组成。碎煤机的机体由中等强度的钢板焊接而成，其上部是进料口，并装有拨料器（也称分流板）和检修门，在机体的下部是落料斗；机体的左右两侧分别安装主轴承支座及座板，其前部空间为除铁室，用于集散铁块和其他杂物；在除铁室上顶侧安装有反射板；机体的前部为除铁门与机体端面密封结合。另外，在整个机体的内壁装有不同形状的衬板，衬板由 Mn13 耐磨材料制成，起保护机壳和反击破碎等作用。在机体的进料侧装有破碎板（反击板），主要起破碎作用，它也由 Mn13 材料制成；转子是机体内部的核心部件；筛板调节机构固定在机体的后部，与筛板支架、筛板及破碎板连成一体。

当煤进入碎煤机后，环锤式碎煤机利用高速回转的转子环锤冲击煤块，使煤在环锤与碎煤板、筛板之间、煤与煤之间产生冲击力、劈力、剪切力、挤压力、滚碾力，这些力大于或超过煤的抗冲击载荷以及抗压、抗拉强度极限时，煤就会沿其裂隙或脆弱部分破碎。第一段是通过筛板架上部的碎煤板与环锤施加冲击力，破碎大块煤。第二段是小块煤在转子回转和环锤自转不断运转下，继续在筛板弧面上破碎，并进一步完成滚碾、剪切和研磨的作用，使之达到破碎粒度，从筛板栅孔中落下排出。部分破碎不了的坚硬的杂物被抛甩到除铁室内。环锤式碎煤机的环锤与筛板的间隙一般为20～25mm。

3 环锤式碎煤机的特点是什么？

答：环锤式碎煤机的特点是：

（1）环锤式碎煤机是利用高速回转的环锤冲击煤块进行破碎的，与其他破碎机相比，结构简单紧凑，故破碎效率高，维护量小，能够自行排除一部分杂物及铁件，噪声小。

（2）装有风量控制板，使入料口呈微负压，出料口可成微正压，能形成机内循环风，鼓风量小，粉尘小。

（3）除铁室采用格栅式结构，不易堵煤，除铁效果好。每班要人工及时清理。

（4）设备适应性强，可破碎各种原煤。对含水量超过8%的原煤或洗中煤，要降负荷运行，或注意改进排料斗的结构，以防堵塞。

（5）机盖液压开启，操作安全，检修方便。

（6）装有同步调节机构，能调整筛板支架与转子的相对位置，满足不同出煤粒径的要求。

4 环锤式碎煤机的转子结构形式是什么？

答：转子装置由主轴、平键、圆盘、摇臂、隔套、环轴、锤环以及轴承支座等部件组成。转子的两摇臂呈十字交叉排列，中间用隔套分开，两端摇臂与圆盘也由隔套分开，并通过平键与主轴相配合。锤环、隔套与转子经良好的静平衡后，通过环轴把锤环串装在摇臂和圆盘中间，并将环轴两端用限位挡盖固定。为防止主轴上各部件的松动，在轴的两端用锁紧螺母紧固。

5 减振平台的结构原理和特点是什么？

答：减振平台主要与碎煤机配套使用，起减振作用，特别是高位布置的碎煤机，能有效减少碎煤机对机房的振动危害，改善检修工作条件。减振平台由上下框架和减振弹簧组所组成，下框架固定在楼板上作为减振平台的基座，上框架同时与碎煤机和驱动碎煤机的电动机相连，使两者保持同一振动频率，上下框架之间采用钢制的弹簧组连接。每组弹簧由三个钢制的弹簧构成，通过弹簧座与上下框架相连，组成减振装置，用于吸收振动，达到减振作用。

6 碎煤机旁路落煤管的作用是什么？

答：当原煤允许不经过破碎而进入原煤仓时，可通过旁路直接进入原煤仓。碎煤机故障时旁路可应急上煤。

7　碎煤机监控仪有什么作用？

答：碎煤机监控仪主要监测轴承的振动和温度，轴承的水平和垂直振动不得超过0.15mm，温度不得超过90℃，超限异常时能自动报警或自动停机。

8　环锤式碎煤机启动前的检查内容有哪些？

答：环锤式碎煤机在启动前的检查内容有：

（1）检查电动机地角螺栓、机体底座、轴承座、护板紧固螺栓以及联轴器柱销，不能有松动和脱落，安全护罩扣盖应完好。

（2）清理机体内的杂物和黏煤，禁止杂物与积煤搅入转子内，以防启动时转子卡住。

（3）检查环锤、护板、大小筛板的磨损程度，当环锤磨损过大，效率变低时，应更换环锤。

（4）大小筛板和碎煤板磨损到20mm时（成品厚度一般是50mm），必须更换。

（5）排料口四周不得黏煤过多，以免影响正常出力；环锤的旋转轨迹与筛板之间的间隙应符合要求，一般为20～25mm，传动部分要保持良好的密封和润滑。

（6）检查完毕后，将所有检查门关好，并上好紧固销子，锁钉插牢。

（7）大修后启动前，要盘车2～3转，观察内部有无卡涩现象。

（8）每班应至少清理一次除铁室。煤质不好时每上完一趟煤清理一次。

9　环锤式碎煤机运行中的检查内容与标准有哪些？

答：环锤式碎煤机运行中的检查内容与标准有：

（1）运行中经常监视电流变化不许超过额定电流。

（2）通过碎煤机的煤量不得超过设计出力，如煤中水分大，给煤量应适当减小。

（3）经常注意碎煤机内应无异常撞击声和摩擦声，若有应立即查明原因，并迅速汇报处理。如撞击声和摩擦声大，应立即停机处理。

（4）运行中检查门、人孔门插销不得松动和脱落，更不能打开检查门。

（5）碎煤机在任何情况下不得带负荷启动。

（6）运行中不得调整筛板，不得攀登或站在碎煤机上，须经常注意轴承温度，不得超过90℃。

（7）检查机体底座、轴承座及护板的紧固螺栓不能有松动和脱落。

10　环锤式碎煤机正常工作有什么要求？

答：碎煤机工作时不允许超过设计出力，煤量过大或不均匀时，容易堵塞碎煤机。严禁带负荷启动，否则烧毁电气动力设备。不允许有三大块进入，一般入料要求不得有300mm×300mm以上的大石块、大冻块和大泥块，不得有400mm以上的长木材和2kg以上的大铁块进入。煤的湿度不能太大，运输水分在8%以上的湿煤时，运行负荷应降到额定出力的60%以下。

11　环式碎煤机内产生连续敲击声的原因有哪些？

答：环式碎煤机内产生连续敲击声的原因有：

（1）不易破碎的杂物进入碎煤机内。
（2）筛板等零件松动，环锤打击其上。
（3）环轴窜动或磨损太大。
（4）除铁室积满金属杂物，未能及时排除。

12 环式碎煤机轴承温度过高的故障原因有哪些?

答：环式碎煤机轴承温度过高的原因有：
（1）轴承保持架、滚珠或锁套损坏。
（2）轴承装配紧力过大。
（3）轴承游隙过小。
（4）润滑油脂污秽或不足。

13 环锤式碎煤机振动的故障原因有哪些?

答：环锤式碎煤机振动的原因有：
（1）锤环及轴失去平衡或转子失去平衡。
（2）铁块及其他坚硬杂物进入碎煤机，未能及时排除。
（3）轴承本身游隙大或装配过松。
（4）联轴器与主轴、电动机轴的不同轴度过大。
（5）给料不均造成锤环不均匀磨损，失去平衡。

14 环锤式碎煤机排料粒度大的原因有哪些?

答：环锤式碎煤机排料粒度大的原因有：
（1）锤环与筛板间隙过大。
（2）筛板栅孔有折断处。
（3）锤环或筛板磨损过大。
（4）旁路侧的筛煤机的筛条有断裂现象。

15 环锤式碎煤机停机后惰走时间短的原因有哪些?

答：一般环锤式碎煤机停机后惰走时间为15～20min，惰走时间短的原因有：
（1）机内阻塞或受卡。
（2）轴承损坏或润滑脂严重硬化。
（3）转子不平衡。

16 环锤式碎煤机出力明显降低的故障原因有哪些?

答：环锤式碎煤机出力明显降低的原因有：
（1）筛板栅孔部分堵塞，挂满炮线、铁丝等杂物。
（2）入料口部分堵塞。
（3）给料不足。
（4）煤太湿，使下料斗蓬煤。
（5）环锤磨损太大，动能不足，效率降低。

17 锤击式碎煤机的结构及工作原理是什么？

答：锤击式碎煤机主要由机体外壳、转子、冲击板、出料箅条筛缝隙和传动装置等组成。机器外壳的上盖有物料进口，物料进口与接受物料的落煤管即皮带机落料装置相衔接，它们之间用螺栓连接。转子是由主轴、摇臂、圆盘、锤头、隔套、销轴等组成。主轴是由高强度的合金钢或碳钢制成的，轴上用键配合有数排交叉对称的摇臂，其中间用隔套隔开，两侧用圆盘固定，在摇臂和圆盘上开有销孔，销轴在其中穿过，并且挂有数排可活动的锤头，有的锤头之间用垫圈相隔，锤头质量一般为3～15kg，有的更重一些。转子用两个轴承座支承安装在机壳内。

高速旋转的锤头由于离心力的作用，呈放射状张开。当煤切向进入机内时，一部分煤块在高速旋转的转子锤头打击下，被击碎；另一部分则是锤头所产生的冲击力传给煤块后，煤块在冲击力的作用下，被打到碎煤机的冲击板上击碎。而后，在锤头与筛板之间被研磨成所需要的粒度，从箅条筛缝隙间落下。锤击式碎煤机的破碎是击碎和磨碎的过程。

18 锤击式碎煤机启动前的检查内容有哪些？

答：在碎煤机启动前，首先对电气部分进行检查，电动机地脚螺栓应牢固，检查轴承座及机体各部护板螺栓应无松动现象，及时清理机内杂物，不要有堵塞。检查锤头完好无缺，筛板与锤头之间的间隙应符合要求，如果间隙较大或较小，及时利用调节器调整，锤头、筛板和护板磨损严重时应安排计划进行更换。检查完后，关好检查门。

19 锤击碎煤机运行中的注意事项有哪些？

答：锤击碎煤机运行中的注意事项有：

（1）运行中经常监视电动机电流变化，不允许超过额定电流；电动机温升不许超过要求值。

（2）通过碎煤机的煤量，不允许超过设计出力，不许带负荷启动，一定要在达到额定转速后，才可施加载荷工作。

（3）运行中要注意轴承温度不超过80℃。每隔三个月加油一次，每年至少清洗1～2次，全部换注新油，所用润滑剂一般为二硫化钼锂基脂。

（4）经常注意运行中的不正常声音，碎煤过程中，不准带入较大的金属块、大木块等杂物，当发现机内有撞击声和摩擦声时，应停机检查。

（5）经常检查、测定机组振动情况，最大振幅值不得超过0.15mm，正常运行时应小于0.07mm。

（6）给料要均匀，布满整个转子上，并在使用中经常检查破碎后的产品粒度是否符合要求，如不符合，应查明原因。

（7）注意煤种变化，如果煤种密度小、煤块多、黏度大，给煤量应适当减少。

（8）停机后注意惰走时间，转子在转动的过程中不准进行任何维护工作。

20 反击式碎煤机的主要结构是什么？

答：反击式碎煤机的主要部件由机体、转子、板锤、反击板、风量调节装置、液压开启机构等组成。

（1）转子。有整体式、组合式和焊接式三种。一般都采用整体铸钢结构，该结构质量较大，能满足工作要求，且坚固耐用，便于安装板锤。

（2）板锤。也称锤头，形状很多。

（3）反击板。其作用是承受板锤击出的煤，并将其碰撞破碎，同时又将碰撞破碎后的煤反弹回破碎区，再次进行冲击破碎。

（4）机体。机体以转子体的轴中心线为界分为上下两部分，下机体承受整台机器的质量，并借助于底部螺栓固定于基础上；上机体分为左右两部分，左上部装有液压开启机构，当更换或检修调整前、后反击板时，利用液压开启机构把它打开到倾斜 40°的位置就可进行工作。右上体与进料口衔接。机体的前后面设有检查孔门。

（5）风量调节装置。根据实际情况，转动风量调节装置的手柄，就可在一定的范围内改变鼓风量。

（6）液压开启装置。液压开启装置包括油箱、油缸、油泵等，其作用是更换或检修。

21 反击式碎煤机的工作原理是什么?

答：当煤从进料口进入板锤打击区时，马上受到高速回转的板锤作用，煤块被破碎。这时将会出现两种情况，一是小块煤受到板锤的冲击后沿板锤切线方向抛出，在这个过程中可以近似地认为冲击力通过煤块的重心；二是大块煤由于重力的作用，使煤块沿与切线方向成一定角度的偏斜方向抛出，即形成平抛运动，煤块被高速抛向反击板而再次受到冲击破碎。由于反击板的作用，使煤块反弹回到板锤打击区，使之再次重复上述过程。在上述过程中，煤颗粒之间也有相互碰撞的作用。这种多次性冲击以及相互间的碰撞作用，使煤块不断沿本身强度较低的界面产生裂缝、松散而破碎。当破碎的颗粒小于板锤与反击板的间隙时，即达到所要求粒度时，从机内下部落下，成为破碎产物。

22 反击式碎煤机的检查维护内容有哪些?

答：启动前首先要检查电动机地脚螺栓、机体螺栓、轴承座、各处护板螺栓无松动、脱落，联轴器销子紧固良好，转子机腔内无严重积煤现象，板锤无严重磨损及脱落现象。若板锤、反击板衬板损坏或脱落时应及时更换。反击板上弹簧及拉杆螺栓无松动断裂现象，调整螺栓要拧紧，下煤筒无堵煤现象。检查完毕后关好检查门。检修后的碎煤机送电启动前最好能盘车 2～3 圈，观察机内有无异常响声，确认完好后，方可结票送电启动碎煤机。运行中应经常检查反击板吊挂螺栓不应有松动及脱落现象。严禁在机器转动中调整。运行中不准进行任何维护检修工作，发现异常要及时停机处理。

23 反击式碎煤机出料粒度和风量如何调整?

答：出料粒度的调整是通过调整前、后反击板与转子旋转直径的间隙来实现的。一般前反击板的最底部与转子旋转直径之间的间隙应调整至 50mm 左右，后反击板的最底部与转子旋转直径之间的间隙应调整至 30～35mm 左右，这些间隙的调整是通过调整反击板支座拉杆的螺母来实现的。反击板上的护板磨损一般不能超过原来的 2/3。若需减少回风量则松开右边的调整螺母，旋紧左边的调整螺母即可。

24 反击式碎煤机的常见故障及原因有哪些?

答：反击式碎煤机的常见故障及原因有：

（1）破碎粒度过大。原因有板锤与反击板间隙过大，板锤或反击板磨损严重或损坏。

（2）机组振动过大。给料不均，使板锤损坏程度不均，造成转子不平衡；板锤脱落；轴承在轴承座内间隙过大；联轴器中心不正。

（3）机内有异常响声。板锤与反击板间隙过小；内部有杂物。

（4）产量明显降低。转子破碎腔内积煤堵塞；板锤磨损严重，动能不足，效率降低。

25 环锤反击式细粒破碎机的工作原理和结构特点是什么?

答：环锤反击式细粒破碎机结合了反击式破碎机和环锤式破碎机的优点，同时具有筛分和旁路的功能。适合于对中等硬度的物料进行破碎。尤其针对循环流化床锅炉对燃料细碎的要求，可获得 10mm 以下的出料粒度，其结构如图 5-10 所示。

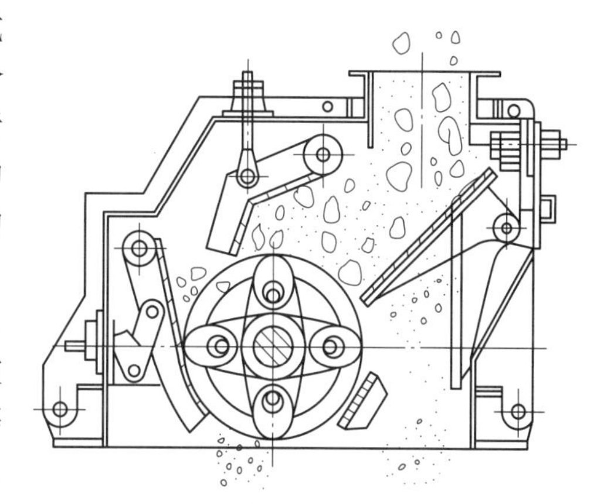

图 5-10 环锤反击式细粒破碎机

环锤反击式细粒破碎机由分料给料筛板、反击板、破碎板、转子及机壳等部件组成。破碎腔内分反击粗碎腔、打击细碎腔和研磨区等部分。待破碎的物料由入料口进入破碎机后，先经分料给料筛板将一部分粒度合格的物料筛分，经旁路通道直接从出料口排出；需破碎的物料则被高速旋转的转子打击抛向反击板，被多次冲击破碎后，在转子的带动下进入破碎腔进一步破碎。随后进入研磨区，利用转子线速度大于物料下落速度的特点，在研磨区使粒度进一步缩减形成合格品，从排料口排出。排出物料的粒度是通过调节反击板、破碎板与转子之间的间隙控制的。当出料粒度调为 25mm 时，同等出力功率消耗可降低一半，或同等功耗出力可增大一倍。

环锤反击式细粒破碎机的特点有：充分利用破碎空间，具有较大的破碎比。采用浮动锤，既有反击功能，又可以退让缓冲。采用间隙控制粒度，去掉通常的底部筛板，排除了堵煤现象。采用分料给料筛板，具有初级分离功能，提高了生产率，改善了破碎效果。分料给料筛板浮动设置，可防止堵塞。分料给料筛板可垂下，形成旁路通道。破碎板上的安全销可保障设备进入异物时不被损坏。

26 选择性破碎机的工作原理和特点是什么?

答：选择性破碎机主要用于将煤中的杂物（如石块、木块、铁块等）排除。其工作原理是：电动机通过减速装置和链条驱动旋转滚筒，滚筒由筛板通过高强螺栓连接而成。煤从入料口进入，落到滚筒下部后，粒度比筛孔孔径小的煤被迅速筛分落入下部煤斗，大块煤则被一些固定在筛板上的短搁板随着滚筒的旋转而提升。当搁板向上旋转到一定高度后，大块煤滑落，冲击到滚筒底部筛板而被破碎，反复提升和下落使煤全部被破碎后筛分落入煤斗。提升搁板安装在筒体上有一定的轴向角度，使煤随着滚筒旋转的同时产生一定的轴向位移，从而使不易破碎的物料，如石块、铁块（条、丝）和木块等能流向选择性破碎机尾端，最后被滚筒内部的废料犁犁出尾部。选择性破碎机的出力与煤的硬度、粒度、煤中三块的含量及所要求的煤的出口粒度等因素有关。也可根据实际情况调整滚筒的直径、长度，筛板孔径及提升搁板的数量和安装角度来满足出力要求。

选择性破碎机的主要特点是除三大块，同时也对煤进行预破碎。极大地改善了后续碎煤机的运行工况，使其运行更加稳定，减少了磨损。除去煤中大块的铁及其他杂物，物料破碎后的最大尺寸由滚动筛板上的筛孔正确控制，均匀性好。无需任何备用及旁路保证措施，适应各种水分的给煤及其他工况，出力几乎不受影响。只需一个护罩即可安装在室外，护罩上部中间设有除尘点可以抑尘，从而减少土建费用。

第三节　给　煤　设　备

1　给配煤设备包括哪些种类?

答：电厂的给配煤设备，是输煤系统的接送设备。它将来煤或储存的煤接受并送至输送设备上，再通过输送设备送往锅炉的原煤斗。常见的给煤设备有电磁振动给煤机、电动机振动给煤机、激振式给煤机、叶轮给煤机、皮带给煤机、刮板给煤机等。常见的配煤设备有移动式皮带机、配煤小车、犁煤器等。

电磁振动给煤机及电动机振动给煤机用于输煤系统的储煤仓、混煤仓、储煤罐等料仓排料。皮带给煤机用于翻车机受煤斗的料仓排料。叶轮给煤机主要用于长形缝式煤沟的料仓排料。

移动式皮带机及配煤小车主要用于原煤仓布置比较集中的配煤。对于中间储仓式制粉系统，原煤仓和煤粉仓交错布置，使用配煤小车及移动式皮带配煤不太方便，存在过煤粉仓时必须断煤或切换至另一路皮带输煤，运行操作比较麻烦等不足。犁煤器弥补了这一不足。

2　叶轮给煤机的结构和工作原理是怎样的?

答：叶轮给煤机是长缝隙式煤沟中不可缺少的主要配煤设备之一，叶轮给煤装置装在一个可以沿煤沟纵向轨道行走的小车上，主传动部分由主电动机、安全联轴器、减速机、柱销联轴器、伞齿减速机和叶轮等组成，主要机构是一个绕垂直轴旋转的叶轮伸入长缝隙煤槽的缝隙中，用其放射状布置的叶片（也称犁臂），将煤沟底槽平台上面的煤拨漏到叶轮下面安装在机器构架上的落煤斗中，煤经落煤斗被送到皮带上。给煤量可以方便地调整，出力从100t/h到1000t/h以上。叶轮的工作面是圆弧状的，也有特殊曲面（如对数螺线面、渐开线面等），故又称叶轮拨煤机。

行车传动部分由联轴器、行星摆线针轮减速机、蜗轮减速机、车轮组和弹性柱销联轴器等组成。行走只有固定的速度，并由行车电动机通过传动系统使机器在轨道上往复行走。小车行走机构和叶轮拨煤机构各自相对独立。

另外，还通过除尘系统排除叶轮拨煤过程中产生的粉尘。

3　叶轮给煤机具有哪些特点?

答：叶轮给煤机具有以下特点：

（1）叶轮拨煤可在出力范围内进行无级调整。

（2）叶轮传动机构具有机械和电气两级过载安全保护装置，保证设备安全运行。

（3）叶轮传动与行车传动系统彼此分开，具有相对独立性，便于安装、使用和检修。

（4）叶轮可原地拨煤。

4 叶轮给煤机行车传动部分的组成有哪些？

答：叶轮给煤机行车传动部分由联轴器、行星摆线针轮减速机、蜗轮减速机、车轮、车轴和弹性柱销联轴器等组成。

5 叶轮给煤机的控制内容有哪些？

答：叶轮给煤机的控制内容有：

（1）通过动力电缆对工作电动机供电。

（2）通过控制电缆和电气控制系统对整机实行集控和程控，也可以就地手动操作。

（3）机器通过电气控制箱控制主电动机，并由主电动机和行车电动机分别带动叶轮和车轮转动。主电动机通过电磁调速电动机带动叶轮旋转，并在转速范围内进行无级调速。

（4）叶轮给煤机的工作机构是一个绕垂直轴旋转的叶轮，叶轮伸入长缝隙煤槽的缝隙中，叶轮转动把煤从轮台上拨送到下面的皮带机上。

（5）行走只有固定的速度，并由行车电动机通过传动系统使机器在预定的轨道上往复行走。

（6）通过除尘系统排除叶轮拨煤过程中产生的粉尘。

（7）当给煤机行至煤沟端头时，靠机侧的行程终端限位开关使给煤机自动反向行走。

（8）当两机相遇时，靠给煤机端部行程限位开关使两机自动反向行走；当行程限位开关失灵时，给煤机的缓冲器可使两机避免相撞。

（9）当给煤机过载时，安全离合器动作，使给煤机自动停止。安全离合器失灵时，靠电气自身安全保护装置也可使给煤机自动停止。

6 叶轮给煤机减速机的安全装置有何要求？

答：要求安全装置应可靠。当给煤机行至煤沟一端或两台给煤机相遇时，限位开关能使给煤机自动返回或停止。

7 叶轮给煤机启动前的检查内容包括哪些？

答：叶轮给煤机启动前的检查内容包括：

（1）主传动系统、行车传动系统所有连接部件（联轴器、地角螺栓、护罩等）是否齐全，连接是否牢固。

（2）叶轮的进出口有无杂物堵塞，叶片上有无杂物缠绕，护板是否变形，落煤斗是否畅通。

（3）各减速箱油位是否正常，油质是否合格，结合面是否严密，有无漏油等。

（4）行车轨道上是否有障碍物，轨道是否牢固、平直，轨道两端的行程开关挡铁是否牢固。

（5）电气部件的绝缘是否合格，电源滑线是否接触良好，接线是否良好。

(6) 与其配套使用的皮带机、煤沟是否具备运行条件。

8 叶轮给煤机的运行注意事项有哪些?

答:叶轮给煤机的运行注意事项为:

(1) 各轴承温度正常,齿轮箱油温不大于75℃,滚动轴承温度不超过80℃,振动合格,转动平稳无异常,润滑油质良好,油位正常,无漏油现象。

(2) 无窜轴现象,轴封严密,联轴器连接牢固且安全罩齐全,动静部分无摩擦和撞击声。

(3) 地脚螺栓的螺母无松动和脱落现象。

(4) 电压电流稳定,并在额定值内,滑线无打火现象(若供电为拖缆,应无卡住现象)。

(5) 叶轮给煤均匀,调速平稳,行车良好。

(6) 按规程要求及时认真地进行加油、清扫、清理、定期试验等工作,电气部分应每周吹扫一次,叶轮上的杂物应每班清除一次。

(7) 滑差电动机不宜长时间低速运转,一般在450r/min以上运行,否则励磁绕组将过热。

9 叶轮给煤机的常见故障原因及处理方法有哪些?

答:叶轮给煤机常见故障及处理方法如下:

(1) 轴承发热。轴承发热超出规定温度时可能有以下原因:润滑不良(油量不足或油质变坏);滚动轴承的内套与轴或外套与轴承座因紧力不够发生滚套现象;轴承间隙过小或不均匀,滚动轴承部件表面裂纹、破损、剥落等。处理方法是检查油质状况,查看油质的颜色、黏度、有无杂质等。若为油质劣化,则进行换油。若为轴承缺陷,则退出运行,更换新轴承。

(2) 叶轮被卡住。原因可能是大块矸石、铁件、木料等引起。处理方法是停止主电动机运行,切断电源后,将障碍物清除。

(3) 控制器交流熔丝熔断。原因可能是励磁绕组烧坏而引起励磁电流增大;熔丝质量差。处理方法是更换烧坏的绕组,换新熔丝。

(4) 运行中调速失控,原因是励磁绕组的引线或接头焊接不良,运行温度升高使焊锡开焊而开路,造成无励磁电流;晶闸管被击穿;电位器损坏等。处理方法是检查处理触头;更换晶闸管;更换电位器。

(5) 晶闸管元件烧坏。原因是长时间低转速运行,通风不良。处理办法是更换晶闸管,改善通风,禁止长时间低速运行。

(6) 按下启动按钮,主电动机不转。原因是未合电源,控制回路接线松动或熔断器损坏。处理方法是拉开主开关,检查无问题时再合上;更换熔断器。

(7) 合上滑差控制器开关,指示灯不亮。原因是220V电源未接通;控制器内部熔丝断;灯泡坏;线路插座接触不良等。处理方法是检查电源接线;换熔丝;换灯泡;检查插头插座接触情况。

(8) 按下行车按钮,小车不行走。原因是行车熔丝损坏;回路接线松动或断线;行程开关动作未恢复等。处理办法是换行车熔丝;检查回路接线;检查并恢复行程开关按钮。

10 环式给煤机的结构特点是什么?

答：环式给煤机是专为筒仓贮煤设计的配套设备。环式给煤机有单环和双环两种型式，单环式适用于贮煤量在20000t以下的筒仓，双环式适用于贮煤量为30 000t的超大型筒仓。

（1）单环式给煤机由犁煤车、给煤车、卸煤犁、定位轮、料斗、密封罩、驱动装置、电控系统和轨道组成。犁煤车车体为环形箱式梁结构，装有三个犁煤板，车体下装有车轮和靠轮，由三套驱动装置经齿轮和齿条同步驱动；给煤车有环形平台式车体；卸煤犁安装在给煤车平台的上方，犁体固定在长轴上，轴的两端由支座支承，通过电动推杆提升或者放下犁体（另一种方式是卸煤犁安装在卸煤车上方横梁上，单侧卸料犁支架绕固定轴转动，由电动推杆牵引），每台单环给煤机配备二套卸煤犁。各套驱动装置采用交流变频调速装置控制犁煤车和给煤车在轨道上做周向运动，可实现给煤能力的无级调节。犁煤车和卸煤车运行速度不同，方向相反，当犁煤车运转时，位于筒仓底部的犁煤爪把煤从筒仓环式缝隙中犁下，落到运行的卸煤车上，卸煤器再把煤犁到落煤斗中，直到下层皮带机上。两台（或四台）卸料器分别与下层皮带运输机相对应，并可切换。

（2）双环式给煤机由尺寸较小的内环和尺寸较大的外环构成。内环的组成和上述单环式给煤机相同。外环犁煤车和给煤车各配六套驱动装置，即一台双环给煤机，内外环驱动装置共18套。外环给煤车驱动装置布置在车体内侧，其他驱动装置均在车体外侧。

11 环式给煤机的工作原理是什么?

答：环式卸煤机与原煤筒仓配套使用，有单环和双环两种型式，主要用于新建扩建的大中型火电厂，可以较好地解决筒仓储配煤的问题，同时节约占地、减少环境污染。

单环式卸煤机结构如图5-11所示，在犁煤车环梁形车体4上安装有3个犁煤板5，犁煤板伸入筒仓承煤台1上面的环形缝隙中，环梁和犁煤板间的夹角可以按需要进行调节。犁煤车的车轮沿环形轨道做圆周运动，靠轮限制车体水平方向的摆动，犁煤车的三套驱动装置3之间的夹角为120°（双环式的外环有六套驱动装置夹角60°），均匀布置。减速机输出轴上固定直齿轮，与车体上的环形直齿条啮合，电动机经减速机、直齿轮和齿条驱动犁煤车沿轨道转动。伸入环形缝隙中的犁煤板将煤犁到给煤车的环形平台式车体2上，平台车体下面安装的车轮沿两条同心环形轨道做圆周运动，靠轮防止车体水平移动。同犁煤车一样，给煤车的三套（双环式的外环是六套）驱动装置也均匀布置，同步驱动车体转动。卸煤犁7斜跨在给煤车平台上方，两个支座分别处于车体平台的内外侧。当电动推杆使卸煤犁下降到给煤车平台上时，可将煤全部刮到车旁的落煤斗8内，由斗下的带式输送机运走。两套卸煤犁的安装位置，分别与两条带式输送机相对应。配套运行。处于备用状态的带式输送机，相应的卸煤犁提起，与给煤车平台脱离，不刮煤。

12 环式给煤机配套筒仓储煤的优点是什么?

答：环式给煤机配套筒仓储煤的优点是：

（1）安装环式给煤机的筒仓下部卸料口为环形缝隙，卸料口面积大，其卸料口面积越大，卸料条件越好。

（2）环式给煤机沿环缝四周卸煤，使筒仓内形成平稳、均匀、连续的整体流动，流料通

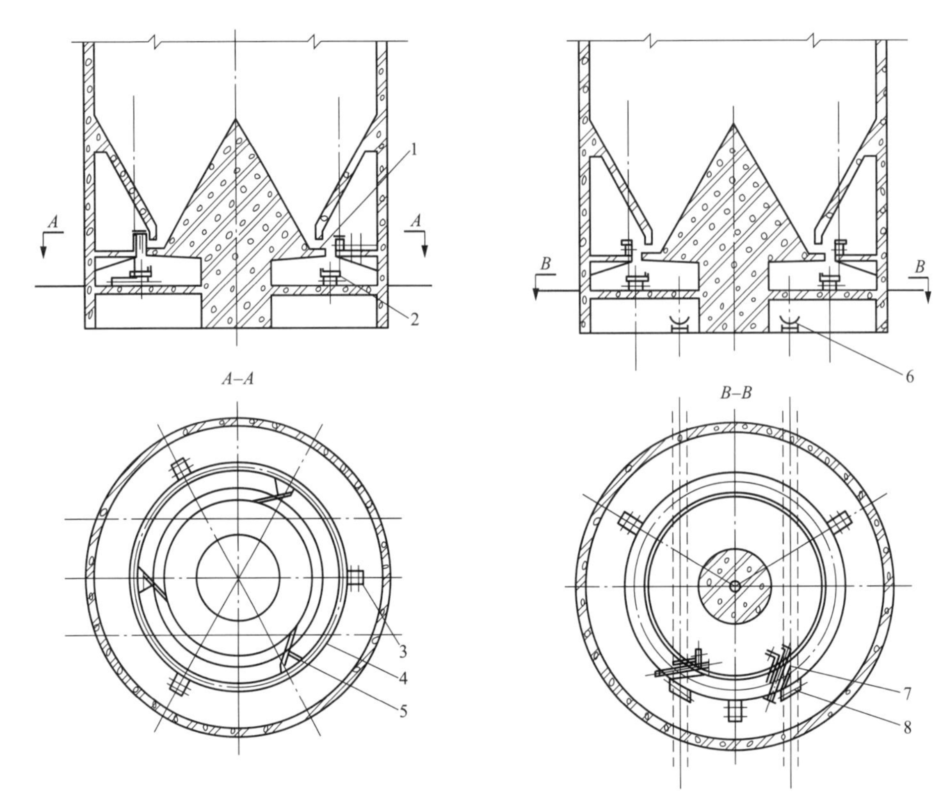

图 5-11 单环式给煤机结构示意图

1—承载台；2—给煤车环形平台车体；3—驱动装置；4—犁煤车环梁形车体；
5—犁煤板；6—皮带机；7—卸煤车；8—落煤斗

畅，没有死角，不能形成拱角，不会出现堵塞。

（3）环式给煤机从筒仓内卸煤时，可实现先进先出，按水平层次逐层排出，既有利于防止存煤自燃，又能使卸出的煤流颗粒组成保持原样，有利于带式输送机安全运行。

（4）采用交流变频调速装置无级调节给煤能力，给煤车跟踪犁煤车，以一定的比例改变回转速度，使输出煤流连续均匀，保证带式输送机正常运行。

（5）几个筒仓联用，利用环式给煤机配煤、混煤燃烧，配比可达到相当高的准确度。

13 环式给煤机启动和停车的流程是什么？

答：环式给煤机作为筒仓的输出设备，通常都加入运煤系统联锁。启动时，先启动带式输送机及有关设备，后启动给煤车，再启动犁煤车。正常运行时，给煤车跟踪犁煤车的转速，自动保持两者转速比为设定值。双环式给煤机启动和单环式相同。启动外环时应投入调频装置，使给煤车（或犁煤车）降低速度启动，然后逐渐升至额定速度。停车时和启动顺序相反，先停犁煤车，待给煤车台面上的煤全部卸净后，再停给煤车，最后停带式输送机。

两套卸煤犁的切换，卸煤犁的升降应和带式输送机相对应，配套运行，当 A 路输送机运行时，A 路卸煤犁降下，B 路犁升起。当 B 路输送机运行时，B 路犁降下，A 路犁升起。切换时应在给煤车停止时进行。

环式给煤机通常处于运煤系统流程的始点，当后面的任何设备意外停车时，都会引起环式给煤机联锁停机，但是，不会影响设备的重新启动。

14 环式给煤机的给煤能力如何调节?

答：犁煤车和给煤车的交流变频调速控制装置可调整电动机电源的工作频率，实现给煤能力的无级调节。调节范围较广，工作频率为 10～60Hz。可以经常进行调节。筒仓承煤台上的环形缝隙，设计安装有调节圈，改变调节圈的高度使环形缝隙的高度随之改变，借以调节给煤能力。这种方式适合相对固定的调节。

15 电磁振动给煤机的主要特点是什么?

答：电磁振动给煤机是由电磁力驱动，利用机械共振原理的一种给煤设备。其优点是结构简单，质量轻，无转动部件，无润滑部位，物料在料槽上能连续均匀地跳跃前进。无滑动，料槽磨损很小，维护工作量小，驱动功率小，可以连续调节给煤量，易于实现给料的远方自动控制，安装方便等。其缺点是初调整及检修后调整较复杂，若调整不好，运行中噪声大，出力小。

16 电磁振动给煤机的结构组成有哪些?

答：电磁振动给煤机由料槽、电磁激振器和减振器三大部分组成。料槽由耐磨钢板焊接而成，电磁激振器由连接叉、板弹簧组、铁芯、线圈和激振器壳体组成，减振器由吊杆和减振螺旋弹簧组成。减振器又分前减振器和后减振器两部分。

17 电磁振动给煤机的工作原理是什么?

答：电磁振动给煤机是一个双质点定向强迫振动的振动系统。其中给料槽、连接叉、衔铁和料槽中物料的 10%～20%等的质量构成质点 M1；激振器壳体、铁芯、线圈等质量构成质点 M2。M1 和 M2 两个质点用板弹簧连接在一起，形成一个双质点的定向振动系统。根据机械振动的共振原理，将电磁振动给煤机的固有频率 W 调得与磁激振力的频率 W 相近，使其比值达到 0.85～0.90，机器在低临界共振的状态下工作。因而电磁振动给煤机具有消耗功率小，工作稳定的特点。

18 电磁振动给煤机的振动频率是多少? 为什么?

答：电磁振动给煤机的振动频率是 3000 次/min。

因为电磁激振器的电磁线圈由单相交流电源经整流后供电，在正半周内有半波电压加在电磁线圈上，电磁线圈有电流通过，在衔铁和铁芯之间便产生脉冲电磁力而相互吸引，料槽向后运动，此时板弹簧变形储存一定的势能。在负半周时整流器不导通，电磁线圈无电流通过，电磁力逐渐消失，借助板弹簧储存的势能，衔铁与铁芯向相反的方向移开，料槽向前移动。所以，电磁振动给煤机的槽体以交流电源的频率 3000 次/min 往复振动。

19 电磁振动给煤机的运行维护内容有哪些?

答：电磁振动给煤机的运行维护内容有：

（1）启动前，应将控制单元的电位器调整到最小位置，接通电源后转动电位器，逐渐地使振幅达到额定值。

（2）运行中随时注意观察电流，如发现电流变化较大，则须检查原因：板弹簧压紧螺栓松动；板弹簧断裂；电磁铁芯和衔铁之间气隙增大。

（3）检查板弹簧组的压紧螺栓和电磁铁的调整螺栓的紧固程度。

（4）要定期检查电磁铁与衔铁之间的气隙，同时要注意气隙中有无杂物。

（5）电磁铁和铁芯不允许碰撞。如听到碰撞声，须立即减小电流，调小振幅，停机后检查并调整气隙。

（6）煤质变化会影响出力的变化，可以调节给煤槽倾角。下倾角最大不宜超过15°，否则易出现自流。

（7）电源电压波动不宜过大，可以在±5%范围内变化。

（8）料槽内黏煤及料槽被杂物卡塞都对给煤机出力有较大影响，运行人员应随时检查。

20 电磁振动给煤机如何调节给煤量?

答：通常采用调整料槽的倾斜角，以增减给煤量。但料槽倾角不得大于允许值，倾角太大，煤会发生自流。由于给煤量随振幅的大小而变，而振幅的大小随通过电磁线圈中电流的大小而变，故可通过控制晶闸管整流器导通的方式来控制电磁线圈中电流的大小，从而达到连续、均匀地调节给煤量。也常采用调整仓斗出料口的大小和改变料槽中料层的厚度来调节给煤量。

21 电磁振动给煤机启动前的检查内容有哪些?

答：电磁振动给煤机启动前的检查内容有：

（1）检查电动机引线有无变色、断裂，地脚螺栓有无松动、脱落、损坏。

（2）检查料槽吊架各处连接牢固、完整。

（3）检查料槽及落煤筒不应被杂物卡住，料槽内有黏煤时须在启动前清理干净。

（4）检查皮带上联锁开关位置应在联锁位置。

（5）检查弹簧板及压紧螺栓无松动断裂。

22 电磁振动给煤机的操作注意事项有哪些?

答：电磁振动给煤机操作时的注意事项有：

（1）斗内有煤时方可启动给煤机。

（2）经常监视给煤机给煤量，煤斗走空，立即停止给煤机运行。

（3）禁止空振。

23 电磁振动给煤机常见的故障及原因有哪些?

答：电磁振动给煤机常见的故障及原因有：

（1）接通电源后机器不振动。原因：熔丝断；绕组导线短路；引出线的接头断。

（2）振动微弱、调整电位器，振幅反映小，不起作用或电流偏高。原因：晶闸管被击穿；气隙、板弹簧间隙堵塞；绕组的极性接错。

（3）机器噪声大，调整电位器，振幅反映不规则，有猛烈的撞击。原因：弹簧板有断裂；料槽与连接叉的连接螺钉松动或损坏；铁芯和衔铁发生冲击。

（4）机器受料仓料柱压力大，振幅减小。原因：料仓排料口设计不当，使料槽承受料柱压力过大。

(5) 机器间歇地工作或电流上下波动。原因：绕组损坏，检查绕组层或匝间有无断股现象和引出线接头是否虚连，可据此修理或更换绕组。

(6) 产量正常，但电流过高。原因：气隙太大，调整气隙到标准值2mm。

(7) 电流达到额定值而给煤量小。原因：料槽内黏煤过多。

24 电磁振动给煤机运转的稳定性取决于什么条件？

答：给煤机运转的稳定性和可靠性，取决于板弹簧顶紧螺栓和铁芯固定螺栓的紧固程度。规定一周内隔一天检查并拧紧一次，直至给煤机运转稳定时为止。

25 简述往复式给煤机的结构组成。

答：往复式给煤机由机架、给料槽、传动平台、漏斗、闸门及托轮组成。按结构和用途不同分为：带漏斗和不带漏斗、带闸门和不带闸门、采用防爆电动机和不采用防爆电动机等多种型式。

26 往复式给煤机的工作原理是什么？

答：在煤仓下口设一给料槽，给料槽底板（也称给煤板）为活动式，它安放在托轮上，通过曲臂（或称摇杆、拉杆、连杆）与曲柄连接，曲柄固定在减速器上与电动机相连。利用曲柄连杆机构拖动下倾5°的底板在辊上做直线往复运动，当电动机开动后，经弹性联轴器、减速器、曲柄连轩机构拖动倾斜的底板在插辊上作直线往复运动，将煤均匀地卸到运输机械或其他筛选设备上。从而把煤或其他磨琢性小，黏性不大的松散粒状，粉状物料从给料设备中均匀地卸到受料设备中。

27 往复式给煤机的主要部件及作用有哪些？

答：往复式给煤机的主要部件及作用为：

(1) 给料槽。由两块侧板和底板组成，底板也称给煤板；它们是货载的导向、承载、输送机构。

(2) 托轮。又叫托辊，是底板的承载及导向机构。

(3) 曲臂。底板的牵引机构。

(4) 曲柄。传递动力，带动曲臂使底板做往复运动。在曲柄内装有一偏心盘，曲臂与偏心盘轴相连，通过改变偏心盘轴在曲柄内的位置来调节底板往复运动的行程。

(5) 减速器。降低速度装置，可调节底板的行程，增大传动力矩。

(6) 联轴节。电动机和减速器之间的连接装置，其作用是传递动力。

(7) 电动机。给煤机的动力源。

28 往复式给煤机常见故障及处理方法有哪些？

答：往复式给煤机的常见故障及处理方法为：

(1) 托轮不转。原因：轴承损坏、油封损坏进入煤泥。处理方法：更换托轮（成组更换)。将底板吊起固定，卸掉固定托轮一端耳巴，将托轮取下；安新托轮时，先把托轮一端安在未卸掉耳巴上，然后把另一端耳巴安在托轮轴上，抬起托轮及耳巴，把耳巴固定在侧板上。

（2）底板端曲臂轴承损坏。原因：轴承端盖油封损坏进入煤泥；轴承疲劳损坏。处理方法：先将底板固定，然后拆下曲臂两端连接装置，把曲臂取下；更换轴承后，安装曲臂。

29 往复式给煤机日常检查内容有哪些？

答：往复式给煤机日常检查内容有：

（1）给料机运行前，煤仓内应贮有足够原煤量，以避免装煤入仓时，直接冲击底板（给煤板）。

（2）每月连续工作后应检查机件有无松动等不正常现象，若有不正常现象出现，应立即检修。

（3）给料机与煤直接接触的底衬板，其厚度磨损程度大于原厚度的二分之一时，必须进行修补或更换。

（4）转动部件在连续工作六个月后，需检查一次，拉杆部分的机件必须保持正常配合，如有不正常现象，立即修复或更换。

30 电动机振动给煤机的结构及工作原理是什么？

答：电动机振动给煤机（又称自同步惯性振动给煤机）由槽体、振动电动机、减震装置、底盘（座式安装）等组成。

（1）槽体。由料槽、支承板和电动机底座组成。给料槽有封闭型、敞开型等多种型式。

（2）振动电动机。采用两台特制的双出轴电动机两端的偏心块旋转时产生的激振力作为振源，调整偏心块的夹角，可以调节激振力的大小，即可调整给煤机的给煤量。

（3）减振装置。由金属螺旋弹簧（或橡胶弹簧）、吊钩及吊挂钢丝绳等组成。

（4）底盘。由型钢和钢板焊接而成。

电动机振动给煤机的工作原理是：安装在振动给煤机槽体后下方的两台振动电动机产生激振力，使给料槽体做强制高频直线振动，煤从给煤机的进煤端给入后，在激振力的作用下，呈跳跃状向前运动，到出煤端排出，完成给煤作业。工作时，两台振动电动机反向自同步运转，其偏心惯性力在中心连线方向相互抵消，使给料机左右不振，而在中心线的垂直方向上的惯性力相互叠加，使给料机前后振动。

31 电动机振动给煤机如何调整出力？

答：自同步惯性振动给煤机的生产率可以采用如下方法进行调节：

（1）利用调频调幅控制器或变频器，实现不停机无级调节生产率。

（2）通过停车调节惯性振动器的偏心块来实现生产率的无级调节。

（3）调节料仓门的开度，改变给料量，从而达到调节给煤机生产率的目的。

（4）调整给煤机倾斜角度可调节出力，最大不超过15°，以防自流。

32 电动机振动给煤机启停机有何特点？

答：自同步惯性振动给煤机允许在满负荷全电压条件下直接启动和停机。为了停机稳定，快速通过共振区，允许制动停机，且适应各种电气制动方式，如能耗制动，反接制动等。

33 电动机振动给煤机常见故障及原因有哪些？

答：电动机振动给煤机的常见故障及原因有：

（1）接通电源后不振动。原因有：熔丝断；电源线断开或断相。

（2）启动后振幅小且横向摆动大。原因有：两台惯性振动器中有一台不工作或单向运行；两台振动器同向转动。

（3）惯性振动器温升过高。原因有：轴承发热；单相运行；转子扫膛；匝间短路。

（4）振动器一端发热。原因有：轴承磨损发热。

（5）机器噪声大。原因有：振动器底座螺栓松动或断裂；振动器内部零件松动；槽体局部断裂；减振器内部零件撞击。

（6）电流增大。原因有：两台振动器中仅一台工作；负载过大；轴承咬死或缺油；单相运行或匝间短路。

（7）空载试车正常加负载后振幅降很多。原因有：料仓口设计不当，使料槽承受料柱压力过大。

34 激振式给煤机结构特点与工作原理是什么？

答：激振式给料机槽体下方的激振器由两个带偏心块和齿轮的平行轴相互啮合组成，激振器与电动机为挠性连接，有三角带式连接和联轴器带式连接两种方式。电动机装在基础上不参振，极大地减少了电动机的故障率，其外形结构如图 5-12 所示。特点是运行可靠、稳定，普通 4 级电动机驱动，转速低，噪声低，故障维修量极低。

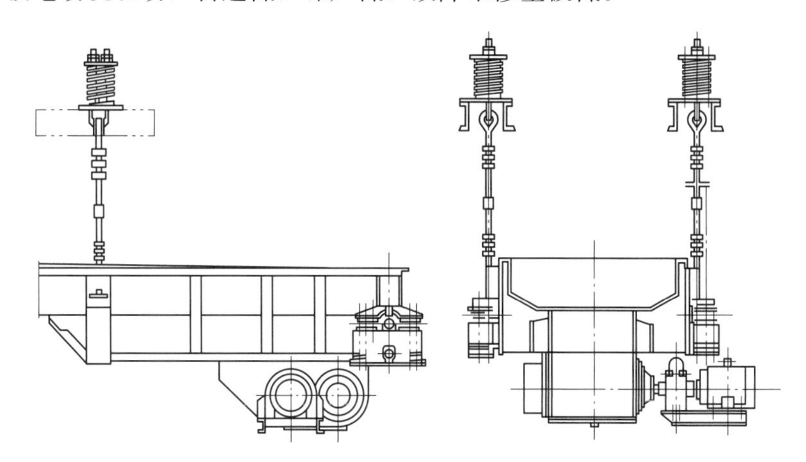

图 5-12　激振式给煤机外形图

通过调整给料机偏心块振幅、频率（加变频调速器）和槽体倾角，均可调节出力。给煤机安装型式有四种支撑和悬吊方式，料槽可配置各种衬板。可配仓口闸门以控制不同煤种的自流现象。

35 皮带给煤机的工作特性与结构是什么？

答：皮带给煤机的工作特性与结构是：

（1）皮带给煤机的给煤，是靠胶带与煤斗间煤的摩擦作用，将煤给到受煤设备上，故皮带给煤机的带速不宜过高，否则胶带与煤之间容易产生相对的滑动，以致不能给煤。

（2）皮带给煤机主要用于翻车机受煤斗的配煤。具有运行平稳、无噪声、给煤连续均匀、头尾滚筒中心距小、给煤距离长、出力范围大、可以移动、维修方便等优点。皮带给煤机采用带式输送机的部件组装而成。

（3）移动式皮带给煤机还需设行走车轮、轨道及检修迁出装置等。在皮带的上部料斗出口装有闸门，可控制给煤量的大小。工作带的断面有平形和槽形两种，一般采用平形断面。为了提高出力，在皮带给煤机的全部机长范围内加装固定的侧挡板，做成导煤槽的形式。

36 刮板给煤机的工作原理及特点是什么？

答：刮板给煤机（链式输送机）用于倾斜小于或等于15°的粉粒状物料的输送。其工作原理如下：散料具有内摩擦和侧压力的特性，它在机槽内受到输送链在其运动方向的拉力，使其内部压力增加，颗粒之间的内摩擦力增大。在水平输送时，这种内摩擦力保证了料层之间的稳定状态，形成了连续的整体流动。当料层之间的内摩擦力大于物料与槽壁之间的外摩擦力时，物料就随着输送链一起向前运动。当料层高度与机槽宽度的比值满足一定条件时，料流是稳定的。

刮板给煤机的主要特点有：输送能耗低，借助物料的内摩擦力，变推动物料为拉动，使其与螺旋输送机相比节能40%～60%。密封和安全性好，全密封的机壳使粉尘无缝可钻。

第四节 配 煤 设 备

1 配煤设备的种类与特性有哪些？

答：常见的配煤设备有犁煤器、移动式皮带机、配煤小车等。

输煤系统采用电动式犁煤器较为普遍。移动式皮带机及配煤小车主要用于原煤仓布置比较集中的配煤。对于中间储仓式制粉系统，原煤仓和煤粉仓交错布置，使用配煤小车及移动式皮带配煤不太方便，通过煤粉仓时必须断煤或切换至另一路皮带输煤，运行操作比较麻烦。

2 使用犁煤器对胶带有何要求？

答：使用犁煤器要求胶带上胶层要厚，胶带采用硫化接头最好，冷黏接口更要顺茬胶接，不可用机械接头。

3 犁煤器的种类与结构特点有哪些？

答：犁煤器的全称是犁式卸料器，用于电厂配煤时称为犁煤器，也称刮板式配煤装置。犁煤器有固定式和可变槽角式两种。

固定式为老式犁煤器，已被逐渐淘汰，由托板和托板支架等组成，胶带通过犁煤器时，托板将胶带由槽形变成水平段，通过刮板将煤从胶带上刮下，卸入料斗。犁煤器托板为一平钢板，对胶带磨损较为严重，改为平型托辊托平胶带，但是胶带通过时为平面段，容易撒煤。

可变槽角式犁煤器为现今通用形式，根据托辊构架的不同，分为摆架式和滑床框架式等结构，摆架式结构比较合理，无滑道摩擦，工作阻力小，耐用可靠，维护量小。滑床式结构由滑动框架及底座，槽形、平形托辊，犁刀，驱动杆，电动推杆及固定支架等组成。犁煤器的驱动推杆有电动、汽动、液力推杆三种方式，其中电动推杆被广泛使用。

各种犁煤器又可分为单侧犁煤器和双侧犁煤器，单侧犁煤器又有左侧和右侧之分。其中双侧犁煤器卸料快，阻力小，犁板倾斜贴于皮带表面，煤流作用时具有自动锁紧功效（如果犁头两板为垂直立板，上煤时容易发生抖动，带负荷落犁时容易过载），电动推杆具有双向保险系统。主犁后设有胶皮辅犁，使胶带磨损量小，延长了胶带输送机的使用寿命，所以这种犁煤器用得比较广泛，其结构紧凑、起落平稳、安装操作方便、卸料干净彻底，性能可靠，还能方便用于远距离操作，实现卸料自动化。

4 滑床框架式电动犁煤器的结构和工作原理是什么？

答：滑床框架式电动组合犁卸料器主要由电动推杆机、驱动杆支架、主犁刀、副犁刀、门架、滑床框架平形长托辊和槽形短托辊等机构组成。

工作状态：推杆伸出滑床框架后移，使边辊内侧抬起，槽型活架托辊变成平行，犁头下落，使胶带平直，犁刀与胶带平面贴合紧密，来煤卸入斗内，不易漏煤。

非工作状态：推杆收回滑床框架前移拉回，使边辊内侧落下，滑架托辊变成槽形，达到一致角度，物料通过，不易向外撒料。

犁刀不宜垂直于皮带平面直立设计，应沿人字板走向制成下凹形流线设计，工作时具有自锁紧效果，受到煤的冲击力时犁头不会抬起和抖动。

这种犁煤器的缺点是滑床轮及轮辊易生锈，加大抬落阻力，使推杆易过负荷。

5 简述托架式犁煤器的工作原理。

答：摆架式犁煤器的结构如图 5-13 所示，由电动推杆收缩，使驱动臂摆动，压杆使犁落下，同时平托辊架被拉起，使槽形胶带变成平面，物料被犁切落，实现落料动作。不需要落料时，电动推杆伸出，推动臂摆动，压杆将犁拉起，同时平托辊落下，胶带又恢复了原来槽形，胶带可以正常继续运送物料。犁煤器摆架的前后部位各装一组自带轴芯的槽型边托，能随摆架的抬落自动变平或变槽。

6 槽角可变式电动犁煤器主要有哪些特点？

答：槽角可变式电动犁煤器的主要特点为：

（1）由于非工作状态时前部短托辊仍恢复原来的槽形角度，中间平托辊与胶带边缘分离，所以不易磨损胶带，延长胶带使用寿命。

（2）工作状态时，前部槽形托辊变成平形，犁头与胶带贴合紧密，无漏煤现象。

（3）犁头改进为双犁头，第一层犁头未刮净剩下的少量煤末，到第二层犁头可将其刮下，减少了胶带的黏煤现象。

（4）既可就地操作，也可集中控制。

（5）犁头设有锁紧机构。工作时，受到煤的冲击力不会抬起和抖动，使犁刀始终紧贴胶面，卸料时不易漏料。

（6）犁刀磨损后可下落调节，直到不能使用。

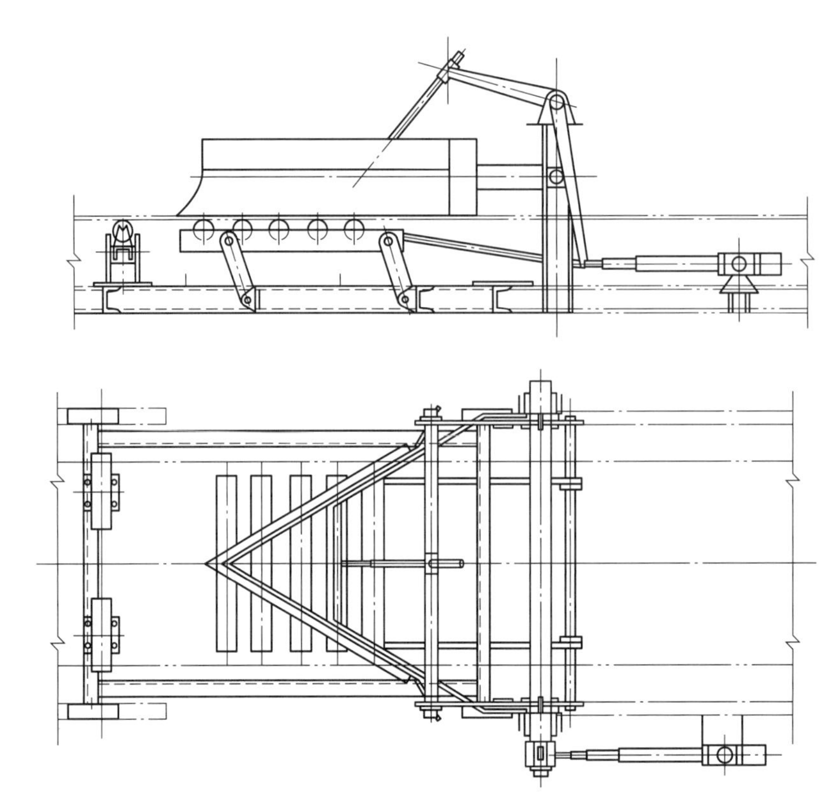

图 5-13　摆架式犁煤器结构图

（7）槽角可变式电动犁煤器以电动推杆为动力源，通过推杆的往复运行，带动犁板及边辊子上下移动，使犁煤器在卸煤时托辊成平行，不卸煤时成槽角。通过行程控制机构控制电动推杆的工作行程，从而调节犁板的提升高度及犁板对胶带面的压力。

7　犁煤器启动前的检查内容有哪些？

答：犁式卸煤器启动前的检查内容有：

（1）检查卸煤铁板或胶皮应完整，无过分磨损，与皮带接触平齐。

（2）检查机械传动部分应无卡涩现象。

（3）检查“升”“降”限位应完好，电动机引线完好。

8　犁煤器操作不动的原因主要有哪些？

答：犁煤器不动作的原因有：失去电源；熔断器断开；过载限位卡死；机械故障等。

9　型号为 DT□30050 电动推杆的含义是什么？

答：电动推杆 DT□30050 的含义为：

DT-电动推杆；

□-（普通型Ⅰ；折弯型Ⅱ；外行程可调Ⅲ；带手动机构Ⅳ）；

300-额定推力 300kgf（3kN）；

50-最大行程 50cm。

10 电动推杆的工作原理及用途是什么?

答：电动推杆以电动机为动力源，通过一对齿轮转动变速，带动一对丝杆，螺母转动。把电动机的旋转运动转化为直线运动。推动一组连杆机构来完成闸门、风门、挡板及犁煤器等的切换工作。电动推杆内设有过载保护开关，为了区别推杆完成全行程时切断电源与故障过载时切断电源之差别，在实际使用时必须加限位开关，来承担完成全行程时断电的任务，确保整机的使用寿命。不得用过载开关来代替行程开关的作用，否则容易造成推杆过流或损坏机内高精度过载开关的故障发生。

11 电动推杆内部的过载开关是如何起作用的?

答：推杆内的过载开关是在负荷过载后压缩内部弹簧，使内部限位块微动，使限位开关线路断电，电动机停转，起到保护作用的。

内部过载开关必须与外部限位开关和继电器串联使用，否则起不到过载保护，也不能直接代替外部限位开关使用。否则，每次停止都是超限位后靠过载断电，甚至卡死，影响使用寿命。

12 电动液压推杆的工作原理及特点是什么?

答：电动液压推杆的工作原理为：电动液压推杆是一种机电液压一体化的推杆装置，由液压缸、电动机、油泵、油箱、滤油器、液压控制阀等组成。电动机、油泵、液压控制阀和液压缸装在同一轴线上，中间有油箱和安装支座。活塞杆的伸缩由电动机的正反向旋转控制。液压控制阀组合由调速阀、溢流阀、液控单向阀等组成。

电动液压推杆的主要特点是：

(1) 电动液压一体化，操纵系统简单，自保护性能好，推力大，可实现远距离控制，方便在高空、危险地区及远距离场所操纵使用。

(2) 机组的推（拉）力及工作速度可按需要无级调整，这是电动推杆无法实现的；可带负荷启动，动作灵活，工作平稳，冲击力小，行程控制准确；能有效地吸收外负载冲击力。

(3) 没有常规液压系统的管网，减少了泄漏和管道的压力损失；噪声小，寿命长。有双作用和单作用两种，结构紧凑，但比同额的电动推杆重。

13 移动式皮带配煤机的优缺点有哪些?

答：移动式皮带配煤机的优点有：

(1) 移动式皮带配煤机结构简单，布置方便，配煤灵活，煤仓充满程度好。

(2) 移动式皮带配煤机采用电动滚筒传动，结构简单可靠，占用面积小，外观整齐，操作安全，质量轻，消耗金属材料少，电动滚筒密封性能好，适用于粉尘浓度高的场合。

(3) 易于实现集中控制和自动配煤。

(4) 无论配煤线的长与短，只用一条移动皮带即可满足配煤的需要。

缺点有：

(1) 采用移动式皮带配煤机需配备滑线，长距离的配煤线布置滑线较困难。

(2) 在中间储仓式制粉系统中采用时，因两原煤仓中布置有煤粉仓，当移动式皮带配煤机行走至煤粉仓时，必须停止来煤或切换至另一路运行，控制复杂，运行操作频繁。

（3）当移动皮带单滚筒传动时，遇尾部传动向头部运行时，易造成皮带打滑。

（4）电动滚筒内电动机端盖的油封应随时保持完好，以免油冷滚筒的油液进入电动机，造成绝缘破坏，电动机烧坏的故障。

14 移动式皮带机的配煤原理是什么？

答：移动皮带机具有可逆性。当向原煤仓配煤时，移动皮带由行走车轮在轨道上行走，由第一个原煤仓至最后一个原煤仓依次移动，均匀地配煤。相反方向行走时，可逆行配煤。在煤仓之间有煤粉仓时，或当需要跨仓配煤的情况下，要采取措施。一般将皮带先逆行，将煤返回落入后面的煤仓，当过了煤粉仓（或需跨越的煤仓）后，再正向运行，恢复正常配煤。或者提前断煤，待皮带上的煤走完后再空皮带运转跨仓，跨过仓后再继续配煤。在需要反向运行时，应先停煤源，否则会造成倒换皮带运行方向时，皮带承受双重负荷，使皮带机过载。

15 配煤车的结构和工作原理是什么？

答：配煤车由金属架构、槽型托辊、调偏托辊、上下部改向滚筒、行走机构、车轮、车轮轴、链条及其驱动装置的电动机、减速机、用于向煤斗配煤的落煤筒、用于检查的梯子及皮带清扫器等组成。

运动着的皮带绕过两个改向滚筒，形成一个S形，这样上部改向滚筒将皮带伸出，使煤沿其速度方向，做斜上抛运动，撞击在滚筒护罩端部的击板上。若向两侧煤仓配煤，则将前后挡板推向滚筒侧，左右分流挡板放在中间位置，则煤流向两侧煤筒；若需向一侧煤仓配煤，则将左右分流挡板置于另一侧，煤即流向一侧；若需使煤通过配煤车向尾仓配煤，则可将前后挡板置于滚筒护罩端部，将左右分流挡板置于中间，煤通过配煤车向尾仓流去，达到向尾仓配煤的目的。

卸料车串连在皮带机上，根据不同物料的堆积角，使物料随卸料车角度提升一定高度，然后通过三通向单侧、两侧或中间卸料，物料的流向及流量通过各路的闸板阀（或翻板阀）控制。皮带通过前后滚筒改向，使其重回前方。卸料车在皮带机轨道上可以前后移动，实现多点卸料。物料的流向及流量可以通过PLC控制闸板阀（或翻板阀）的开闭来实现。卸料车由驱动平台、皮带机架、前后滚筒、平衡梁、夹轨器、闸板阀（或翻板阀）、溜槽体、除尘系统、电气控制系统等组成。

16 配煤车的特点有哪些？

答：配煤车的特点有：

（1）配煤车配煤时，运输胶带从上下改向滚筒绕过，皮带的磨损较小。

（2）皮带在配煤车上发生跑偏，摩擦力增大，会造成配煤车跑车问题。

（3）无论配煤线长与短，只用一台配煤车可满足配煤的需要，并可满负荷往返行走。

（4）运输胶带带速不宜过高，一般不超过2.5m/s。

（5）配煤车在运行中若抱闸松弛，会发生跑车现象。

（6）在中间储仓式制粉系统中采用时，因两原煤仓中间布置有煤粉仓，当配煤车行走至煤粉仓时，必须停止来煤或切换至另一路输送机运行；控制系统复杂，运行操作频繁。

17　配煤车在运行中应特别注意的问题有哪些？

答：配煤车在运行中应特别注意的问题为：

（1）启动前，应做好必要的检查工作。

（2）清理配煤车积煤时，必须待皮带机停止后方可进行，绝对禁止在皮带机运行中清理积煤。

（3）皮带在配煤车爬坡段跑偏时，要及时调整，防止皮带跑偏严重，摩擦护罩，而发生跑车的危险。

（4）运行中要随时注意拖缆随配煤车移动，防止将拖缆挂住而拉断拖缆。

（5）在使用中“跑车”是很危险的，运行发现抱闸松弛，发生溜车现象时，应停止皮带运行，及时调整。

第五节　除　铁　器

1　常用除铁器的种类有哪些？

答：按磁铁性质的不同可分为永磁除铁器和电磁式除铁器两种。

电磁除铁器按冷却方式的不同可分为风冷式除铁器、油冷式除铁器和干式除铁器三种。

电磁除铁器按弃铁方式的不同可分为带式除铁器和盘式除铁器两种。

2　铁磁性物质被磁化吸铁的机理是什么？

答：铁磁性物体进入磁场被磁化后，在物体两端便产生磁极，同时受到磁场力的作用。在匀强磁场中，由于各处的磁场强度相同，物体各点所受的两极方向上的磁力都是大小相等，方向相反，所以该物体所受的合外力为零，在此匀强磁场中某一位置处于平衡状态。

铁磁性物体进入非匀强磁场时，原磁场在不同位置所具有的场强值是不相等的，所以物体各点被磁化的强度也不同。在原磁场强度较强的一端，物体被磁化的强度大，所受的磁场力也大，反之亦然。物体两端在此非匀强磁场中所受的磁场力不相等。这时物体便向受磁力大的这一端移动，所以铁磁性物质在非匀强磁场中会做定向移动。除铁器就是根据这一原理制成的。

3　输煤系统为什么要安装除铁装置？

答：在运往火力发电厂的原煤中，常常含有各种形状、各种尺寸的金属物。它们的来源主要是煤中所夹带的杂物（如矿井下的铁丝、炮线、道钉、钻头、运输机部件及各种型钢等），铁路车辆的零件（如制动闸瓦、勾舌销子等），还有输煤系统的护板等结构零部件，如果这些金属物进入输煤系统或制粉系统，将造成设备损坏和事故。特别是装有中速磨煤机和风扇磨煤机及其链条给煤机的制粉系统，对金属物更是敏感。同时这些金属物沿输煤系统通过，极有可能对叶轮给煤机、皮带机、碎煤机等转动设备造成各种破坏，尤其是皮带的纵向撕裂，将给输煤系统造成重大故障。因此，从输煤系统中除去金属杂物，对于保证设备安全、稳定运行，是非常必要的，也是对输煤专业的重要考核指标之一。

4 在输煤系统中除铁器的设计要求是什么？

答：除铁器的设计要求是：

（1）一般不应少于两级除铁。多级除铁应尽可能选用带式除铁器，安装在皮带机头部；与盘式除铁器安装在皮带机中部搭配使用。

（2）宽度1.4m以下的皮带机宜选用带式永磁除铁器，宽度1.6m以上皮带机推荐尽可能选用电磁除铁器。

（3）要求防爆的场合，推荐优选永磁除铁器。

（4）电力容量不足时，宜选用永磁除铁器。

（5）在除铁器正下方尽可能选用无磁托辊或无磁滚筒。

5 除铁器的布置要求有哪些？

答：输煤系统中的除铁器一般在碎煤机前后各装一级，碎煤机以前的主要起保护碎煤机的作用，同时也保护磨煤机。在使用中速磨煤机和风扇磨煤机等要求严格的情况下，输煤系统应装设3～4级除铁器，以保护磨煤机的安全运转。为了防止漏过个别铁件，可在后级除铁器前，加装金属探测器，探测出大块铁件时，使相应除铁器投入强磁或使皮带机停车，人工拣出铁件。

6 带式电磁除铁器主要由哪些部件组成？

答：带式电磁除铁器主要由除铁器本体、卸铁部件和冷却部件组成。除铁器本体有自冷、风冷和油冷三种。卸铁机构由框架、摆线针轮减速机、滚筒及螺杆、链条链轮和装有刮板的自卸胶带组成。

7 带式电磁除铁器的特性和工作过程是什么？

答：带式电磁除铁器悬吊在皮带运输机头部或中部，靠磁铁和旋转着的皮带将煤中铁物分离出来。其特性是：三相交流380V供电，常励直流200～220V，强励直流340V或500V，带速2.6～3.15m/s，吸引距离350～500mm，物料厚度小于350mm。

带式电磁除铁器可以单独使用，与金属探测器配套使用时除铁效果更佳，其工作过程是：带式除铁器启动后，冷却风机电动机、卸铁皮带电动机同时启动运行。此时，电磁铁线圈接通200V的直流电源，保持电磁铁在常磁状态。当输送的煤中混有较小的铁器时，就将其吸出；当煤中混有较大的铁件时就经金属探测器检测出并发出一个指令去控制电源开关，电磁铁切换至340V或500V直流电源，产生强磁，将大铁件吸出。电磁铁在强磁状态下保持6s后自动退出，恢复200V的常磁状态。如果金属探测器连续发出有较大铁件的指令，电磁铁将始终保持在强磁状态，直到将最后一块较大铁件吸出后才退出强磁。常用的带式电磁除铁器有：DDC-10型（带宽1m）；DDC-12型（带宽1.2m）；DDC-14型（带宽1.4m）；DDC-12A型等。

8 金属探测器的工作原理是什么？

答：金属探测器的环形或矩形导电线圈装于皮带机上，输送带从线圈的中心通过，用来检测煤中的大块磁性金属。当煤中混入的磁性金属通过线圈时，引起线圈中等效电阻的变化，发出信号，使电磁除铁器加大瞬时电流吸出磁性金属，或由机械装置截取含有磁性金属的煤流，或当电磁除铁器不能将它吸出时，停转皮带机，由人工拣出，防止磁性物质进入碎煤机、磨煤机后损坏设备。

9 电磁除铁器的自身保护功能有哪些？

答：为了保证除铁器的安全运行，其本身的控制系统中有一套联锁保护装置，当电磁铁运行中温度过高时，装在铁芯中的热敏元件动作，自动切断控制回路电源，停止设备运行。当冷风机故障时，为了保证铁芯不超温，自动切断强磁回路控制电源。

10 电磁除铁器的冷却方式有哪些？

答：电磁除铁器的冷却方式有：

（1）采用封闭结构冷却。这种结构虽然封闭性好，但仅依靠外壳表面散热，散热面积小，不能将热量有效扩散，因而多处于高温升状态。降低了励磁功率，以至于磁性不稳，性能不高。

（2）采用线圈暴露的开放式风冷结构。线圈直接暴露在空气中，由于受水分、尘埃和有害气体影响，长期运行使线圈绝缘性能下降，加之部分死角尘埃堆积，极易造成线圈的烧毁。

（3）采用全封闭散热结构。线圈彻底与外界隔绝，利用新型导热介质，将内部热量迅速导入波翅散热片，散热片大大增加了散热面积，可迅速将热量散去。

（4）膨胀散热器油冷式结构。它是真正全封闭油冷式结构，取消了普通油冷式结构的储油柜、呼吸器、卸压阀，实现了永久性全封闭。线圈、导热介质油与空气完全隔离，可以在户内、户外及粉尘严重和湿度较大的恶劣环境下工作。膨胀散热器提供了足够的散热面积，导热介质油使内外温差很小。

11 带式电磁除铁器启动前的检查内容有哪些？

答：带式除铁器启动前的检查内容有：

（1）悬吊机架及紧固螺栓无松动。

（2）除铁器应位于皮带中心位置，磁掌与皮带垂直距离应小于300mm。

（3）引线及电缆应无破损或接触不良现象。

（4）检查机架本体卫生，如有铁件杂物挂在弃铁皮带上或机架内，要及时清理。

（5）检查小皮带的松紧及跑偏情况，减速机及链条各润滑点的润滑情况。

（6）弃铁栏杆应齐全牢固。

12 带式电磁除铁器运行中的检查内容与标准有哪些？

答：带式电磁除铁器运行中的检查内容与标准有：

（1）不得有湿煤粘在除铁皮带上，除铁器铁芯温度不得超过70℃（风机必须启动）。

（2）运行中发现大件危及设备安全时，要立即停机处理。

（3）弃铁箱护栏完好无断裂。

（4）除铁器二层皮带内不应吸入铁块，若有应及时处理。

（5）运行中发现异常噪声和撞击声或电磁线圈有臭味、冒烟时，应立即切断电源进行检查。

13 带式除铁器常见的故障及原因有哪些？

答：带式除铁器常见的故障及原因有：

（1）接通电源后启动除铁器既不转动，又无励磁。原因有：分段开关未合上；热继电器动作未恢复；控制回路熔断器熔断。

（2）接通电源后启动除铁器转动，但给上励磁后自动控制开关跳闸。原因有：硅整流器击穿，电压表指示不正常；直流侧断路，电流指示不正常。

（3）接通电源后，启动除铁器转动，但励磁给不上。原因有：温控继电器动作；冷却风机故障；励磁绕组超温。

（4）常励和强励切换不正常。原因有：金属探测器不动作；金属探测器误动作；时间继电器定值不好；时间继电器故障。

（5）电动机减速箱温升高，声音异常。原因有：电动机过载或轴承损坏；减速箱内蜗轮蜗杆严重磨损；减速器无油。

14 简述悬吊式电磁除铁器的排料方式。

答：悬吊式电磁除铁器的排料方式为：

（1）悬吊式电磁除铁器一般挂在手动单轨行车上，当皮带机停止运行后，将除铁器移至金属料斗的上方，断电后，将铁件卸到料斗里集中清除。

（2）悬吊式电磁除铁器也可挂在电动单轨行车上，停机后行车在工字梁上移出，以便离开皮带机卸下吸出的铁件。

（3）悬吊式电磁除铁器也可用气缸推动，定时做往复移动，使铁件卸入挡板旁侧的落铁管中。除铁器用钢丝绳悬吊在梁上或装于小车上。

15 滚筒式电磁除铁器为何容易对输送带造成损坏？

答：滚筒式除铁器容易将铁件吸入输送带内侧，碾入滚筒和输送带之间而损坏输送带。头部不宜装刮煤清扫器，以免将吸附于皮带机上的铁件被刮下，仍落入落煤管中。

16 永磁除铁器的结构原理与使用要求有哪些？

答：永磁除铁器由高性能永磁磁芯、弃铁皮带、减速电动机、框架、滚筒等组成。当皮带上的煤经过除铁器下方时，混杂在物料中的铁磁性杂物，在除铁器磁芯强大的磁场力作用下，被永磁磁芯吸起。由于弃铁皮带的不停运转，固定在皮带上的挡条不断地将吸附的铁件刮出，扔进弃铁箱，从而达到自动除铁的目的。在有效工作范围内，0.1～35kg 的杂铁大部分都能吸出。

永磁除铁器多安装在皮带头部，煤流的运动有助于吸出杂铁，当带速小于 2m/s 时，除铁器位置要尽量靠近滚筒，滚筒及煤斗宜采用非导磁材料。除铁器也可安装在输送带中部上方，自卸皮带的运行方向与大皮带运行方向垂直，在除铁器下方宜安装非导磁性托辊。

17 永磁材料的磁场是来自哪里的？

答：磁场均来源于运动的电子，所有物质的电子绕原子核的圆周运动都能形成磁场，一般非磁性材料由于内部电子运动的方向杂乱无序，产生的磁矩互相抵消，所以宏观上不显现磁性。永磁材料经烧结磁化后，电子运动有序排列，磁性不能互相抵消，而是互相叠加就能对外显出强大的磁场来。所以说永磁材料的磁场是由原子内部电子的有序运动形成的。由于原子内部电子的运动是无摩擦的，这种磁性的保持并不消耗能量。所以，永磁材料从磁场的磁性理论上来说永远不会消失。

铁磁物体放置在均匀磁场中，不论磁场强度多大，磁场对铁磁物体的总作用力为零；只有在非均匀磁场中，磁场对铁磁物的总作用力才能显示一定的数值，吸力与磁场和磁场梯度的乘积成正比。永磁铁在工作区域内磁路设计成为近似矩形的半球状高强度、高梯度的空间磁场，对铁磁性杂物具有很强吸力。

18 永磁铁吸铁、卸铁而磁能量为什么不会因此降低？

答：当永磁铁吸铁时，永磁铁对外做功，自身能量降低；而要把铁件从磁铁表面清除出去，外界需对磁铁做功，这个过程就返还了永磁铁吸引铁件所消耗的能量。所以，整个过程永磁铁能量并不减少。

19 永磁除铁器的特点有哪些？

答：永磁除铁器的特点有：

（1）永磁体采用号称“磁王”的稀土钕铁硼永磁材料作为磁源，磁性能稳定可靠。

（2）在工作区域内组成近似矩形的半球状高强度、高梯度的空间磁场，有更强的吸引力，对铁磁性杂物具有很强吸力，完善的双磁极结构可以保障工作距离内最大的吸力系数，磁场持久，稳定。

（3）无需电励磁，省电节能。

（4）自动卸铁，运行方便。

（5）不会因除铁器停电等突发故障造成漏铁。

（6）磁极吸附面积大，物料快速运行中也有足够时间吸起铁磁性杂物。

（7）可以在各种狭小、潮湿及高粉尘条件下工作，能与各型皮带输送机、振动输送机或溜槽配套使用，以清除各种厚层物料中的铁磁性杂物。

如果永磁除铁器在弃铁皮带因故不能运行时吸上20kg以上的重铁块，因吸力很大，不能直接送电启动皮带弃铁，否则会撕毁皮带或造成其他故障，人工也较难处理，此时可设法用铁丝或麻绳捆住铁块用力拉下，处理时要防止铁件被拉下后再掉入头部落煤斗中。

20 永磁滚筒除铁器的结构特性有哪些？

答：永磁滚筒除铁器是旋转式永磁除铁装置兼作传动滚筒使用，能连续不断地自动分离出输送带上非磁性物料中夹杂的杂铁。磁滚筒与悬挂式除铁器联合使用，即使料层较厚，也能达到很理想的除铁效果。特点是磁力强，透磁深度大，磁场稳定，可作为皮带运输机的传动轮或改向导轮使用。

第六节 筛 煤 设 备

1 什么是筛分效率？什么是筛上物、筛下物？

答：筛分效率是指通过筛网的小颗粒煤的含量与进入煤筛同一级粒度煤的含量之比。

进入煤筛的煤经过筛分后仍有一部分小颗粒煤，要留在筛网上，与大颗粒煤一起进入到碎煤机。筛网上的物料称为筛上物（即通过筛网上部进入碎煤机的部分）。

通过筛网而直接进入下一级皮带的煤料称为筛下物。

2 影响筛分效率的主要因素有哪些？

答：影响筛分效率的主要因素有筛网长度、筛网倾角、物料特性、物料层厚度、煤筛出力、筛网结构等。

（1）筛网长度。从理论上讲，筛网长宽比值越大，筛分效率就越高。但实际上却不可能把筛网设计成很细长的结构。

（2）筛网倾角。筛网的布置形式有水平安装和倾斜安装，当筛网倾斜安装时，可适当增大筛分量（单位时间内物料通过筛网的量相对增多）。

（3）物料特性。当物料的水分大时，筛分效率会降低。但是物料含水百分比超过煤筛的许可极限后，筛分效率又有所提高。当物料的小颗粒（小于筛孔尺寸的颗粒）含量增多时，筛分效率会随之提高。当物料中大颗粒（大于筛孔尺寸的颗粒）的含量增多时，煤筛的筛分效率会随之降低。

（4）物料层厚度。当进入煤筛的物料层厚度太大或不均匀时，会降低煤筛的筛分效率。所以，进入筛网的物料层厚度应适中，并应沿筛网的表面均匀摊开为宜。

（5）煤筛出力。当煤筛的出力小于额定值时，随着煤筛出力的增大，筛分效率不变。当超过额定值时，随着煤筛出力的增大，筛分效率会降低。

（6）筛网结构。当煤筛筛网的结构形式和尺寸大小发生变化时，筛分效率也会随之改变。

3 输煤系统常用的煤筛有哪几种？

答：输煤系统常用的煤筛有：固定筛、滚轴筛、概率筛、振动筛、共振筛和滚筒筛等。

4 固定筛有哪些特点？

答：固定筛的特点有：

（1）结构简单、坚固，造价低。

（2）操作维护方便，检修工作量小。

（3）安装方便，工作可靠性较高。

（4）不耗用动力，节能。

（5）筛分效率低，出力小。

（6）煤湿时容易造成黏煤、堵煤现象，这是因铁丝、雷管线、木片和大块煤所致，值班员必须定期清理固定筛。

5 固定筛的结构和工作过程是什么？

答：固定筛主要由筛框、箅条和护罩组成。筛框由钢板和型钢焊接而成。箅条由圆钢或特制的箅条焊接而成。筛框的上方有护罩封闭，筛箅的下方有落煤斗或落煤筒，将筛下的煤连续不断地送入下一级皮带，留在箅子上面的大煤块送入碎煤机破碎。

固定筛主要有一个固定式倾斜布置的筛箅。筛分原理是靠煤落在筛箅上自然流动，小于筛箅缝隙尺寸的煤漏入筛子下面的料斗，大于筛箅缝隙尺寸的煤进入碎煤机。

6　固定筛的布置要求有哪些?

答：固定筛倾斜布置在固定支架上，筛框周围有法兰与护罩连接，要求如下：

（1）为防止粉尘溢出，法兰间用橡胶等柔性材料进行密封。

（2）两筛条间的缝隙通常是下宽上窄或做成上下缝隙相等和格状筛孔。

（3）筛面通常按 $L=2B$ 考虑（L 为筛箅长度，B 为筛箅宽度）。当大块煤多时，至少应满足筛箅宽度 $B=3d$（d 为煤块的最大尺寸）；若大块煤不多时，按最大煤块直径的两倍加100mm。在一般情况下，固定筛的长度 L 为 3.5～6m。

（4）固定筛的倾斜角度一般在 45°～55°范围内选取。当落差小、煤的水分大和松散性较差时，应采用较大的角度；反之，选用较小的角度。给料与受料设备的方位也是影响选取角度值的因素，在布置固定筛时应予以考虑。

（5）筛箅子筛孔尺寸应为筛下物粒度尺寸的 1.2～1.3 倍。

7　固定筛筛分效率有多大？使用固定筛的要求是什么?

答：常用的固定筛筛分效率只有 30%～50%。缝隙宽度在 20～30mm 时，筛分效率为15%～35%。若缝隙宽度减至 12～15mm，同时煤中含有大量黏土和水分时，筛箅将全部堵塞，此时筛子只能起到溜槽的作用。

在火电厂中使用固定筛的要求是：煤的表面水分小于 8%，筛缝尺寸为 25～40mm。从实际情况来看，采用过小的筛孔是没有必要的。

8　为什么要在输煤系统安装除木器?

答：煤流中的长条形木块（木板、圆木）、废旧胶带、烂布和草袋等杂物进入输煤系统时，可能堵塞下煤筒，使皮带跑偏，划破皮带等。若进入制粉系统，由于磨煤机不能将其磨碎，将造成制粉系统堵塞、着火或造成设备卡堵甚至损坏。所以，在输煤系统应安装除木器，这也是对输煤车间考核指标之一。

9　除大木器的结构与工作原理是什么?

答：除大木器的工作机构是三根装有齿形盘的主轴，各轴按同一方向旋转，使物料在三根主轴上受到搅动，煤在自重及齿形盘旋转力的作用下，沿齿形盘之间的间隙落下。较大的木块被留在齿形盘上面被甩出。除大木器的传动机构由电动机、减速机、传动齿轮箱组成。

由电动机经减速机带动传动齿轮箱中的齿轮转动，三根主轴分别与传动齿轮箱中的三个齿轮装配，使其按同一方向旋转。除大木器应装在筛碎设备之前，其筛分粒度小于等于300mm，将尺寸大于 300mm 的大块废料排到室外料斗内被清除，300mm 以下的进入筛碎设备。一般除大木器应用在来煤粒度较小（<300mm）时，其除木效果较为理想。当来煤粒度较大(>300mm)时，不但将大于 300mm 的木块分离出来，同时也将大于 300mm 的煤块分离出来。常用的 CDM 型除大木器装在给煤机或带式输送机的头部卸料处。

10　除细木器的作用是什么?

答：除细木器安装在碎煤机后，是用来捕集小木块的设备。因为经破碎后的煤中仍混有一定数量的小木块，这些小木块如进入锅炉的制粉系统，很容易造成制粉系统故障，影响安全运行。除细木器的结构和工作原理均与除大木器相同，只是筛分粒度较小。

11 滚轴筛煤机的工作原理是什么?

答：滚轴筛煤机是利用多轴旋转推动物料前移，并同时进行筛分的一种机械。它由电动机经减速机减速后，通过传动轴上的伞齿轮分别传动各个筛轴，其筛轴的转速为 95r/min。在滚轴筛入口装有旁路电动挡板，煤流既可以筛面筛分，又可以经旁路通过。

12 滚轴筛煤机的结构特点是什么?

答：滚轴筛煤机的结构特点是：

(1) 每根筛轴上均装有耐磨性梅花形筛片数片，相邻两筛轴上的筛片位置交错排列形成滚动筛面。

(2) 筛轴与减速机用过载联轴器连接，起过载保护作用，又便于维修。

(3) 前六根轴的下端设有清理筛孔的装置，不论筛分含有多大水分的煤料，筛分过程中均不易产生堵筛现象。

(4) 筛轴两侧均用活动插板连接，当更换筛片时，只需拆下筛轴两侧的活动插板就可以顺利地抽出筛轴，便于维护和检修。

(5) 减速机可以串联成 6 轴、9 轴、12 轴、15 轴和 18 轴滚轴筛。

(6) 电动机与减速机同轴传动，安装在同一个底座上，整体性好，占地面积小，便于运输及安装。

(7) 对煤的适应性广，尤其对高水分的褐煤更具有优越性，不易堵塞。具有结构简单、运行平稳、振动小、噪声低、粉尘少、出力大的特点。若需改变筛分粒度及筛分量大小，只需把筛轴上的梅花形筛片的距离及大小适当更换就可以了。

13 滚轴筛运行的注意事项及保护措施有哪些?

答：滚轴筛运行的注意事项及保护措施有：

(1) 运行启动前检查筛轴底座、主电动机减速器、轴承齿轮箱各地脚螺栓齐全紧固，油面高度合乎要求。允许带负荷启动，启停筛煤机要按工艺流程联锁顺序进行。筛机投入运行后，要监视并检查运行工况，电动机的电流及振动、响声、接合面的严密性等。

(2) 圆柱齿轮减速器与电动机直接相联，电动机的保护采用过热继电保护。筛机与轴承齿轮箱有过载保护装置，当筛轴因被铁件、木块等杂物卡住，超过允许扭矩时，联轴器上的过载保护销即被剪断，筛轴停止转动，起到保护机械的作用。运行中电流、响声、温度如有异常，则应停机处理。

14 概率筛煤机的筛分原理及结构特点是什么?

答：概率筛煤机的筛分原理：随着筛网的机械振动，物料与筛网之间呈现跳动和滑动两种相对运动形式。在每次跳动和滑动过程中，将有部分细小颗粒物料以很快的速度，穿过筛孔成为筛下物，大颗粒成为筛上物分离出来。而每次穿过筛孔的百分数，则称为某一级别煤的穿筛概率。

其结构特点：概率筛运用大筛孔、大倾角和分层筛网；一般根据煤的颗粒组成来确定筛网的层数（常分为3～6层）和筛孔尺寸，自上而下，筛孔尺寸逐层减小，筛面倾角逐层加大。其驱动方式是强迫定向振动，采用双质体振动系统，在近共振状态下工作。其动力主要是利用两台振动同步电动机做振源，振幅大，不堵筛，对物料适应性强；主振动弹簧选用剪切橡胶弹簧，设备噪声低；机壳密封性好，环境污染小；工作频率为隔振系统固有频率的三倍，有良好的隔振效果；筛机运行轨迹接近于直线的椭圆，工作平稳。

15 滚筒筛的结构与运行要求是什么？

答：滚筒筛的工作机构是把一个倾斜布置的圆筒，装在中间轴上，轴两端有轴承座支持，筒壁由按筛孔尺寸间隔排列的圆形箅条所组成。滚筒筛箅条平行于回转中心轴纵向排列。

当煤中含水量高于8%时，容易发生箅条堵塞现象，使筛筒内积煤过多，电动机的电流超过额定值，所以输煤值班员接班前应认真检查，交班前应将积煤清理干净。应在筛下料斗上设置堵煤信号，以便及时发现堵煤现象。

16 振动给料筛分机的结构与工作原理是什么？

答：振动给料筛分机是集给料与筛分功能于一体的设备，使用方式如图5-14所示，由激振器产生的激振力，使机箱内给料段的散状物料均匀前进，当物料进入筛分段时，大于箅条筛缝的物料进入破碎机，小于箅条筛缝的物料将被筛下，完成了物料分级。可通过改变前后弹簧支承的高度，使机箱产生不同倾角来达到给料量的调整。为了适应自动控制的需要，可增设调频装置，改变振频，进而达到自动控制的目的。分级粒度可通过更换筛面而改变，亦可根据需要制成双层筛面，进行两次分级。对特殊不易筛分的物料，可制成使物料具有翻转功能的筛面。安装方式是以座式弹簧支承为主。对小型机，可制成吊挂方式或半座半吊方式。

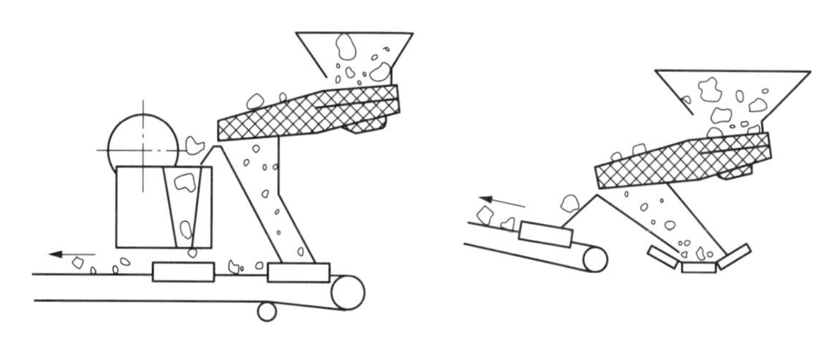

图5-14 振动给料筛分机应用图

17 振动筛有哪几种型式？偏心振动筛的工作原理是什么？

答：振动筛的型式有：偏心振动筛、惯性振动筛、自定中心振动筛和直线振动筛等四种。

偏心振动筛是电动机通过三角皮带带动偏心轴旋转，使筛框振动，迫使筛网上的煤跳动，完成筛分。

第七节 燃煤自动计量及采制样设备

1 称重传感器的工作原理是什么?

答:称重传感器的工作原理是:金属弹性体受力后产生弹性变形,其变形的大小与所受外力成正比例。应用粘贴在其表面特定位置的应变片组成有源测量电桥。弹性体受到外力作用后,应变片随着弹性体变形的大小而产生阻值的变化,使测量电桥有信号输出。一旦外力撤销,金属弹性体恢复原状,测量电桥输出信号为零。

称重传感器为直压式,其弹性体有单剪切梁式、双剪切梁式、轮辐式、板环式等结构形式。它只能承受垂直的压力,如果有较大的水平分力冲击,则可能使弹性体损坏。在实际中,为了防止水平分力对传感器的破坏,应装设传感器水平保持器。

2 电子皮带秤的组成和工作原理是什么?

答:电子皮带秤主要由三个主要部件组成:称重秤架、测速传感器和称重传感器积算仪(包括微机)。

带有称重传感器的秤架,安装于运输机的纵梁上,上煤时由称重传感器产生一个正比于皮带载荷的电气输出信号;测速传感器检测皮带运行的速度,能传输抗干扰度很高的正比于皮带速度的脉冲信号;积算仪从称重传感器和测速器接收输出信号,用电子方法把皮带负荷和皮带速度相乘,并进一步积算出通过输送机的物料总量,将其转换成选定的工程单位,同时产生一个瞬时流量值。累计总量与瞬时流量分别在显示器上显示出来。

电子皮带秤是动态计量秤,可测量带式输送机上煤的瞬时量和累计量,具有自动调零、自动调间隔、自动诊断故障、停电保持数据等功能,能配合自动化生产进行远距离测量(监视仪表可装于集控室),可外接机械或电子式计数器,可在不同地点观察同一皮带秤运行状况。

3 电子皮带秤校验方式及要求有哪些?

答:电子皮带秤的校验方式有:挂码校验、实物校验、链码校验三种。

校验时不改变量程系数,只是称量出一个实际值同理论值进行比较,计算出误差加以调整。皮带秤每月用料斗秤实煤校验2~4次,校验的煤量不小于皮带出力的2%,料斗秤的最大误差应小于±0.1%,校验后的弃煤应处理方便。校验时应在90%、60%、30%三个点上进行,以保证各种负荷下都能符合要求。皮带秤计量误差应小于±0.5%。

4 电子皮带秤启动前的检查内容有哪些?

答:电子皮带秤启动前的检查内容有:

(1)检查测速器、传感器应无歪扭变形,电气接线完整,传感头灵活。

(2)检查测重架应无杂物支托衬垫,并与皮带保持垂直或平行。

(3)各测量构件完整,无变形、缺损,无杂物堆积。

(4)检查皮带的接头应胶接平滑,不可用金属卡子连接皮带,刮煤器和拉紧装置完好有效。

(5) 检查电子皮带秤引线及电缆线应完好无损，不得与皮带或托辊有摩擦现象。

(6) 检查电子皮带秤的计数器走字应与运行记录走字相同。

5 电子皮带秤的使用维护注意事项有哪些?

答：电子皮带秤的使用维护注意事项有：

(1) 电子皮带秤应安装于皮带机水平段，禁止倾斜安装，避免皮带打滑，物料回滚。

(2) 上煤时要均匀，尽量使皮带不跑偏。

(3) 运行中电子皮带秤走字应稳定，秤架上应无杂物卡阻现象。

(4) 要经常检查清扫称重托辊，定期进行加油润滑。

(5) 经常检查称重传感器和测速传感器应外观完好，引线无松动，不能和转动设备相碰撞。

(6) 检修工作时，严禁工作人员在称重段上行走。

(7) 严禁用水冲洗测重传感器。

(8) 皮带的张力应保持恒定。

6 料斗秤的作用与工作原理是什么?

答：料斗秤是电子皮带秤的实物校验装置，质量标准由砝码传递给料斗秤，料斗秤传递给标准煤，标准煤传递给皮带秤。只有安装了料斗秤的煤耗计量装置才具有真正的质量含义。

料斗秤的工作原理为：当被称量的物料经过输送设备进入称重料斗后，称重传感器产生与物料重量值成正比的电信号输入微处理机，经处理后显示出物料的重量值，经过称量后的物料通过装有皮带秤的输送设备返回到系统中去。将料斗秤和皮带秤所显示的物料重量进行比较，从而达到对皮带秤进行校验的目的。为保证料斗秤的准确性，配有若干个标准砝码（每个砝码1t），用电动推杆全自动加卸载，简便快速，便于检验其自身精度。也有采用液压加压方式完成校验的，这对30t以上大型秤的校验将显得更为简单快速。

7 料斗秤的使用与维护注意事项有哪些?

答：料斗秤的使用与维护注意事项有：

(1) 料斗秤的计算机及仪表部分应有护罩遮盖，工作结束后放好护罩，以防尘土进入设备内部。

(2) 传感器附近严禁有积尘，禁止用水冲洗其表面，特别是传感器引出线的接口部分。防止传感器的引线有断开现象。

(3) 料斗本体均应处在自由悬浮状态，应经常检查斗体上有无被卡涩的地方并修理。

(4) 砝码要放在干燥的垫块上，禁止用水冲洗其表面，如有必要清除上面的积尘时，应用吹风机将尘土吹掉。

(5) 应将斗内的煤全部拉空后，及时把闸板门关闭到位。

(6) 液压系统的油管上不准堆放物品，防止压坏油管。

(7) 液压自校系统工作完毕后要将自校传感器脱离工作位，防止该系统对料斗施加附加力。

8 电子汽车衡的结构与工作原理是什么？

答：电子汽车衡主要由秤台、称重传感器及连接件、称重显示仪表、计算机及打印机等零部件组成。

载重汽车置于秤台上，秤台将重力传递至承重支承头，使称重传感器弹性体产生形变，应变梁上的应变计桥路失去平衡，输出与重量值成比例的电信号，经线性放大器将信号放大，再经 A/D 转换为数字信号，由仪表的微处理机（CPU）对重量信号进行处理后直接显示重量数据。配置打印机后，即可打印记录称重数据，如果配置计算机还可将计量数据输入计算机管理系统进行综合管理。打卡式汽车衡能防止人为做假，自动除皮、自动打印，增加了 IC 卡读写器，计量时，司机可根据红绿灯、电铃和语音提示方便地完成上衡、读卡、下衡和取票等过程，计量后自动存储的数据不能改写，并可限制每辆车的最小计量间隔，防止一车多计。

9 电子汽车衡的维护使用注意事项主要有哪些？

答：秤台四周间隙内不得卡存有异物。限位器的固定螺栓与秤架不应有碰撞和接触。若必须在秤台上进行电弧焊作业时，必须断开仪表装置与秤台的各种连接电缆线。电弧焊的地线必须设置在被焊部位的附近，并要牢固地接触秤体。传感器不得成为电弧焊回路的一部分。传感器插头非专业人员不得取下，安装时要对号入座。非称重车辆不允许通过秤台。严禁汽车或其他重物撞击秤体。汽车在称重时应按规定速度平稳地通过秤台，严禁在称重过程中突然加速和制动。

10 电子轨道衡的结构和工作原理是什么？

答：轨道衡由称量台面、传感器及电气部分组成。根据其对地形及气温条件的要求，可分为深基坑、浅基坑及无基坑式。称量台面主要由计量台、过渡器、纵横向限位器，覆盖板等组成。称量台面由四支压式传感器支承，四支传感器分别固定在基础预埋件上。秤梁上面铺设台面轨与电子轨道衡两侧的整体道床线路联通供列车通行。为使计量台面在动态下减小位移，在计量台面纵横两个方向均安装限位器。为减少车轮经过引线轨与台面轨接缝处产生的冲击振动，在四个轨缝处分别安装一个随动桥式过渡器，过渡器中部有一个高于轨缝处轨顶高的圆弧面。车轮经过过渡器时，自然会绕过横向轨缝，从而减小冲击振动。电气部分以微处理系统为中心，加温装置主要为用于高寒地区而采取的保证传感器各项性能指标的一个保护装置。在年最低温度不低于－20℃的地区可以不采用加温装量。

当被称车辆以一定速度通过秤台时，载荷由秤台轨、主梁体传至称重传感器，称重传感器将被称载荷及车辆进入、退出秤台的变化信息，转换为模拟电信号送至电信号处理器内，将信号放大整理，A/D 转换后，输送给微机，在预定程序下微机进行信息判断和数据处理，把称量结果从显示器和打印机输出。

11 电子轨道衡的运行维护注意事项有哪些？

答：电子轨道衡在运行维护中须注意下列事项：

（1）每星期检查一次过渡器、台面板等部件上的固定螺栓。每班清扫台面，经常擦拭限位装置等各部零件。基坑内要保持干燥不得有积水和煤灰。

（2）台面的高度和水平不得有较大的下沉量，以保证过渡器的正常位置。各滑支点应润滑良好。

（3）轨道接近开关和光电开关，应保持正常位置和清洁良好的工作状态。

（4）称量时，列车应按规定速度匀速地通过台面，尽量不要在通过台面时加速或减速，尤其要避免刹车，不允许列车在轨道衡的线路上进行调车作业，不称量的车辆不要从台面上通过或限速通过。

（5）传感器及其恒温装置应保持长期供电。传感器的供桥电源必须班班检查、调整。模/数（A/D）转换器在使用前要提前接通电源，以保证在测量前有足够的预热时间。

（6）称量前无荷重时台面重量指示应为零位。每次称重后须检查空秤指示是否仍为零，避免零点漂移造成的称量误差。

（7）操作人员长时间离开操作室时，应将轨道衡的电源切断。

12 电子轨道衡的计量方式有哪几种？

答：电子轨道衡的计量方式种类为：

（1）轴计量式。以每辆被称四轴车分四次称量，累加得到的总重量即为每节被称车辆的重量。

（2）转向架计量式。每辆被称车辆的四个轴分两次称量，每次称量一个转向架的重量，累加得到的总重量即为每节被称车辆的重量。

（3）整车计量式。整节车在称量台面上进行一次称量，这时得到的重量即为此被称车辆的重量。

13 螺旋式采样装置的结构和工作原理是什么？

答：螺旋式采样装置是针对火车、汽车、轮船、料场的样品采集而专门设计的，根据采样机的活动方式分为固定式和悬臂移动式两种。

固定式采样装置的螺旋采样头由液压或电动控制，其采样深度可以调节；悬臂式采样系统较固定式采样增加了水平范围的调节功能，可对同一载体的一个或几个具有代表性的采样点进行采样。螺旋采样头将采集的具有代表性的试样释放到料斗中，经由封闭小皮带给煤机匀速输送到破碎机中，破碎机按要求的粒度将样品破碎后，再由缩分器按预置的缩分比将样品分离出来，储存在密闭的样品收集器中，最后将余料返回到原系统中去。

14 汽车煤采样机的主要工作过程是什么？

答：汽车煤采样机主要由样品采集部分、破碎部分和缩分集样部分组成，余煤处理按需要配置。该机一般固定安装于运煤汽车经过的路旁。首先由钻取式采样头提取煤样，主臂抬起后所采得的煤样沿主臂内部通道进入制样部分。经细粒破碎机破碎后再进入缩分器缩分，有用的煤样进入集样瓶。

15 火车煤采样机的组成和工作原理是什么？

答：火车煤采样机能连续完成煤样的采取、破碎、缩分和集样，制成工业分析用煤样后余煤返排回车厢。火车煤采样机主要由采样小车、给煤机、破碎机、缩分器、集样器、余煤处理系统及大小行走机构组成。

首先由钻取式采样头提取煤样，通过密闭式皮带给料机送入破碎机，破碎后进入缩分器，缩分后的煤样进入集样器，多余的煤样由余煤处理系统排入原煤车厢。

16 皮带机头部采样机的组成和工作原理是什么？

答：皮带机头采样机布置在皮带头部位置，包括采样头、给煤机、破碎机、缩分器、余煤处理几部分。其结构及工作原理如下：

皮带机头部配置转盘式采样头，开孔的转盘在PLC控制下定期旋转切割煤流全断面，快速截取皮带头部下落的煤流，截取的煤样通过落煤管进入给煤机。皮带（或螺旋）给煤机将样品煤均匀地输入破碎机，采用密闭式输送机，可防止粉尘污染，减少水分损失。破碎机采用环锤反击式细粒破碎机（或其他小型破碎机），使煤样粒度进一步缩减形成合格品，然后从排料口排出，经破碎后煤样从粒度小于或等于30mm破碎到小于或等于6mm，煤样粒度与煤样重量成等级关系。缩分器采用方式有刮扫式缩分器、移动料斗式缩分器、摆斗式缩分器和旋鼓式缩分器等，缩分比为1～1/80可调。集样器备有1～6个样罐，并能实现电动换罐。斗提机或螺旋输送机，把弃煤送回皮带机。专人定期取送集样器中的煤样，便完成了采制样工序。

17 皮带机中部采样机的工作原理和要求是什么？

答：皮带机中部采样机主要由采样头、破碎机和缩分器等部件构成。采样头横向刮扫器杠杆定期以最快的速度贴近皮带旋转对煤流进行刮扫取样，刮取的煤样通过落煤管进入碎煤机中进行破碎后使样品煤粒度达到3～4mm，破碎后的样品再经过缩分后进入样品煤收集器内，采样制样工作即告完成。

采样过程的工作要求是：

（1）在燃煤水分达到12%时（褐煤除外）仍能正常工作。

（2）系统密闭性好，整机水分损失应达到最小程度，应小于1.5%。

（3）采样头工作时移动的弧度应与皮带载煤时的弧度相一致，以消除留底煤，掠过皮带的速度以不丢煤为原则，又要保证能采到煤流整个横截面而且不接触皮带，保证在旋转过程中回到起始位置时不接触煤流。采样头动作时间一般在0～10min内可调，以满足不同均匀度煤的需要。

（4）破碎机的工作面应耐磨，当破碎湿煤时，不发生堵煤现象。破碎机工作时无强烈的气流产生，以减少水分损失。出料粒度中大于3mm的煤不超过5%。应能自动排出煤中金属异物，碎煤机被卡时保护装置动作，碎煤自停延时反转后可将异物从排出孔排出，以保护破碎机。

（5）缩分器缩分出的煤样量要符合最小留样质量与粒度关系。余煤回送系统要简易可行，能将余煤返回到采样皮带下游。

18 皮带机中部机械取样装置的日常维护内容是什么？

答：在日常工作中要经常检查取样装置的结构部件和工作时的工作状态，发现取样不净或向侧面漏煤等时要及时调整，对取样器和机械杠杆要经常检查，发现磨损和变形松动的构件时要及时修复或更换；对电气限位开关要每班检查一次，保证其动作可靠；对碎煤机、缩分器等要经常清理检查，保证机械内无异物，缩分器畅通；对碎煤机运行中排出的异物要及时清理，对于碎煤机因保护动作而停运时，首先要查明原因，必要时可以调整保护装置的整定值；对电气控制箱要定期进行清扫、吹灰。对保护装置应定期进行整定校验。采样器的工作频率要满足要求。

19 煤质在线快速监测仪的工作原理和特点是什么？

答：原煤中碳氢硫等组成的有机物以及碳都是可燃烧性物质，这些物质的原子量虽然不同，但是原子序数都比较低，平均值为6左右。煤灰中硅铝钙铁的氧化物以及盐类物质是代表着不可燃烧的物质，即灰分，这些元素的原子序数都比较大，灰分的平均原子序数大于12。可燃物质与灰分之间的平均原子序数相差大于6左右，可以利用这个差异值的物质特性通过γ射线来检测灰分含量及热值。

煤质在线监测仪用双源γ射线穿透法来测试灰分值。根据穿透皮带煤层后探头获得射线剂量的大小，来计量确定煤中灰分值的大小，进而转换运算出煤的发热量数值。射源中低能Am源用来监测煤质灰分，中能Cs源用来消除厚度密度带来的影响。射源装于上下层皮带中间，探头正对准射源装于皮带上约300mm的高度。

煤质在线监测仪对皮带煤流实时不间断监测，并运用微积分原理提高精确度，测量时间间隔为100ms/次、1s/次或6s/次可选，煤流厚度为100～300mm。其特点是：属非接触测量，快速高效；连续全扫描监测，实时性强，误差小；每6s内给出一次测试结果，可连续显示灰分和热值曲线，及时准确地反应煤质变化情况。

来煤比较杂的电厂，应根据经验，将供货方按地质情况大致划分为几个煤种。在使用中由于不同煤层所含元素有所差异，特别是硫元素、铁元素对测试的影响显著，所以最好应根据不同的校验值分煤种监测。

应加强对放射源的防护和管理，防止丢失。若长期不用，应将射线关闭。

第六章

输煤设备电气与控制

第一节　专业电工技术

1　钳形电流表的使用要点有哪些?

答：某些不便断开电路的场合，可使用钳形电流表带电直接测量交流电流。使用时应注意以下事项：

(1) 测量时应使被测导线置于钳口中央，否则误差将很大（大于5%）。当导线夹入钳口时，若发现有振动或撞碰声，应将仪表手柄转动几下，或重新开合一次，直到没有噪声才能读取电流值。测量大电流后，如果立即去测量小电流，应开合铁芯数次，以消除铁芯中的剩磁。

(2) 应注意钳形电流表的电压等级，不得将低压表用于测量高压电路和电流。

(3) 量限要适当，宜先置于最高挡，逐渐下调切换，至指针在刻度的中间段为止。

(4) 不得在测量过程中切换量限，以免在切换时造成二次瞬间开路，感应出高电压而击穿绝缘；必须变换量限时，应先将钳口打开。

(5) 每次测量后，应把调节电流量限的切换开关置于最高挡位，以免下次使用时因未选择量限就进行测量而损坏仪表。

(6) 测量母线时，最好在相间用绝缘板隔开，以防止钳口张开时引起相间短路。

(7) 有电压测量挡的钳形表，电流和电压要分开进行测量，不得同时测量。

(8) 测量时应戴绝缘手套，站在绝缘垫上；不宜测量裸导线；读数时要注意安全，切勿触及其他带电部分而引起触电或短路事故。

(9) 钳形电流表应保持在干燥的室内；钳口相接处应保持清洁，使用前应擦拭干净，使之平整、接触紧密，并将表头指针调在“零位”位置；携带、使用时仪表不得受到震动。

(10) 用钳形电流表测量小电流时，被测导线应在电流表钳形口的中央，如果读数太小（5A以下），可在钳形口上缠绕几匝，表上读出的数值除以匝数，即为所需测量的值。

2　绝缘电阻表的使用要点有哪些?

答：使用绝缘电阻表测量电气设备的绝缘电阻，应注意以下几点：

(1) 测量以前，应切断被测设备的电源。验明无电并确已无人工作时，方可进行。对于电容量较大的设备（如大型变压器、电容器、电动机、电缆等），必须将其对地充分放电（约放电 3min），以消除设备残存电荷。

（2）未接线前，应先判断绝缘电阻表的好坏。绝缘电阻表一般有三个接线柱，分别为“L”（线）、“E”（地）和“G”（屏）。检查时首先将绝缘电阻表平放，使 L、E 两个端钮开路，摇动手摇发电机的手柄，使发电机的转速达到额定转速（若为电动式绝缘电阻表，可施加额定电压），此时指针应指在“∞”刻度处；停止摇动后用导线短接 L 和 E 接线柱，再缓慢摇动手摇发电机的手柄（必须缓慢摇动，以免电流过大而烧毁绕组），此时指针应迅速归“0”；如果是半导体型绝缘电阻表，不宜用短路法进行校验。“L”接被测端，“E”接外皮并接地。

（3）测量前应了解周围环境的温度和湿度。当湿度过高时，应考虑接用屏蔽线；测量时应记录温度，以便对测得的绝缘电阻进行分析换算。

（4）从绝缘电阻表到被测设备的引线，应使用绝缘良好的单芯导线或多股软线，不得使用双股线，端部应有绝缘套，两根连接线不得绞缠在一起。绝缘电阻表必须平稳放置。

（5）同杆架设的双回路架空线和双母线，当一路带电时，不得测试另一路的绝缘电阻，以防感应高电压危害人身安全和损坏仪表；对平行线路也应注意感应高电压，应将平行带电回路停电后测量，有雷电时严禁摇线路绝缘。

（6）测量电容器、电缆、大容量变压器和电动机等的绝缘电阻时，要有一定的充电时间，电容量越大，充电时间应越长，一般以绝缘电阻表转动 1min 后的读数为准。

（7）摇测绝缘电阻时，应由慢逐渐到快摇动手柄。若发现指针指零，表明被测绝缘物存在短路故障，此时不得继续摇动手柄，以防表内线圈因发热而损坏。摇动手柄时，不得忽快忽慢，以免指针摆动过大而引起误差。手柄摇到指针稳定为止，时间约 1min。摇动速度一般为 120r/min，但可在±20%的范围内变动。测量时先绝缘电阻表再测试，离线时，先断离，再停止绝缘电阻表，以防损坏表计。

（8）测量电容性电气设备的绝缘电阻时，应在取得稳定读数后，先取下测量线，再停止摇动手柄，测完后立即将被测设备进行放电。

（9）被测电气设备表面应擦拭干净，不得有污物，以免漏电影响测量的准确度。

（10）测量工作一般由两人来完成。在绝缘电阻表未停止转动和被测设备未放电之前，不得用手触摸测量部分和绝缘电阻表的接线柱或进行拆除导线等工作，应保持安全距离，以免发生触电事故。

（11）在带电设备附近用绝缘电阻表测量绝缘时，测量人员和绝缘电阻表安放位置必须选择适当，保持安全距离，以免绝缘电阻表引线或支持物触碰带电部分。移动引线时，必须注意监护，防止工作人员触电。

3　绝缘测量的吸收比是什么？

答：从开始测量绝缘电阻算起，第 60s 的绝缘电阻与第 15s 的绝缘电阻之比，称为吸收比。吸收比越大，设备的绝缘性能越好。

4　输煤低压电气设备的绝缘标准是多少？

答：输煤低压电气设备的绝缘标准是：

（1）新装或大修后的低压线路电缆和电动机等设备，其绝缘电阻不低于 0.5MΩ；运行中的线路和设备，平均每伏工作电压的绝缘电阻不低于1000Ω（对于潮湿场所的线路和设备，允许降低为500Ω/V）。

（2）携带式电气设备的绝缘电阻不低于2MΩ。

（3）配电盘二次线路的绝缘电阻不低于1MΩ（在潮湿环境允许降低为0.5MΩ）。

5 常用电动机有哪些类型？

答：电动机分为交流电动机和直流电动机两大类。

交流电动机又分为异步电动机和同步电动机。而异步电动机又有单相和三相之分。

单相电动机的功率一般比较小，多用于生活用电器。三相异步电动机由于其转子构造不同，又分为两种：一种是三相鼠笼式转子电动机，也叫短路式转子电动机；另一种是三相绕线式转子电动机，也叫滑环式电动机。

6 三相异步电动机的工作原理是什么？

答：当三相异步电动机通以三相交流电时，在定子与转子之间的气隙中形成旋转磁场，电动机的转子处以旋转磁场切割转子导体，将在转子绕组中产生感应电动势和感应电流。转子电流产生的磁场与定子所通电流产生的旋转磁场相互作用，根据左手定则，转子将受到电磁力矩的作用而旋转起来，旋转方向与磁场的方向相同，而旋转速度略低于旋转磁场的转速。

7 三相异步电动机绕组的接法有哪几种？其同步转速是由什么决定的？

答：三相异步电动机绕组的接线方式有星形接线法和三角形接线法两种。

三相异步电动机额定转速稍低于其同步转速，同步转速与其自身的磁极对数和电源频率有关，磁极对数为p、电源频率为f的三相异步电动机，其同步转速为：$n=60f/p$。

8 电动机的控制和保护方式有哪些？各有什么特点？

答：电动机的控制和保护方式有两种：

（1）使用隔离开关、负荷开关、组合开关、接触器或电磁启动器控制电动机，由热偶继电器另设熔断器作为保护手段，熔断器和热偶保护的性质不同之处在于熔断器主要用于短路保护；热偶主要用于过载保护。这种保护方式的缺点是：一旦熔断器一相熔断或接触不良，就会导致电动机缺相运行，从而烧毁电动机。

（2）使用具有复式脱扣器的断路器（常用塑壳式断路器）来控制和保护电动机。其优点是：脱扣器本身就具有短路保护功能，不需要借助熔断器作为保护手段。因此，可避免电动机断相运行，同时还可间接地提高线路运行的安全性和可靠性。

9 电动机的启动电流为什么大？能达到额定电流的多少倍？

答：电动机刚启动时，转子由静止开始旋转，转速很低，旋转磁场与转子的相对切割速度很高，转子绕组的感应电流很大。根据变压器原理，定子绕组的电流也很大，所以启动电流很大。

电动机的启动电流可达额定电流的4～7倍。所以，一般情况下不允许对电动机进行频繁地启动，以防绕组过热老化，降低电动机的使用寿命。

10 电动机试运转时的主要检查项目有哪些?

答：试运转时的主要检查项目有：

(1) 启动前检查电动机附近是否有人或其他物体，以免造成人身及设备事故。

(2) 电动机接通电源后，如果电动机不能启动或启动很慢、声音不正常、传动机械不正常等现象，应立即切断电源检查原因。启动后注意电动机的旋转方向与要求的旋转方向是否相符，运行中有无杂音。

(3) 启动多台电动机时，一般应从大到小有秩序地一台一台启动，不能同时启动。注意监视并记录启动时间和空载电流。

(4) 检查电动机的轴向窜动（指滑动轴承）是否超过规定。

(5) 测量电动机的振动是否超过规定数值。

(6) 检查换向器、滑环和电刷的工作是否正常，观察其火花情况（允许电刷下面有轻微的火花）。

(7) 检查电动机外壳有无过热现象，轴承温度是否符合规定。

(8) 电动机应避免频繁启动，尽量减少启动次数。

11 电动机的运行维护项目主要有哪些?

答：电动机的运行维护工作中应注意以下几点：

(1) 电动机周围环境应保持清洁。

(2) 检查三相电源电压之差不得大于5%，各相电流不平衡值不得超过10%，不缺相运行。

(3) 定期检查电动机温升，使它不超过最高允许值。

(4) 监听轴承有无杂音、定期加油和换油。

(5) 注意电动机声音、气味、振动等情况。

12 电动机允许的振动值是多少?

答：电动机允许的振动值见表6-1。

表6-1　电动机允许的振动值

同步转速（r/min）	3000	1500	1000	750以下
振动值（mm）	0.05	0.085	0.10	0.12

13 电动机允许的最高温度有何规定?

答：我国规定环境最高温度为40℃时，电动机的定子最高允许温度是100℃，滚动轴承最高允许温度是80℃，滑动轴承最高温度是70℃。

14 电动机运行中常见的故障及其原因有哪些?

答：运行中的电动机发生故障的原因分外因和内因两类。

外因主要有：电源电压过高或过低；馈电导线断线，包括三相中的一相断线缺相运行或全部馈电导线断线；启动和控制设备出现缺陷；周围环境温度过高，有粉尘、潮气及对电动机有害的蒸汽和其他腐蚀性气体使定子绕组绝缘降低；电动机过载；频繁启停电动机；三相定子电流不平衡；绕组接地或短路等。

电动机发生故障的内因包括：

（1）机械部分损坏，如轴承和轴颈磨损，转轴弯曲或断裂，支架和端盖出现裂缝。

（2）铁芯损坏，如铁芯松散和叠片间短路。

（3）绑线损坏，如绑线松散、滑脱、断开等。

（4）旋转部分不平衡。

（5）绕组损坏，如绕组对外壳和绕组之间的绝缘击穿，匝间绕组间短路，绕组各部分之间以及与换向器之间的接线发生差错，焊接不良，绕组断线等。

（6）集流装置损坏，如电刷、换向器和滑环损坏，绝缘击穿，振摆和刷握损坏等。

15 电动机启动困难并有嗡嗡声的原因有哪些？

答：电动机启动困难并有嗡嗡声的原因有：电源有一相断路；一相熔断器熔断；△接法误接成Y接法并且带负荷启动；电压太低；带动的机械设备被卡住；定子一相或转子绕组断路；电动机绕组内部接反或定子出线首尾端接反；润滑脂太硬，轴承损坏；静转子摩擦；槽配合不当。

16 电动机启动时缺相或过载的故障如何快速区别判断？

答：电动机启动困难，嗡嗡直响，电流不返，常见原因主要是缺相或过载。看电动机风叶能立即知道是什么原因，缺相启动时风叶左右微摆，没有单向转动的迹象，过载卡机时风叶不动或单向转动一点后立即卡死，或增速太慢。

17 电动机启动时保护动作或熔丝熔断的原因有哪些？

答：电动机启动时保护动作或熔丝熔断的原因有：定子绕组接线错误或首尾接反；定子绕组有短路或接地故障；负载过载或转动部分被卡住；启动设备接线错误，误把Y接法接成△接法，或把△接法接成Y接法；重载启动；熔丝选择不合理、熔丝过小；启动设备操作不当，频繁启停；电源回路有短路；电源缺相或定子绕组一相断开。

18 电动机三相电流不平衡的原因有哪些？

答：三相电流不平衡的原因有：

（1）三相电源电压不平衡。

（2）三相绕组并联支路断路。

（3）重绕定子线圈后，三相匝数不等。

（4）绕组有接地，单相匝间或相间短路，短路相的电流高于其他两相。

（5）绕组一相或部分接反。

（6）绕组绕径不符。

（7）设备触头或导线接触不良引起三相绕组的外加电压不平衡。

19 电动机空载电流大的原因有哪些？

答：电动机空载电流大的原因有：电源电压过高；Y接法错接成△接法；电动机气隙较

大；每组绕组个别极相组接反或个别元件绕反；安装不当转子产生轴向位移；绕组错接或并联；定子绕组匝数不够；节距变小；定转子相磨。

20 电动机绝缘电阻降低的原因有哪些?

答：电动机绝缘电阻降低的原因有：

（1）电动机过热后绝缘老化。

（2）绕组上灰尘污垢太多，应进行清扫。

（3）潮气浸入或雨水滴入电动机内，应进行干燥。

（4）引出线或接线盒接头的绝缘不良，即将损坏。

21 电动机过热的原因有哪些?

答：电动机过热的原因有：电源电压过高；电源电压过低；电网电压不对称；电动机过负荷；定子电流过大；电源缺相；△接法错接成Y接法；电动机三相电流不平衡；定、转子碰磨；电动机装配不好；轴承损坏；环境温度过高；电动机内部灰尘油垢太多；风罩或端盖内挡风板未装；风扇损坏或反装；通风道堵塞，通风不畅；电动机散热体封闭或缺少太多；电动机受潮后浸浇烘干不彻底；转子线圈松脱或笼条断。

22 电动机轴承盖发热的原因有哪些?

答：电动机轴承盖发热的原因有：轴承损坏；装配不良，使轴承内外环不平行；轴承盖与轴相摩；润滑油脏污；缺油或加油太多；电动机与负载机械不同心；轴承质量差；轴承内外环跑套；轴承与油盖相摩；轴承与轴配合过紧。

23 电动机异常振动的机械和电磁方面的原因有哪些?

答：电动机异常振动在机械方面的原因一般有：

（1）电动机风叶损坏串轴或螺钉松动，造成风叶与端盖碰撞，它的声音随着碰击声时大时小。

（2）轴承磨损或转子偏心严重时，定子转子相互摩擦，使电动机产生剧烈振动。

（3）电动机地脚螺栓松动或基础不牢，固定不紧，而产生不正常的振动。

（4）轴承内缺少润滑油或钢珠损坏，使轴承室内发出异常的“丝丝”声或“咕噜”声响。

（5）电动机与被带机械中心不正。

（6）所带的机械损坏，转子上零件松动或加重块脱落，使转子不平衡。

在电磁方面的原因一般有：

（1）在带负荷运行时转速明显下降并发出低沉的吼声，是由于三相电流不平衡，负荷过重或缺相运行。

（2）若定子绕组发生短路故障、笼条端环断裂，电动机也会发出时高时低的嗡嗡声，机身有略微的振动。

（3）机座与铁芯配合松动。

24 电动机发生绕组短路的主要原因有哪些?

答：电动机发生绕组短路的主要原因有：

(1) 电动机长期过载或过电压运行，加快了定子绝缘老化、脆裂，在运行振动的条件下使变脆的绝缘脱落。

(2) 电动机在修理时，因粗心大意，损坏绕组的绝缘或在焊接时温度过高，把焊接引线的绝缘损坏。

(3) 长期停运受潮的电动机，未经烘干就投入运行，绝缘被击穿而短路。

(4) 双层绕组极间绝缘没有垫好，被击穿。

(5) 绕组端部太长，碰触端盖或线圈连线和引出线绝缘不良。

25 电动机电流指示来回摆动的原因有哪些?

答：电动机电流指示来回摆动的原因有：负荷不均；绕线或转子电动机一相电刷接触不良；绕线式转子电动机的滑环短路装置接触不良；鼠笼转子断条；绕线式转子一相断路。

26 电动机滑环冒火花的原因有哪些?

答：电动机滑环冒火花的原因有：电刷牌号及尺寸不合适；滑环表面不平整；电刷压力太小；电刷在刷握内卡住；电刷偏心发生振动；电刷与滑环的接触面不好；电刷质量不好，或接触面积不够。

27 电缆发生故障的原因一般有哪些?

答：电缆发生故障的原因一般有：机械损伤；绝缘老化；绝缘受潮；运行中过电压、过负荷；电缆选型不当，或电缆头及终端头设计有缺陷；安装方式不当，或施工质量不好；电缆制造工艺质量差，绝缘材料不合格；维护不良；地下有杂散电流，流经电缆外皮。

28 电动机在哪些情况下应测试绝缘?

答：电动机在下列情况下应测试绝缘：

(1) 安装、检修结束送电前。

(2) 停运 15d 以上者，环境条件差者（如潮湿、多尘等)。

(3) 停运 10d 及以上者，备用状态电动机进入蒸汽或漏入雨水时。

(4) 发生故障之后。

(5) 淋水或进汽受潮之后。

第二节 输煤配电系统

1 电气线路接线图在画法上有何特点?

答：电气接线图在画法上有以下特点：

(1) 接线图中电器的图形符号及接线端子的编号与原理图是一致的，各电器之间的连线也和原理图一致。

（2）为了看图方便，接线图中凡是导线走向相同的可以合并画成单线，各导线的两端都接在标号相同的端子上，这样不但使图纸清晰，而且便于查线。

（3）为了安装方便，在电器箱中控制板内各电器与控制板外的电动机、照明灯、电源进线以及其他用电器之间的联系，都应当通过接线端子板连接，接线端子板的容量，是根据连接导线所通过的电流的大小来选择的。

（4）接线图上应标明导线及穿线管子的型号、规格、尺寸。管子内穿线满七根常加备线一根，以便维修。

2 强电系统包括哪些？

答：强电系统包括：

（1）交流系统。这部分系统包括 6kV（或 10kV）高压电动机及变压器；380V 低压电动机及其他用电设备，如电磁除铁器、电磁制动器、220V 照明系统及其他用电设备等。

（2）直流 220V 系统。这些系统专用于大容量自动空气断路器和 6kV 小车开关的控制及保护回路。

3 低压电器分为哪几类？作用是什么？

答：按低压电器在电气线路中所处的地位和作用，可将其分为以下两类：

（1）配电电器。主要用于低压配电系统。属于这一类的有低压断路器、熔断器、刀开关和转换开关等。这类电器的主要特点是：分断能力强、限流效果好、操作过电压低、动稳定和热稳定度高。

（2）控制电器。主要用于控制电动机和用于自动控制系统。属于这一类的有接触器、启动器、主令电器和控制继电器等。这类电器的特点是：具有一定的转换能力、操作频率高、电寿命和机械寿命长等。

4 低压配电电器的分类和用途是什么？

答：低压配电电器的分类和用途是：

（1）断路器。主要有塑料外壳式断路器（空气开关）、框架式断路器、限流式断路器、漏电保护断路器、灭磁断路器、直流快速断路器。一般用作线路过载、短路、漏电或欠压保护，也可用作不频繁接通和分断电器。

（2）熔断器。主要有填料熔断器、无填料熔断器、半封闭插入式熔断器、快速熔断器、自复熔断器。一般用作线路和设备的短路和过载保护。

（3）刀形开关。主要有大电流隔离熔断器式刀开关、开关板用刀开关、负荷开关。主要用作电路隔离，也能接通分断额定电流。

（4）转换开关。主要有组合开关、换向开关。主要作为两种及以上电源或负载的转换和通断电路之用。

5 低压电器主要技术参数有哪些？

答：低压电器主要技术参数有：

（1）额定电压。分为额定工作电压、额定绝缘电压和额定脉冲耐受电压三种。

（2）额定电流。分为额定工作电流、额定发热电流、额定封闭发热电流和额定不间断电流四种。

(3) 操作频率和通电持续率。操作频率，是指每小时内可能实现的最多操作循环次数；通电持续率，是指电器工作于断续周期工作制时，有载时间与工作周期之比，通常以百分数表示。

(4) 通断能力和短路通断能力。通断能力，是指开关电器于规定条件下，能在给定电压下接通和分断的预期电流值；短路通断能力，是指短路时的分断能力。

(5) 机械寿命和电寿命。机械寿命，是指开关电器需要修理或更换机械零部件以前所能承受的无载操作循环次数；电寿命，是指开关电器在正常工作条件下，无需修理或更换零部件以前的负载操作循环次数。

6 母联开关是什么开关？其作用是什么？

答：母联开关就是两条母线之间的联络开关。

母联开关的作用是一条母线给另一条母线送电（即母线串带）用的。在两条单电源母线中，通过母联开关可以实现电源停电而母线不停电。

7 母线要涂色漆的作用有哪些？哪些地方不准涂漆？

答：母线涂色漆一方面增加热辐射能力，另一方面可以区分交流电的相别或直流母线的极性。另外，母线涂漆还能防止母线腐蚀。

不准涂漆的地方为：

(1) 母线各连接处及距连接处 10cm 以内的地方。

(2) 间隔内的硬母线要留出 50～70mm，便于停电时挂接临时接地线用。

(3) 涂有温度漆的地方。

8 母线的支承夹板为什么不能构成闭合磁路？

答：硬母线的支承夹板通常是用钢材制成的，如果支承夹板构成闭合回路，母线电流产生的磁通将使钢夹板产生很大磁损耗，使母线温度升高。为防止上述情况的发生，常用黄铜或铝等不易磁化的材料作支承压件，以破坏磁路的闭合。

9 母线排在绝缘子处的连接孔眼为什么要钻成椭圆形？

答：因为负荷电流通过母线时，随电流大小变化母线温度也在变化，这样母线会经常地伸缩。孔眼钻成椭圆形，就给母线留出伸缩余量，防止因母线伸缩而使母线及绝缘损坏。

10 中性点移位是什么意思？

答：三相电路中，在电源电压对称的情况下，如果三相负载对称，根据基尔霍夫定律，不管有无中线，中性点电压都等于零；若三相负载不对称，没有中线或中线阻抗较大，则负载中性点就会出现电压，即电源中性点和负载中性点间电压不再为零，我们把这种现象称为中性点移位。

11 断路器触头按接触形式分可分为哪几种？各有何特点？

答：断路器触头按接触形式一般可分为三种：

（1）面接触。是两平面相接触，从几何角度看，相接触是两个面，有较大的平面或曲面的接触表面，平面触头的容量较大，但要求触头间加很大的压力才能得到较小的接触电阻。

（2）线接触。一个圆柱面与一个平面相接触，从几何角度看，接触部分是一条线。严格说来，线触头的接触点是分布在一个很窄小的平面上的，因此触头的压力强度较大，在同一压力下，容易使线触头得到与平面触头相同的实际接触点，而且一般采用还较多。与平面触头比较接触电阻小而且稳定，自净作用较强，接触面积也稳定。

（3）点接触。一个球面与一个平面相接触，从几何角度看接触部分是一个点。点接触实际上是一个尺寸很小的平面上的接触，它的特点是压强较大，接触点较稳定，触头的自净作用较强，接触电阻也较稳定。点接触面积小不易散热，热稳定度较低。

12 断路器的额定电压和额定电流是什么？

答：断路器的额定电压是指保证断路器正常长期工作的电压。

额定电流是指断路器可以长期通过的最大电流。

13 电接触按工作方式分可分为哪几类？

答：电接触按工作方式一般可分为三类：

（1）固定接触。用紧固件如螺钉、铆钉等压紧的电接触称为固定接触。

（2）可分接触。在工作过程中可以分开的电接触，成为可分接触，如断路器中有一个静触头，一个动触头，可以合上，还可以拉开。

（3）滑动及滚动接触。此种接触在工作过程中，触头间可以滑动或滚动，保持在接触状态不能分开，如断路器中间触头无论在开、合位置都保持接触状态，又如滑线和电刷的接触等。

14 电接触的主要使用要求有哪些？

答：电接触的主要使用要求有：

（1）在长期工作中，要求电接触在长期通过额定电流时，温升不超过一定数值，接触电阻要稳定。

（2）在短时间通过短路电流时，要求电接触不发生熔焊或触头材料飞溅等。

（3）在关合过程中，要求触头能关合短路电流不发生熔焊或严重损坏。

（4）在开断过程中，要求触头在开断电路时磨损尽可能小。

15 接触电阻的含义是什么？

答：将一导体切成两半，然后再合起来形成电阻，在导体内仍通以电流 I，这时，再用电压表测量切线两端的电压降，就会比未切前同一段距离的压降大得多。用 V 与 I 之比求得电阻 R，即 $V/I=R$，这个电阻 R 就称为接触电阻。

接触电阻由两部分组成，即收缩电阻和表面电阻。电气接线头上都有接触电阻，接触不好时压降增大，加大了接头的发热氧化程度，甚至爆燃起火。影响接触电阻的主要因素有接触压力和接触表面状况。

16 接触电阻过大时有何危害？如何减小？

答：当接触电阻过大时会使设备的接触点发热，运行时间过长会缩短设备的使用寿命，严重时可引起火灾，造成经济损失。

常用减少接触电阻的方法有磨光接触面，磨掉氧化层，扩大接触面；加大接触部分压力，保证可靠接触；涂抹导电膏，采用铜铝过渡线夹。

17 导线接头的接触电阻有何要求？

答：导线接头接触电阻的要求为：

(1) 硬母线应使用塞尺检查其接头紧密程度，如有怀疑应做温升试验或使用直流电源检查接点的电阻或接点的电压降。

(2) 对于软母线仅测接点的电压降，接点的电阻值不应大于相同长度母线电阻值的1.2倍。

18 影响断路器触头接触电阻的因素有哪些？

答：影响断路器触头接触电阻的因素有：触头表面加工状况；触头表面氧化程度；触头间的压力；触头间的接触面积；触头的材质等。

19 电压互感器二次短路的现象及危害是什么？

答：电压互感器二次短路会使二次线圈产生很大的短路电流，烧损电压互感器线圈，以致会引起一、二次击穿，使有关保护误动作，仪表无指示。因为电压互感器本身阻抗很小，一次侧是恒压电源，如果二次短路后在恒压电源的作用下二次线圈中会产生很大的短路电流，烧损互感器，使绝缘损害，一、二次击穿。

危害是：失掉电压互感器会使有关距离保护和与电压有关的保护误动作，仪表无指示，影响系统安全。

20 电弧的特征是什么？

答：电弧是一种气体放电现象，它主要有以下特征：

(1) 电弧是一种能量集中，温度很高，亮度很大的气体放电现象。

(2) 电弧由三个部分组成：阴极区、阳极区、弧柱区。在电弧的阴极和阳极上，温度常超过金属气化点。在电弧的孪生点，通常有明亮的极斑，弧柱就是阳极、阴极之间明亮的光柱，其温度达6000～7000℃到10000℃以上，弧柱直径很小，一般几毫米到几厘米，弧柱周围温度较低，亮度明显减弱的部分称为弧焰。电流几乎都在弧柱内流通。

(3) 电弧是一种自持放电现象，只要有很低的电压就能维持电弧稳定燃烧而不熄灭。

(4) 电弧是一束游离的气体，质量极轻容易变形。

21 变压器铁芯为什么必须接地，且只允许一点接地？

答：变压器在运行或试验时，铁芯及零件等金属部件均处于强电场中，由于静电感应作用在铁芯或其他金属结构上产生悬浮电位，造成对地放电而损坏零件，这是不允许的。除穿芯螺杆外，铁芯及其他金属构件都必须可靠接地。如果两点或两点以上接地，在接地点之间便形成了闭合回路，当变压器运行时其主磁通穿过此闭合回路时就会产生环流，将会造成铁芯局部过热，烧损部件及绝缘，造成故障。所以，只允许一点接地。

22 变压器储油柜有何作用？

答：变压器储油柜的容积应是变压器在周围气温从－30℃停止状态到＋40℃满载状态下，储油柜中经常有油存在。其作用如下：

（1）调节油量，保证变压器油箱内经常充满油。若没有储油柜，变压器油箱内的油面会发生波动，当油面低时，露出铁芯和线圈部分会影响散热和绝缘。另外，随着油面的波动，空气从箱盖缝里排出和吸进，上层油温很高，很容易吸收外面新进来的空气，使油很快氧化或受潮。

（2）减少油和空气的接触面，防止油被加速氧化和受潮。储油柜的油面比变压器油箱的油面要小。另外，储油柜里的油几乎不参加油箱内油的循环，它的温度要比油箱内上层油温低得多。油在低温下氧化过程较慢，因此储油柜对防止油的过速氧化是很有用的。

23 变压器储油柜上的集泥器及呼吸器各有什么作用？

答：集泥器又叫集污器或沉积器，它的作用是用以收集油中沉积下来的脏东西（机械杂质或水分）。

呼吸器又叫吸潮器。呼吸器内装有变色硅胶用以吸潮，用油封挡住被吸入空气中的机械杂质。

24 变压器的安全气道有什么作用？

答：变压器的安全气道又叫防爆管。当变压器内部发生故障，压力增加到0.5～1个大气压时，安全膜（玻璃板）爆破，气体喷出，内部压力降低，不致使油箱破裂，保证设备安全，缩小事故范围。

25 变压器的分接开关的作用与种类是什么？

答：电力网的电压是随运行方式和负载大小的变化而变化的。电压过高或过低都会直接影响变压器的正常运行和用电设备的出力及使用寿命。为了提高电压质量，使变压器能够有一个额定的输出电压，通常是通过改变一次绕组分接抽头的位置实现调压的。连接及切换分接抽头位置的装置叫作分接开关。

分接开关分两类：无载分接开关和有载分接开关。无载分接开关的主要特点是改变分头必须将变压器停电，且调压级次较少，往往满足不了用户的要求。有载分接开关的主要特点是改变分头不必将变压器停电，且调压级次较多，能较好地满足多种场合的要求。

26 影响介质绝缘程度的因素有哪些？

答：影响介质绝缘程度的因素有：电压、水分、温度、机械力、化学以及大自然等的作用。

27 移动设备供电中电缆卷筒的种类与特点有哪些？

答：在需要移动供电的设备上，供电装置有电缆卷筒、槽型内触式滑触线、外触式滑触线、吊架拖缆和钢丝绳拖缆等，如斗轮机、起重机、门式抓斗等设备，其中电缆卷筒的种类与结构特点有：

（1）弹簧式电力电缆卷筒。弹簧式电力电缆卷筒是以蜗卷弹簧为动力，自动卷取电力电缆的机械装置，采用集电滑环一双电刷架结构传递电能，设置了可逆转机构，转筒正反都可转动。

（2）电动式电力电缆卷筒。当需卷取的电缆粗而长时，必须采用力矩电动机作为动力。电动式电缆卷筒的控制回路，并联在整个控制系统中，自动收放电缆，不增加操作负担，收放电缆的速度与运行设备同步。

（3）外力传动式电力电缆卷筒。外力传动式电力电缆卷筒本身不带动力，借助于用电设备的旋转运动带动卷筒工作，与用电设备同步收放电缆，节省安装面积，可卷放任意长度的电缆。

28 输煤供电系统的电压等级和用途有哪些?

答：输煤供电系统的电压等级和用途有：

（1）交流 6kV（或 10kV）供电。用于高压电动机和输煤供电变压器。

（2）交流 380V 供电。用于低压电动机和其他用电设备（除铁器、制动器、控制回路、检修盘）。

（3）交流 220V 供电。用于照明系统及其他控制电路。

（4）直流 220V 系统。用于大容量自动空气开关断路器，真空开关，6kV（或 10kV）小车开关跳合闸控制等。

29 输煤车间的供电系统有何要求?

答：输煤车间的供电系统一般引自厂用电的公用段 6kV（或 10kV），由于输煤系统的设备分甲、乙（或 A、B）两路，所以供电系统也应两路供电，有时还需增设一路备用电源以进一步提高其可靠性。

30 输煤操作电工的主要工作及要求有哪些?

答：输煤操作电工的主要工作有低压输煤设备的停送电操作；输煤配电母线的串带工作及其他的设备操作工作。

停送电电工必须熟悉输煤设备的电源来源，负荷分布和所有输煤设备的一次结线图及照明电源分布、检修电源分布等，并熟悉现场所用的停送电开关、刀闸的使用方法及设备控制原理等。

31 手动操作的低压断路器合闸失灵的原因有哪些?

答：手动操作的低压断路器，如果合闸后触头不能闭合，一般应进行以下检查，并视具体情况加以处理。

（1）失压脱扣器线圈是否完好，脱扣器上有无电压。

（2）贮能弹簧是否变形。如果变形，可能导致闭合力减小，从而使触头不能完全闭合。

（3）反作用弹簧力是否过大。如果过大，应进行调整。

（4）如果是脱扣机构不能复位再扣，则应调整脱扣器。

(5) 如果手柄可以推到合闸位置，但放手后立即弹回，则应检查各连杆轴销的润滑状况。若润滑油已干枯，则应加新油，以减小摩擦阻力。

此外，如果触头与灭弧罩相碰，或动、静触头之间以及操作机构的其他部位有异物卡住，也会导致合闸失灵。

32 电动操作的低压断路器合闸失灵的原因有哪些?

答：电动操作的低压断路器合闸后触头不能闭合的原因有：

(1) 控制电路的接线是否正确，电路中的元件是否损坏，熔断器的熔体是否熔断。

(2) 电源电压是否过低。如果过低，则应调整电压，使之与操作电压相适应。

(3) 检查电磁铁拉杆行程。如果行程不够，则应重新调整或更换拉杆。

(4) 电动机的操作定位开关是否变位。如果变位，则应重新调整。

(5) 检查操作电源的容量是否过小。如果过小，则应更换电源。

(6) 如果是一相触头不能闭合，其原因可能是该相的连杆断裂，应更换连杆。

33 电气开关处于不同状态时的注意事项有哪些?

答：电气开关处于不同状态时的注意事项有：

(1) 要求开关处于分断不许合闸的状态时：可以挂锁，以防误操作。开关挂锁后，不能进行合闸、开抽屉工作，否则会损坏机构。解除挂锁时需使手柄先向下复位才能进行下一步操作。

(2) 开关处于工作状态时：抽屉不能打开，否则会损坏机构。

(3) 开关处于跳闸状态时：抽屉不能打开，否则会损坏机构。如果想复位后进行重合闸，必须将开关向分断位置进行一次复位后才能合闸。

34 负荷隔离型开关的操作注意事项有哪些?

答：负荷隔离开关没有过载和短路保护功能，注意事项如下：

(1) 所有配电柜内的1号、2号电源的投入用的是空气开关，二者之间有机械闭锁装置，严禁同时投入，以防造成机构损坏，并形成输煤1号变压器、2号变压器合环电流，烧坏电缆及引发电流越级跳闸。

(2) 运行正常方式为1号电源投入，2号电源备用。

(3) 各电源柜门均不可在电源合入位置进行维护检查，必须在断开位置检查，以防损坏开关。

35 母线常见故障有哪些?

答：母线常见故障有：

(1) 接头接触不良，电阻增大，造成发热严重使接头烧红。

(2) 支持绝缘子绝缘不良，使母线对地的绝缘降低。

(3) 当大的故障电流通过母线时，在电动力和弧光作用下，使母线发生弯曲、折断或烧伤。

36 母线接头的允许温度为多少？一般用哪些方法判断发热？

答：当环境温度为25℃时，母线接头运行的允许温度为70℃。如接触面有锡覆盖层时可提高到85℃。对闪光焊接头允许提高到100℃。

一般采用变色漆、试温蜡片、半导体点温计、红外线测温等方法来判断是否发热。

37 设备停电和送电的操作顺序分别是什么？

答：设备停电拉闸操作的顺序是：断路器（开关）→负荷侧隔离开关（刀闸）→母线侧隔离开关（刀闸）。

设备送电操作的顺序是：母线侧隔离开关（刀闸）→负荷侧隔离开关（刀闸）→断路器（开关）。

38 电气设备操作中的“五防”是指什么？

答：电气设备操作中的“五防”是指：防止误拉、合断路器；防止带负荷拉、合隔离开关；防止带电挂接地线或合接地开关；防止带接地线或接地刀合闸；防止误入带电间隔。

39 变压器运行中应作哪些巡视检查？

答：变压器运行中的巡视检查内容为：

（1）声音应正常。

（2）油位应正常，外壳清洁，无渗漏现象。

（3）油温应正常。

（4）气体继电器应充满油。

（5）防爆管玻璃应完整无裂缝，无存油。

（6）瓷套管清洁无裂缝、无打火放电现象。

（7）引线接触良好无过热烧损现象。

（8）呼吸器畅通，硅胶不应吸潮饱和。

40 变压器并列运行需要哪些条件？

答：几台变压器并列运行必须符合下列三个条件：

（1）一次电压相等，二次电压也相等（即变比相同）。

（2）接线组别相同。

（3）阻抗电压的百分值相等。

前两个条件不满足会有循环电流，第三个条件不满足，则造成变压器间负荷分配不合理，可能有的过载，有的欠载。

41 变压器的油温有什么规定？

答：油浸变压器的绝缘属于A级绝缘，当环境温度为40℃时，变压器线圈的温升为65℃。上层油温不得超过95℃，这是从保证变压器在运行绕组温度不超过105℃提出来的。上层油温不得经常超过85℃，这是从防止变压器油劣化过速提出来的。有的厂家规定上层油温不得超过70℃，这是从延长变压器使用寿命提出来的。影响变压器油温的因素有：负荷的大小、气温的高低、冷却方式的效果、油路通畅情况、油量的多少、箱壁散热面积的大小。

第三节　设备控制与保护

1　低压控制电器的分类和用途是什么?

答：低压控制电器的分类和用途是：

（1）接触器。主要有交流接触器、直流接触器、真空接触器、半导体式接触器。主要用作远距离频繁地启动或控制交、直流电动机以及接通、分断正常工作的主电路和控制电路。

（2）启动器。主要有直接启动器、星三角减压启动器、自耦减压启动器、变阻式转子启动器、半导体式启动器、真空启动器。主要用作交流电动机的启动和正反向控制。

（3）控制继电器。主要有电流继电器、电压继电器、时间继电器、中间继电器、温度继电器、热继电器、压力继电器等。主要用于控制系统中，控制其他电器或作主电路的保护之用。

（4）控制器。主要有凸轮控制器、平面控制器、鼓形控制器。主要用于电气控制设备中转换主回路或励磁回路的接法，以达到电动机启动、换向和调速的目的。

（5）主令电器。主要有按钮、限位开关、微动开关、万能转换开关、脚踏开关、接近开关、程序开关、拉线开关、料位开关、压力开关、跑偏开关。主要用作接通、分断控制电路，以发布命令或用作程序控制。

（6）电阻器。主要有铁基合金电阻。一般用作改变电路参数或变电能为热能。

（7）变阻器。主要有励磁变阻器、启动变阻器、频敏变阻器。主要用作电动机的平滑启动和调速。

（8）电磁铁。主要有起重电磁铁、牵引电磁铁、制动电磁铁。一般用于起重、操纵或牵引机械装置。

2　接触器的用途及分类是什么?

答：接触器是一种用来接通或断开带负载的交直流主电路或大容量控制电路的自动化切换电器。其主要控制对象是电动机、电热器、电焊机、照明设备等。接触器不仅能接通和切断电路，而且还具有低电压释放保护作用。接触器控制容量大，适用于频繁操作和远距离控制，是自动控制系统中的重要元件之一。通用接触器可分为以下两类：

（1）交流接触器。主要由电磁机构、触头系统、灭弧装置等组成，常用的有CJ10、CJ12、CJ12B、CJ20等系列交流接触器。

（2）直流接触器。一般用于控制直流电气设备，线圈中通以直流电。直流接触器的动作原理和结构基本上与交流接触器相同。

3　交流接触器铁芯噪声很大的原因和处理方法有哪些?

答：交流接触器铁芯噪声很大的原因大多是：铁芯极面有污垢或不平；短路环断裂；机械部分有卡住现象；触头压力过大；合闸线圈的电压过低等。

检查处理方法：在线圈通电后，用绝缘体推动铁芯各点进行检查。若推紧后不响，则说明铁芯缝端面接触不良。若推紧后还响，可再推动铁芯的架子，如不响则说明触头弹簧压力过大，如声音减轻，则可能是分磁环断裂。动铁芯与静铁芯接触不良的，应清理或锉平；如果制造厂将铁芯配对出厂，可把动铁芯的上下进行反转，就会无响声。

4 电磁式控制继电器分为哪些种类？

答：继电器是根据某一输入量（电的或非电的）的变化来换接执行机构的一种电器。其中用于电力传动系统，起控制、放大、联锁、保护和调节作用，以实现控制过程自动化的继电器，称为电磁式控制继电器。按动作原理可分为以下几种：

（1）电压继电器。当控制电路的端电压达到整定值时它便动作，以接通或分断被控电路。

（2）电流继电器。当控制电路中通过的电流达到整定值时它便动作，以接通或分断被控电路。

（3）中间继电器。它本质上属于电压继电器，但装在某一电器与被控电路之间，以扩大前一电器的控制触头数量和容量。

（4）时间继电器。它在得到动作信号以后，通过电磁机构、机械机构或电子线路，使触头经过一定时间（延时）才动作，以实现控制系统的时序控制。

（5）温度继电器。它在温度达到整定值时便动作，以实现过热（或过载）保护和温度控制。

此外，按电源种类，电磁式控制继电器还可分为直流继电器和交流继电器；按返回系数又可分为具有额定返回系数（即高返回系数）的继电器和不具有额定返回系数的继电器。

5 真空开关的性能与使用要领是什么？

答：真空开关是替代以油、空气等作为绝缘和灭弧介质开关的理想产品。其核心元件是真空开关管，由于管内是真空，所以吸合断开时不存在电弧。真空开关运行性能的好坏，主要取决于管内真空度。这可以用测试仪定期测验来决定其使用情况，该仪器是将被测开关管的真空度转变为绝缘性能体现出来。能准确地检验出被测开关管的极限耐压值而不损坏开关管。开关管的真空度好坏及是否能继续使用，可以参考产品资料来判断。

6 继电保护装置的工作原理是什么？

答：当电气设备发生故障时，往往使电流大量增加，靠近故障处的电压大幅下降，这些故障电流或电压，通过电流互感器或电压互感器输入继电器内。当达到预定的数值时继电器就动作，将跳闸信号送往断路器，使其迅速断开，从而对设备系统起到保护作用。

7 控制器的用途与种类有哪些？

答：控制器是一种多位置的转换电器，在输煤系统中，用以按预定顺序转换主电路接线，以及改变电路参数（主要是电阻），以控制电动机的启动、换向、制动或进行调速。

控制器有以下两种主要类型：

（1）平面控制器。带有平面触头转换装置，能用手柄或用伺服电动机通过传动机构带动动触头，使其在平面的静触头上按预先规定的顺序做旋转或往复运动，以控制多个回路。

（2）凸轮控制器。主要用于起重设备及卸车机等其他电力驱动装置，其动触头在凸轮转轴的转动下按次序与相应的静触头作接通和分断控制。

按保护方式，控制器又可分为开启式、保护式和防水式等。按电流种类则可分为交流控制器和直流控制器，其中以交流凸轮控制器应用最广。

8　拉线开关的使用特点是什么？

答：带式输送机的事故开关一般都采用安装在机架两侧的拉线开关，拉线的一头拴于开关的杠杆上，另一头固定在开关有效拉动范围的机架上或另一开关的杠杆上。当输送机发生意外情况时，值班人员可在带式输送机全长的任一部位拉动钢丝绳，使开关动作，停止设备运行。当发出启动信号后，如果现场不允许启动，也可拉动开关拉绳，制止启动。开关拉线必须使用钢丝绳，以免拉伸弹性变形太大。拉线操作高度，一般距地面0.7～1.2m。

目前火电厂应用的拉线开关有自复位式和锁定式两种，其内部的开关有机械式的微动开关也有电子式的接近开关。

9　落煤筒堵煤监测器的作用与种类有哪些？

答：落煤筒堵煤监测器一般安装在带式输送机头部或尾部煤筒转折点上部不受冲击的部位，用以监测落煤筒内料流情况。当漏斗堵塞时，料位上升，监测器发出信号并切断输送机电源，从而避免故障扩大。

堵煤监测器型式较多，常用的有侧压型、探棒型、漏损型和阻旋型等。

10　机械式煤流信号传感器的工作原理是什么？

答：该种煤流信号发生器是利用杠杆原理进行工作的。当带式输送机空载运行时，摆杆处于垂直位置，此时检测器碰撞杆处于0位，其上的微动开关（无触点电子接近开关，干簧管和水银开关等等）未动作，不发信号；有煤时，摆杆抬起并触动微动开关（或接近开关等）发出有煤信号（触点闭合）。

11　纵向撕裂信号传感器的使用特点是什么？

答：从煤源点到碎煤机落差较高的皮带机尾部，极易发生大块杂物撕皮带的现象，在这些落料点应该安装带缓冲钢板的专用缓冲架。大块多时，为进一步防止皮带纵向撕裂，可把落煤管出口侧壁做成活门，当有异物卡住时能及时顶开活门，推动接近开关发出信号及时停机。也有的纵向撕裂信号传感器是在输煤槽出口一层皮带下横向装一条拉线，当皮带纵向撕裂后有漏物触碰拉线时，带动微动开关动作，防止故障扩大。

12　皮带速度检测器的作用及种类结构有哪些？

答：皮带速度检测器检测输送机的实际速度，可用于多机联锁顺序启动或停机。当输送带速度过慢或停运时，监测器停止输出，切断本机电气回路，同时通过联锁系统停止其余设备运行。可防止煤堆积压皮带及堵塞落煤筒现象的发生。

皮带速度检测器的主要种类有：

（1）磁力式传感器。触轮随胶带运行时，永久磁铁随之旋转而产生诱导转矩，达到额定速度时，转臂推动触头动作，输出开关信号。

（2）磁感应式发生器。磁感应发生器是由永久磁头、绕组、开槽托辊、机体等组成。当带式输送机启动后产生感生电动势，当皮带机过载打滑时感生电动势也变小，当小到规定值时，速度继电器控制带式输送机停机。

（3）齿轮式速度传感器。由压带轮、齿轮叶片、磁铁及干簧管等组成。皮带的运动经压带轮带动齿状叶片转动，依次通过干簧管与磁铁之间的间隙，使干簧管交替通断动作，发出脉冲信号。一般将带速动作值整定为带速降到90%时发轻度打滑信号，带速降到75%时发联锁停机信号。

（4）非接触式转速开关。是接近开关式速度传感器，由无触点接近开关和控制箱组成。皮带正常转动时带动从动滚筒端头的金属检块每转一周通过接近开关一次，产生一个脉冲信号。若速度降低时脉冲次数减小，当转速降低到整定值后5s切断主电动机电源。转速开关与被测对象（设备）不接触，不受灰尘、油污、光线、天气等环境因素影响，动作安全可靠；功耗低，使用寿命长。

13 电子接近开关的特点与用途有哪些?

答：电子接近开关利用磁电感应原理或电容随介质变化的原理，来完成移动设备位置信号的传输，由于电子接近开关是固化密封结构，开关内无触点，开关与运动体不接触，所以耐粉尘、水、汽及防锈防误能力比一般机械行程开关更好，而且其调整距离比较灵活，易于安装，接线方便。所以，大部分场合取代了机械式行程开关。

电子接近开关分有源式和无源式两种，其中有源式开关至少三根引线，接近体是普通铁块构架即可；无源接近开关是两根引线，使用时移动设备上应安装磁性块，感应距离都是5～10mm，使用可靠，都是PLC控制系统的可靠传感器。

14 常用的连续显示煤位装置有哪些种类?

答：常用连续显示煤位的装置有超声波式、电容式、光电式、射线式、射频导纳式、声呐式和称重式等多种。

15 超声波煤位仪的工作原理是什么? 声波级别如何划分?

答：超声波煤位仪利用声波的反射原理，根据被测距离内发出声波和接收声波的时间差，计算出目标物位的距离，以此来确定煤位的高低。超声波探头是实现声电转换的装置，按其作用原理可分为压电式、磁致伸缩式、电磁式等多种，其中压电式最为常见，其核心部分是压电晶片，利用压电效应实现声电转换。

声波级别的划分为：

（1）声波。频率在16～20000Hz之间，能为人耳所闻的机械波，称为声波。

（2）次声波。频率低于16Hz的机械波，称为次声波。

（3）超声波。频率高于20000Hz的机械波，称为超声波。

16 电容式煤位仪探头的工作原理是什么?

答：根据电容介质的不同，显示的容量不同，仓内煤位高度变化，使探头的介质常数发生线性变化，经过计算机运算系统完成煤位监测。电容式煤位仪一端是长形探头，另一端接地板与仓壁相连，如果被测介质为导体，则应在探针上加一层绝缘套管，电容式煤位仪仅对水状液体或不黏性介质测量时能正常工作，对探针容易黏附的物料介质，其测结果偏差较大。

17 射频/导纳煤位检测仪的工作原理是什么？

答：射频/导纳煤位检测是从电容式煤位检测技术上发展起来的。它同时测量阻抗和容抗，而不受挂料的影响。在测量煤位时，射频/导纳技术检测被测介质的两种基本特性，一个是介电常数，另一个是电导率。电容式由于被测介质黏附在传感器上而产生误差。但导纳式产品通过同时检测电容和电阻可以消除这种误差。

导纳的物理意义是阻抗的倒数，实际过程中很少有电感，因而导纳实际上就是指电容与电阻。为了准确地测量煤位，需要有适当频率的射频，其频率范围一般为 15～400kHz。因此，这种测量煤位的技术称之为射频/导纳技术。

18 阻旋式煤位控制器的原理与应用是什么？

答：阻旋式煤位控制器的旋翼由一个小力矩低速同步电动机驱动。旋翼未触及物料时，以 1r/min 的速度不停地转动，一旦触及物料时，旋翼的转动受到阻挡（连续堵转将不影响同步电动机的性能），于是电动机机壳产生转动并驱动微动开关发出报警信号或参与其他控制。当旋翼阻力解除后，自行恢复运转。

19 阻旋煤位器的使用特点与安装注意事项有哪些？

答：阻旋煤位器相对于超声波煤位计、射频/导纳煤位计而言，价格低廉，更适用于简单的、中小煤仓的点位控制。但这种装置不能用于对连续煤位的动态检测，所以在对大型煤仓的煤位检测上又有一定的局限性。一般原煤仓当中每个犁煤器下用一个阻旋煤位器作为高煤位信号，原煤仓中心用一个超声波煤位计作为煤位高低显示和低煤位信号控制。

安装注意事项有：物料必须能自由地流向或流开旋翼和转轴，不应有冲击。应防止加煤时使旋翼和转轴受到大块煤的冲击。必要时，应加保护罩或使安装位置偏离煤流。尽量下垂安装，水平安装可能造成旋轴变形。

20 电阻式煤位计的结构原理及特点是什么？

答：煤位电极是利用电极与煤接触前后电阻值的改变来测煤位的，有煤时发送信号，无煤时断开信号，煤位电极一般用钢丝绳加一小重锤吊在煤仓内，根据不同煤位的要求，其钢丝绳长度各不相同，从而较为直观地显示出煤位高低，特点是结构原理简单，价格便宜，一个电极只能显示一个煤位。

21 移动重锤式煤位检测仪的结构和工作原理是什么？

答：移动重锤式煤位仪由电动执行机构、计算机控制器和显示仪组成。

工作时计算机控制电动执行机构下放重锤，重锤碰到煤时又立即返回，测量周期小于 20s，根据重锤落放的长度来测量煤位高低，测量分辨率 30mm。其特点是重锤的各种运动全由计算机控制，对意外情况有自适应和自恢复功能。

22 频敏变阻器的工作原理和使用特点是什么？

答：频敏变阻器是一种铁芯损耗很大的三相电抗器，铁芯由一定厚度的几块铁板叠成，使用时串接在绕线式电动机的转子回路中，电动机启动时频敏变阻器线圈中通过转子电流，使其铁芯中产生很大的涡流发热，增加了启动阻抗，限制了启动电流，同时也提高了转子的功率因数，增大了启动转矩。随着转速的上升，转子频率逐渐下降，使频敏变阻器的阻抗逐渐减小，最终相当于转子被短路，完成平滑启动过程。

频敏变阻器的优点就是能对频率的敏感达到自动变阻的程度，具有接近恒转矩的机械特性，减小了机械和电流的冲击，实现电动机平稳无级启动，而且其结构和控制系统均简单，价格低，体积小，耐振，运行可靠，维护方便。其缺点是功率因数低，需要消耗无功功率，启动转矩较小，启动电流偏大。所以，频敏变阻器多用于不要求调速、启动转矩不大，经常正反向运转的设备，如翻车机系统重牛和空牛牵引电动机的启动等场合。

23 软启动开关的工作特性有哪些？

答：降压软启动装置具有高级的启动与控制特性，能自动检测和保护普通鼠笼式三相异步电动机设备，动作灵敏可靠，用于恶劣的工作环境以及对于电动机的启动特性和可靠性要求较高的使用场合。可有效代替电动机的自耦变压器，Y-△、涡流制动、直流制动和其他类的电子或机械方式的降压启动装置。

软启动开关具有可调的平滑无级加速特性，从而消除启动电动机时对于拖动部件的过度磨损和冲击。具有可调的启动电压斜坡，可调的限流控制以及抗振荡电路，减少了交流电动机启动时的冲击电流和电网压降。具有保护和诊断功能，能预防晶闸管短路。电源缺相、电流超限过载等能立即跳闸。系统中有一个紧急分流跳闸继电器，当它与分流断电器相联锁时，可有效地防止电动机短路。能显示全部的操作运行状态和故障状态。

软启动开关具有节能、稳压、调节的功能，通过自动调节功率因数，可使电动机在最有效的条件下运转，根据检测到的功率因数自动减少加在电动机上的电源电压（当电动机在小于满负荷条件下运行时），较小的电流会使实际耗电下降，从而节省电能。也可以通过设定，在电网处于高峰电压时自动地保持从电网中吸取额定的电压。

在输煤设备上，软启动的应用可望代替液力偶合器的功能，可以更有效地改善皮带机设备的启动特性，减小对电网的启动冲击。对于皮带机因慢转聚煤后的再启动，同样具有一定的过负荷适应能力。在翻车机重牛、空牛或迁车台动力回路中改用软启动或变频器供电，在挂钩或停机制动前，靠前一级限位提前投入变频量，使电动机在启动或停机时能根据负荷增减速的特性时间，逐步缓慢增速或减速，将可有效减小对设备和车批的冲击力，减小对钢丝绳的损坏。

24 软启动开关的减速控制（软停机）功能是什么？

答：一般停机方式是在瞬间断开电源，电动机停转时间依赖于负载情况。在负载惯性较大的情况下停机时间较长，而对于中负载的情况下在停电的瞬间将会使电动机较快停止运转。在不希望电动机停电后立即停止运转时，可以选用减速停止方案以延长停机时间。减速停机可以给出非常平滑的减速停机特性，减小设备的撞击损坏程度。如重牛接车、翻车机本体对位、迁车台对轨等设备运转时采用软启动和软停机，能使系统简化，有效减少设备的机械损坏。

25 软启动开关过载保护时间是如何调整的？

答：过载保护装置设置了两个保护范围。高范围用于电动机的启动过程，可在200%～1000%之间调整，当达到全速后的延时范围可在1～10s之间调整。低范围用于全速运行后的过程，可在50%～200%之间调整，跳闸延时从0.25～3s可调，这个跳闸灵敏度时间可防止检测过载时的误动作。这些跳闸电流设定为10倍的满负载电流。当电动机或接线发生短路时，不管何时，只要电流超过10倍的满载电流将自动跳闸停机。

26 涡流离合器的工作原理是什么？

答：涡流离合器又称电磁转差离合器，输煤系统主要用于电动机与叶轮给煤机的传动调速，涡流离合器在电动机与机械之间同轴心相连，无滑环，空气自冷，卧式安装，装有固定的激励绕组，当激励绕组通入直流电时，所产生的磁力线便通过机座→气隙→电枢（装于电动机轴上）→气隙→齿极（装于输出轴上）→气隙→导磁体→机座形成一个闭合回路。在这个磁场中，由于磁力线在齿凸极部分分布较密，而在齿间分布较稀，所以随着电枢与齿极的相对运动，电枢各点的磁通就处于不断重复变化之中。根据电磁感应定律，电枢中就感应电势并产生涡流，涡流和磁场相互作用而产生电磁力，使齿极和电枢作同一方向旋转（但始终保持一定的转速差）从而输出转矩。改变励磁电流的大小，就可从按需要调节输出转速。

涡流离合器机械侧的输出轴上装有测速同步发电机与晶闸管触发电路共同构成调速电气回路，通过调节励磁电流的大小来改变叶轮的转速，由于这种调速系统结构复杂，通用性不强，已逐渐被变频器取代。

27 变频调速时为什么还要同时调节电动机的供电电压？

答：当频率下降时，如果电压不变，则磁通量将增加，引起电动机铁芯的磁饱和，从而导致过大的励磁电流，严重时会因绕组过热而损坏电动机。比如其极限情况频率降为零时，相当于给电动机线圈通上直流电，如果此时电压不变，将会产生严重的短路故障。因此，为了保持电动机的磁通基本不变，在改变频率时，也必须改变电压，即变压变频（Variable Voltage Variable Frequency，VVVF）。

28 变频器常用的两种变频方式是什么？

答：变频装置有两大类：一类是由工业频率（我国是50Hz）直接转换成可变频率的，称为“交-交变频”。另一类就是“交-直-交变频”，原理是先把工业频率的交流整流成直流，再把直流“逆变”成频率可变的交流。

用交-交变频器输出的频率不可能高于电网频率，一般不超过电网频率的1/3～1/2。因此，这种变频方法一般多用于低转速、大容量可调传动，如轧钢机、球磨机、水泥回转窑等。交-直-交变频器输出交流电压的频率可以高于输入交流电源的频率。因此，目前应用较广。

29 变频器安全使用的注意事项有哪些？

答：变频器的安全使用注意事项有：

（1）印刷电路板上有高压回路，不得触摸。即使变频器处于停止状态，由于电源并未被切断，所以仍然有电。变频器长时间不用时，要切断电源。

（2）变频器及电动机的接地端子，务必要接地，接地电阻要求10Ω以下。

（3）在进行检查时，首先要切断电源，然后等放电灯熄灭后才能进行。

（4）输出频率在60Hz以上使用时，由于是高速运转，所以对电动机负载的安全性要特别加以检查。

（5）变频器工作时有高温产生，使用时要放置于金属等不燃物上，并要有良好的通风配置。

（6）要注意别让尘埃、铁粉等进入变频器。

（7）不得接入超过额定值的电源电压，不得将电源电压输入错接到其他端子上或将输入电压接到输出端子上，不得在变频器和电动机之间使用电磁接触器再来控制电动机的启停，应使用变频器操作面板上的运行开关或者控制输入端子来控制电动机的启动停止。否则将会造成变频器的损坏。变频器和电动机之间的电缆总长应在30m以内，否则应在中间配置电抗器。

（8）电源的容量应在变频器容量的1.5倍，即4.5～500kVA的范围内，当在超过500kVA的电源中直接使用，或在电源侧有移相电容切换的情况下，变频器的电源输入回路中就将会有很大的峰值电流流过，就有可能会损坏整流电路，在这种情况下，请根据变频器的容量，选择适当的改善功率因数的电抗器相应地接到变频器的输入侧。

（9）变频器的输出端，请勿接移相电容。变频器运转时，采用无熔丝断路器和热继电器，其规格应与电动机的规格相配合。

（10）几台电动机同时运行的情况下，不仅是电动机输出功率的总和，额定电流的总和也一定要在变频器的额定电流范围以内。

30 变频器的运转功能有哪些？

答：变频器的运转功能有：

（1）一般运行功能。带加/减速时间的一般运行功能；可将加/减速时间由0～3600s范围内任意设定。

（2）点动运行功能。垂直加/减速运行，用于定位时使用，可进行一般运行与点动运行的相互转换，点动频率可在0～30Hz之间设定，但若频率过高变频器将会出现过电流触发。

（3）自然停止。在变频器由运行转换为停车时，对电动机施加直流来启动制动作用，若在直流制动时输入正反转或点动运行指令，变频器将停止制动，转入运行状态。

（4）直流制动。直流制动有两种，一种是定位直流制动，当在变频器运行时给出停车指令时，变频器开始制动并在频率降到3Hz（可调）时滑行停车，可设定制动转矩和制动时间。二是紧急直流制动，在运行时给出紧急停车指令，制动立即开始（非滑行停车）。

31 变频器工作频率的设定方式有哪几种？

答：变频器在出厂时所有参数都进行了预置，用户可根据现场的负载及运行工况有选择地进行针对性的调整，并不需要将所有参数进行变化。变频器的工作频率设定方式有：

（1）旋钮设定。通过旋动面板上的旋钮（调节电位器）来进行调节和设定。属于模拟量设定方式。

（2）按键设定。利用键盘上的∧键（或△键）和∨键（或▽键）进行增、减调节和设定，属于数字量设定方式。

（3）程序设定。在编制驱动系统的工作程序中进行设定。也属数字量设定方式。

32 变频器的频率设定要求有哪些？

答：变频器的频率设定要求有：

（1）设定基本频率。使电动机运行在基本工作状态下的频率叫基本频率，一般按电动机的额定频率设定。例如，国产的通用型电动机，基本频率设定为50Hz。

（2）设定最大频率。最大频率即最大允许的极限频率。它根据驱动系统允许的最高转速来设定。例如日本富士 FRENIC-5000G9S 和 FRENIC-5000P9S 的最高频率分别是 50～400Hz 和 50～120Hz，实际使用中其最大频率不应大于电动机的额定频率。

（3）设定上限频率和下限频率。根据驱动系统的工作状况来设定。它可以是保护性设定，即变频器的输出频率不得超过所设定的范围；也可以用作程序性设定，即根据程序的需要，或上升至上限频率，或下降至下限频率。

33 变频器外接控制的设定信号方式有哪些？

答：在实际工作中，变频器常被安置在控制柜内或挂在墙壁上，而工作人员则通常在机械旁边或远方进行操作。这时，就需要在机械旁边或远方另设一个设定频率的装置，称为外接设定装置。所有的变频器都为用户提供了专用于外接设定的接线端子。变频器的外接信号方式通常有三种：

（1）外接电位器。电位器的阻值和瓦数，各变频器的说明书中均有明确规定。

（2）外接电压信号设定。各种变频器对外接电压信号的范围也各不相同，通常有：0～10V、0～5V、0～±10V、0～±5V 等。

（3）外接电流信号。所有变频器对外接电流信号的规定是统一的，都是 4～20mA。

为了加强抗干扰能力，所有的外接设定信号线都应采用屏蔽线。

34 变频器的常见故障、原因及特点有哪些？

答：变频器的常见故障及原因有：

（1）电动机不转。原因有：接线是否异常；输入端子是否有电或缺相；输入端子的电压是否正常；有无异常显示；是否有指令自然停车；频率设定是否异常；正、反转开关是否都接通；电动机负载是否太重。

（2）电动机的转数不符或不稳。原因有：电动机的极数电压规格是否正常；频率设定范围是否正常；电动机的端子电压是否太低；负载是否太重或负载变化是否太大。

变频器常见故障的特点是大多属于软故障，变频器故障停止输出时将其显示出的故障代号与说明书列表中提供的内容相对照，可按其流程图逐一查找排除。如果确属硬件故障，再更换维修。变频器使用当中，良好的通风与很少的粉尘，能有效提高其使用寿命。所以，应特别注意内部电路板的定期吹扫。

35 变频调速在输煤系统的应用有哪些?

答：在输煤设备上以前采用的电磁调速（电磁滑差离合器调速）、降压启动、频敏电阻、涡流制动、直流制动等可完全用变频调速的方法所代替，如叶轮给煤机、惯性振动给料机、翻车机、迁车台、调车机及重牛等调速设备均可选用变频器对普通鼠笼式三相异步电动机的速度（或出力）进行调整，而且从其调速平稳性、远方控制能力及维护方便性等方面来看，均较以往所用的调速方式要好。所以，在设计或改造旧设备时，应首选变频调速。

36 O型转子式翻车机系统的自动运行程序是什么?

答：自动运行程序是：

（1）重牛抬头→小电动机接车并与列车连挂后停止→重牛大电动机牵引列车上摘钩平台就位后停止→重牛低头→重牛提销。

（2）摘钩平台升起→列车脱钩→摘钩平台落下→推车器推车。

（3）车溜进翻车机内定位→翻车机倾翻175°→延时3s后返回→返回至原位后停止→定位器落下→推车器推车至前限停止→延时3s后返回原位→定位器升起。

（4）车溜进迁车台→脱定位钩→迁车台迁车至空车线对轨后停止→推车器推车至前限停止→延时3s后返回→迁车台脱定位钩→迁车台返回至重车线对轨后停止。

（5）空车铁牛在车辆溜过牛坑后→空牛推车至前限停止→延时3s后返回原位。

按以上循环自动翻卸整列列车，翻卸完成后自动循环停止。

37 翻车机卸车系统的控制方式有哪些?

答：翻车机卸车系统的控制方式有三种：

（1）程序自动控制。它是指卸车系统全线按工艺要求自动完成接车、牵车、摘钩、翻车、推车、迁车、空牛退车等全部动作过程。

（2）手动集中控制。为了设备的检修、调整和设备自动控制时恢复初始状态，由操作员分布操作单元设备的方式。

（3）机旁操作。由操作员在各单元设备附近的操作箱操作所辖设备，一般机旁操作仅作为调试设备时使用，不作为正式操作的一种控制方式。

38 O型转子式翻车机系统投入自动时应具备的条件是什么?

答：翻车机系统投入自动时应具备的条件是：

（1）翻车机在原位，翻车机内无车，推车器在原位，定位器升起，光电开关亮。

（2）重车铁牛油泵启动，重牛在原位，重牛低头到位，钩舌打开。

（3）重车推车器在原位。

（4）摘钩平台在原位，摘钩平台上无车，油泵启动。

（5）迁车台与重车线对轨，推车器在原位，光电开关亮。

（6）空车铁牛在原位，油泵启动。

39 前牵地沟式重牛接车和牵车的联锁条件是什么?

答：重牛接车：钩舌打开，摘钩平台在原位，重车推车器在原位，重牛抬头，启动重牛油泵。

重牛牵车：摘钩平台在原位，重车推车器在原位，重牛油泵启动，重牛抬头，钩舌闭合。

40 前牵地沟式重牛抬头和低头的联锁条件是什么？

答：重牛抬头或低头的联锁条件是：摘钩平台在原位，重车推车器在原位，重牛在原位。

41 摘钩平台升起的联锁条件是什么？

答：摘钩平台升起的联锁条件是：重牛低头，重车推车器在原位，翻车机在原位，翻车机推车器在原位，翻车机定位器升起，翻车机内无车，摘钩平台油泵启动，迁车台对准重车线、摘钩台始端的记四开关动作、光电开关无遮挡。

42 O型转子式翻车机本体倾翻的联锁条件是什么？

答：翻车机倾翻的联锁条件是：翻车机内的推车器在原位，定位器升起，翻车机的入口光电开关无遮挡，出口的光电开关无遮挡。

43 O型转子式翻车机内推车器推车的联锁条件是什么？

答：翻车机内推车器推车的联锁条件是：翻车机内定位器落下，翻车机在零件迁车台对准重车线，迁车台上无车，迁车台上的推车器在原位，迁车台上光电开关无遮挡。

44 迁车台迁车和返回的联锁条件是什么？

答：迁车台迁车：迁车台上的记四开关动作，迁车台上光电开关无遮挡。

迁车台返回：迁车台上对轨处的记四开关动作、光电开关无遮挡、迁车台推车器在原位。

45 迁车台推车器推车的联锁条件是什么？

答：迁车台推车器推车的联锁条件是：空牛在原位，空牛坑前光电开关无遮挡，迁车台与空车线对准。

46 空牛推车的联锁条件是什么？

答：空牛推车的联锁条件是：空牛坑记四开关动作（坑上无车），空牛坑前光电开关无遮挡，空牛油泵启动。

47 悬臂式斗轮堆取料机的控制内容和方式有哪些？

答：斗轮堆取料机主要控制以下对象：悬臂皮带的正反转控制、尾车堆料皮带的控制、尾车升降的控制、悬臂俯仰的控制、悬臂回转的控制、取料斗轮的控制及辅助设备的控制。

斗轮堆取料机的控制方式有两种：

（1）自动控制。它是将斗轮堆取料机的所有与工作顺序控制有关的设备，按工作方式编好程序，通过选择运行方式开关，确定堆料还是取料，然后进行自动启动。

（2）手动控制。它是将斗轮堆取料机的所有电气控制开关，集中到斗轮堆取料机的操作台上，由斗轮司机按照其工作方式以一定的启动顺序对设备进行单一的启动控制。

48 悬臂式斗轮堆取料机的联锁条件有哪些？

答：悬臂式斗轮堆取料机的联锁条件有：

（1）大车走动与夹轨器联锁。大车行走前，夹轨器必须松开。

（2）辅助油泵与回转油泵联锁。辅助油泵启动后油系统压力未达到0.5MPa时，回转油泵不能启动。

（3）斗轮电动机与悬臂皮带取料联锁。悬臂皮带启动后，斗轮电动机才允许启动；悬臂皮带停止运行，斗轮电动机联锁停止。

（4）悬臂皮带与堆料皮带联锁。堆煤时，悬臂皮带启动后，联锁煤场皮带启动；悬臂皮带停止运行时，联锁煤场皮带停止。

（5）堆料皮带与煤场皮带联锁。堆煤时，堆料皮带启动后，联锁煤场皮带启动；堆料皮带停止运行时，煤场皮带联锁停止。

（6）煤场皮带与悬臂皮带联锁。取煤时，煤场皮带启动后，联锁悬臂皮带启动；煤场皮带停止运行时，联锁悬臂皮带停止。

（7）斗轮事故联锁。斗轮机运行中系统发生异常时，发出事故音响，断开主控制回路。

49 斗轮机的电气控制系统有什么特点？

答：斗轮机的电气控制系统有以下特点：自成系统，相对独立；各机构协调运行，同台设备控制对象多；电气设备工作在振动大、粉尘多的恶劣环境下。

50 斗轮机微机程序控制系统有何特点？

答：斗轮机微机程序控制系统实现了用PC机取代继电器的逻辑控制。机上有三种操作方式：手动集中操作、自动PC机操作和部分设备机旁操作。手动集中操作和自动PC机操作全部通过PC执行，而机旁操作不通过PC，只保留很少的继电器控制，供设备检修及试车用。全机有I/O口近200点，全部控制输出用交流220V模块直接驱动接触器。对于拨码开关输入、位置输入等用直流24V I/O模块；而各种信号指示灯和LED显示器等用直流12V I/O模块。机上和集中控制室经滑线通过I/O模块进行通信联系。

根据工艺要求，自动堆取料时可选择自动回转法或自动定点法两种方式。在堆取料前要通过操作台上的拨码开关进行有关数据设定，如前进终点、后退终点、走行点动距离、回转点动距离和俯仰点动距离的设定等。

51 斗轮机的供电方式有哪几种？

答：斗轮机供电包括软电缆供电和硬滑线供电。

软电缆供电又分为拖动式、悬挂式、拖线车式、卷筒式四种形式。

硬滑线供电又分为钢质滑线、铜质滑线、铝槽滑线（内触式）三类。

斗轮堆取料机这种大型的移动设备的供电系统是十分重要的部分，大型的斗轮堆取料机多采用电缆卷筒供电方式。

52 电缆卷筒供电的特点是什么？

答：电缆卷筒供电是采用高度灵活的拖拽电缆和电动电缆盘通过滑环的接触进行输电，为使电缆从两侧引出，通过带导向盘的中央进缆装置导出电缆端头。

电缆卷筒供电方式适用于高压（3kV；6kV 或 10kV）或低压（380V）的供电系统中。在采用高压供电电源时，能减少线路的电压降，以提高用电终端的电源质量，保证设备在其各种条件下能正常启动和运行。这种供电方式中，对电缆卷筒驱动电动机的控制是很关键的一个环节。在斗轮堆取料机上采用力矩电动机作为卷筒的驱动电动机。另外，电缆的中间转折处应在电缆外层加装防护套，以防电缆磨损接地。

53 装卸桥小车抓斗下降动作失常的原因是什么？

答：装卸桥小车抓斗下降动作失常的原因是：

（1）滑线接触不良，制动器不动作。

（2）操作回路整流器烧坏，控制回路断线。

（3）启动开关、接点引线烧坏，开关接点脱离。

（4）小车抓斗行程开关接点动作，开关没复位。

54 装卸桥小车行走继电器在运行中经常跳闸的原因有哪些？

答：装卸桥小车行走继电器在运行中经常跳闸的原因有：

（1）触头压力不够，烧坏或脏污。

（2）超负荷。

（3）滑线接触不良或轨道不平。

55 装卸桥小车电动机温度高并在额定负荷时速度低的原因是什么？

答：装卸桥小车电动机温度高并在额定负荷时速度低的原因是：

（1）绕组端头、中性点或绕组接头接触不良。

（2）绕组与滑环接触不良。

（3）电刷接触不良。

（4）转动电路接触不良。

56 交流制动电磁铁线圈产生高热的原因是什么？应如何处理？

答：交流制动电磁铁线圈产生高热的原因及处理为：

（1）电磁铁电磁牵引力过载。调整弹簧的压力和重锤的位置。

（2）电磁铁可动部分与静止部分在吸合时有间隙。调整制动器的机械部分，清除间隙。

57 叶轮给煤机载波智能控制系统的组成和功能有哪些？

答：叶轮给煤机载波智能控制系统由主机、就地控制站和电力载波通信部分组成。主机设在主控室；就地控制站安装在叶轮给煤机本体上；电力载波通信部分的两端分别在主机和就地控制站内。主机通过电力载波通信部分与就地控制站组成主、从式通信控制网络，实现在主控室内控制与监视现场叶轮给煤机的运行。

叶轮给煤机载波智能控制系统通过电力载波对叶轮给煤进行远方控制，不必架设专用通信线路，用叶轮给煤机动力线作为信号传输媒介，对叶轮给煤机进行远距离实时监控。在主控室内，它既可自成独立系统，也可与程控系统连接，实现叶轮给煤机在煤沟中的自动控制、出力调整、故障报警、位置显示等功能。

在主机显示屏上可按选定运行方式控制叶轮给煤机的前行、后行或停止，并可调整叶轮转速；或显示叶轮给煤机的工作状态（包括叶轮实际转速、行走方向、行走位置等）。当叶轮给煤机工作中出现故障时，在主机显示屏上可显示故障类别（如叶轮故障、行走故障、位置变送故障、通信故障、极限相撞等）。两台及以上叶轮给煤机可同时运行，主机可根据其运行位置调整运行方向，不会撞车。叶轮转速调整采用变频器控制三相鼠笼电动机的方式，可大大减轻现场高粉尘环境对电动机的危害（相对滑差电动机），减少设备的故障率。

58 叶轮给煤机行程位置监测有哪几种方案?

答：叶轮给煤机行程位置监测方案有：

（1）电子接近开关断续显示式。叶轮给煤机行走时，其上的感应体接近到电子接近开关（第一个开关）的检测距离范围后，接近开关即可动作并送出一个开关量，使集控室模拟屏上相应的对象灯亮，从而给出了叶轮给煤机的行走位置。

（2）超声波测距式。叶轮给煤机上装有超声波发射装置，在叶轮给煤机行走区间的另一端处装有超声波接收装置，如果将行走区间的一端作为始步，则叶轮给煤机与零点之间的距离就反映了叶轮给煤机的相对位置。

系统可用变送器输出的4～20mA模拟量连续地显示叶轮给煤机的相对位置，比用电子接近开关断续的单点显示更为逼真，而且维护量小，是一种较好的方式。

59 振动给煤机变频调速的主要特点是什么?

答：变频调速振动给煤机为变频无级调速，能在线连续调速调量。运行中调量方便，无需停机调整激振块或配煤挡板，可遥控，比电磁振动给煤机的噪声大大减小，效率高，功率因数高，故障率小。采用变频调速使振动电动机的工作电流大为降低，使电动机的寿命延长，具有完善的故障诊断、显示、报警和保护功能。调速范围宽，调整量准确方便，节电显著。

第四节　输煤系统集控与程控

1 输煤系统的控制方式有哪几种?

答：输煤系统的控制方式有三种：就地手动控制、集中控制和程序控制。

（1）就地手动控制方式是在就地单机启停设备的运行方式，常用于设备检修后的调整、设备程序控制启动前的复位及集中控制、程序自动控制发生故障时的操作。就地方式时设备的集控、程控无效，设备互不联锁。

（2）集中控制方式一般作为程序控制的后备控制手段，当因部分信号失效，程序控制不能正常运行时，采用集中控制方式进行设备的启停运行控制。集中控制系统中有完善的事故联锁功能和各种正确的保护措施，也可解除联锁单独控制。

集控软手操控制方式是运行值班员在集控室操作台上位机上对部分设备联动操作或一对一操作。

（3）计算机程序控制方式是上煤、配煤系统中正常的、主要的控制方式。在程序控制时，由运行值班员发出控制指令，系统按预先编制好的上煤、配煤程序自动启动、运行或停止。

2　输煤系统工艺流程有哪几部分？各有哪些设备？

答：输煤系统由卸煤、上煤、配煤和储煤四部分所组成。

卸煤部分为系统的首端，主要作用是接卸外来煤。卸煤机械有水路来煤的卸船机，铁路来煤的翻车机、螺旋卸车机、链斗卸车机、底开门车以及汽车卸煤机、装卸桥等。

上煤部分是系统的中间环节，主要作用是完成煤的输送、筛分、破碎和除铁等。上煤机械一般有带式输送机、筛煤机、碎煤机、磁铁分离器、给煤机和除尘器等。

配煤部分为系统的末端，主要作用是按运行要求配煤。配煤机械有犁式卸料机、配煤车、可逆配煤皮带机等。

储煤部分为系统的缓冲环节，其作用是掺配煤种并且调节煤量的供需关系，储煤机械一般为斗轮堆取料机、装卸桥、储煤罐（筒仓）等。

3　输煤控制系统与被控设备的协同关系如何？

答：影响输煤系统自动控制的因素之一是被控对象的稳定性，要想保证控制系统的稳定性，则必须保证机械设备的完好。在机械设备完好的情况下，一般不要在控制系统中重复或过多地设置保护装置。在控制系统中装设的信号和保护装置是必要的，保护装置装设过多，会使整个控制系统很复杂，不仅给运行值班员的监护增加负担，同时会给检修维护人员带来大量的检修或维护工作量，有的甚至引起系统的误动作。所以，在保证机械稳定的情况下，控制系统的信号越少越好。

4　输煤控制中常用的传感器和报警信号有哪些？

答：输煤控制中常用的传感器有：事故拉线开关、皮带跑偏开关、皮带打滑、电动机过载故障跳闸、高煤位信号装置、煤仓计量信号装置、落煤筒堵煤信号装置、煤流信号装置、速度信号装置、皮带纵向划破保护装置、碎煤机测振报警装置、碎煤机轴承测温装置、犁煤器限位开关、挡板限位开关、音响报警装置等。当这些信号动作时，模拟图中对应的设备发生闪烁，同时音响信号发出声音报警。

5　输煤系统各设备间设置联锁的基本原则是什么？

答：各设备间设置联锁的基本原则是：在正常情况下，按逆煤流方向启动设备，按顺煤流方向停止设备。单机故障情况下，按逆煤流方向立即停止相应设备的运行，其后的设备仍继续运转，从而避免或减轻了系统中堵煤和故障扩大的可能性。

6　输煤系统主要设置哪些安全性联锁？

答：输煤系统设置的主要安全性联锁有：

（1）设置音响联锁。即输煤皮带机音响信号没有接通或没有响够程序设定的时间，则不能启动相应的设备。

（2）设置防误联锁。即输煤皮带启动的顺序错误时不能启动相应的设备。

（3）设置事故联锁。即当系统中任何一台机械设备发生事故紧急停机时，自动停止事故点至煤源区间的皮带机。

7 集中控制信号包括哪些信号？

答：集中控制信号包括：工作状态信号、位置信号、预告信号、事故信号和联系信号等。

（1）工作状态信号是反映设备工作状态，如设备的正常启动、停机、事故停机等状态，一般用灯光显示，事故状态可加音响。

（2）位置信号是反映行走机械所处的空间位置，如移动皮带、叶轮给煤机行走所处位置、挡板切换位置、犁式卸料器起落位置等，一般用灯光显示。

（3）预告信号是反映系统发生异常状态，如煤斗低煤位、落煤管堵煤等，一般用光显示。

（4）事故信号是现场设备发生故障时的报警信号。

（5）联系信号是集控室与值班室之间的通信联系，如启动时集控室向运煤系统各处发出的警铃信号等。

8 输煤集控室监盘操作的注意事项有哪些？

答：输煤集控室监盘操作的注意事项有：

（1）根据煤位信号确定需要上煤的原煤仓。

（2）按照上煤的顺序调整犁煤器。

（3）通知各岗位准备启动。

（4）得到各岗位的回答后，发出启动预告信号。

（5）按照运行方式逆煤流启动设备。

（6）如运行方式为煤场→煤仓或翻车机→煤场，应同时通知斗轮司机对设备检查，并将斗轮机联锁开关投入相应位置。

（7）启动过程中，应监视所启动设备的电流表，电流指示应在正常时间内由启动电流返回空载电流，如启动不成功或启动电流超时不返回，则应立即按“停止”按钮检查，未查明原因前不可再启动。

（8）整个启动过程中监视电流变化，信号指示等均应正常，发现异常应做相应处理，必要时应停止操作，待异常处理完毕后，重新启动。

（9）紧急启动时，如果联锁不能启动，可将启动开关打到“手动”位置，按启动按钮启动，确认拉线和跑偏开关均已复位后还启动不起来，立即通知电工处理。

9 输煤设备保护跳闸的情况有哪些？

答：输煤设备保护跳闸的情况有：设备过载保护跳闸；落煤筒堵煤保护跳闸；皮带撕裂或皮带打滑保护跳闸；现场运行值班人员发现故障时操作事故按钮（或拉线开关）停机；除

铁器保护跳闸；操作熔断器熔断跳闸；系统突然全部失电跳闸；皮带严重跑偏跳闸；电气设备接地跳闸。

遇到上述情况时，集控室值班人员应首先判断故障点发生在哪一部分，并将程序控制方式退出，通知现场值班人员进行全面检查，消除故障，而后操作正常的启动程序，恢复运行。

10 输煤系统冬季作业措施有哪些？

答：冬季由于气候寒冷，遇湿煤易使皮带及滚筒严重黏煤，或使室外滚筒与机架冻结在一起，引起皮带磨损、打滑、过载、跑偏等故障发生。所以，要求输煤栈桥必须有稳定的供暖系统，对容易冻结和黏煤的地方应及时检查清理。

值班员必须熟悉输煤系统的采暖及供水系统，在冬季运行时要及时注意掌握供暖系统的压力变化和气温的变化，以便及时调整，使栈桥温度维持在较为稳定的范围内；同时要注意暖气不足的部分区域内的供水系统，低温时应提前切断其供水并尽量排空管内积水，严防管道冻裂。

室外储煤场有冻结层时，斗轮机取煤时司机要及时将取上的大块击碎或将大块从皮带上搬开。冻煤层增大了斗轮的取煤阻力，司机必须严防斗子过载或损伤皮带机部件。翻车机车底冻煤应有妥善的措施进行人工处理，不得与卸车作业同时进行。

室外液压系统和润滑部件要提前换油并完善加热保温装置。栈桥地面及收缩缝不得有漏水结冰现象，否则要及时处理并做好防护措施。

各下煤筒和原煤仓容易蓬煤影响出力，每班必须及时检查并处理，发现大块或异常堵煤应立即停机。室外皮带上的积雪在上煤前必须刮扫干净，严防堵塞头部下煤筒。

11 输煤系统夏秋季作业措施有哪些？

答：夏秋季是多雨季节，值班员应注意建筑物不得有漏水淋在设备之上；现场各处的防洪退水设施应完好有效；露天设备的电气部分及就地开关必须有防止雨水进入的有效措施；每班必须及时检查并处理各下煤筒和碎煤机、筛煤机内的积煤，严防湿煤堵塞；煤场取煤时要注意避开底凹积水部位，推煤机要合理引渠退水，不得将一层一层的湿煤推到取料范围内，煤堆坡底离斗轮机轨道要有不小于3m的距离，防止雨水冲刷或煤堆溜坡埋住道轨。

夏季时值班员要注意设备的温升，严防设备过热损坏。

12 集控值班员发现自停机或因故紧停后应做哪些工作？

答：除立即向班长汇报外，设备故障停运后，首先要防止事故扩大，其次应和现场取得联系，要查明故障设备的位置和现象，并判断故障原因，在未查明原因，故障未处理完善之前任何人不得启动设备。

13 输煤系统的弱电系统有哪些等级？各用在何处？

答：弱电用电系统一般有：

（1）AC 36V，用于电缆沟道内的照明系统。

（2）DC 48V，用于集控室内直流控制系统。

（3）DC 24V，用于PLC机的直流控制系统和信号系统。

(4) DC 12V，用于PLC机的直流信号显示系统。

(5) DC 5V，用于微机及PLC工作电源供电系统。

14 输煤设备停机有哪几种方式？

答：输煤设备停机的方式有：

(1) 正常程序停机。运行人员进行程序停止操作后，则输煤程序自动先断煤源，然后按顺煤流方向逐个自动延时停机，模拟屏上相应的运行信号也逐个消失，除尘装置在原程序停运后延时2～5min自动停止，相应信号灯灭。

(2) 原煤仓满煤自动停机。所选配煤程序原煤仓满煤，则相应上煤（从地煤沟上煤）或取煤（从斗轮堆取料机取煤）程序自动先停煤源，然后按顺煤流方向逐个自动延时停机。

(3) 故障紧急停机。在程控台上设有故障紧急停机按钮，若因输煤系统发生突然故障，则按下此按钮实行紧急停机操作。若此按钮失效，则马上将“程控-单控”切换开关置于单控位，并停止最后一条皮带将系统实现联锁停机。

(4) 故障联锁停机。故障设备至本程序煤源设备（联启不联跳设备除外，如碎煤机等）全部重载停机。同时，模拟屏上故障设备模拟灯闪光，亮故障光字牌，响蜂鸣器，联锁停机设备模拟灯灭，故障设备后的设备继续运行，必须按正常停程序方式停机。

(5) 设备故障停止后的检查。设备故障停止后首先要根据程控台上报警光字牌，进行故障设备的定位并及时迅速了解异常情况的实质，尽快限制事态发展，解除对人身、设备的威胁，改变运行方式，及时向有关人员汇报，待原因查明故障排除后方可启动运行。

15 指针式电流表的监测要点有哪些？

答：电流表用来监测皮带机或其他设备的负荷量，其指示值应与实际运行值相符（可与钳形表就地实测值比较），双电动机驱动的设备负荷分配应正常，如发现电流差异常时，应检查负载情况和液力偶合器、摩擦片离合器等的缺油情况。电流表指针应摆动平稳，复位良好，电流表应定期校验。

16 集控值班员应对设备的哪些信号进行重点监视？

答：集控值班员应重点进行监视的信号有：

(1) 皮带电动机运行电流的监视，掌握系统出力，电流不应超过“红线”，可以在红线上下短暂摆动，但超红线时要紧停检查。

(2) 各种取煤设备及给煤设备的监视。

(3) 原煤仓煤位及犁煤器抬落信号及位置的监视。

(4) 碎煤机运行电流的监视。

(5) 碎煤机振动值及轴承温度值的监视。

(6) 系统出力的监视。

(7) 除铁器和除尘器投运情况的监视。

(8) 挡板位置的监视。

(9) 皮带各种报警信号的监视。

(10) 锅炉磨煤机运行信号的监视，应优先给正在运行的磨煤机配煤。

（11）煤质、煤量的在线监视。

17 输煤系统的集中控制包括哪几部分？

答：对卸煤和储煤两部分，因机械动作程序复杂，又能自成一体，故一般是单独设置控制室控制。而上煤和配煤是由输煤集中控制室直接控制，又是输煤程控自动化的重要组成部分。

集中控制包括程序集中控制和单独集中控制两种。

程序集中控制是指运行方式选定后，在集控室只发出启、停指令，被选中的设备自动按工艺流程要求成组启停；单独集中控制是指在集控室对设备一对一的远方操作。

18 集控值班员在启动皮带时的注意事项有哪些？

答：在启动皮带时的注意事项有：

（1）在启动皮带时，各皮带不能同时启动，各皮带的启动间隔以其他皮带的电流已由启动电流下降到正常电流后4～6s为好。

（2）在正常情况下，鼠笼电动机在冷态下允许启动2～3次，每次启动间隔不小于5min。

（3）在正常情况下，鼠笼电动机在热态下允许启动1次。

（4）正常启动时，启动电流是其额定电流的4～7倍，时间不超过8s。

（5）正常运行时，电流不超过其额定电流。

19 皮带机启动失灵的原因有哪些？

答：启动失灵的原因有：联锁错位；停止按钮、拉线开关按下后未复位；开关触点接触不良；热偶动作后未复位；电气回路故障。

20 输煤设备温度和振动在运行中的标准是什么？

答：输煤设备温度和振动在运行中的标准是：

（1）输煤机械的轴承应有充足良好的润滑油，在运行中振动一般在0.05～0.15mm、滚动轴承温度不超过80℃、滑动轴承不超过60℃，无异音、无轴向窜动。

（2）减速机运行时齿轮啮合应平稳、无杂音，振动应不超过0.1mm，窜轴不超过2mm，减速机的油温应不超过60℃。

（3）碎煤机运行中应无明显振动，振动值不应超过0.1mm。如有强烈振动应查明原因消除振动。

（4）液压系统的各液压件及各管路连接处不漏油，油泵转动无噪声，振动值不超过0.03～0.06mm。

21 可编程序控制器的组成及各部分的功能是什么？

答：可编程序控制器的组成及各部分的功能是：

（1）中央处理器（CPU）。它是核心部件，执行用户程序及相应的系统功能。

（2）存储器。存储系统程序、用户程序及工作数据。

（3）输入/输出部件（I/O）。它是可编程控制器与现场联系的通道，将来自现场装置的信号（如接近开关、电流传感器等）转换成CPU能够处理的信号电平和格式，或将内部信号传输给外部继电器后，驱动执行元件动作。

（4）电源部分。向PLC系统各部分供电。

（5）编程器。用于用户程序的编制、编辑、检查和监视。

22 什么是可编程序控制器（PLC）？有何特点？

答：可编程序控制器（programmable logic controller），简称PLC，是以计算机微处理器为基础，综合利用计算机技术与自动控制技术，把电气控制中复杂庞大的继电器配电柜内的控制电路转化为计算机内部的可编程逻辑软件程序；是一种对工业机械设备进行实时控制的专用计算机。它按照用户程序存储器里的指令程序安排，通过输入（IN）接口采入现场信息，执行逻辑或数值运算后，进而通过输出（OUT）接口去控制各种执行机构动作，完成相应的生产工艺流程。目前PLC集成化功能较高，已广泛应用于各种生产机械的过程控制中，被认为是构成机电一体化产品的重要装置。

PLC系统的主要特点是：应用灵活，扩展性好；操作方便；标准化的硬件和软件设计、通用性强；控制功能强；可适应恶劣的工业应用环境。

23 什么是编程器？什么是编程语言？

答：编程器是一个带键盘和显示器的装置，用来编制和输入用户程序，对用户程序进行编辑和调试、用于监控时有必要的自诊断功能。

编程语言是可编程序控制器的软件，它是一种用来编制计算机能够识别的程序语言。目前常用的PLC编程语言有以下四种：梯形图编程语言、指令语句表编程语言、功能图编程语言、高级编程功能语言。

24 什么叫上位连接和上位机？有何功能？

答：上位连接就是计算机与PLC之间的连接，可1台计算机与1台PLC连接，也可1台PLC与多台计算机或多台计算机与多台PLC连接，它们之间通信过程只能由计算机控制，PLC总是被动的。与PLC上位连接的计算机叫上位机，也称工业控制计算机（工控机），上位机具有编程、修改参数、数据显示、系统管理等方面的功能。而不直接参与设备的控制过程，这正好可实现计算机与可编程序控制器之间的功能互补。

利用上位机对程控系统进行监控和管理，能对PLC中的大量数据进行巡回采集、记录、故障报警及控制操作，并以图表或报表的形式进行实时显示和打印。并可对整个生产过程进行集中监视检测，并向下位机PLC发出特殊操作命令。

25 什么是存储器？PLC常用的存储器有哪些？

答：存储器是计算机中用来存储二进制代码状态的信息存储块，可分为易失和非易失两种。易失的存储器意味着在电源断电时，存储在存储器中的信息数据丢失掉。为此常用锂电池作为该存储器的备用电源，保存住已有的信息。非易失的存储器意味着电源断电时，不会丢失存储器中所存的信息。

PLC常用的存储器有：

（1）随机存储器（CMOS RAM）。

（2）可擦可编程只读存储器（EPROM）。

（3）电可擦可编程控制器（EEPROM）。

26 PLC系统中的输入/输出模块有什么特点？

答：输入（IN）/输出（OUT）模块是现场设备和PLC之间的接口装置，简写为I/O模块。模块的编程地址可由硬件（装在模块旁的DIP开关）或软件设定。开关量I/O模块的电压规格有12V DC、24V DC、48V DC、115/230V AC/DC和5V/10～50V DC（高密度）。输入模块每个回路的输入电流约20mA。输出模块的输出电流为0.5～4A，一般指电阻性负载，在40℃以下的环境下使用，若超过40℃要降低容量使用。在I/O模块的每个电路中均装有LED指示灯，以显示每个回路的通断状态，在输出模块中还装有快速熔断器。

PLC输入/输出电路中采用光电耦合器件能实现现场与PLC主机的电气隔离，提高抗干扰性；避免外电路出故障时，外部强电侵入主机而损坏主机；实现了现场信号与PLC的逻辑电平转换；凡是输出模块接电感性负载的，一定要根据输出电路形式，在负载两端并接RC吸收装置（100Ω、0.022μF）、二极管或氧化锌压敏电阻，以保护模块免遭过电压击穿。

27 PLC的输入/输出继电器的作用及区别是什么？

答：PLC的输入继电器是接收来自外部的开关信号，输入继电器与PLC输入端子相连，并且有许多常开和常闭触点，供编程时使用。输入继电器只能由外部信号驱动，不能被程序驱动。

PLC的输出继电器是用来传递信号到外部负载的器件，输出继电器有一个外部输出的常开触点，它是按程序执行结果而被驱动的，内部有许多常开、常闭触点供编程时使用。

28 PLC梯形图编程语言的特点是什么？

答：梯形图编程语言习惯上又叫梯形图。梯形图是一种最直观、最易掌握的编程语言，是由电气控制系统中常用的继电器、接触器等在逻辑控制回路上简化了的符号演变而来的。

梯形图编程语言的特点是：

（1）PLC梯形图中的继电器、定时器、计数器等接点和线圈都不是物理部件，都是存储器中的存储位，相应位为“1”状态，表示继电器线圈受电使动合触点闭合（或动断触点断开），梯形图左边的母线不接任何电源，线路中没有真实的物理电流，所有电路图只是电气逻辑关系的一种形象表示。PLC梯形图中，某个编号的继电器线圈只能出现一次，而继电器常开、常闭触点在编制用户程序时可无限次地被引用。运行状态时，按梯形图排列的先后顺序从上到下，自左至右逐一处理，PLC是以扫描方式按此顺序执行梯形图，因此不存在几条并列支路同时动作的情况。

（2）梯形图编程语言的格式。梯形图中每个网络由多个梯级组成，每个梯级由一个或多个支路组成，最右边的元素必须是一个输出元件，只有在一个梯级编制完成后才能继续后面的程序编制。PLC梯形图从上至下按行绘制，每一行元素从左至右排列，并且把并联触点多的支路靠近最左端。输入触点不论是外部按钮、行程开关、还是继电器触点，在梯形符号上只用常开触点或常闭触点表示，而不计其物理属性。在梯形图中每个编程元素应按一定规则加标字母数字串。用户根据梯形图按照PLC规定的符号，从上到下、自左至右顺序编出指令语句表，然后通过编程器，将指令语句表输入到PLC的主机内。

29 PLC应用程序的编写步骤是什么？

答：应用程序的编写步骤是：

（1）首先必须充分了解被控对象的生产工艺、技术特性及对自动控制的要求。

（2）设计PLC控制系统图，确定控制顺序。

（3）确定PLC的输入/输出器件及接线方式。

（4）根据已确定的PLC输入/输出信号，分配PLC的I/O点编号，PLC的输入/输出信号连接图。

（5）根据被控对象的控制要求，用程序组态语言（如梯形图、功能流程图等）设计编写出用户程序。

（6）用编程器或微机将程序送到PLC中。

（7）检查、核对、编辑、修改程序。

（8）程序调试，进行模拟试验。

（9）存储编好的程序。

30 PLC的扫描周期和I/O响应时间各指什么？二者的关系是什么？

答：PLC的扫描周期是指PLC系统从过程控制开始，顺次扫描输入现场信息，顺序执行用户程序，输出控制信号，每执行一遍所需的时间称为扫描周期。PLC的扫描周期通常为几十毫秒。

PLC的I/O响应时间是指从输入信号发生变化到相应的输出单元发生变化所需要的时间。

一般I/O响应时间大于一个扫描周期且小于两个扫描周期。

31 PLC系统日常维护保养的主要内容有哪些？

答：PLC系统日常维护保养的主要内容有：主回路电压是否正常；柜内保持清洁卫生，减少灰尘对电路的影响；各模块接线螺钉有无松脱；模块状态要定期检查，确保模块工作正常；柜内元件要经常检查，以保证元件的正常使用；网络通信是否正确；接地系统连接检验；柜内元件散热是否良好等。

32 PLC系统运行不良的原因有哪些？

答：PLC系统运行不良的原因有：

（1）电源电压偏低，电源接触不良，电源里混入了大量干扰杂波。

（2）控制回路（PC程序等）与机械节拍不配，控制回路上误发信号或接头不良。

（3）设备接触不良，CPU存储盒内的保持电池电压低，由于高压干扰杂波使PC劣化。

（4）由于监控操作人员的失误造成程序变化。

（5）由于大的干扰杂波，将程序存储器内容改变。

（6）投入电源时，模块、存储器等拔出或脱落。

33 近程 I/O 与远程 I/O 的区别是什么？

答：近程 I/O 是将过程量直接通过信号电缆引入计算机的，而远程 I/O 则必须通过远程终端单元实现现场 I/O 的采集，在远程终端单元和控制设备之间通过数字实现通信。

34 什么是操作信号？什么是回报信号？什么是失效信号？

答：操作信号指某一程序动作之前，所应具备的各种先决条件，当操作信号满足时经逻辑判断后，就发出指令执行。

回报信号指被控对象完成该项目操作之后，返回控制装置的信号。

失效信号是指程序指令发出后该返回信号时未返回和不该返回时误返回的信号。

35 什么是程序运煤和程序配煤？

答：程序运煤是指从给煤设备开始到配煤设备为止的输煤设备的程序运行。它是输煤系统的主体，包括了皮带机系统、除尘、除铁、计量等系统。

程序配煤是指配煤设备（如犁煤器等），按照事先编制好的程序，依次给需要上煤的原煤仓配煤的过程。

36 输煤机械监测控制保护系统的功能有哪些？

答：电厂输煤行业的设备战线长、环境较差，由于对关键设备温度、转速以及振动等非电参数指标监测不及时，造成的设备故障较多。输煤机械监测控制保护系统对关键设备（如电动机、减速机、大型轴承座等）进行实时状态监测和保护，实现了对设备保护的自动化控制，达到降低员工劳动强度、保证设备安全可靠经济运行的目的。

输煤机械监测控制保护系统包括过程控制、计算机编程设备、PLC 控制系统、人机接口、通信网络、工业现场总线、传感采集单元等，从计算机技术，控制过程到可视化监测，保证了自动化的统一性。克服计算机、PLC、控制人员监控与开环控制之间的种种界限制约。

输煤机械监测控制保护系统通过传感器对设备状态进行实时采集，在 PLC 的 CPU 中进行数据处理，通过操作员终端，操作、维护和监控人员能够在显示器上跟踪过程活动、编辑实际值、控制设备运行，也可形成对设备的闭环控制。同时操作人员可以得到提示报警，还可将单用户系统扩展为多用户系统。系统可将所有状态（正常、非正常、故障）信息报告给操作人员，同时被加入到状态列表档案中。当设备超出正常工作状态时形成报警。根据不同的发生情况，报警可以被分成：

（1）过程报警。它是指在自动过程中发生的事件，如过程信号超出极限等，根据超限的多少还分成警告与报警，包括上限警告/下限警告；上限报警/下限报警。各标准值可按所列经验值设定也可以按使用要求加以修正。

（2）硬件报警。它是指由于自身的元器件上发生的故障，自动化部分的大多数设备都具有先进的故障自诊断功能，工业现场总线产品甚至可以对每一个输入/输出设备进行检测，并有相应的故障指示，可以准确地发现故障位置，这些报警信息通过系统总线传送到操作员终端，上层的监控网络可以随时获取现场的设备信息，进行监视和控制。

现场模块全部采用接插件连接，总线可以根据实际需要（站数、距离、性能、兼容性等）设计相应的拓扑结构。可采用抗干扰性好、传输距离长、保护性强的光缆，也可以采用成本较低、连接方便的双绞屏蔽电缆。

37 输煤程控正常投运的先决条件主要有哪些?

答：输煤程控正常投运主要取决于以下三个方面：

（1）主设备（被控对象）的可靠性。机械设备都必须达到一定的健康水平，机械故障要很少。皮带不能严重跑偏，上料应均匀，移动行走设备（如叶轮给煤机、配煤小车等）、犁煤器等配煤设备应灵活准确，煤中三大块不能太多、太大，落煤筒不能严重黏煤，三通挡板能准确到位等。

（2）外部设备的完善性。要求执行机构要灵活，传感元件要可靠，重要部位的传感器要双备份，抗干扰能力要强，特别是犁煤器的抬、落信号及原煤仓的高、低煤位信号均应准确可靠，能将现场被控设备的运行状况和受控物质（煤）的各种状况准确地传送到集中控制室，供值班人员掌握。堵煤、跑偏、撕裂、拉线等保护信号应准确可靠。

（3）PLC 主机程控装置的可靠性。输煤系统尽可能简单、明了、清晰，系统过于复杂，交叉点过多，形象上体现为上煤方式灵活多样，实际上对自动控制非常不利，反而使电气故障处理更为复杂。程控要正常投运，要有良好的检修运行管理体制，在运行中对一些薄弱点不断地改进与完善，提高可控性和完善性，而不应随便退出某些保护与联动。

38 输煤程控包括哪些控制内容?

答：输煤程控包括的控制内容有：自动启停设备（包括皮带机、碎煤机、除铁器、除尘器、挡板等的控制）；集中或分别自动卸煤（翻车机等卸煤系统的控制），自动上煤（斗轮机等煤场机械的控制）；自动起振消堵；自动除大铁；自动调节给煤量；自动进行入炉煤的采样；自动配煤；自动切换运行方式、自动计量煤量等。

39 输煤程控的主要功能有哪些?

答：输煤程控的主要功能有：

（1）程控启停操作及手动单控操作。设备在启动前，对要启动的给、输、配煤设备进行选择（包括各交叉点的挡板位置）来决定全系统的启动程序。再根据选定的程序运行方式，按所发出的启动指令进行启动。在启动前，可通过监视程序流程或模拟屏显示确定程序正确与否，如有误可及时更改。需要停止设备运行时，将控制开关打在停机的位置。运行的设备经过一定的延时之后，便可按顺煤流的顺序逐一停止。

（2）程序配煤和手动单独操作。通过预先编制的配煤程序，使所有的犁煤器按程序要求抬犁或落犁，依次给需要上煤的煤仓进行配煤。当遇机组锅炉检修、输煤设备检修、个别仓停运时，程序控制按照设置的“跳仓”功能自动跳仓，犁煤器将自动抬起、自动停止配煤。

（3）设备状态监视。对皮带的运行状态进行监视，对原煤仓煤位、犁煤器的状态进行监视，对设备的历史过程进行记载。

（4）故障音响报警。设备在运行中发生皮带跑偏、落煤筒堵煤、煤仓煤位低、皮带撕裂、电动机故障跳闸、现场故障停机时，程控 CRT 发出故障报警信号，模拟系统图上对应的设备发出故障闪光，同时电笛发出故障音响信号。

40 输煤程控的基本要求有哪些?

答：输煤程控的基本要求有：

（1）输煤设备必须按逆煤流方向启动，按顺煤流方向停运。

（2）设备启动后，在集控室或微机的模拟图中有明显的显示。

（3）在程序启动过程中有任何一台设备启动不成功时，按逆煤流方向以下设备均不能启动，且系统发出警报。

（4）在设备正常运行过程中，任一设备发生故障停机时，其靠煤源方向的设备均联锁立即停机。

（5）要有一整套动作可靠的外围信号设备，能够将现场设备的运行状况准确地送到微机中，以便值班员能够准确地掌握现场设备的运行工况。

（6）在采用自动配煤的控制方式中，锅炉的每个原煤仓都可以设置为检修仓，以便跳仓配煤。

（7）各原煤仓上犁煤器的抬、落信号均应准确可靠。

（8）各原煤仓内的高、低煤位信号均应准确可靠。

41 输煤程控系统的主要信号有哪些?

答：输煤程控系统对皮带机、挡板、碎煤机、除铁器、除尘器、给煤机、皮带抱闸、犁煤器等设备进行控制，各设备相关的主要信号有以下三种：

（1）保护信号。有拉线、重跑偏、纵向撕裂、堵煤、打滑、控制电源消失、电动机过负荷、皮带停电等。

（2）监测报警信号。有运行信号、高低煤位信号、煤位模拟量信号、皮带轻跑偏信号；挡板A位、B位、犁煤器抬位、犁煤器落位、犁煤器过负荷跳闸、煤仓高煤位、低煤位、控制电源消失信号、振动模拟量、温度模拟量等。

（3）控制信号。主系统启动信号、停止信号、音响信号；除尘器启停、除铁器启停，给煤机启停、犁煤器抬起信号、落下信号等。

输煤设备程控操作的正常投运要求以上信号必须准确可靠。

42 输煤程控配煤优先级设置的原则有哪些?

答：自动配煤的优先级顺序原则是：强制配煤、低煤位优先配、高煤位顺序配和余煤配。

（1）强制配煤。煤位信号发生故障或煤斗蓬煤时，人工干预PLC发出“强配”命令后，此原煤仓上的对应方式下的犁煤器落下，其他犁煤器均不下落。无论正在向哪一个原煤斗配煤，都将立即转向“强制”仓配煤，此仓出现高煤位时，犁煤器不会自动抬起，需人工抬犁，再回到被中断程序处，继续向其他仓配煤，程序按原设置继续执行。

（2）低煤位优先配。在原煤仓没有强配设置的情况下，先给出现低煤位的仓配一定量的煤，消除低煤位信号后，再延长一分钟（此时间可调），再转移至下一个出现低煤位的仓，直至消除所有的低煤位信号后，转为按高煤位顺序配煤。

（3）高煤位顺序配。在无强配、低煤位的情况下，按煤流方向顺序给各仓配煤，对每个犁煤器，配至高煤位后，转至下一个犁煤器。高煤位配的过程中，若某仓出现低煤位信号，则立即给该仓优先配煤，消除低煤位信号后再延长一分钟后，再返回高煤位配的煤仓顺序配煤。依次顺序配完所有仓。若有仓为“强制配煤”，则配煤将无条件转向该仓配煤，时间没有限制，由操作员控制。

（4）余煤配。无强配和低煤位的情况下，程序对本次方式的各高煤位都出现过以后，转为余煤配。余煤配时先按煤流顺序再将各仓回填至高煤位出现，然后停止煤源，将皮带沿线的所有余煤平均配给各仓，每个犁煤器配煤 20s（可调），依次向下进行。直到走空皮带，该段配煤自动结束。

（5）设置“跳仓”。程序执行过程中可人为设置一个或多个检修煤斗“跳仓”，PLC 发出“跳仓”命令后，此原煤仓上的所有犁煤器均强制抬起，以便空仓或检修。

（6）设置“跳步”。对于“低煤位”信号或“高煤位”信号失灵后的一种干预手段，为避免煤位信号故障后出现死锁，使程控配煤中途失灵而溢煤，是从该仓持续配煤中跳出的一种补偿措施。在按“跳步”前应把该仓置为“跳仓”标志，否则跳出后仍会对该仓配煤。

（7）故障犁控制。程序执行过程中可人为设置尾犁，运行中某一犁煤器发生抬犁故障后，程序自动定其为尾犁，并给故障犁以前的各犁按优先级顺序进行配煤。若犁煤器有落犁报警信号时，程序将自动不给其配煤。

43 输煤程控的自诊断功能的作用及意义是什么？

答：程控系统的各种模块上设有运行和故障指示装置，可诊断 PLC 的各种运行错误，一旦电源或其他软、硬件发生异常情况，故障状态可在模块表面上的发光二极管显示出自诊断的状态，也可使特殊继电器、特殊寄存器置位，并可对用户程序做出停止运行等程序的处理。

由于 PLC 系统具有很高的可靠性，所以发生故障的部位大多集中在输入输出部件上。当 PLC 系统自身发生故障时，维修人员可根据自诊断功能快速判断故障部位，大大减少维修时间；同时利用 PLC 的通信功能可以对远程 I/O 控制，为远程诊断提供了便利，使维修工作更加及时、准确、快捷，提高了系统的可靠性。

程控系统可将每台设备的电流值定期取样记忆，形成历史曲线，保存一个月或更长时间随时调用，特别是设备过流启停故障分析时特别有用。

44 输煤程控报警的方式有哪几种？如何进行报警查询？

答：程控系统的报警，不仅能直观地看到操作员站工具栏推出的最新报警，而且可以听到多媒体有源音箱播放出的最新报警。

若想分析和确认报警，可以打开当前报警一览；若想回顾和分析事故原因可以打开历史报警一览或查看历史曲线。

45 输煤程控 PLC 系统的硬件组成和软件组成各有哪些？

答：为简化程序、加快运行速度，减少设备费用，除 PLC 主站外，在被控设备比较集中的地方，可设立几个远程站来完成设备数据的采集与传送。其硬件组成还包括有：工程师站（兼历史站）、操作员站（兼数据采集站和语音报警）和通信站。各站之间采用以太网双数据总线。

软件组成包括有：运行系统软件、专业的 PLC 编程软件和制表软件等。

46 数据采集站的功能是什么？

答：数据采集站主要完成与可编程控制器 PLC 接口信息的数据交换工作，定时扫描，将 PLC 输入输出信息数据经过分析及时地写入到系统实时数据库中，为监控系统提供了最实时的信息，保证监控系统的正常运行。该程序同时嵌入到两个操作员站，被称为虚拟 DPU 站，两个站的程序互为备用。按照设置一个作为主站，一个作为备用站，主站意外退出运行状态，备用站会自动作为主站运行。主站还作为时钟站定时向其他站发布时间，校正系统时钟。

47 工程师站的功能是什么？

答：工程师站由工程浏览器将系统的组态功能统一管理，把与工程有关的文件和组态生成程序通过工程浏览器构架组合到一起，主要用于对应用系统进行功能编程、组态、组态数据下装，也可作为操作员站起到运行监视的作用，使系统面对使用者更规范、更清晰。

48 历史站的功能是什么？

答：可记录规定的工程测点状态及工程值，记录报警事件，记录时间为一个月。历史站上保存了整个系统的历史数据，可完成对历史数据的收集、存储和发送。当操作员站通过历史网络向历史站发出历史数据申请时，历史站将历史数据发送给操作员站。历史站主要记录模拟量点、开关量 I/O 点和通过 PLC 程控判断的设备故障测点。制表程序也同时运行，并按生成的定义进行记录。采用人工召唤打印方式，还可以选择将打印的报表存盘，以备查询。系统制表可记录一天中各班的各炉上煤量、总上煤量及翻车机情况的日报表和月报表、各班主要运行设备的时间累计日报表等。

49 操作员站的功能是什么？

答：操作员站提供给操作人员丰富的人机界面窗口，能灵活、方便、准确地监视过程量并完成相应的操作，信息量注重覆盖面大。主要有以下功能：

（1）充分利用画面空间，将所有有关的信息量反映其中。模拟图画面中的设备及其连线都是活的，按其规定的颜色或文字提示所处的状态和环境。鼠标点击要操作的设备或按钮，弹出窗口图可对控制对象进行操作。

（2）按设备分类制作报警窗口。可配备多媒体语音报警系统，不但能及时地播出报警信息，还可以根据自选的报警优先级进行报警。全部报警采用当前报警及历史报警显示，并可按报警优先级、数据类型、特征字进行筛选。当前报警还可以使用点确认和页确认使语音报警消失。

（3）可以从操作员界面上直接调出各测点或人工输入测点名称，来显示其状态和工程值的趋势或历史曲线。可自动记录模拟量点、开关量 I/O 点和通过 PLC 程控判断的设备故障测点及操作事件和报警事件等，打印成表格，并自动保存一个月或更多的信息，已备查询。

（4）制表程序同时运行，并按生成的定义进行记录打印或存盘。

50 操作员站的应用程序及任务有哪些?

答：操作员站的主要应用程序有：通信程序、趋势收集程序、成组装载程序、命令行状态程序、语音报警程序、数据采集程序、历史数据处理程序和制表程序等。

操作员站的主要任务是：操作；数据采集；报警提示。

51 通信站的功能是什么?

答：可以双向通信，接收或发送外系统的实时数据，实现和远程计算机的数据交换。可以将远程外系统服务器中数据库的经济计算数据引入本系统，或及时将系统发出的信号送到远程系统执行。

52 输煤程控系统模拟图表中主要应有哪些内容?

答：输煤程控系统主要画面有：输煤系统图、模拟量成组指示、皮带报警指示、辅助设备报警指示、皮带程控保护记忆、辅助设备保护记忆、电流棒图、煤位棒图、远方就地切换图框、计算机系统配置图等。操作人员用鼠标点击主菜单图形的索引图，即可调出相应画面。

53 列举模拟图画面上动态颜色的定义内容有哪些?

答：输煤程控的模拟图画面动态颜色没有定型的统一规定，选用时一要注重色彩反差明显；二要注重习惯形象统一，以便能更直观地反映设备的状态，比如皮带、挡板及辅助设备的颜色选用如下：

静态停-青、蓝或灰（是图形所画原色）；

皮带等设备停电检修-绿色；

皮带等设备选中待命-红色；

皮带等设备预启-红色全闪；

空载运行-红色流水闪亮；

负荷运行（有煤流信号）-红色流水加快闪亮；

故障报警（如设备过负荷卡死、电源消失、皮带跑偏、打滑、拉绳、堵煤等)-黄色整条闪亮（解除报警后黄色不闪)；

犁煤器正在落下- 绿闪烁，到位后变红；

犁煤器正在抬起-红闪烁，到位后变绿；

程控画面的模拟图可以充分利用图形和字体颜色的变化来表示生产设备实际中各种各样的状态，这也是程控功能的优越所在。

54 输煤程控的控制方式有哪几种?

答：输煤系统设有自动（程控）、手动（单操）和就地三种控制方式。

（1）程序自动控制即顺序控制方式，是在上位机模拟图中的操作面板上进行的正常的运行方式。

（2）手动控制是在设备的手操器窗口图上进行操作，是电脑系统方式下的集中控制方式，通过 PLC 机实现联锁保护。较早的手动集中控制是通过集控台上的各开关按钮完成操作，由普通继电器等完成联锁保护功能。

（3）就地方式是在就地操作箱上操作，设备之间没有联锁关系，只做检修设备及试运行之用，不作为正常运行方式。在紧急情况下，可以打到就地操作，此时集控人员将对设备不能控制。

（4）现场的除尘器、除铁器等辅助设备就地启动盘上均有“联锁-非联锁”转换开关。正常运行时，此开关均应打到联锁位置。此时，除铁器和除尘器与相应皮带机联锁启、停。一般这些辅助设备的联锁可在现场直接与皮带主设备硬联锁，但这将不便于集控人员对其进行实时监控与操作。

55 输煤程控面板上应有哪些按键？操作后各有何反应？

答：输煤程控面板上应有的按键及操作后的变化为：

（1）预选设备。左击鼠标选中设备，颜色变红。

（2）预启开始。选择预启后，现场电铃鸣响，PLC 主机将所选流程中的挡板倒到位，尾仓犁煤器落下，其余犁煤器抬起。预启成功后，预启指示灯变红，表示可以启车。预启过程中执行对象可闪变颜色，已启的设备按流水线闪变。

（3）顺启开始。PLC 依所选流程按逆煤流方向逐台延时启动各皮带。

（4）顺启跳步。顺启过程中，可通过跳步，解决设备因故障而出现的死锁，跳过故障设备后程序方可继续执行。

（5）皮带顺停。PLC 依所选流程按煤流方向逐台延时停各皮带。

56 程控预启的任务是什么？

答：程控预启的任务是确认上煤流程方式、倒挡板、响电铃、检查各仓煤位并放下相应的犁煤器。点击“程控预启”键，则 PLC 根据所选流程执行以上任务，一切正常后，则“程控预起”的红色指示灯亮，表示程控预启成功。若程控预启指示灯不亮，则应检查所选流程是否有中断：如选 2 号、4 号皮带而没有选 3 号皮带，应补全流程。

57 什么是顺序配煤？

答：在无强配、低煤位的情况下，同等级别下各仓的优先级别为 1 号仓、2 号仓……的顺序。配煤过程：首先对第一个没有高煤位信号的仓配煤，直到该仓高煤位信号出现时，后一个无高煤位信号的犁煤器落下，60s（可调）后前犁抬起，给这个仓配煤，依次按顺序配完所有仓。在这过程中，若有低煤位的仓出现，配煤程序将跳到低煤仓配煤，消除低煤位后再按顺序往后配。若有仓为“强制配煤”则配煤将无条件转向强配仓配煤，时间没有限制，由操作员控制。若犁煤器有报警信号时，程序将自动不给报警仓落犁配煤。

58 什么是余煤配？

答：程序对所选方式的犁煤器原煤仓均在本次配煤时间内出现过高煤位，且无强配、低煤位后，停止煤源，将皮带上的余煤进行平均分配：每个犁煤器配煤 20s，依次向下进行。直到最后一个犁完成后，该段配煤自动结束。

59 什么是顺序停机?

答：在输煤皮带将各原煤仓配满煤后需要停止皮带运行，首先值班员要断定各皮带上没有煤后，方可按下顺序停止按钮或点击程控配煤系统图中的“顺序停止”键，给煤皮带或煤场皮带首先立即停止，10s（可调）后靠原煤仓方向的上一级皮带停止，以此类推，直到配煤间皮带停止，一次配煤完成。全自动顺序停机是所有仓满后自动发出停煤源指令，按顺煤流方向逐一延时自动停机。

60 什么是事故联锁停机?

答：在输煤皮带运行中，若某条皮带不论什么原因由运行状态转为停止状态，该皮带以下靠煤源方向的皮带将根据挡板的位置立即向下停止各皮带的运行。该皮带以上将不受影响，其他无关联的皮带也不受影响。在输煤程控系统的远程控制中，联锁停机能正常投入，打到机旁就地操作时，联停失效。

61 给煤量的自动调节是如何完成的?

答：自动调节给煤量是通过远程调节变频器的频率来改变给煤机的振动频率完成煤量调节的。可由集控值班员人工调整，也可以由 PLC 根据皮带电流或煤量完成给煤量的自动调节。

62 程控操作时如何选择设备流程?

答：以三通挡板为界分段选取所用皮带，方法是：当光标指向相应设备块时，光标将变为“手掌”形状，按鼠标左键就弹出操作窗口，点击“选择”按钮，则此设备被选中，相应设备块变红。点击“取消”则设备不被选择，相应设备块恢复原色。依次可选择所需要的上煤路线。

63 皮带响铃和紧停有何规定?

答：皮带启动响铃，包括 1 个总铃、各皮带头尾各有一个电铃，要求在皮带预启当中响铃持续 30s 或由操作人员用鼠标点击响铃，将通知现场人员，即将启动，同时响铃图标变红。

程控操作台上应设 2 个急停按钮，为防止误碰动作，只按一个急停无效，只有两个全部按下时，急停才有效。拍“急停”按钮后，现场所有运行的皮带将全部停止，但碎煤机不停止。要恢复设备运行必须先把急停按钮恢复，方法是反时针旋转按钮，则按钮弹起后设备可恢复操作。

64 程控启动前的检查项目有哪些?

答：程控启动前的检查项目有：

（1）所要投运的设备都必须具备启动条件，程控值班员应根据现场值班员的反映，确定能否进行启动操作。

（2）检查 PC 机上 CPU 的运行指示灯是否亮，如不亮应停止操作进行处理。

（3）程控台、单控台上所有的弱电按钮、强电按钮均应复位。

（4）将程控台上检修仓和备用仓的假想高煤位钮子开关置上位，对应高煤位信号灯亮，其余仓的煤仓煤位钮子开关均应置下位。

（5）将程控台上“程控—单控”切换开关全部打到“程控”位置。

（6）将给煤设备的调量旋钮调至零位。

（7）选择好程序运行方式（堆煤或取煤、上煤）。

65 程控启动运行皮带的步骤及内容包括哪些？

答：程控运行的操作步骤包括：预选顺序、预启开始、预启指示灯闪、预启成功，指示灯常亮、顺启运行或跳步、皮带联锁、皮带顺停等。为了保证安全操作，选择按钮后，均有窗口图弹出，来确认操作或取消操作。其详细内容如下：

（1）预选。首先启动皮带之前要对原煤仓上的犁煤器进行设置，对不需要配煤的原煤仓设置为“跳仓”（对应仓上的所有犁煤器强制抬起），对需要立即配煤的原煤仓设置为“强配”（对应仓上的犁煤器强制落下），对需要进行正常配煤的原煤仓“取消”以前的设置命令（即取消原有的“跳仓”或“强配”命令）。

（2）加上相应的皮带联锁。从流程组态中选设备流程，以三通挡板为界分段选取所用皮带，依次选择所需要的上煤路线。并列的两条皮带不能同时选中，设备在就地、检修和保护动作状态下不能选上。

（3）程控预启开始。选择预启后，PLC主机启动响铃，将所选流程中的挡板到位，尾仓犁煤器落下，其余犁煤器抬起。预启成功后，预启指示灯变红。指示预启成功可以启车，若程控预启指示灯不亮，则应检查所选流程是否有中断。

（4）程控顺启开始。点击“顺序启动”键，PLC依所选流程按逆煤流方向逐台延时启动各皮带。

（5）顺启运行或跳步。顺启过程中，程控采用按顺序配煤、低煤位优先配煤的方式运行，可通过跳步，解决设备不正常而出现的死锁现象。

（6）皮带顺停。PLC依所选流程按顺煤流方向逐台延时停各皮带。

66 皮带机联锁的注意事项有哪些？

答：皮带机联锁的原则是按所选择的流程，逆煤流方向延时逐台启动；顺煤流方向延时逐台停机。

在运行设备中，当任一设备发生事故跳闸时，立即联跳逆煤流方向的设备，碎煤机不跳闸；当全线紧急跳闸时，碎煤机也不停。当碎煤机跳闸时，立即联停靠煤源方向的皮带。

皮带发生重跑偏时，延时5s停运本皮带，并联跳逆煤流方向的设备，而碎煤机不停。

电动挡板和犁煤器启动到规定时间而机械设备未到位时，就会发报警信号。

67 集控单独软手操启动设备的操作内容和注意事项是什么？

答：设备软手操作是指在系统模拟图上单独进行设备的启停操作，是在设备的手操器窗口图上进行的。所有设备进行一对一操作，内容包括有：给煤机变频器、皮带、挡板、除尘器、除铁器、碎煤机、犁煤器、喷淋装置等。

（1）集控单独软手操启动设备前，首先应进一步确认运行方式，倒顺挡板并确认各挡板的位置信号与实际位置是否相符，确认犁煤器应无报警（主要是无过负荷信号）；无就地、检修标记；无控制电源消失标记；无拉绳、过负荷标记；各原煤仓无检修标记。一切正常，方可启动。

（2）所有皮带在发出单操“启动”命令前必须响铃30s以上。

（3）根据所选的运行方式启动碎煤机，选中确认后点击碎煤机启动运行。

（4）启动配煤皮带，并按逆煤流方向依次启动各输煤皮带。

（5）每次启动皮带前必须等上一皮带电流正常后方可启动。

（6）等皮带全部运转起来后，通知煤源上煤。

（7）根据煤仓煤位对各原煤仓上犁煤器进行抬落操作。

68 现场设备转换开关的位置有何要求？

答：正常情况下，现场所有皮带的程控转换开关均应打到“程控”位，“就地”位只作为检修调试设备或紧急情况下应急使用，不作为运行方式。现场转换开关打到“就地”位置时，所有计算机操作无效，设备失去联锁。

现场的除尘器、除铁器就地启动盘上均有“联锁—非联锁”转换开关，正常运行时，此开关均应打到联锁位置。此时，除铁器与相应皮带联锁启、停；除尘器与下一条相应皮带联锁，因为除尘器主要是处理下一级皮带机输煤槽内的粉尘。

69 如何将数据调用到实时曲线图中？

答：为了更直观地监视设备的电流和其他实时数据，可用实时曲线来显示多台设备的情况。调用数据的方式有三种：

（1）直接写点定义名称（英文名称）。

（2）从有活参数的系统图或模拟图拖拽。

（3）定义成组从画面直接调出。

周期选择可有四种：采样12s显示60min趋势、采样6s显示30min趋势、采样2s显示10min趋势及采样1s显示5min趋势，同一画面可用不同的颜色显示多条曲线。

70 如何查调设备的历史运行曲线？

答：历史曲线可以选择一个月内的工程值。调用数据的方式首先应选择起始时间，曲线时间长度，然后可用三种方法调用点名：直接写点定义名称（英文名称）；从有活参数的系统图或模拟图拖拽；定义成组从画面直接调出。最后按“刷新”按钮，调出历史曲线。操作人员用鼠标在曲线上移动时间光轴，可以看到某一时刻的工程值，还可以通过“上时刻”“下时刻”改变时间坐标，观看更长的历史曲线。也可以打印历史曲线。

71 主要工程测点包括哪些种类？如何调用？

答：工程测点主要记录有模拟量、开关量、传感器坏、退出扫描、人工输入、停止报警、通信超时测点、硬件地址、采样值、工程值、状态值、中文描述等。

可采用直接写点定义名称（英文名称）或从有活参数的系统图或模拟图中拖拽的方法调用相应的点记录。还可以选择开始点序号、站号、特征字筛选测点。

72 程控系统挡板报警的原因有哪些？

答：程控系统挡板报警的可能原因有：

（1）挡板操作控制电源消失。

（2）挡板电动机过负荷动作。

（3）挡板甲或乙侧有堵煤信号。

（4）挡板停电。

73 程控系统犁煤器报警的原因有哪些？

答：犁煤器报警的可能原因有：

（1）犁煤器操作控制电源消失。

（2）犁煤器过负荷动作。

（3）犁煤器停电。

74 程控计算机系统断电或死机时有何应急措施？

答：程控系统的 PLC 一般最少有两套电源，一套运行，一套备用。突然断电或非正常关机，多数情况下开机后仍可正常工作；如遇微机工作当中因任务太多而发生冲突死机，可按微机面板上的“RESET”键重启计算机，一般均可解决。

75 程控操作系统开机和关机步骤是什么？

答：首先，合上集控室 PLC 柜后标有“操作员站”和“工程师站”的空气开关，再开启所用的微机电源和显示器电源，微机自动进入操作员方式画面。

操作员站的正常关机方式与普通计算机相同，从“开始”菜单中调出“关闭系统”，按提示进行。

第五节　输煤现场工业电视监视系统

1 工业电视监视系统主要由哪些部件组成？

答：较先进的工业电视系统采用光纤复合传输、多媒体操作、网络监视，矩阵中心控制，煤场及各皮带机重要部位可远控监视。系统部件主要有：摄像头（带防护罩）；电动云台；解码器；矩阵切换器；微机主控机；微机分控机（光控柜）等。

2 工业电视系统可实现哪些功能？

答：工业电视系统可实现的功能有：

（1）多路现场画面可在电视墙多个监视器上随意切换显示。

（2）可以控制当前摄像机的云台方向、光圈大小、焦距远近、放大倍数等；可以进行采集卡亮度、对比度、色调的调整。

（3）成组同步切换。成组同步切换可将多台摄像机同时切换到多台监视器上自动轮换巡视。

（4）在控制室操作员进行远程实时监控，实现整个输煤监控系统的调动、指挥功能。可与PLC上位工控机联网，实现电视墙成组自动切换、“手动”跟踪切换、报警显示。故障状态下，故障设备画面可自动弹出，手动取消。

（5）系统硬盘录像功能。对主监视器上的多路画面进行实时录像，对录像画面可以每小时生成一个文件，可以连续录像长达48h或更多，生成的录像文件可按时间顺序滚动删除。对录像记录有回放功能。根据编程自动清除前两天的录像记录，故障报警信号到来时，录像将记录故障报警画面的内容，中断实时监控的画面记录。故障报警信号消除后，继续记录实时监控的画面。

（6）画面分割功能。画面显示有单画面监视，画中画监视，四画面监视，九画面监视，十六画面监视等多种，按动各按键后，主监视器上图像监视窗口按上述模式组合显示所有的摄像机图像。如果用户需要变化画面的组合次序，只要在图像监视器中在要更换的位置点击一下后，再进行视频切换或云台控制，图像监视窗口的图像就会按照用户的意愿任意组合显示。主监视画面分成多个独立的小画面，可同时分别显示多个现场的运作情况，且分割画面独立可操作，主画面可与多画面同时显示，所有的监视器都有时间和名称的显示。

（7）电子地图和设备列表主选功能。电子地图控制页以电子地图的方式将所有的设备显示在地图上，值班员可以根据设备的安装位置形象地操作设备。设备列表将所有的设备以列表的方式显示出来，值班员可方便地根据分类操作设备。人工可根据需要选择摄像机、指定显示器。

（8）音视频切换和系统统一控制功能。系统可控制64路音视频输入信号，16路的音视频输出信号。系统工作状态配备数码显示及屏幕状态显示，能通过终端解码控制器控制多种前端设备，包括云台、镜头、各种报警探头等。有报警联动，自动、手动录像机控制功能。

3 什么是微机主控机？什么是微机分控机？

答：微机主控机是工业电视系统的核心。可同时显示多个摄像头的内容，并对各画面进行调焦、变倍、调光圈操作及自动回转操作等。

微机分控机与工业电视主控机的功能相同，只不过是根据工作需要设置在其他办公室。

4 输煤系统的监控点主要有哪些？

答：输煤系统监控点主要有：各皮带机头部、各皮带机尾部、各原煤仓上犁煤器配煤点、各煤场斗轮机设施及翻车线等。

5 简述用控制器进行视频切换的操作过程。

答：将某摄像机的画面显示到某一监视器上的操作方法是：按数字键（监视器号）-“MON”-数字键（摄像机号）-“CAM”。

6 工业电视系统成组切换是如何用控制器调用的？

答：成组同步切换是指将系统已编好的成组摄像点一组一组地同步轮换显示，以实现对现场自动巡视的目的。成组同步切换的调用方法是：

操作：按数字键（同组切换组号）-“SALVO”-“ENTER”。

退出成组同步切换即退出运行的成组同步切换。

操作：按0-“SALVO”-“ENTER”。

成组同步切换的自动运行方法的操作步骤是：按“SALVO”-“RUN”。

退出自动成组同步切换是指已运行的成组同步切换退出。其操作是：按“0”-“SALVO”-“RUN”。

7 工业电视系统如何用控制器控制云台？

答：主机通过解码器控制云台上、下、左、右的运行，当主机要控制云台向“上”，必须选择云台控制解码器的地址（摄像机号）。

操作：数字（摄像机号）-“CAM”-摇杆“上”。

自动扫描：主机通过解码器控制带自动旋转功能的云台。

操作：按数字（摄像机）-“CAM”-“AUTO”-“ON”。

停止自动扫描：停止某一云台的自动扫描。

操作：数字（摄像机号）-“CAM”-“AUTO”-“OFF”。

8 工业电视系统如何用控制器控制镜头？

答：工业电视系统用控制器控制镜头的方法为：

（1）光圈。主机通过解码器控制摄像机的变焦镜头光圈的打开（OPEN）、关闭（CLOSE）来调整摄像机的进光量。

操作：按数字（摄像机号）-“CAM”-“OPEN”或“CLOSE”。

（2）焦距。主机通过解码器控制摄像机的变焦镜头焦距的长（TELE）、短（WIDE）来调整摄像机的画面，使模糊不清、焦距不好的画面，调整为焦距良好清晰的画面。

操作：数字（摄像机号）-“CAM”-“WIDE”或“TELE”。

（3）变焦。主机通过解码器控制摄像机的变焦镜头变倍远（FAR）、近（NEAR）来调整摄像机画面的全景或特写。

操作：按数字（摄像机号）-“CAM”-“FAR”或“NEAR”。

9 工业电视系统主控机上的电子地图是如何控制的？

答：地图窗口的组成有：电子地图控制页和设备列表控制页。

电子地图控制页以电子地图的方式将所有的设备显示在地图上，包括设备的工作状态，可以根据设备的安装位置，形象地操作设备。

设备列表将所有的设备以列表的方式显示出来，可以方便地在列表中分类操作设备。

在地图页可以使用垂直滚动条或水平滚动条将需要显示的部分滚动到窗口的中间。当将鼠标指向某一可操作部分，鼠标的形状将变成“手”的形状。点击可操作部分，则设备被选中。摄像机被选中后，图像监视窗口将显示本摄像机的画面。可控制设备被选中后，操作控制栏将显示当前设备的开关状态，可以通过控制栏按钮完成对设备的开关操作。地图转换控制位置被选中后，将当前地图切换到当前位置对应的另一张地图中去。

在列表页选择各个项目的时候，系统分别显示本地区下所有的项目，操作员可根据需要选择摄像机名称。

10 用主控机切换画面的操作方法是什么？

答：将工业电视主控机送上电之后，系统开机，会弹出用户身份确认界面，操作员需输入用户名和密码，按确认键，则进入操作员监视界面。

将某一摄像头画面切换到主机上的操作是：用数字键在通道号（CH）处键入“00”后回车，在列表上选择要观察的设备部位并点击左键，则要观察的设备部位显示在主机上。例如要将5号皮带机头部的摄像画面切换到12监视器上，则用数字键在CH处键入“12”后回车，用鼠标左键点击列表上的5号皮带机头部，则5号皮带机头部摄像头被切换到12监视器上。

第七章

燃料环境综合治理

第一节　防尘抑尘措施

1　粉尘的特性有哪些？

答：粉尘的特性有：

（1）成分。粉尘的成分与产生粉尘的物料成分基本相似，但各种成分的含量并非完全相同。一般是物料中轻质易碎的成分散出来要多些，质重难碎的成分散出来的要少些，但相差不大。

（2）粉尘的形状和粒度。粉尘的大小和形状及粉尘的物理化学活泼性，对人体的危害影响很大。其中粒度0.5～5μm的粉尘对人体的危害最大。尘粒的形状与粉尘本身的结构组成、产生的原因有关。例如，由于物料破碎而生成的粉尘多有棱角，在各转运点由于落差等原因产生的粉尘多为片状和条状。

（3）粉尘的润湿性。粉尘粒子能否被液体润湿和被润湿的难易性称为粉尘的润湿性。它取决于粉尘的成分、粒度、生成条件、温度等因素。悬浮在空气中粒度小于5μm的尘粒，很难被水润湿或与水滴凝聚。因为微小尘粒与水滴在空气中均存在环绕气膜现象，尘粒与水滴在空气中必须冲破环绕气膜才能接触凝聚。为了冲破环绕气膜，尘粒与水滴须有足够的相对速度。

（4）粉尘的爆炸性。悬浮于空气中的煤尘属于可燃粉尘。当其浓度达到一定范围时，在外界的高温火源等作用下，能引起爆炸。因此，煤尘是具有爆炸危险性的粉尘。煤尘只有在一定的浓度范围才能发生爆炸。一般煤尘的爆炸下限为114g/m^3，挥发分大于25%的煤粉，爆炸下限可达35g/m^3。粉尘的爆炸性不仅与其浓度有关，同时与粉尘的粒度和湿度等也有关系。

2　粉尘对人体产生危害的机理是什么？

答：燃煤电厂输煤皮带转运点粉尘外逸，不断排向室内，使室内“飘尘”严重超标。粉尘越细在空气中停留时间越长，被人们吸入的机会就越多，小于5μm的粉尘就叫“吸入性粉尘”。因其表面积（平方米）大，表面活性强，极易吸附二氧化硫等有害气体或金属离子，这些粉尘对人身危害极大；大于10μm的粉尘，几乎全部被鼻腔内的鼻毛、黏液所截留；5～10μm的尘，绝大部分也能被鼻腔、喉头、气管、支气管等呼吸道的纤毛、分泌黏液所截留，这部分粉尘会由咳嗽、打喷嚏等保护性条件反射而排出体外；最终 0.5～5μm 的粉尘，容易穿透肺叶，深入肺泡中，黏附在肺叶上使人患职业病。除 0.4μm 左右的一部分能在呼气时排出之外，绝大部分都滞留在肺泡中，形成纤维组织，导致呼吸机能障碍等各种疾病，硅肺就是其中之一，还能引起消化系统、皮肤、眼睛以及神经系统的疾病。

3 输煤系统防尘抑尘的技术措施主要有哪些?

答：从经济实用性来讲，输煤系统煤尘综合治理应贯彻以抑尘为主和七分防三分治的方针。由于输煤系统多数是转动设备，扬尘点十分分散，因此给煤尘治理工作增加了难度，但如果措施得当，效果是比较明显的。主要防尘措施如下：

（1）应用格栅式导流挡板。煤的冲击部位（如头部的落料点及尾部煤管内的折转处冲击点）安装导流挡板，可以减小诱导气流，降低噪声。由于格栅内经常充满着煤，煤在冲击该部位时产生了煤磨煤的现象，缓冲了煤流速度，也从根本上解决了这个部分的磨损问题。格栅可以用 50mm 的扁钢制成 100mm×100mm 的方格，但在布置时应考虑倾斜角度的调整，避免发生堵塞现象。

（2）为了保证落煤管系统的密封性能，应安装可靠灵活的锁气器，落差不高的落煤管入口处也应加挡尘帘（可垂直吊在管内倾斜段）。为了防止漏泄和堵塞造成尾部滚筒卷煤扬尘，落煤管的角度应尽量垂直和加大落煤管的直径。

（3）采用新型的多功能导煤槽。输煤系统在运行中，在落煤管内所产生的正压气流，会从导煤槽出口排出。当导煤槽密封不严或皮带出现跑偏时，都会造成大量的煤尘飞扬和外逸。多功能导煤槽具有料流聚中，密封性能好和防尘、降压的功能，而且大大减小了维护工作，基本上消除了因料流不正造成的皮带跑偏撒煤现象。

（4）煤干时在皮带机头部转向托辊下部向皮带表面喷水，可有效地防止回程皮带表面粉尘的飞扬。安全自调型皮带清扫器不会伤及皮带、摩擦系数低、清煤净。

（5）利用犁煤器的锁气器挡板。煤下落到原煤斗时产生较大量的含尘气流外溢是煤仓层的主要尘点之一。解决办法是在犁煤器落料斗的下方安装导流挡板。导流挡板的作用有：一是将降低煤流的下落速度并将煤流导向煤斗的侧壁；二是用导流挡板把冲出煤斗的含尘气流尽量避免从落料斗冒出；三是用弯型煤斗加装耐磨吊皮，既密封，又可减小维护量；四是在犁煤器上方加装吸尘罩集中吸尘。

（6）密闭式带式输送机。密闭式带式输送机能有效地防止撒煤和煤尘飞扬问题。该机实现全封闭，对在煤尘飞扬较大的部位（如煤仓层）可以加以改进后选用。

（7）为了防止尾部滚筒卷煤扬尘，应首先保证空段清扫器有效。可在滚筒表面抛料的位置斜装一个“人”形排料板，也可以少量喷水。

（8）煤源喷水加湿，使水分达到 4%～8%，扬尘会明显减少。

4 输煤系统防止煤尘二次飞扬的措施有哪些?

答：清除输煤系统地面的撒煤和设备表面上的煤尘，是十分辛苦的劳动。当前清扫的方式主要有两种：一种是湿式清扫法，即水力冲洗；另一种是干式清扫，即真空吸尘。从这两种清扫方式的应用效果来看，水冲洗清扫方式已为各电厂更多地采用。有不少电厂在煤仓层也成功地采用了水冲洗措施。而干式清扫正处于兴起阶段，它与水力清扫相比，主机设备初投资略高，管路系统设计、施工安装的要求较高，尤其是对那些不宜水冲洗的部位有着不可替代的作用。从使用情况看，干式清扫所花费的时间较水力清扫长，然而对于缺水地区或对污水排放要求严格的地区来说，仍然是一种可取的措施。目前正在使用的水冲洗系统和设备十分简单，主要是有水源管道和用人工拖动的胶管，有的在胶管上装设了带开关的喷枪。正常一个人清扫一个输煤提升段（长 100m，宽 5m 左右的面积）一般都在 1～2h。

为提高水冲洗的效率，在转运站、栈桥内、皮带机下面及其他经常需要水冲洗的部位，安装固定式喷头并实行分段顺序控制，对提高水冲洗的效率是有益的。比如在每个输煤段的水冲洗水源母管上，从皮带机头部到尾部分别引出几条支管，在支管上安装电动门和布置喷头。电动门受安装在皮带机头部的控制箱控制。当水冲洗开始时，控制箱内的 PLC 开始工作，首先打开头部支管的电动门，布置在该支管上的喷头开始喷水冲洗，冲洗一段时间后（时间可调），头部支管关闭，第二条支管的电动门打开，当第二条支管上的喷头冲洗 2min 后，第二条支管的电动门关闭，第三个支管的电动门打开……，一直到尾部支管的喷头冲洗结束为止。一般提升输煤段（约长 100m，宽 6m）在 10min 内可以冲洗完。个别部分还需人工配合。

5 输煤现场喷水除尘的布置使用要求有哪些？

答：喷水除尘与加湿物料抑尘意义不同，喷水主要以水雾封尘为目的，每个尘源点加水量一般不大，以能消除该处粉尘为主，设计时靠近煤源点的皮带多装喷水头，靠近原煤仓的尘源点可少装喷头，使用时要合理投运，以免造成燃煤含水量太高。喷头用水不应含有 1.5mm 以上的固体颗粒。一个出口直径为 4mm 的 3/4 英寸喷头，额定水压是 0.25MPa，流量是 0.1～0.5m^3/h，每个尘源点安装的喷头数量推荐，见表 7-1。

表 7-1　　煤场喷头安装数量推荐表

一条皮带机	一套翻车机	螺旋卸车机	叶轮给煤机	概率筛	碎煤机	悬臂斗轮	门式斗轮
头部煤斗 1～3 个， 尾槽内 5～12 个	50～70 个	40～50 个	10～18 个	3～5 个	10～20 个	15～20 个	40～60 个

喷头应与防尘罩配套使用，罩壳可以根据现场情况制作，以防外溅。喷头安装前，必须先通水把管路中的杂质冲干净，长期停运也应拆下喷头冲管。连续使用每三个月拆下喷头清洗一次。喷头应与电磁阀配套使用，以实现自动控制。

6 配煤皮带及原煤仓除尘与防尘的特点有哪些？

答：配煤间主要扬尘点是导煤槽的出口、尾部滚筒、犁煤器下料时从原煤斗内溢出的煤尘。导煤槽的出口可安装除尘装置；尾部滚筒可加装空段清扫器和滚筒清煤板；犁煤器的落料点在斗的下方可安装导流挡板把煤流引导到侧面，以减少诱导气流。一般每个原煤仓有 4 台犁煤器（共 8 个落料口），煤太干时 1 台犁上煤会从其他料口外溢煤粉，一般每个原煤仓配置一台除尘器与犁煤器连动，当该仓有犁煤器落下，皮带运转上煤时，相应的除尘器启动，甲乙皮带两侧各设置一个吸风口。

锁气斗用于原煤仓与犁煤器配合使用，使煤仓落煤口无煤时自动封闭，防止同仓的其他犁煤器上煤时煤粉外溢。工作时将犁煤器连续卸下的煤由锁气挡板截住，当煤重达到一定值克服重锤块的压力时，压开锁气挡板将煤卸到煤斗里，无煤时挡板自封，避免煤斗内大量煤粉溢出。但由于现场水冲地面极易使锁气斗的轴承锈死，其维护工作量较大。实际应用中应考虑将落料斗的前后立板改成弯形，然后在转折处加一吊皮挡尘帘封住料口，在保证密封效果的同时，大大减少了基建投资和日常维护工作量。

7 简述落煤管和导煤槽的防尘结构。

答：输煤皮带落煤点产生的煤尘，首先被封闭在弧形导煤槽内，然后再在煤尘速度较小的地方设置吸尘罩。为降低落煤点产生的诱导风压，在导煤槽上可设置循环风管，把导煤槽中风压最大的地方与落煤管中空气最稀薄的地方连接起来，循环风管的截面积根据输煤量估算，每 100 t/h 输煤量取 0.05m^2 截面积。另外，在导煤槽出口加双层装挡帘、改用迷宫式导煤槽皮子、在落煤管出口处加装缓冲锁气器或在倾斜落煤段加装吊皮帘等结构，都可以加强皮带机尾部落煤点的密封性，使导煤槽少冒粉尘 20%～30%，吸尘风量可减小 50%。极大地提高除尘器的使用效果。

8 翻车机投停喷淋水的要求有哪些?

答：翻车机卸煤时，根据煤的干湿情况确定是否投运喷淋水系统。当需要喷淋时，打开相应喷淋水系统的总门，电磁阀将自动打开，进行喷淋。喷淋水系统旁路门处于常关闭状态。翻车结束，电磁阀自动关闭。当喷淋系统电磁阀故障时，打开相应喷淋水系统总门及喷淋系统的旁路门进行喷淋。翻车结束，关闭喷淋水总门和旁路门。

9 煤场洒水器的使用性能与注意事项有哪些?

答：煤场洒水器的零配件采用铝合金、不锈钢、铜等材质制成，使用可靠、寿命长，利用自身水压进行自动换向回转，转速稳定、抗震、抗风性能好、洒水雾化效果好。常用洒水器的主要技术参数，见表 7-2。

表 7-2 煤场常用洒水器的主要技术参数表

项　目	数　据
工作压力（kg/cm^3）	5～6
喷嘴直径（mm）	21
喷水量（t/h）	36
射程半径（m）	50
射程侧角（°）	45
120°回转时间	58
旋转角度（可调）（°）	0～360
洒水状况（连续）	雾状
管头连接直径	80mm
水管法兰连接（标准法兰）（配 80/mm 阀门）	法兰外径 195/mm 中心距 160/mm（18/mm×4 孔）

煤场洒水器的安装使用注意事项有：

（1）洒水器安装前应先将管道冲洗干净，不得先安装，后打压试水。否则会造成不必要的返工。

(2) 洒水器拧入管道接头时严禁利用枪筒拧紧。使用管钳拧紧洒水器时注意不要损坏定位环。安装后各注油嘴处注入润滑油。

(3) 供水压力约 $5kg/cm^2$，低于 $3kg/cm^2$时，回转速度缓慢且洒水距离短。洒水器旋转速度取决于水轮或摆杆上承受水压流量的大小，当水压为 $5kg/cm^2$时转速为 3min 转一周，借助于手柄改变水轮或摆杆的偏转角度，可改变喷头旋转速度。

(4) 改变两定位环上定位杆之间的夹角，可改变洒水器旋转范围，调整好之后拧紧螺栓，固定定位环，可完成旋转角度调整。

(5) 水滴大小及喷射距离调节方法是将喷嘴端部的螺钉（射流销）拧入，则洒水距离短，水滴细小；反之，拧出螺钉，则洒水距离远，水滴大，特别是在煤场洒水时，风大采用大水滴喷洒效果好，调整好之后防松螺母将螺钉固定住。

(6) 洒水操作时，阀的开启应缓慢。

(7) 入冬前煤场停止喷水，应用防尘尼龙布将洒水器包扎好并放尽余水。

10 煤场喷水作业投停喷淋水的要求有哪些?

答：首先根据季节和天气情况确定煤场喷水作业，当煤场存煤比较干燥，表面水分低于4%时，开启喷水系统来水总门，然后依次打开高压喷枪阀门对煤场存煤喷洒湿润。每次洒水要均匀，注意防止局部聚水使煤泥自流。水分大于 8%时，禁止洒水加湿。

因煤干燥使斗轮机取煤扬尘太大时，应开启斗轮机机头的喷水系统（斗轮机上可设置一个大水箱定点加水，运行时由自用泵喷洒；也可用水缆供水）。效果不大时可由地面水管装上快速接头消防带喷枪，开启阀门，向扬尘处喷洒，加大水量能有效防止扬尘。当汽车卸煤或斗轮堆煤时，如煤太干，可用此法对卸料点人工拌水。涸雨季节每天应将煤场及外围喷洒2～3 遍。

冬季停运前，要将水源总门关闭，各段余水放尽，阀门及喷头包好。

11 喷水抑尘和加湿物料抑尘的意义有何不同?

答：来煤的含水量对粉尘的大小有决定性的作用，水分大于 8%时粉尘不大，须停止喷水，否则容易堵煤；水分在 4%～8%时，一般除尘效果很明显；水分低于 4%时粉尘较大，不好控制，需要从煤源点开始进行喷水和加湿控制。喷水除尘与加湿物料抑尘意义不同，加湿物料对于干煤可在煤场和靠近煤源的皮带上大量喷水，使煤水混合达到一定的湿度；喷水除尘的意义偏重于在输煤槽出口或头部落料口等尘源点喷成水雾封堵粉尘外溢。喷水除尘的原理是利用喷头产生水雾，将尘源封闭。水雾与煤尘高速、反复碰撞，将其捕集，并一起黏附于原煤表面，同时起到了加湿原煤的作用。使其表面张力增大，从而控制了下一道工序的粉尘量。

12 输煤现场湿式抑尘法的主要技术措施有哪些?

答：煤在转运过程中的起尘量大小，受煤的含水量大小影响。喷水加湿可使尘粒黏结，增大粒径及质量，进而增加沉降速度，或黏附在大块煤上，减小煤尘飞扬。当煤的水分达到8%以上时，一般可以不装除尘装置。因此，在翻车机、卸煤机、卸船机、贮煤场、斗轮机、叶轮给煤机、皮带机头部等煤源皮带机上，重点采用湿式抑尘法。喷头投入量的多少，也就是加水的多少，可根据煤的含水量和上煤量的大小自动调整。在扬尘点布置的常规喷雾装置，只能抑制部分煤尘。为了提高抑尘效率，减少用水量，目前有两种新技术可行：一种是超音芯喷嘴（干雾装置）和雾化系统，耗水量仅为常规的十分之一，除尘效率可以达到90%。二是磁化水喷雾装置。它是把水经过磁化处理后，由于磁场作用，使聚合大分子团的H_2O变成单散的H_2O，表面积增大，煤尘的亲水性能提高，提高了除尘效率，减少了用水。以上两种方式的喷雾装置可以布置在头部和导煤槽的出口。其水雾可覆盖全部扬尘面，基本上可以解决这些部位的扬尘问题。

13 自动水喷淋除尘系统的控制种类和原理是什么?

答：在皮带机头尾部的喷头有以下几种自动喷淋方式：

（1）与煤流信号联锁，有煤时喷水，无煤时延时数秒停水，煤流装置和喷头不能离得太远，最好在5m以内，否则应加装延时投停功能。

（2）用带压式水门直接控制喷水管路的开闭，有煤时皮带压紧转轮，靠旋转力打开水门。

（3）用粉尘测试仪实时测试尘源点的粉尘浓度，现场粉尘超过5～8mg/m^{3}时，通过电脑控制系统开启相应的喷头电磁阀，这就实现了粉尘浓度的在线监测与控制，甚至可以根据现场粉尘浓度的大小，决定打开系统中的几个位置的电磁阀喷水除尘。避免了手动控制时有无煤全皮带喷水，以及常规自动控制时干湿煤都喷水等的种种弊端，节约了用水，减少了蓬煤、堵煤现象。

（4）用红外线光电管安装在皮带头部监测煤流，可通过控制器后控制相应的喷头电磁阀。

14 粉尘快速测试仪的工作原理是什么?

答：“粉尘快速测试仪”是利用激光作为测量光源，采用先进的微电脑控制和数据处理技术，对作业环境同时进行粉尘浓度和分散度的快速测定。能与计算机系统共同配合对现场进行粉尘在线监测并控制。

15 恒压供水系统的工作特点是什么?

答：恒压供水系统采用PLC控制技术，通过压力传感器将管网出口的水压信号反馈到可编程序控制器，经控制器运算处理后，控制变频器输出频率，调节电动机转速，使系统管网压力保持恒定，以适应用水量的变化。同时对系统具有欠压、过压、过流、短路、失速、缺相等保护功能和自诊断功能。避免了启动电流对电网的冲击，节能可达30%～50%。

以两台水泵为例，运行情况如下：开始时系统用水量不多，只有1号泵在运行，用水量增加时，变频器频率增加，1号泵电动机转速增加，当频率增加到50Hz最高转速运行时，如果还满足不了用水量的需要，这时在控制器的作用下，1号泵电动机从变频器电源切换到工频电源，而变频器启动2号泵电动机。在这之后若用水量减少，变频器频率下降，若降到设定的下限频率时，即表明一台水泵就可以满足要求，此时在控制器的作用下，1号泵工频电动机停机。当用水量又增加，变频器频率增加到50Hz时，2号泵又按以上方式与1号泵协同作用，如此循环往复，使出口恒压运行。系统供水压力调节范围从零至泵组最大工作压力连续可调，适用于输煤生产集中时间冲洗和喷水的场合。

16 水雾自动除尘系统的工作原理和特点是什么？

答：水雾自动除尘系统是集自动监测、自动控制、雾化等技术于一体的智能化控制系统，主要由粉尘自动监测仪、煤流传感器、可编程序控制器（PLC）、执行装置、雾化装置等部分组成。

在某个现场粉尘自动监测仪监测到粉尘超标时，在确实获取煤流信号的情况下，打开该段现场尘源点的自动喷雾装置开始抑尘。系统运用“恒压供水系统”，可以根据输煤系统的工作情况自动控制水的雾化除尘工作时间，既减少了原煤中的含水量，又达到节约用水的目的，同时也减轻了操作人员的工作量。

该系统能与上位机等设备进行通信，从上层监控网络及时获取现场的设备信息，提高自动控制过程的可视性和直观性，实现全局的数据管理。系统还设有手动装置，可满足就地启动、检修等特殊需要。

17 先导式电磁水阀的结构特点是什么？

答：先导式电磁水阀将先导阀、手动阀和节流阀组合于一体，先导阀接受电信号后带动主阀动作，主阀动作时间可调，磨损后也可通过调整进行补偿。这种电磁阀主要优点是开关时不产生水锤，动作可靠，阀体上有手动装置，不需增设旁通管路。该阀可平装、立装或斜装，是喷水除尘自动控制的执行器。

18 输煤系统投停喷淋水的要求有哪些？

答：根据煤的干湿情况确定是否投运喷淋水系统。自动喷水系统可利用煤流信号（带压轮水门或自动粉尘监测仪等）开关与皮带联动。

当需要喷淋时，打开皮带喷淋水系统的总门，随着煤流信号的动作，电磁阀打开，进行自动喷淋。上煤结束时，电磁阀自动关闭，喷淋停止。喷淋系统旁路门应处于常关闭状态，当喷淋系统电磁阀故障自动失灵时可以手动投停，打开喷淋水系统总门及旁路门，进行人工操作喷淋，上煤结束时，关闭旁路门，停止喷淋。

19 输煤排污系统有何要求？

答：输煤系统产生的煤尘散落在输煤走廊及转运栈桥等处的设备、地板、墙壁上，每班需要清扫。大多数的电厂均采用水冲洗，这种方法既能得到较好的清扫效果，又能减轻值班人员的劳动强度。因污水中含有大量的煤泥和煤渣块，所以各处的排污净化设施应注意以下要求：

（1）被冲洗的地面必须有不小于1∶100的坡度，以便及时排水，减少地面余积和二次清扫工作量。

（2）各个排水地漏管的入口必须有完好合格箅子，筛箅开孔不得大于8mm，以防大量煤泥落入后堵管堵泵。

（3）各处排水管都应倾斜布置，斜度不得小于5∶1000，尽量少用水平走向，以防沉积煤泥堵管。

(4) 各段集水坑的污水用离心渣浆泵排到输煤综合泵房沉煤池，沉煤池可用磁化污水、机械净化或加药净化等方法加速煤泥的沉淀与脱水，并可使污水二次利用。沉煤池应设置三个，有两个池轮换沉淀净化，一个池作为净化后的贮水池。

(5) 污水泵的选型及泵坑沉煤池的容积和结构，应适合现状。当沉煤池内水位达到高水位时，应及时自动或手动启动渣浆泵，完成污水处理或循环利用。室外管道及设备应有冬天防冻裂措施，要定期清挖沉淀池内的煤泥。

20 离心式排水泵的工作过程是什么？常用的有哪几种？

答：离心式排水泵工作时泵壳中充满水，当叶轮转动时，液体在叶轮的作用下，做高速旋转运动。因受离心力的作用，使内腔外缘处的液体压力上升，利用此压力将水压向出水管。与此同时，叶轮中心位置液体的压力降低，形成真空，在大气压的作用下使坑水迅速自然流入填补，这样离心水泵就源源不断地将水吸入并压出。底阀严密与否是排污泵能否正常投入运行的关键。

输煤系统常用的离心泥浆泵有立式和卧式两种，其中立式泥浆泵是高杆泵，其电动机在水面以上，泵体在水中，工作可靠，适应性强，扬尘高，故障少。

21 泥浆泵适用于什么范围？其使用要点有哪些？

答：泥浆泵一般适用于泥砂质量比小于50%的混浊液体。

泥浆泵使用时的注意事项为：

(1) 因其所输送的介质含有泥砂，对机件的磨损较大，所以在泵壳内装有防磨护板，叶轮选用优质耐磨材料制成，并且将易损件加厚。

(2) 现场使用泥浆泵时，为了减小泵的磨损，避免较大的煤块和杂物以及过多的煤粒进入泵中，在集水坑污水进口处一般都装有箅子，以便污水通过箅子时滤去大块的煤和杂物，只有部分颗粒沉入池底，池内较浑浊的水用泥浆泵排出。

22 污水泵常见的异常现象及原因有哪些？

答：污水泵常见的异常现象及原因有：

(1) 启动后不排水。原因有：水泵转向不对、吸水管道漏气、泵内有空气、进水口堵塞、排水门未开或故障卡死、排水管道堵死、叶轮脱落或损坏等。

(2) 异常振动。原因有：轴弯曲或叶轮严重磨损、转动部分零件松动或损坏、轴承故障、地脚螺栓松动等。

23 污水泵及喷水除尘装置的检查内容与要求有哪些？

答：污水泵及喷水除尘装置的检查内容与要求有：

(1) 污水泵泵体应不倾斜，基础螺栓及结合螺栓应紧固无松动。运行中轴承温度不应大于75℃。

(2) 如污水泵开启后不吸水，应检查泵管入口处有无杂物堵塞并清理。

(3) 各种水泵启动后应无摩擦声或其他不正常声音，抽水应正常。

(4) 电动机引线及电缆线无破损，无接触不良现象。

(5) 下雨天或煤较湿时，应关闭皮带喷水装置阀门。

（6）水管接头部位有水泄漏时应随时紧固处理。

24 输煤自动排污控制系统的使用与维护要求有哪些？

答：输煤系统中现场水冲洗后的污水和煤泥，集中在沉淀池中进行回收再利用，应该实现自动排污控制，其一次传感器应实用可靠，控制部分设有定时继电器，设定了准确的排污时间。当泵池中的液位达到检测高度时，传感器探头电极中有微弱电流通过，控制电路驱动继电器吸合，排污泵启动，排污开始。液位低于检测高度时，电动机断电，排污结束。如因堵泵出水停止水位不降时，应根据设定的时间停泵。

要求控制箱安装在水泵附近墙壁上容易操作的部位，探头固定在泵池顶部，不影响其他操作，不允许电极碰触其他导电部位。池内沉淀物应及时排除。

第二节　除尘器设备及系统

1 输煤系统常用的除尘设备有哪些种类？

答：输煤系统常用的除尘设备种类有：

（1）湿法除尘。水浴式除尘器、水激除尘器、水膜除尘器、喷水除尘器、泡沫除尘器。

（2）干法除尘。袋式除尘器、高压静电除尘器、旋风除尘器。

（3）组合除尘。灰水分离式除尘器、旋风水膜除尘器、荷电水雾除尘器等。

2 输煤现场机械除尘法的主要技术措施有哪些？

答：一般落差较小，诱导风量小于 5000m^3 的转运站，建议不设机械除尘装置，采用湿式抑尘的措施来解决。使系统更简化、更经济、更实用，也降低了治理的投资费用。

对煤尘污染较大又设人值班的场所，如碎煤机室、煤仓层及其他扬尘较大的部位，可以考虑设置除尘装置。以下两种效果较好：

（1）改进型水激式除尘机组。该装置是在 CCJ/A 型的基础上做了较大的改进，一是将经常发生堵塞的直流式排污，改进为虹吸方法；二是将电极式水位控制改为浮球式自动控制水位，简化了电气系统；三是将 S 通道改为不锈钢材质；四是在入口增加了磁化水喷雾装置，以进一步提高除尘效率；五是对处理风量较大的风机配备了软启动开关，并向智能型发展，基本上可以实现免操作、免维护。

（2）静电除尘器。其主要优点是：除尘效率高，特别是对 5μm 以下的尘粒更有效。还具有压力损失小、能耗低、安装容易、占地面积小、维护量小的特点。目前投入率低的原因是在产品质量结构设计上问题较大，其控制部分为落后的分立原件，芒刺线要一年一换。竖管内壁易腐蚀和结垢，从而产生反电晕，降低除尘效率。近几年已生产新一代电除尘装置，由分立元件改为微电脑控制，本体结构（电场部分）改为不锈钢结构，绝缘子备有干燥用的热风机，基本上克服了原有的弊端。

3 碎煤机室的除尘系统有哪些特点？

答：碎煤机下口鼓风量大，破碎粉尘多，其防尘、除尘系统主要有以下特点：

（1）应尽量调整碎煤机的挡风板，使其内部循环良好，鼓风量尽可能最小。

(2) 要在出口落料斗内加装挡帘或循环风管，在碎煤机入料口的斜落料管也可加装吊皮帘，以减少诱导风量。

(3) 要确保下层皮带的密封性，可在输煤槽前后加2～3道挡帘。

(4) 下料皮带除尘器的风量应足够大，一般出力1000t/h的碎煤机大约需要10 000m^3/h的除尘器效果良好，不足时可以在一个输煤槽设置2台除尘。

(5) 在输煤槽出口应加2～3道喷雾封尘。

4 除尘通风管道的结构有何要求？

答：除尘通风管道应力求简洁，吸尘点不宜过多，一般不超过4个。为防止煤尘在管道内积聚，除尘系统的管道应避免水平敷设，管道与水平面应有45°～60°的倾角。若不可避免地要敷设水平管时，应在水平段加装检查口。管道一般采用3mm的钢板制作。

5 水膜式除尘器的结构原理是什么？

答：水膜式除尘器的喷嘴设在筒体上部，将水雾切向喷向器壁，使筒体内壁始终覆盖一层很薄的水膜并向下流动。含尘空气由筒体下部切向引入，旋转上升，由于离心力作用而分离下来的粉尘甩向器壁，为水膜所黏附，然后随排污口排出。净化了的空气经设在筒体上部的挡水板，消除水雾后排出。这种除尘器的入口最大允许含尘浓度为1.5 g/m^3。当超过此值时，可在此除尘器前面增加一级除尘器。

6 水膜式除尘器运行的过程与要求有哪些？

答：水膜式除尘器运行的过程与要求有：

(1) 打开除尘器水源总阀门和除尘器供水总阀门，关闭供水电磁阀旁路阀门。

(2) 启动风机后（自动或手动），电磁阀自动喷水，除尘器进入运行状态。

(3) 风机停运后（自动或手动），电磁阀自动停止喷水，无电磁阀的除尘器人工关水，具备下次工作的条件。

(4) 运行时每小时检查一次风机电动机的温度及振动。

(5) 除尘器长时间停运时，将除尘器水源总阀门关闭。

(6) 各班清理一次风管滤网上的塑料、废纸和碎草绳等杂物。

(7) 各班检查清理一次本体内腔顶部的喷头，使其保持畅通。

(8) 停水时禁止投运除尘器。

7 水激式除尘器的结构和工作原理是什么？

答：水激式除尘器由通风机、除尘器、排灰机构等部分组成。

工作时打开总供水阀后，自动充水至工作水位，启动风机。含尘气体由入口经水幕进入除尘器，气流转弯向下冲击于水面，部分较大的尘粒落入水中，然后含尘气体携带大量水滴以18～35m/s的速度通过上下叶片间“S”形通道时，激起大量的水花，使水气充分接触，绝大部分微细的尘粒混入水中，使含尘气体得到充分净化。净化后的气体由分雾室挡水板除掉水滴后，经净气出口由风机排出。由于重力的作用，获得尘粒的水返回漏斗，混入水中的粉尘，靠尘粒的自重自然沉降，泥浆则由漏斗的排浆阀定期或连续排出，新水则由供水管路补充。入口水幕除起除尘作用外兼起补水作用。这种除尘器水位的高低对除尘效率影响较大。水位太高，阻力加大，使风量减小；水位太低，水花减少，尘气直排，使除尘效率下降；水位高出“S”通道上叶片下沿 50mm 高为最佳。

8 水激式除尘器用电磁阀自控水位的特点是什么？

答：电磁阀水位自控方式是设在负压腔这侧的溢流箱上部装有水位电极，控制供水电磁阀开闭，以保证水面在 3～10mm 范围内变动，溢流箱内的溢流管高出“S”通道上叶片下沿 50mm，以确保除尘效果为最佳。为防止溢流管漏风，在溢流箱下部又设水封箱，以确保负压腔的密封性。这种除尘器操作及维护量比较大，由于水质和污泥的原因，水位电极易脏，水封箱易堵，主供水阀、水位调节电磁阀、排污电动门等故障率较高，人工操作又繁琐，较难确保输煤生产现场的及时净化效果。这种水位控制方式已逐渐被浮球阀供水虹吸自排水方式所代替。

9 简述虹吸水激式除尘器用浮球阀自控水位的工作过程。

答：虹吸水激式除尘器用浮球阀控制水位，虹吸管自动排水，简化了大量的控制元件和电动执行机构，解决了电控水位除尘器的种种弊端，进一步接近了无人操作和免维护运行，其结构如图 7-1 所示。

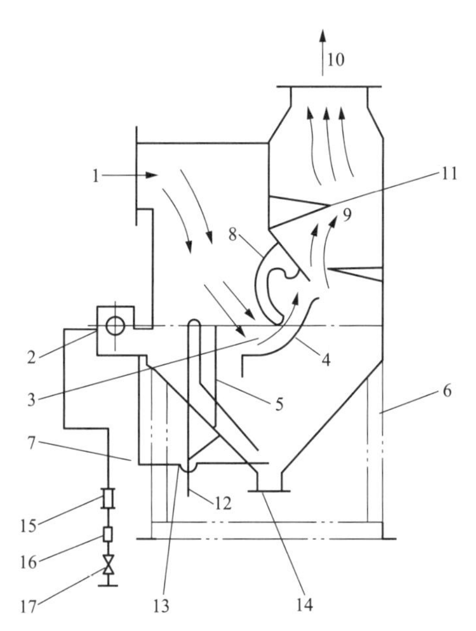

图 7-1　虹吸水激式除尘器结构

1—尘气入口；2—供水浮球阀；3—“S”形通道；4—下叶片；5—溢流管；6—机架；7—供水管；8—上叶片；9—净气分雾室；10—净气出口；11—挡水板；12—排污管；13—进水管；14—维护用法兰盖；15—磁化管；16—过滤器；17—阀门

工作过程如下：

(1) 打开除尘机组的水源阀门 17，通过过滤器 16、磁化管 15、浮球阀 2 往机内自动充水。

(2) 当水位达到要求的高度时，浮球阀 2 自动关闭水源，停止供水。

（3）启动风机，除尘器开始运行，净气出口10及负压腔在风力的作用下形成负压，“S”形通道右侧的负压腔水位升高，同时“S”形通道左侧的进风腔水位下降，两侧水位相差约15cm，这时与进风腔相连的浮球阀液位控制阀开始补水，直到达到原来水位线的高度则停止补水，并由溢流管5来控制水位不再升高。除尘器进入稳定运行阶段，负压腔比进风腔的水位始终高出约10～15cm的高度。

（4）当除尘器停机时，负压腔的水位自然迅速回落，以求与进风腔的水位达到一致，回落的10～15cm的水使新水位比原水位高出5～8cm。并使水面急速向上摆动，淹没溢流管口和虹吸排污管12的至高点下弯段淹没，排污管12自动开始快速虹吸排污。

（5）随着水位的下降，浮球阀2同时开始补水，进水管13的管口设在箱底能对箱斗中沉淀的煤泥起到反冲洗的作用，由于排污管12较粗，所以排水速度大于供水速度，水位将继续下降，直到箱底虹吸管的进水口露出水面后进入空气为止，虹吸被破坏后便自然停止排水。

（6）排水停止后，供水继续进行，直到达到原有水位（溢流管5的管口高度），供水自停，等待为下次启动做好准备。

10 虹吸水激式除尘器的运行使用要求有哪些？

答：虹吸水激式除尘器的运行使用要求有：

（1）打开除尘器水源总门，打开除尘器供水阀门，通过浮球阀自动供水，达到工作水位后浮球阀自关。水源总阀门与供水阀门常开，正常情况下不得关闭。

（2）启动风机后（自动或手动），浮球阀自动补水，达到工作水位，除尘器进入稳定运行状态。

（3）皮带停运后，停运风机（自动或手动），虹吸排污自动进行，同时自动补水，再补水达到工作水位后自停，具备下次工作的条件。

（4）除尘器长时间停运时，在风机停运前，关闭除尘器供水阀门，可排空污水，不再补水。

（5）当浮球水箱内有积物，打开反冲洗门进行冲洗，干净后关闭冲洗阀门。

（6）每班清理一次进风管道滤网上的纸绳、塑料等被吸上来的杂物。

（7）每班风机停运后及时检查排水情况，如有沉淀不能自排，应人工加水搅拌或打开排污阀盖处理。

（8）停水时禁止投运除尘器。打到停机位置，以免自动投运后干抽堵塞。

（9）运行时每小时检查一次风机电动机的温度及振动，温度不得超过65℃，振动不得超过0.08mm。各地脚螺栓无松动，各指示灯显示正确。水箱、各吸风管、各排灰管不得有堵塞漏水现象。

11 袋式除尘器的工作原理和机械清灰过程是什么？

答：袋式除尘器是利用气体通过布袋对气体进行过滤的一种除尘设备。由主风机、反吹风机、摆线针轮减速机、顶盖、反吹风回转装置、过滤筒体、花板、滤袋装置、灰斗、卸灰装置等组成。按其过滤方式可分为内滤和外滤两种；按清灰方式可分为机械振打式和压缩空气冲击式。

工作原理如下：含尘气流经除尘器入口切线方向进入壳体的过滤室上部空间，大颗粒及凝聚尘粒在离心力作用下沿筒壁旋入灰斗，小颗粒尘悬浮于气体之中，弥漫于过滤室内的滤袋之间，从而被滤代阻留；净化气体则通过滤袋内径花板汇集于上部清洁气体室，由主风机排出。

随着过滤工况的进行，滤袋外表面积尘越积越厚，滤袋阻力逐渐增加，当达到反吹风控制阻力上限时，由差压变送器发出信号，自动启动反吹风机及反吹旋臂传动机构，反吹气流由旋臂喷口吹入滤袋，阻挡过滤气流，并改变袋内压力工况，引起滤袋实质性振击，抖落积尘。旋臂转动时滤袋逐个反吹，当滤袋阻力降到下限时，反吹清灰系统自动停止工作。

这种袋式除尘器为机械脉冲清灰方式。清灰时，反吹风机连续供高压风，由回转脉动吹振阀控制，反吹风脉动式地进入反吹管到滤袋，使滤袋突然扩张，由于反吹气流脉动式进入滤袋，兼有反吹和气振的作用，反吹气流既对滤袋进行反吹，又使滤袋产生振动，保证有效地吹洗滤袋。采用梯形扁袋在圆筒内布置，结构简单、紧凑，过滤面积指标高，在反吹作用下，梯形扁袋振幅大，只需一次振击即可抖落积尘，有利于提高滤袋寿命。用除尘器的阻力作为信号，自动控制回转反吹清灰，视入口浓度高低调整吹灰周期，较定时脉冲控制方式更为合理可靠。

12 袋式除尘器拍打清灰的工作原理是什么？

答：直接装在皮带机输煤槽出口的顶部的小型滤袋式除尘器，采用小型集成 PLC 控制，当电脑接到除尘工作指令时，即自动开启锁气室风门，然后启动风机，含尘气体经除尘器底部开启的锁气室风门吸入中部的过滤室，经滤袋过滤得到净化，净化后的清洁空气由风机经风机出口调节风阀排至室外。当电脑接到停机指令后，风机延时停转→首次拍打清灰→关闭锁气室风门→电热干燥滤袋→开启锁气室风门→第二次拍打清灰→关闭锁气室风门，做好下次除尘作业的准备。被滤袋捕集而拍打下来的粉尘，经开启的锁气室风门落入除尘器底部，得到回收。

双杆往复差动拍打清灰装置，将机组内的滤袋以奇、偶数分为两组，分别由双杆上的拍子夹持。驱动装置使双杆以中频的速率及恰当的直线位移量连续相对往复运动，使被拍子夹持的相邻袋产生相对往复运动，相邻滤袋布面时分时合，除了依靠因往复运动使滤袋内不锈钢网框弹簧产生振动抖落面上的积尘外，还因相邻布面间产生高气压分离布面间产生低气压，各布面两侧产生剥离粉尘的脉冲气流，使积尘彻底剥离布面。滤袋电热干燥系统对滤袋进行热风加热干燥，电热效率高、升温迅速、无明火、抗震耐用且具有可靠的温控功能。能有效地干燥板结在布面上的湿黏粉尘。

通过调整箱内的 BCD 码开关，就能调整加热时间，加热系统具有自动温控功能，当滤室内的滤袋加热至 85℃时，自动停止加热。加热时间长短需求视实际工况自定（如：粉尘的浓度、环境温度、湿度等）。

13 袋式除尘器更换滤袋的程序是怎样的？

答：袋式除尘器更换滤袋程序是：

（1）打开检修门，放松滤袋框架的吊架螺母，使滤袋框架下降至能从检修门抽出即可。

（2）拉出滤袋框架，抽出不锈钢丝弹簧网框，解开滤袋和框架的固定绳，取出滤袋。

（3）换上新滤袋，将滤袋和框架扎紧，在各扁袋中插入不锈钢丝弹簧网框。

（4）将滤袋框装入吊架，细心地逐渐推入过滤室内。

（5）紧固滤袋框架的吊架螺母，使滤袋框架和清洁室压紧密封即可。

14 电除尘器的工作原理是怎样的？它可以分为哪几种？

答：电除尘器的工作原理是：含有粉尘颗粒的气体，在接有高压直流电源的阴极（又称电晕极）和接地的阳极之间所形成的高压电场通过时，由于阴极发生电晕放电，气体被电离。带负电的气体离子，在电场力的作用下，向阳极运动，在运动中与粉尘颗粒相碰，使尘粒带以负电荷，在电场力的作用下，所有尘粒向阳极运动，尘粒到达阳极后，放出所带电子，沉积于阳极板上，得到净化的气体排出除尘器外。

电除尘器按气流方向可分为立式和卧式两种。输煤系统中应用的卧式静电除尘器可直接装在输煤槽内，槽体外表是阴极，中心拉一阳极接线。

15 高压静电除尘器的常见故障及原因有哪些？

答：输煤系统静电除尘器最常见的故障是绝缘故障。绝缘故障分为绝缘套管故障和绝缘子故障两类。其他常见故障有闪络时冒灰、电源故障、清灰不利和二次飞扬、振打时闪络、除尘器水平段积灰、电晕线上挂有杂物等。

（1）除尘器外部的所有高压引线都须套上聚四氟乙烯绝缘套管，而内部的高压引线视具体情况而定。如果该高压引线离开收尘极板的距离不大于极距或不兼作电晕线时，也应套聚四氟乙烯绝缘套管。高压引线的绝缘套管一旦被击穿，就会发生闪络或短路跳闸。

（2）诱发绝缘子故障的主要因素是水分，即绝缘子的潮湿。另一个原因是绝缘子长度不够，其端部的高压导线与收尘极板之间的空气被击穿。实验表明，干燥的煤尘绝缘性能良好，堆积在绝缘子上一般不会引起短路。但是一旦绝缘子上沾水、积有湿灰、结露、结霜，就会使绝缘性能大大下降，引起闪络或短路。

（3）闪络时排放口冒灰，这种现象比较普遍，因为从闪络到电场恢复正常工作只需要几秒钟时间。目前还没有较理想的消除办法。但可以设法提高除尘器的闪络电压，以减少闪络。清灰不利是由于没有安装合适的振打电磁铁或控制回路故障。应安装足够数量的振打电磁铁并保持电源回路良好。克服回收粉尘的二次飞扬，一般可在拱形密闭罩出口安装雾化喷水以增加回收粉尘的湿度。防止电晕线上挂有杂物的方法是将除尘器的拱形罩及其电晕线位置提高。

16 旋风除尘器的结构和工作原理是什么？

答：含尘空气从入口进入后，沿蜗壳旋转180°，气流获得旋转运动的同时上下分开，形成双蜗旋运动，组成上下两个尘环，并经上部洞口切向进入煤尘隔离室。同样，下旋涡气流在中部形成较粗、较重的尘粒组成的尘环，浓度大的含尘空气集中在器壁附近，部分含尘空气经由中部的洞口也进入煤尘隔离室。其余尘粒沿外壁由向下气流带向尘斗。煤尘隔离室内的含尘空气和尘粒，经除尘器外壁的回风口引入气体，尘粒被带向尘斗。含尘空气在回风附近流向排风口时，又遇到新进入的含尘空气的冲击，再次进行分离，使除尘器达到较高的除尘效率。

17 荷电水雾除尘器的原理是什么？

答：荷电水雾除尘技术克服静电除尘和喷水除尘的弊端，消除了静电除尘器煤尘爆炸隐患及处理高浓度粉尘可能出现的高压电晕闭塞，反电晕及高压电绝缘易遭破坏和喷水除尘不能彻底治理输煤系统的大量粉尘等问题。采用水电结合的办法更有效地进行除尘。这是一种以荷电水雾除尘为主，以静电除尘为辅的综合除尘技术，设置有荷电水雾收尘区和静电场收尘区，含尘气体通过各收尘区进行净化。

尘气进入除尘器首先处于荷电水雾区。粉尘在此被捕集沉降到输送皮带表面上可使物料表面湿润，同时成为下级电场的良好尘极。虽有少量粉尘未接触水雾但由于设备本体内充满水雾粒子，湿度大可充分避免煤尘爆炸。进入除尘器的粉尘粒子处于水雾粒子包围之中，只要接触水雾粒子的球形电场即被吸附，且粉尘粒子在进入除尘器的过程中，由于摩擦等因素带有微量异性电荷相吸的机理，进一步克服了环流现象和水滴表面张力大，难以湿润粉尘的不利因素。

第三节　煤水处理系统

1 输煤系统含煤废水设备的工作原理包括哪些？

答：含煤废水设备的工作原理包括有：

(1) 混凝原理。含煤废水中煤尘呈胶体状分散在水中，不能靠自然沉淀的方法去除，去除水中胶体状态的煤尘颗粒，只能用混凝沉淀的方法实现。混凝沉淀，实际上是包含混凝和沉淀两部分。混凝是向含煤废水中投加化学药剂，这种化学药剂，我们称为絮凝剂、助凝剂，它们有很多种，但其主要作用有以下几种：

1) 电中和。絮凝剂投入水中后离解产生带电的正、负离子，这些离子进入胶体颗粒表面。如胶体颗粒是带负电荷，则絮凝剂离解产生的正离子，进入胶体颗粒，使胶体颗粒带的电荷被中和，变成不带电的颗粒。不带电的颗粒，互相有机会靠近时，可以凝结成大颗粒，大颗粒在水中由于质量大，可以靠重力下沉。具有电中和作用的混凝剂，多为无机盐类，如硫酸铝、硫酸铁、氯化铁等，最近发展的有高分子的聚合氯化铝、聚合硫酸铝。我们推荐使用聚合氯化铝（PAC），其对水温、pH 值和碱度的适应性强，絮体生成快且密实，使用时无需加碱性助剂，最佳 pH 值为 6～8.5，性能优于其他铝盐，且腐蚀性比铁盐小。

2) 吸附架桥作用。水中小颗粒不易下沉，在投加高分子有机物［助凝剂，我们推荐使用聚聚丙烯酰胺（PAM）］后，高分子有机物形成很多枝状链，这些链与水中小颗粒靠化学链或靠吸附作用连接在一起，这样很多小颗粒通过高分子絮凝剂连接成大颗粒，也容易在水中靠重力下沉。

某电厂的含煤废水的煤尘颗粒，也是以带电胶体颗粒的形式存在的。要使其不带电，也要用投加无机盐类絮凝剂，进行电中和，电中和以后的胶体颗粒，可以互相凝结成大颗粒。使胶体颗粒表面不带电的过程称“胶体脱稳”。为了使絮凝剂很好发挥作用，投加絮凝剂后应使药剂迅速分散与胶体作用，这就要求在投药后，有一个搅动的过程，这搅动称为药剂的“混合”。

胶体与药剂混合后，“脱稳”一失去电荷，要使脱稳后的胶体颗粒凝结成大颗粒，还要为它们创造互相接触的机会，这个目的是通过对水体进行搅动来达到的，搅动是由开始时的强烈，到最后搅动强度逐渐减弱，以使凝结成的大颗粒不致碰碎，这个搅动过程也是"胶体颗粒"逐渐长大的过程，我们称其为"反应"，长大的颗粒称其为"矾花"。

（2）过滤机理。过滤是一种使经过反应沉淀的煤水通过砂、煤粒或硅藻土等多孔介质的床层以分离水中悬浮物的水处理操作过程，其主要目的是去除水中呈分散悬浊状的无机质和有机质粒子。

滤料层能截留微小颗粒，主要有以下几种作用：

1）筛滤作用。把滤料层看作"筛子"。由于滤料层中颗粒的级配特点是上细下粗，即上层空隙小，下层空隙大。当含煤废水由上而下流经滤料层时，某些粒径大于孔隙尺寸的煤尘首先被截留在层顶的空隙中，形成一层主要由污染物组成的薄膜，起主要的过滤作用。这种过滤作用属于阻力截留或筛滤作用。

2）沉淀作用。把滤料层看作类似于层层叠起的一个多层沉淀池。当废水通过滤层时，众多的滤料颗粒提供了巨大的沉淀面积，如 $1m^3$ 粒径为 0.8mm 的滤料中，可供悬浮物沉淀的有效面积大约为 $400m^2$。当含煤废水流经滤料层时，只要速度适宜，其中的悬浮杂质就会向这些沉淀面沉降。

3）接触絮凝作用。其作用机理与泥渣悬浮型澄清池类似。滤料表面对含煤废水中的污染物具有吸附和凝聚作用。构成滤料的无烟煤和砂粒具有广大的表面积，和微小污染物之间有着明显的物理吸附作用，可看作接触吸附介质，但比澄清池中的泥渣层"浓度"更高，排列得更紧密、更稳定。含煤废水在滤层孔隙中曲折流动时，剩余的细小煤尘与滤料具有更多的接触吸附机会，因而滤料表面对煤尘的吸着黏附作用更优于澄清池中的泥渣层，去除细小悬浮物及胶体的能力更强。

2 输煤系统含煤废水设备的操作步骤是什么?

答：含煤废水设备的操作步骤是：

（1）配药。在开车前先要将絮凝剂及助凝剂配成溶液。

1）混凝剂：聚合氯化铝（又名碱式氯化铝）溶液的配制。

a）取聚合氯化铝 20kg，加入 1 号絮凝剂溶药箱或 2 号絮凝剂药箱中，加自来水 $1m^3$，这样配出的溶液浓度为 2%。

b）当药箱中的水位到达磁翻柱液位计 30cm 处时开启搅拌机，搅拌 20min 后停止搅拌，静置 30min。

2）助凝剂：聚丙烯酰胺溶液的配制，助凝剂溶液配制浓度：1‰。

a）取 1kg 聚丙烯酰胺，放入 10L 容积的小桶内，加温水化成浆糊状，时间需要 24h 左右。

b）再将化成浆糊状的聚丙烯酰胺溶液倒入 3 号或 4 号助凝剂溶液箱中，加自来水 $1m^3$，当药箱中的水位到达磁翻柱液位计 30cm 处时开启搅拌机，搅拌 20min 化均匀后停止搅拌。

（2）加药。废水中投药量：絮凝剂（聚合氯化铝）60～100mg/L（也即 60～100g/t 水）；助凝剂（聚丙烯酰胺）1.0～1.5mg/L（也即 1～1.5g/t 水）。

加药操作：加药计量泵与煤水提升泵联锁，当煤水提升泵启动，加药计量泵开始运行，加药计量泵采用变频控制，其加药量与进水流量成正比，可通过 PLC 自动控制加药计量泵的转速，从而达到自动控制加药量的目的。一般情况下，当流量电磁流量计上的读数为20m³/h时，且絮凝剂（聚合氯化铝）投药浓度为2%时，变频器的频率调节到41.7Hz；助凝剂（聚丙烯酰胺）投药浓度为1‰时，变频器的频率调节到12.5Hz。

（3）开启处理系统。

1）先关闭系统中的所有阀门。

2）打开1号或2号提升水泵。

3）当水泵开启正常后，打开设备的进水阀。

4）调节设备的进水阀门，使电磁流量计的读数为20m³/h左右。

5）当处理设备充满水时，先打开滤池上方的反冲洗出水阀，使初期处理水排入调节池，当处理设备的水流稳定后（反冲洗出水管排水30min左右），关闭反冲出水阀。

6）当滤池水位漫过滤料上方布水板后，打开清水出水阀，同时调节清水出水管上的手动阀门，使滤池中的水位始终保持在布水板处。此时，整个处理系统开启完毕。

（4）系统反冲洗。当滤池工作一段时间后，由于斜管沉淀池出水中的残余煤尘进入滤池，被滤池截留，久而久之，会使滤层中的孔隙被煤尘堵塞，这时滤层中下水不畅，对滤池进行反冲洗。反冲洗步骤如下：

1）停止向处理设备进原水，即关闭提升泵。

2）关闭清水出水阀。

3）打开反冲洗出水阀。

4）开启反冲洗水泵。

5）反冲洗时滤料膨胀率为40%～50%，并控制滤料不被冲跑。

6）反冲洗6～9min（时间可调），或反冲排水基本干净了即停止反冲，停止反冲顺序如下：先关闭反冲进水阀，再关闭反冲洗水泵，关闭反冲洗出水阀。

（5）关闭处理系统。当运行结束要停车时，操作顺序如下：

1）停废水提升泵。

2）停止加药。

3）关闭清水出水阀。

（6）排泥。按煤水提升泵的累积工作时间来进行排泥，一般为24h排泥一次。排泥的操作顺序如下：

1）关闭提升泵。

2）打开排泥阀排泥。

3）排泥1～2min后关闭排泥阀即可。

（7）刮泥及向中水车间排泥。

1）开启刮泥小车，将调节池内的沉淀污泥刮倒污泥泵坑内。

2）停止刮泥小车，打开污泥泵出水阀门。

3）开启污泥泵，将污泥水排向中水车间。

4）停止污泥泵。

3 输煤系统含煤废水设备的组成是什么？

答：含煤废水设备的组成是：

（1）煤水预沉池。来自输煤系统各建筑物地面冲洗后的含煤废水、输煤系统中暖通专业除尘器排放的含煤水等废水，通过输煤系统排水管收集并排入煤水预沉池，储存并初步沉淀处理。池内设有超声波液位计。煤水沉淀池出水区域设置二台含煤废水提升泵，一用一备，初步沉淀后的煤水升压送至含煤废水处理设备进行集中处理。预沉池上设一台行车式刮泥机，将初步沉淀的煤泥刮送至沉淀区域，再由门式抓斗起重机输送至运输车辆上外运。

（2）含煤废水处理系统。含煤废水经煤水预沉池预沉淀后，经过自吸泵提升，进入含煤废水处理系统。含煤废水处理系统包括：电子絮凝器、离心澄清反应器、中间水箱、中间水泵、多介质过滤器，由DCS控制。

工作原理：首先含煤废水经带液位控制的含煤废水提升泵送入电子絮凝器，废水在其中经过絮凝后进入离心澄清反应器，利用澄清装置特殊结构快速沉降，污物通过排污阀排除，清水溢流到中间水箱（此时水质达到较好标准），然后再经过中间水泵把水送入多介质过滤器进行过滤（过滤器采用自源反洗、排渣）达标后，送入回用水池。

（3）回用水池。经含煤废水处理系统集中处理后的清水自流至回用水池，经回用水泵提升回用于全厂的输煤系统冲洗用水。当水量不足时，由来自全厂的服务水管提供补充水。

第八章

输煤安全监测系统及安全技术

第一节 输煤系统的安全监测

1 什么是筒仓的安全监控系统?

答：筒仓的安全监控系统又称防爆系统，系统设计的主要目的是为保证筒仓的安全运行，对于以贮煤为主的超大型筒仓来说，一旦发生事故，就有可能影响到整个电厂的运行和安全。筒仓的安全监测系统由温度监测系统、可燃可爆气体监测系统、烟雾监测系统组成。系统对筒仓中的储煤温度、可燃可爆指标气体的组分及综合燃爆浓度、烟气、粉尘浓度等参数进行检测和报警，并采取合理的应对措施，达到预防自燃、爆燃的目的，以确保筒仓安全运行。

安全监控通过实时监控网络或主机活动，监视分析用户和系统的行为，审计系统配置和漏洞，评估敏感系统和数据的完整性，识别攻击行为，对异常行为进行统计和跟踪，识别违反安全法规的行为，使用诱骗服务器记录黑客行为等功能，使管理员有效地监视、控制和评估网络或主机系统。

对电力系统实际运行状况的在线识别和动态显示。安全监控需要整个电力系统的实时数据（信息）。需检测的信息有如下几种：有功潮流、无功潮流、支路电流、母线电压、母线有功注入功率和无功注入功率、频率、电能表读数、断路器状态及操作次数、隔离开关的位置、保护继电器操作状态、变压器分接头的位置、各变电站状态、各种报警等。通常采用彩色屏幕显示器动态地向调度员显示电力系统的运行状态。

2 储煤安全监控的对象有哪些?

答：安全监控对象主要有：储煤的温度、煤尘的浓度、筒仓内气体中一氧化碳和烟雾的浓度、可燃气体浓度、瓦斯气体（甲烷和丙烷）、筒仓料位等。主要利用温度传感器、可燃气体探测器、烟雾探测器和一氧化碳传感器进行监测。温度是贮煤自燃的首要条件，煤尘亦是导致爆炸的重要条件之一，一氧化碳和烟雾的浓度反映了贮煤自燃的程度，煤的贮量涉及贮存期的管理。

3 煤场安全监控系统可实现哪些功能?

答：煤场安全监控系统的功能主要用来监测甲烷浓度、一氧化碳浓度、二氧化碳浓度、氧气浓度、硫化氢浓度、煤尘浓度、风速、风压、湿度、温度、馈电状态、风门状态、风筒状态、局部通风机开停、主要风机开停等，并实现甲烷超限声光报警、断电和甲烷风电闭锁控制等功能的系统。筒仓监测设施的现场信号经二次仪表，以 RS-485 通信方式传送至输煤程控室的计算机数据采集系统，具有设置报警、打印统计报表、实时趋势、历史趋势画面显示及控制输出等功能。

4 储煤安全监控内什么叫逻辑报警？

答：所谓的逻辑报警，就是在监控设备里面预设好程序或电路，当外部条件达到要求时就会启动报警。

5 输煤皮带系统监测的目的是什么？

答：监测目的是：能够监控输煤皮带系统的安全情况，及时应对危险，不发生火灾或爆炸事故，降低自燃或事故而造成的损失。

6 输煤安全监控系统主要组成结构有哪些？

答：安全监控系统主要组成结构有：一般由传感器、数据采集站、控制站、信号传输系统和地面中心站组成。用于监测甲烷浓度、一氧化碳浓度、风速、风压、温度、烟雾、馈电状态、风门状态、风筒状态、局部通风机开停、主通风机开停，并实现甲烷超限声光报警、断电和甲烷风电闭锁控制。

7 输煤皮带监测的意义是什么？

答：实时监控监测输煤皮带系统状况，掌握输煤安全情况。预警自燃状况，为减少自燃提供指导。能够减少因自燃、爆炸等造成的损失。

8 储煤安全监控设备有哪些？

答：前端的图像采集设备（定点使用一体化摄像机，动点使用云台＋摄像机），后端的储存，控制，显示设备（储存：硬盘录像机或 PC 主机；控制：硬盘录像机或矩阵＋键盘；显示：LCD 显示器或 CRT 显示器）。

9 储煤安全监控系统的作用是什么？

答：通过对各种要素的监测，使我们能够及时、连续地了解生产过程中各种要素的现状和变化规律，使我们能够及时地采取措施，调整生产、通风、安全等环节，使安全状况处于最佳状态，避免通风、安全环节中的不安全因素，达到安全生产的目的。

10 输煤系统发生火灾的原因有哪些？

答：输煤系统发生火灾的原因有：

（1）输煤过程中原煤的自燃。

（2）煤场已经自燃的明火煤被输送到输煤皮带上。

（3）电缆引燃如有过流、过热、老化、短路等，造成电缆火灾事故。

（4）违章动用明火等。

（5）输送过程中皮带故障升温。如机头埋煤、托辊不转与皮带摩擦引燃煤尘等。

11 在输煤系统中，常用的测量变送器有哪些？

答：常用的测量变送器一般有以下几种：
（1）开关量皮带速度变送器。
（2）皮带跑偏开关。
（3）煤流开关。
（4）皮带张力开关。
（5）煤量信号。
（6）金属探测器。
（7）皮带划破探测。
（8）落煤管堵煤开关。
（9）煤仓煤位开关。

12 感温光纤的特点有哪些？

答：线型感温光纤具有抗水性，具有铠装、坚固、柔韧、抗拉抗压性好，便于安装和维护、抗腐蚀等特点。适合于室外使用，并应有一定的耐磨性和防普通化学腐蚀的性能。线型光纤感温火灾探测系统能通过系统的模块与系统连接，不需要特殊的接口模块或接口控制器。感温光纤能准确找出 1.5m 间隔以内的起火源头。

13 筒仓安全防爆的原理是什么？

答：筒仓安全防爆惰化系统是利用氮气的惰性原理，将空气中分离出来的氮气和经过净化的烟气通入筒仓，以稀释筒仓内的可燃性气体，从而解决筒仓内可燃性气体浓度过高引起爆炸的隐患。

14 筒仓安全防爆惰化系统流程是什么？

答：筒仓安全防爆惰化系统中惰性气体制备设备将制备的氮气送入储气罐，经筒仓中下部和底部的氮气通入控制阀门，进入筒仓内煤层中；电厂烟气经脱硫、制冷等一系列处理后，通过管道进入筒仓内接近煤层的位置，稀释可燃性气体。根据从筒仓安全监测系统收集到的可燃气体的浓度报警值，当浓度达到一级报警值时，氮气系统工作，稀释筒仓内的可燃性气体；当浓度达到二级报警值时，在氮气系统启动的同时，烟气系统也投入工作。

15 筒仓安全防爆惰化系统的控制方法是什么？

答：整个安全防爆惰化系统可分为设备层、控制层和监控层。其中设备层包括各类电动阀、电磁阀、气泵、增压风机、温度/压力传感器等，它是整个系统控制的基本单元，负责将物理信号转换成数字或标准的模拟信号，并且执行控制层发出的指令。控制层采用 GE Fanuc Series 90-0 PLC 系统，对来自输煤程控系统的可燃气体数据与预设的危险可燃气体浓度值比较结果，进行判断后做出相应处理；同时，完成对现场工艺过程各执行机构的实时监测与控制。监控层是惰化保护系统的上位机，用来实现对整个惰化保护系统的动态监视、报警以及手动操作。

16 筒仓安全防爆惰化系统实现的逻辑功能有哪些?

答:筒仓安全防爆惰化系统实现的逻辑功能有:

(1) 当筒仓安全监测系统监测到筒仓内的温度值偏高时,输煤程控系统优先卸掉该筒仓的存煤。

(2) 当筒仓安全监测系统监测到筒仓内的温度值超过60℃时,进行一级报警,输煤程控系统发送报警信号至安全防爆惰化系统,并打开相应氮气控制阀门充入氮气;当温度值达到70~80℃时,进行二级报警,打开所有氮气控制阀门充入氮气,以起到降温的作用,同时将筒仓内的CO、O_2置换掉,起到惰化系统的作用。

(3) 为防止存煤时间太长,输煤程控系统轮流均衡使用各个筒仓,遵循先进先出原则。在输煤程控系统中对筒仓卸煤进行记录,若5天筒仓未出煤,进行低级报警;10天未出煤,进行高级报警;15天未出煤,进行高高级报警。报警信号被送入惰化系统,依据不同的报警级别,惰化系统做出相应的处理。

(4) 惰化系统在控制伸缩机工作,使通气管道接近煤层的同时,发送运行状态信号至输煤程控系统,禁止对该筒仓进行卸煤。

(5) 可燃气体的测量范围为0~100LEL%,其中25LEL%为初报警,40LEL%为高报警。确认筒仓安全监测系统没有误报而浓度偏高时,输煤程控系统必须及时通知惰化系统启动冲入氮气,并打开对应筒仓顶部风机或除尘器使其通风,在没有故障报警时,输煤程控系统方可进行操作。

(6) 筒仓安全监测系统监测到筒仓内CO浓度高于3.2%时,进行一级报警;当高于5.12%时,进行二级报警,输煤程控系统通知惰化系统启动,冲入氮气进行保护,防止因CO含量过高引起爆炸,同时启动警铃报警。

(7) 每个筒仓顶部设有烟雾浓度检测,筒仓安全监测系统发出报警并确认着火时,安全防爆惰化系统启动,注入大量惰性气体,消灭火源;输煤程控系统停止储煤,紧急卸煤,并在筒仓煤出口处对煤流喷水降温,确保卸煤皮带和其他设备的安全。

17 瓦斯监控系统组成部分有哪些?

答:瓦斯监测系统一般由主机、传输接口、分站、传感器(甲烷传感器、一氧化碳传感器、风速传感器、风筒传感器、风门传感器、开停传感器、馈电传感器、烟雾传感器、温度传感器、负压传感器)、断电器、电源箱、电缆、接线盒、避雷器、声光报警器、打印机等设备组成(转换器)。具有模拟量、开关量、累计量采集、传输、存储、处理、显示、打印、声光报警、控制等功能,用于监测甲烷浓度、一氧化碳浓度、风速、风压、温度、烟雾、馈电状态、风门状态、风筒状态、局部通风机开停、主通风机开停,并实现甲烷超限声光报警、断电和甲烷风电闭锁控制。

18 瓦斯监测系统的工作原理是什么?

答:主机连续不断轮流向各个工作站进行巡检通信,每个分站接收到主机信号后,立即将该分站监测到的各测试点的信号传送给主机,同时监控工作站不停地接收传感器及配接设备所测试到的数据,并进行监测变换和处理,等待主机的巡检,以便把监测到的数据送至控制室。同时主机可以向现场的监控分站发出控制命令，然后监控工作站根据主机的控制命令对开关量输出的电力设备进行相应的控制，并及时将信息传送给主机。

监控主机接到信号后对实时信号进行处理和存盘，并将信息通过主机显示器等外界设备显示出来。可显示各被测量的瞬时值和历史显示（包括地点、名称、报警/断电/复电门限、检测值、最大值、平均值、最小值、馈电状态、超限报警、传感器故障）、监控工作站传输系统故障状态显示、主要被测参数的曲线显示、模拟图形显示、数据报表示，也可连接打印机打印各种报表。

19 瓦斯检测仪的原理是什么？

答：当同一光源的两束光分别经过充有空气的参考气室与充有待测气样的气室时，两束光将产生干涉条纹，待测气样的瓦斯浓度不同，光干涉的条纹的位置也不同，根据干涉条纹的位置可以测定瓦斯浓度。

20 瓦斯监控系统的基本要求是什么？

答：瓦斯监控系统的基本要求是：

（1）瓦斯监测系统的信息管理实行“分级管理、分级负责”的管理办法。

（2）各级企业必须设置健全的信息调度中心，确保24h不间断值守。

（3）对瓦斯监测系统的值班人员必须具备通风管理知识和熟练掌握瓦斯监测系统运行的操作技能，每班值班人数不得少于2人。

（4）由外部保安电源供电的设备一般应能在9～24V范围内正常工作。

（5）对瓦斯监测系统值班人员要按特殊工种对待，进行培训、考核、发证，培训合格后方可上岗。

21 甲烷传感器安装的注意事项是什么？

答：甲烷传感器安装的注意事项是：

（1）由于甲烷传感器采用分流取样检测方式进行，要保证其进出气嘴之间有微差压，以保证抽放气体经传感器气室流动，否则会造成检测数据不准确。

（2）甲烷传感器应悬挂在安装位置的正上方，分流管尽量短，而且不能存在存水弯，以保证气体顺畅流动，否则因水堵造成无法正常检测。

（3）如果管路中水气过大，要在进出气端加装单独的简易气水分离器，防止水灌入传感器检测气室；否则将造成传感元件不可修复的损坏。

（4）如果管道甲烷传感器进出气嘴之间的气压差过大，要在进气嘴前加装限流阀，流量控制在200mL/min即可，否则将严重影响测量精度。

（5）插入式甲烷浓度传感器最好安装在抽放泵的“正压端”，负压端的气压不稳定、气体稀薄容易引入较大误差。

22 抽放子系统的其他几个传感器的安装应注意什么？

答：抽放子系统的其他几个传感器的安装应注意：

（1）温度和压力传感器必须安装在涡街流量传感器的下游，管道甲烷传感器的进出气嘴分布在涡街流量传感器的两侧，相互之间尽可能靠近，只要不影响装卸即可。管道甲烷压力、温度传感器均配有安装转接附件，将转接附件要焊接在抽放管道壁的正上方。

(2) 抽放子系统的四个传感器应单独安装在一小段与抽放管路同径的金属管上，两端与原抽放管路通过法兰连接，以便加工安装及日后拆卸维护。

23 传感器调试不正确会带来的问题是什么?

答：传感器调试不正确带来的问题是：

(1) 传感器的硬件调零一定要先通电预热，最好预热 24h，紧急情况也要 4h 后再调整，待传感器完全达到热平衡后进行调整，以保证它最佳的工作点，有条件的用户最好带上气样在井下硬件调零，这样能克服大气压力、湿度、温度的影响，这样才能充分发挥中煤 45 型传感器的优异性能。

(2) 在井下通气调零时不必全程通气，只要你观察传感器数字显示稳定后就可以按键调整，当按下第一次按键，就可以关闭气源，反复调整期间不需要维持气样供给，一直到数码管闪烁停止，才能恢复到检测状态，这样可以节省调试气样。如果调整期间有较长的停顿间隔，譬如超过了 5s，致使仪器回复到检测状态，继续调整必须重新充气。

(3) 在对传感器调整期间（调零、调精度）传感器对分站的输出信号一直维持原始测值，与当前显示的值没有关系，一直到数码管闪烁停止后才开始更新远传信号值。

(4) 试验键按下后，传感器会输出一个模拟值可变的信号，该信号就是传感器内部设定的“断电值”，通过改变这个断电值设置，可以实现任意值试验模拟，传感器内部断电信号与分站的断电值没有关系，也不受分站控制，它是独立于系统以外的控制功能，可以单独驱动一路微型断电器，完成特殊的就地控制。

24 为什么馈电传感器在现场会发生测不准的问题？怎样解决?

答：目前使用的变频设备越来越多，且行业内没有对这类产品造成的电源污染进行规范约束，给使用的电子仪器带来灾难性后果，在超强的电磁干扰环境下，依旧会发生分站通信被干扰阻塞，严重时会反复启动，传感器遇压制性干扰时，分站会时断时续显示断线。首选是让分站远离变频设备，避免与变频设备使用同一台变压器电源供电，调整信号线走向和传感器电缆走向，传感器使用屏蔽电缆，且将屏蔽层与本安公共端相接；信号线使用屏蔽电缆，屏蔽层与分站本安地线相连（18V 公共端）。要注意这二种屏蔽电缆屏蔽层接法是不同的。

25 抽放传感器安装的注意事项有哪些?

答：安装位置对于涡街流量传感器的稳定可靠运行非常重要，必须要做到以下几点：

(1) 涡街流量传感器要安装在水平放置的抽放管路上。

(2) 涡街流量传感器的安装位置尽量远离真空泵，不要安装在有强烈振动的管道上，以免影响精度，如传感器在有振动的管道上安装使用时，可采用下列措施减小振动带来的干扰。

1) 如果实在找不到避免震动的适当位置，必须在涡街流量传感器与真空泵之间距涡街流量传感器 2D 处加装管道固定支撑点。

2）在满足直管段要求前提下，加装软管过渡。

（3）传感器上游和下游配置一定长度的直管段，其长度应满足下表要求。

（4）在传感器的上游侧不应设置流量调节阀。

26 输煤程控系统具备哪些监控信号？

答：输煤程控系统具备的监控信号为：

（1）集控室与斗轮堆取料机操作室之间的联系信号。

（2）流程预示信号。

（3）系统或设备启动前的预告信号。

（4）系统中所有设备的运行状态及煤流信号。

（5）叶轮给煤机、斗轮机的位置信号及三通挡板的位置信号。

（6）煤仓的煤位信号。

（7）运行异常和事故信号。

（8）带式输送机保护信号。

27 输煤系统主要的七种保护指的是什么？

答：输煤系统主要的七种保护指的是：

（1）纵向撕裂检测。

（2）双向拉绳开关。

（3）跑偏开关。

（4）料流检测仪。

（5）打滑检测仪。

（6）溜槽堵塞检测仪。

（7）振动防闭塞装置。

第二节　输煤安全技术

1 现场的消防设施和要求有哪些？

答：生产现场应备有必要的消防设施，主要有消防栓、水龙带、灭火器、砂箱、石棉布和其他消防工具。重点防火部位应设火警自动报警器和自动喷水装置。禁止在生产现场存放汽油、煤油、机油及液压油等易燃物品，检修现场必须做到工完料尽场地净，严禁乱扔棉纱、破布和废弃的油料，生产现场的安全通道应随时畅通。

2 现场急救要求有哪些？

答：发现有人触电后，应立即断开有关设备的电源并进行急救，急救方针是迅速、就地、准确、坚持。

所有工作人员都应学会触电、窒息急救法；心肺复苏法，并熟悉有关烧伤、烫伤、创伤、气体中毒等急救常识。

3 如何使触电者脱离电源?

答：如开关距离触电地点很近，应迅速地拉下开关或刀闸切断电源；如开关距离触电地点较远，可用绝缘手钳或装有干燥木柄的铁锹等把电源侧的电线切断。必须注意电线不能触及人体。当导线搭在触电人身上或压在身下时，可用干燥的木棒、木板、竹竿或其他带有绝缘柄的工具迅速地将电线挑开，千万不能用任何金属棒及潮湿的东西去挑电线，以免救护人员触电。如果触电人的衣服是干的，而且并不是紧缠在身上时，救护人员可站在干燥的木板上或用衣服、干围巾、帽子等把自己的一只手严格绝缘包裹，然后用这只手（千万不能用两只手）拉住触电人的衣服，把触电者拉脱带电体，但不要触及触电人的皮肤。

4 运行中的皮带上禁止做哪些工作?

答：皮带在运行中不准进行任何维护工作，不得人工取煤样或捡拾杂物，不得清理滚筒黏煤和皮带底部的撒煤。严禁在运行中清扫、擦拭或润滑机器的旋转及移动部分。严禁从皮带下部爬过，严禁从皮带上传递工具。跨越皮带必须通过通行桥。禁止在未停电的备用皮带上站立、越过或传递各种工具。

5 落煤筒或碎煤机堵煤后的安全处理要求有哪些?

答：捅煤时应使用专门的捅条并站在煤筒上部或平台检查孔上部向下捅，在检查孔处向上掏煤或用大锤振动时，不得站在检查孔正面。捅上部积煤时应先由上部检查孔向下捅，不得进入落煤筒内向上捅。

进入碎煤机或落煤筒内捅煤时必须切断相应上下设备的电源，挂好标志牌，设专人在上部煤斗和检查口监护，严防其他人员向斗内乱扔杂物。碎煤机要有防止转子转动的措施。作业人员的安全防护器具必须齐全合格。

用高压水冲洗的方法处理堵煤时，不得启动下级皮带将煤泥灌到原煤仓内。

6 防止输煤皮带着火有哪些规定?

答：防止输煤皮带着火的规定有：

(1) 停止上煤期间，也应坚持巡视检查，发现积煤、积粉时应及时清理。

(2) 煤场发生自燃现象时应及时灭火，不得将带有火种的煤送入输煤皮带。

(3) 燃用易自燃煤种的电厂应采用阻燃输煤皮带。

(4) 应经常清扫输煤系统、辅助设备、电缆排架各处的积粉。

(5) 胶接皮带时烘烤灯具应远离胶料。

7 避免在什么地方长时间停留?

答：应避免靠近或长时间停留在可能受到机械伤害、触电伤害、烧伤烫伤或有高空落物的地方，输煤现场的危险地方主要有运转机械的联轴器切线方向、转运站的起吊孔下、栈桥底下及机房墙根处、铁道旁、配电间、汽水油管道和法兰盘、阀门、栏杆上、联轴器上、安全罩上、设备的轴承座上、检查孔旁等。

8 发现运行设备异常时应怎样处理？

答：发现设备异常运行可能危及人身安全时，应立即停止设备运行，在停止运行前除必需的运行维护人员外，其他人员不准接近该设备。

9 通过人体的安全电流是多少？安全电压有哪几个级别？

答：通过人体的安全电流是交流安全电流为小于10mA，直流小于50mA。一般来说，10mA以下工频电流和50mA以下直流电流流过人体时，人能摆脱电源，故危险性不太大。

安全电压有5个级别，分别是：42、36、24、12、6V。

10 使用行灯的注意事项有哪些？

答：使用行灯的注意事项有：

(1) 行灯电压不准超过36V，在特别潮湿或周围均属金属导体的地方工作时，行灯的电压不准超过12V，如下煤筒内、碎煤机内和水箱内部等。

(2) 行灯电源应由携带式或固定式的降压变压器供给。

(3) 携带式行灯变压器的高压侧应带插头，低压侧带插座，并且二者不能互相插入。

(4) 使用时行灯变压器的外壳须有良好的接地线。

11 检修前应对设备做哪些方面的准备工作？

答：检修前应对设备做如下准备工作：

(1) 在机器完全停止以前不准对设备进行检修工作。

(2) 修理中的机器应做好防止转动的安全措施，如切断电源、风源、水源、气源，所有有关闸板、闸门等应关闭，并在上述地点都应挂上警告牌。检修转动部位时必须采取相应的制动措施。

(3) 检修负责人在工作前必须对上述设备进行检查，确认无误后方可进行工作。

12 遇有电气设备着火时如何扑救？

答：遇有电气设备着火时的扑救方法为：

(1) 应立即将有关设备的电源切断，然后进行救火。

(2) 对可能带电的电气设备应使用干式灭火器、二氧化碳灭火器或1211灭火器等灭火，不得使用泡沫灭火器灭火。

(3) 对已隔绝电源的开关、变压器，可使用干式灭火器、1211灭火器等灭火，不能扑灭时再用泡沫式灭火器。不得已时可用干砂灭。

(4) 对注油的设备应使用泡沫灭火器或干砂等灭火。地面上的绝缘油着火应用干砂灭火。

(5) 扑救有毒气体的火灾（如电缆着火等）时，扑救人员应使用正压式消防空气呼吸器。控制室和配电室应备有防毒面具并定期进行试验，使其经常处于良好状态。

13 使用灭火器的方法和管理规定有哪些？

答：使用灭火器的方法是：

(1) 拔掉保险销。
(2) 按下压把。
(3) 向火焰根部喷射。
灭火器的管理规定是:
(1) 禁止随意挪动。
(2) 故意损坏负法律责任。
(3) 救火使用后必须报告相关部门更换。